U0332017

铜及铜合金产品生产技术与装备

主编　谢水生　李华清　李　周　刘海涛

图书在版编目(CIP)数据

铜及铜合金产品生产技术与装备/谢水生,李华清,李周,刘海涛主编.—长沙:中南大学出版社,2014.12

ISBN 978-7-5487-1211-4

Ⅰ.铜… Ⅱ.①谢…②李…③李…④刘… Ⅲ.①铜-生产工艺②铜合金-生产工艺 Ⅳ.TG146.1

中国版本图书馆 CIP 数据核字(2014)第 259395 号

铜及铜合金产品生产技术与装备

谢水生　李华清　李　周　刘海涛　主编

□**责任编辑**　刘颖维
□**责任印制**　易建国
□**出版发行**　中南大学出版社
社址:长沙市麓山南路　　邮编:410083
发行科电话:0731-88876770　　传真:0731-88710482
□**印　　装**　长沙超峰印刷有限公司

□**开　　本**　787×1092　1/16　□**印张** 20　□**字数** 510 千字
□**版　　次**　2014 年 12 月第 1 版　□2014 年 12 月第 1 次印刷
□**书　　号**　ISBN 978-7-5487-1211-4
□**定　　价**　98.00 元

作者简介

About the Authors

谢水生 江西省赣州人，北京有色金属研究总院教授、博士生导师。1968年毕业于南昌大学(原江西工学院)压力加工专业，1982年于北京有色金属研究总院获得材料专业工学硕士学位，1986年4月于清华大学金属塑性加工专业获得工学博士学位。1990—1991年澳大利亚Monash大学访问学者，1995年新加坡国立大学高级访问学者。1993年起享受国务院政府特殊津贴。2000—2010年为中国有色金属学会第四届、第五届合金加工学术委员会主任。

曾任研究室主任、研究所所长、国家重点实验室总工等职。承担并负责："高技术863"课题7项、"国家自然科学基金资助"课题9项、国家攻关课题6项、国家支撑计划项目2项、国际合作课题2项。获得国家专利30余项，国家科学技术进步二等奖1项、部级一等奖6项、二等奖9项、三等奖8项，在国内外刊物上发表论文350余篇。出版著作《有色金属材料的控制加工》《金属半固态加工技术》《锻压工艺及应用》《铝加工技术问答》《铝及铝合金产品生产技术与装备》《金属塑性成形的有限元模拟技术及应用》《铝加工技术实用手册》《简明镁合金材料手册》《铝合金材料的应用与技术开发》《现代铝合金板带——投资与设计、技术与装备、产品与市场》《钛材塑性加工技术》《铝加工缺陷与对策问答》《金属塑性成形的试验方法》等28部。指导和培养硕士、博士研究生和博士后共30余名。

社会兼职：南昌大学、燕山大学、江西理工大学、河南理工大学兼职教授；中国机械工程学会北京市机械工程学会理事，压力加工学会主任；中国机械工程学会塑性加工学会理事，半固态加工学术委员会副主任；国家自然科学基金第十二届、十三届工程与材料学部专家；《稀有金属》《塑性工程学报》《锻压技术》《有色金属再生与应用》编辑委员会委员。

李华清 1967年出生，博士，教授级高工，江苏省铜合金材料工程技术研究中心主任，从事铜及铜合金材料制备加工技术研究。

主持完成中铝科技基金"铜合金电磁辅助铸造技术研究"等科研项目2项，主持完成中色科技基金"大卷重铜铬锆产业化关键技术研究"等项目4项，主持完成江苏省科技基础设施建设计划及苏州市科技资金专项2项；主持完成国家强制标准《金属熔铸冷却系统安全设计规范》编撰；主持完成电磁辅助铸造等技术鉴定2项；获得授权发明专利8项、实用新型专利6项；发表科技论文20余篇。

李周　男，1969 年生，山东文登人，教授，博士生导师，中南大学材料科学与工程学院副院长，湖南省新世纪 121 人才工程人选。

2002 年 11 月在中南大学材料科学与工程学院取得博士学位。2007—2009 年在英国 Liverpool 大学和新加坡南洋理工大学作高级研究员。2013 年在德国亚琛工业大学作访问学者。

中国材料研究学会青年委员会第五届、第六届、第七届理事会理事，中国机械工程学会有色金属热处理技术委员会委员。

主要从事性能铜合金和阴极材料的研究工作。近 5 年来主持国家自然科学基金、国防基础研究项目、配套项目、国际铜业协会项目等 10 余项；以第一作者（或通讯作者）在 ActaMaterialia, Corrosion Science, Materials Characterization, Intermetallics, Journal of Alloy and Compound, Journal of Materials Research, Materials Science and Engineering A 等国内外著名杂志发表论文 70 余篇，出版专著 2 部，获授权发明专利 10 项。

刘海涛　1980 年生，湖北随州人，高级工程师，洛阳铜加工集团有限责任公司技术中心副主任、洛阳铜麒镁业有限公司副经理，从事铜及铜合金材料开发、铜合金异型材产品研发以及变形镁及镁合金板材制备加工技术研发。

主持或参与国家科技支撑计划 2 项、国际科技合作计划项目 1 项、863 计划项目 1 项、军品协作配套项目 1 项、中铝科技发展基金项目 3 项；获得中国有色金属工业协会科技进步奖 1 项；发明专利 5 项；参与编写《铜加工生产技术问答》《有色金属进展(第六卷)》《铜及铜合金熔炼与铸造生产技术问答》和《铜及铜合金板带加工技术问答》，发表学术论文 10 余篇。

前言

Foreword

铜具有良好的导电性、导热性，并具有较高的强度；同时，铜的成形性、抗腐蚀性和抗菌作用等综合性能良好。因此，铜被广泛应用于电力、家用电器、电子信息、机械制造、交通运输、建筑等相关行业，是现代工业、科技和国防发展不可缺少的基础材料，铜加工工业部门已经成为国民经济发展与国防建设的重要部门。

我国铜加工材约有250种合金，近千个产品品种。这些产品包括：导线、电缆、空调管、超长冷凝管、高散热管、同步器齿环、水道管、引线框架带、接插元件带、焊接带、变压器带、电缆带、水箱带、光伏铜带、长空芯导线、高速列车接触线、环保铜材、功能材料、合金线、单晶铜和高保真导线等。

铜加工在我国具有悠久的历史，如古铜器的生产和制造。但是，在近代我国的铜加工工业发展还是比较落后，直到1875年才在上海江南造船厂制造局建立第一家铜轧制厂，1949年我国铜板、带产量只有752 t，1978年铜板、带产量才达到34764 t。

可喜的是：自改革开放以来，我国大量的民营企业出现，使铜加工工业出现了新的快速发展局面。2000年，我国铜加工材产量就达到了219.7万t；2004年，我国铜加工材年产量达416.5万t，居世界第一；到2013年，我国电解铜产量达到683.88万t，铜加工材产量达到1498.7万t，表观消费量1514.7万t，消费量占世界总产量的40%左右，已经成为名副其实的铜业大国。

进入21世纪以来，节约资源、节省能源、改善环境、发展清洁能源等已经成为人类生活与社会持续发展的必要条件，人们正竭力开辟新途径，寻求新的发展方向和有效的发展模式。清洁能源的高效利用给发展铜及铜合金产品提供了一个宝贵的机遇和平台。

本书就“铜及铜合金产品生产技术与装备”作了系统的分析和介绍，希望能对铜材生产工业和技术的发展，对扩大铜材的品种，提高铜材的产量、质量和效益，降低铜材的成本，拓展铜合金材料的应用领域，使之在重要工业部门和人民日常生活中成为更具有竞争优势的基础材料起到有益的促进作用。

本书详细、系统地介绍了铜及铜合金产品的生产技术与装备。全书共分5章：第1章概述，简要介绍了铜的基本特征与应用，产品的分类、品种与规格，产品生产的基本流程和共性技术；第2章铜及铜合金板、带材的生产技术与装备，主要介绍了变压器用铜板、带材，C19400和C70250引线框架铜合金板、带材，黄铜、锡磷青铜、锌白铜和铍青铜板、带材，双金属复合板、带材，铜箔的加工制备技术与装备，铜合金板、带加工的常用装备；第3章铜及铜合金管材的生产技术与装备，主要介绍了普通空调管、内螺纹空调管、高效翅片管(外翅片管)、冷凝管、大口径薄壁冷凝管和异型管的生产技术与装备；第4章铜及铜合金棒、线材的生产技术与装备，主要介绍了铅黄铜棒、无铅黄铜棒、电线电缆用紫铜杆线、黄铜线、接触线、漆包线和铜键合丝的生产技术与装备；第5章铜合金制品的生产技术与装备，主要介绍了艺术铜合金制品及性能、船用铜合金螺旋桨和汽车同步器齿环的生产技术与装备。其中：第1章由谢水生撰写；第2章1~7节、9~10节由李周撰写，第8节由陈汉文、李华清撰写；第3章由刘海涛撰写；第4章由陈忠平、张曦、向朝建、李华清撰写；第5章由刘海涛、张曦撰写。最后，全书由谢水生修改、协调和整理。

本书可供从事铜及铜合金加工材料及其深加工产品生产、科研、设计、产品开发、营销方面的技术人员和管理人员使用，也可作为大专院校相关专业师生的参考书，特别是铜加工企业技术人员、质管人员、生产工人、检测人员的技术参考读物。

作者热切希望本书能使读者受到有益的启迪，起到抛砖引玉的作用。但限于作者的学识与经验，加上时间仓促，书中不妥之处，恳请广大读者批评指正并提出宝贵意见(联系邮箱：xiess@grinm.com)。

作　者

2014年7月

目　录

第1章

概 述

在人类发展的历史上，铜是人类认识、开采、提炼、加工、使用最早的金属，从原始社会一直到科学技术高度发达的今天，铜的使用一直伴随着人类的进步与发展。

远在一万年以前，铜作为装饰品就曾在西亚被使用。古埃及人在象形文字中，用“♀”表示铜，称铜为“Ankh”，含义是“永恒的生命”；公元前2750年，在基厄普斯金字塔内发现了铜制水管，仍然完好可用；公元前2500年，锡青铜的开发，使铜的硬度大为提高，为铜的使用打开了广阔的空间。中华民族在铜的开发中也做出了重要的贡献，青铜器时代铜被广泛地用来制作生活用具、兵器、乐器、钱币、工艺品等，其种类、数量、制作水平远远超过世界其他地区。考古工作者们发现，凡夏、商、周三代出土的青铜器大半与饮食有关，已发掘的4000余件青铜器中，大部分为鼎、觚、觥、盂等餐饮器具。商王文丁所铸造的司母戊鼎，重达875 kg，花纹精细、文字清晰、形象优美，堪称世界之最。到了宋代，中国民间已经开始使用Cu－Ni－Zn白铜制作生活用具，其是世界上最早的仿银合金。

目前，随着科学技术的发展，铜的开采、冶炼、加工已经高度现代化、自动化，铜及铜合金产品已达250多种，分别具有高导电、高导热、高耐蚀、高强度等诸多优良性能。铜及铜合金的加工已经成为现代工业体系中非常重要的一部分，分别以板、带、箔、管、棒(杆)、型、线材等多种形式满足国民经济和国防工业部门的需要，从高新技术到人们的日常生活，从微电子技术到空调、冰箱、彩电，到处都有铜的身影。今天，中国铜工业生产和技术已相当发达和进步，铜加工材产量已居世界第一位。

1.1 铜及铜合金的基本特性与应用

1.1.1 铜的基本特性及性能

(1)铜的基本特性

铜元素在地壳中的含量排序第23位，平均含量为7 ppm①。1999年美国地质调查局估计，世界陆地铜资源为1.1×10^9 t，深海中铜资源为7×10^8 t。世界上含铜矿物约有280种，具有经济开采价值的矿物主要有铜的硫化物、氧化物、硫酸盐、碳酸盐、硅酸盐等，深海中铜的含量约为0.5%；地球上铜储量最丰富的地区位于环太平洋带，储量最大的国家是智利和

① 1 ppm = 10^{-6}

美国，中国的储量居世界第七。含铜的主要矿物如表 1 – 1 所示。

表 1 – 1　含铜的主要矿物

矿物名称	分子式	铜含量/%	密度/($g \cdot cm^{-3}$)	颜色
斜方铜	$Cu_3SO_4(OH)_4$	54.0	3.9	绿色
氯铜矿	$Cu_2(OH)_3Cl$	59.4	3.76	绿色
蓝铜矿	$Cu_3(OH)_2(CO_3)_2$	55	3.77	浅蓝色
斑铜矿	Cu_5FeS_4	63.5	5.06	红褐色
水胆矾	$Cu_4SO_4(OH)_6$	56	3.97	绿色
胆矾	$CuSO_4 \cdot 5H_2O$	25	2.29	绿色
辉铜矿	Cu_2S	79.9	5.5 ~ 5.8	灰黑色
黄铜矿	$CuFeS_2$	34.6	4.1 ~ 4.3	黄色
硅孔雀石	$CuSiO_3 \cdot 2H_2O$	36.2	2.0 ~ 2.2	绿色转蓝色
铜蓝	CuS	66.7	4.6 ~ 4.7	纯蓝转靛
赤铜矿	Cu_2O	88.8	7.14	红色
硫砷铜矿	$CuAsS_4$	45.7/49	4.45	灰黑
脆硫锑铜矿	$Cu_3(SbAs)S_4$	43.3/47.9	4.52	灰/紫铜色
孔雀石	$Cu_2(OH)_2CO_3$	58	4.05	嫩绿色
砷黝铜矿	$(CuFe)_{12}As_4S_{13}$	35.7/53	4.6 ~ 5.1	灰转黑
黑铜矿	CuO	80.0	5.8 ~ 6.1	灰黑色
黝铜矿	$(CuFe)_{12}Sb_4S_{13}$	25/45.7	4.6 ~ 5.1	灰转黑

中国陆地铜资源储备并不缺乏，主要分布在江西、安徽、云南、新疆等地，但大型铜矿少，品位低，矿产铜远不能满足国民经济迅速发展的需求。为满足铜的需求，中国正不断推进技术进步，加强矿产勘测工作。同时，不断增加铜精矿、粗铜、精铜、废杂铜的进口，我国已成为世界重要的铜原料进口国。

(2)铜的主要物理性能

铜是元素周期表中第 Ⅰ B 族元素，元素符号为 Cu，原子序数为 29，相对原子质量为 63.54。在 1083℃以下时为面心立方(f. c. c)晶体结构，晶格常数 18℃时为 0.36074 nm。铜的主要物理性能如表 1 – 2 所示。

表 1 – 2　铜的主要物理性能

名称	符号	单位	数值
熔点	T_m	℃	1083
沸点	—	℃	约 2600
熔化潜热	—	kJ/kg	205.4
比热容	C_p	J/(kg·K)	385.2

续表 1-2

名称	符号	单位	数值
导热率	λ	W/(m·K)	399
线膨胀率	—	%	2.25
线膨胀系数	α_1	℃$^{-1}$	$1.7\times10^{-5}\sim1.77\times10^{-5}$
密度	ρ	kg/m^3	8930
电阻率	ρ_e	μΩ·m	0.01673
电导率	χ	m/(Ω·m^2)	35~38
导电率	—	%IACS	100~103
抗拉强度	R_m	MPa	200~360
屈服强度	$R_{p0.2}$	MPa	60~250
伸长率	A	%	2~45
泊松比	μ	—	0.35(M态棒材)
压缩模量	K	GPa	136.3(M态棒材)
切变弹性模量	G	GPa	44.1(M态棒材)
弹性模量	E	GPa	107.9(Y态棒材)
疲劳强度极限	σ_{-1}	MPa	76~118
高温持久强度	σ_{100}	MPa	98(100℃时)
室温硬度	HB	N/mm^2	35~45(M态棒材) 110~130(Y态棒材)
磁性能(逆磁性)	X	m^3/kg	-0.085×10^{-6}(室温质量磁化率)
高温硬度	HB	N/mm^2	46(300℃) 17(400℃) 9(500℃) 7(600℃)
压缩强度	σ_{-b}	N/mm^2	1471(M态棒材)
冲击韧性	a_{ku}	kJ/m^2	1560~1760(M态棒材)
切变强度	τ	MPa	108(M态棒材) 421(Y态棒材)
摩擦系数	μ	—	0.011(有润滑) 0.43(无润滑)

(3)铜的主要化学性能

铜不是化学活泼性金属元素，其活泼性排在钾、钠、钙、镁、铝、铁、锡、铅之后，汞、银、铂、金之前，具有很强的化学稳定性。

1)铜的耐腐蚀性能

铜与大气、水等接触时，反应生成难溶于水并与基体金属紧密结合的碱式硫酸铜 $CuSO_4\cdot3Cu(OH)_2\cdot mH_2O$ 和碱性碳酸铜 $CuCO_3\cdot Cu(OH)_2$ 薄膜，对铜有保护作用，能防止铜被继续腐蚀，又称“铜绿”。因此，铜在大气、纯净淡水和流动缓慢的海水中都具有很强的耐蚀性。在大气中的腐蚀速率为0.002~0.5 mm/a，在海水中的腐蚀速率为0.02~0.04 mm/a。

铜有较高的正电位，Cu^+ 和 Cu^{2+} 离子化时，标准电极电位分别为+0.522 V和+0.345 V。因此，铜在水溶液中不能置换氢，在非氧化性的酸(如盐酸等)、碱液、盐溶液和多种有机酸(醋酸、柠檬酸、脂肪酸、草酸和乳酸等)和非氧化性的有机化学介质中，均保持良好的耐蚀性。但铜的钝化能力低，氧、氧化剂、硝酸及其他氧化性的酸、通入氧或空气的酸、盐溶液等，都易使铜产生氧而极化腐蚀。铜表面的碱性化合物也在氧的作用下，首先生成一价铜盐，继而氧化成二价铜盐，构成 Cu^{2+} 离子。氨、氰化物、汞化物的水溶液和氧化性酸水溶液均强烈引起铜的腐蚀。

铜在大气和水中有良好的耐蚀性，野外使用的大量铜制导线、水管、冷凝器等，均可不另加保护。在食品工业、化学工业部门，铜可用作很多有机物产品的蒸发器、泵、管道、冷却器、储藏器等。

2）铜的氧化还原性能

在大气中于室温下，铜的氧化缓慢。而高温下氧化速度会加快，当温度升至100℃时，表面生成黑色的 CuO，其氧化速度与时间的对数呈正比。当温度升至400℃以上时，氧化速度又十分近似抛物线规律，可按下式推算：

$$x = K\tau \tag{1-1}$$

式中：x 为氧化膜质量，g/cm^2；τ 为持续时间，s；K 为系数，纯铜在各温度下的 K 值见表 1－3。

表 1－3 不同温度下纯铜的 K 值

介质	氧								空气			
温度/℃	400	500	600	700	800	900	950	1000	700	800	900	1000
$K \times 10^{10}$	0.044	0.44	3.24	16.0	86.9	349.0	730.0	1780.0	8.03	79.7	336.0	1350.0

铜在高温时氧化速度显著提高，并在表面生成致密的红色氧化铜膜，CuO 在高温时完全分解为游离氧和 Cu_2O。其反应式如下：

$$2CuO \longrightarrow Cu_2O + O \tag{1-2}$$

氧在铜中的扩散系数和渗透速度见表 1－4 所示。

表 1－4 氧在铜中的扩散系数和渗透速度

温度/℃	600	700	800	900	950
扩散系数（氧在铜中的总含量为 0.41%）/(cm^2·s^{-1})	1.06×10^{-9}	1.47×10^{-8}	1.28×10^{-7}	1.12×10^{-6}	1.90×10^{-6}
氧渗透 0.5 mm 的时间（氧在铜中的总含量为 0.24%）/h	11000	656	65	8.7	3.9

水蒸气也能引起铜的氧化，因为水在高温时能分解为氧和氢。催化剂（如氧化铁）可使水蒸气的分解大大加速。温度上升，水蒸气的分解度剧烈增大，这时，气体混合物不再是中性，使铜生成氧化物的氧分压也增高。铜被水蒸气氧化的反应如下：

$$2Cu + H_2O = Cu_2O + H_2\uparrow \tag{1-3}$$

杂质和合金元素对铜的氧化速度有显著影响。铝、铍、镁等在铜的表面形成坚固的氧化物保护膜，使铜甚至在高温下也无明显氧化。砷、铈、铬、锰等元素，则使铜在高温下的氧化速度显著增快。

1.1.2 铜及铜合金的主要应用

铜与其他金属相比最主要的特点是优良的导电性、导热性、耐蚀性、适宜的强度、易加工成形性和典雅庄重的颜色。铜及铜合金的应用主要与它的特点相关，它的主要特点和应用如下。

(1)优良的导电和导热性

铜的导电性、导热性仅次于银，位居第二位，而价格远低于银。因此被广泛用作各种导线、电缆、电器开关等导电器材和冷凝器、散热管、热交换器、结晶器内壁等。几种主要金属的电阻率和导热率比较见表1-5。

表1-5 几种主要金属的电率和导热率比较

金属名称	银	铜	金	铝	镁	锌	铁	锡	钛
电阻率 $\times 10^{-8}/(\Omega\cdot m)$	1.5	1.724*	2.065	2.5	4.47	5.75	9.7*	11.5	(42.1~47.8)
导热率/$[W\cdot(m\cdot K)^{-1}]$	418.68	373.56	297.26	235.2	153.66	154.91	75.36	62.8	15.07

注：* 表示20℃时的电阻率，其余为0℃时的电阻率。

(2)良好的耐蚀性

一般而言，铜的耐蚀性低于金、铂、银和钛，而金、铂、银属贵金属，实际应用规模很小；相比铁、锌、镁等金属，铜的耐蚀性很强。与铝相比，铜更耐非氧化性酸、碱和海水等的腐蚀，但在大气、弱酸等介质中，铝的耐蚀性强于铜。

铜在淡水及蒸汽中抗蚀性能也很好。因此，铜被广泛用于制造冷、热水的配水设备，热水泵，建筑面板，雨水管，纸浆滤网及船舰设备等。

(3)无磁性

铜是反磁性物质，磁化系数极低，故铜及铜合金常被用来制造不允许受磁干扰的磁学仪器，如罗盘、航空仪器、炮兵瞄准环等。影响铜的磁性的主要因素是杂质，锌、铅、锡、铝、硅、磷等元素的影响较小，铁的影响最大。镍虽然也是铁磁性金属，但作为杂质而少量存在时，对磁化系数提高不大。锰是顺磁性金属，但在无磁铜基合金中应尽量避免，因为锰除了结构与铁磁性物质极为接近外，还容易带入杂质铁(锰中一般含有铁)，使合金的磁性增加。对于一般的磁性仪器结构材料，电解铜即能满足要求，但对于某些特殊用途的无磁性材料，须采用纯度更高的铜。

(4)抑菌性

铜能抑制细菌等微生物的生长，水中99%的细菌在铜环境里5 h就会全部被杀灭。这对饮用水传输、食品器皿、海洋工程等非常重要。

(5)美丽、多样的色泽

紫铜固态下呈紫红色；液态铜表面呈绿色，当白光透射极薄的铜箔膜后，变成绿色。紫铜表面被 Cu_2O 薄膜覆盖时，呈紫红色；被 CuO 覆盖时，表面为黑色。铜合金则有各种美丽的色泽，如金黄色(H65 黄铜)、银白色(白铜、锌白铜)、青色(铝青铜、锡青铜)等，或华丽或端庄，很受人们喜爱。因此，铜及铜合金是各种艺术品的首选材料。

(6)良好的可加工性能与成形性

铜及铜合金具有很好的塑性成形性、可焊性和可镀性。

铜具有面心立方晶格，与其他一切具有面心立方晶格的金属一样，它具有很高的塑性变形能力，变形抗力大于铝而远小于钢铁和钛，可以承受大变形量的冷热压力加工。铜易于进行软钎焊、硬钎焊、气体保护电弧焊等方法焊接。铜的可镀性很好，可以电镀高熔点金属，如镍、铬等，也可以热镀低熔点金属，如锡、锌等。

铜是除钢铁和铝之外世界上使用最多的金属材料，其应用范围几乎涉及人类生活的各个领域。铜的主要用途见表1-6。

表1-6　铜的主要用途

特性	应用
高导电性	各种电力、电信传输电缆；各种开关、接插件、汇流排、电刷、整流器；发电机、电动机和变压器、感应器等绕组；各种电极、电阻器、电容器、晶体管元件、微波器件、波导管；印刷滚筒、印刷电路板、集成电路引线框架等
高导热性	电站、化工、冶金、建筑采暖、海水淡化、汽车水箱等各种换热器、冷凝器的管、板、片；高炉冷却壁板、金属铸造结晶器、感应器水冷线圈、航天推进器燃烧室喷嘴等
适宜的强度	螺栓、螺母、垫片、容器、铰链、铆钉、罩、盖、齿轮等各种构件
良好的耐蚀性	各种输油、气、汽、水或溶液管道；建筑雨水集水管、屋面板；阀；容器；水坝防渗板、硬币
典雅的色泽	建筑装饰板、灯具、雕刻、雕塑、奖杯、牌匾、器皿、服饰、乐器
优越的抑菌性	饮用水管道、管件；餐具、炊具、生活器皿、冰糕模、海运船舶护板
无磁性	屏蔽罩、“U”形壳

1.2　铜及铜合金加工材的分类、产品品种与规格

1.2.1　铜及铜合金材料的分类

对铜及铜合金材料的分类各国均不相同，基本的几类分法如下。

(1)中国和俄罗斯的分类方法

中国和俄罗斯把铜合金分为：黄铜、青铜、白铜；然后再在大类中划分为小的合金系。其中黄铜是以锌为主要添加元素的铜合金，因颜色呈黄色而得名，主要有铅黄铜、铝黄铜、锡黄铜、铁黄铜、硅黄铜、锰黄铜、镁黄铜等；白铜是以镍为主要添加元素的铜合金，因其镍含量达到约20%后呈现银白色而得名，主要有锌白铜、铁白铜、锰白铜、铝白铜等；青铜是除锌和镍外以其他元素为主要添加元素的铜合金，因其颜色发青而得名，主要有锡青铜、铝青铜、硅青铜、镁青铜、铁青铜、钛青铜、铬青铜、锆青铜等。

(2)美国、日本的分类方法

美国、日本的铜合金分类直接按合金系划分，分为C10000系(纯铜和微合金化铜，或称

低合金化铜)、C20000系(简单黄铜Cu-Zn系)、C30000系(铅黄铜Cu-Zn-Pb系)、C40000系(锡黄铜Cu-Zn-Sn系)、C50000系(磷青铜Cu-P系、含银磷青铜Cu-Ag-P系、锡磷青铜Cu-Sn-P系和含铅锡青铜Cu-Sn-Pb系)、C60000系(铝青铜Cu-Al系、硅青铜Cu-Si系及其他Cu-Zn合金)、C70000系(白铜Cu-Ni系、锌白铜Cu-Ni-Zn系等)、C80000系(铸造低合金化铜,包括铍青铜Cu-Be系、锡锌铅铜合金Cu-Sn-Zn-Pb系、锰青铜Cu-Mn系和硅青铜Cu-Si系等)和C90000系(铸造高合金化铜合金)。

(3)按功能进行分类

按功能划分有导电、导热用铜合金(主要有非合金化铜和微合金化铜)、结构用铜合金(几乎包括所有铜合金)、耐腐蚀铜合金(主要有锡黄铜、铝黄铜、各种白铜、铝青铜、钛青铜等)、耐磨铜合金(主要有含铅、锡、铝、锰等多元复杂黄铜、铝青铜等)、易切削铜合金(铜-铅、铜-碲、铜-锑、铜-铋合金等)、弹性铜合金(主要有锡青铜、铝青铜、铍青铜、钛青铜等)、阻尼铜合金(高锰铜合金等)、艺术铜合金(纯铜、简单黄铜、锡青铜、铝青铜、白铜等)等。

(4)按材料成形方法分类

按材料成形方法划分可分为铸造铜合金和变形铜合金。

(5)按其强化途径分类

铜合金按其强化途径可分为冷变形强化铜合金、固溶强化铜合金、沉淀强化铜合金和其他铜合金等。

冷变形强化铜合金:在再结晶温度以下进行的冷变形,使铜合金达到强化的效果,这种合金称为冷变形强化铜合金。经过冷变形强化,纯铜的强度可以提升一倍。冷变形强化的原因是由于在冷变形时金属内部位错密度增大,而且位错互相缠结,形成胞状结构,阻碍位错运动,使不能移动的位错数量增加,以至于需要更大的力才能使位错克服障碍而运动。变形程度越大,铜合金的变形抗力越大,强度越高。

固溶强化合金:固溶强化是利用固溶体中的溶质原子与运动位错相互作用而引起流变应力增加的一种强化方法。最适合于铜的合金元素是那些能与铜形成固溶相的元素。它们在这些合金体系中硬化作用大,足以达到实用目的,而不会遇到由第二相或化合物带来的脆性。铜的固溶强化合金以其强度和可成形性而著称。因为固溶强化合金是单相合金,而且在加热或冷却过程中均不发生相变,所以用冷轧或冷拔加工方法,便可以使其达到最大强度。

沉淀强化合金:沉淀强化型铜合金是非常重要的一类铜合金,适宜于固溶度随温度降低而显著减小的合金体系,当合金元素超过一定的含量后,通过固溶处理可以获得过饱和固溶体,随后在时效过程中,过饱和固溶体发生分解,析出弥散相,引起合金强化。沉淀强化可产生很高的强度,在铜合金中是一种非常重要的强化方法。铍铜合金及铜镍硅合金是典型的沉淀强化型铜合金。

其他合金:某些铝青铜,尤其是含铝量大于9%的铝青铜,可以在临界温度以上淬火得到硬化,此硬化过程类似于Fe-C合金淬火时发生的马氏体型硬化,淬火后进行回火韧化或用间断式淬火代替标准式淬火还可进一步改善铝青铜性能。加入镍或锌的铝青铜,利用可逆马氏体相变还可产生形状记忆效应。

1.2.2 铜及铜合金产品的分类

铜加工产品按照加工方式和外观形状习惯上分为两大类：板、带、条、箔材和管、棒、型、线材。但是，国家和行业统计的分类为板、带、排、箔、管、棒、型、线、其他及盘条。而海关进出口统计的分类为铜粉、条杆形、丝、板、带、箔及管件。

(1)板、带、箔材

板、带、箔材类产品按照外形尺寸又细分为板材、带材、条材和箔材。

1)板材

板材按照成品前最后一道轧制状态分为热轧板材和冷轧板材。热轧板材的常用尺寸范围为：(4～150) mm(厚度)×(200～3000) mm(宽度)×(500～6000) mm(长度)。冷轧板材的常用尺寸为：(0.2～12) mm(厚度)×(100～3000) mm(宽度)×(500～6000) mm(长度)。

2)带材

带材尺寸范围为：(0.05～3) mm(厚度)×(10～1000)(宽度)，成卷供货。

3)条材

条材厚度介于板材和带材之间，尺寸范围一般为：(0.2～10) mm(厚度)×(50～100) mm(宽度)×(1500～2000) mm(长度)。

4)箔材

国内铜加工箔材指厚度在0.05 mm以下的板材和带材，国外指厚度在0.1 mm以下的板材和带材，均属轧制铜箔(压延铜箔)，不包括电解铜箔。箔材尺寸范围为：(0.05～0.01) mm(厚度)×(40～600) mm(宽度)，成卷供货，长度一般不小于5000 mm。

(2)管、棒、线材

管、棒、线材按照产品形状细分为管材、棒材和线材。

1)管材

管材分圆形管、梯形管、三角形管、矩形管和方形管，其尺寸范围为：(0.5～360) mm(外径)×(0.1～50) mm(壁厚)，直条或成卷供货。

2)棒材

棒材分为圆形棒、六角棒、方形棒、矩形棒和异形棒，其尺寸范围为：(3～120) mm(直径)×(500～5000) mm(长度)，直条供货。

3)线材

线材分圆线、扁线和异形线，其尺寸范围为：0.02～6 mm(直径)或(0.5～6) mm(厚度)×(0.5～15) mm(宽度)，成卷供货。

4)铜盘条

铜盘条是指生产线材的坯料，也称铜线杆，分光亮杆和黑杆。盘条的直径在6～20 mm之间，由连铸连轧或上引(或水平)连铸法生产。

1.3 铜及铜合金产品生产的基本流程

铜及铜合金产品的种类很多，根据产品的不同形状和性能要求，须采取不同的加工成形方法，即选择不同的加工流程。常用的加工方法有轧制(平轧)、挤压、拉拔、锻造、斜轧、连续挤压等。不同的加工方法能控制材料按照一定的规律变形，从而使加工材料变形成为所要求的形状、尺寸及性能。图1－1所示为铜及铜合金产品生产的基本流程(不包括铸造成形产品)。

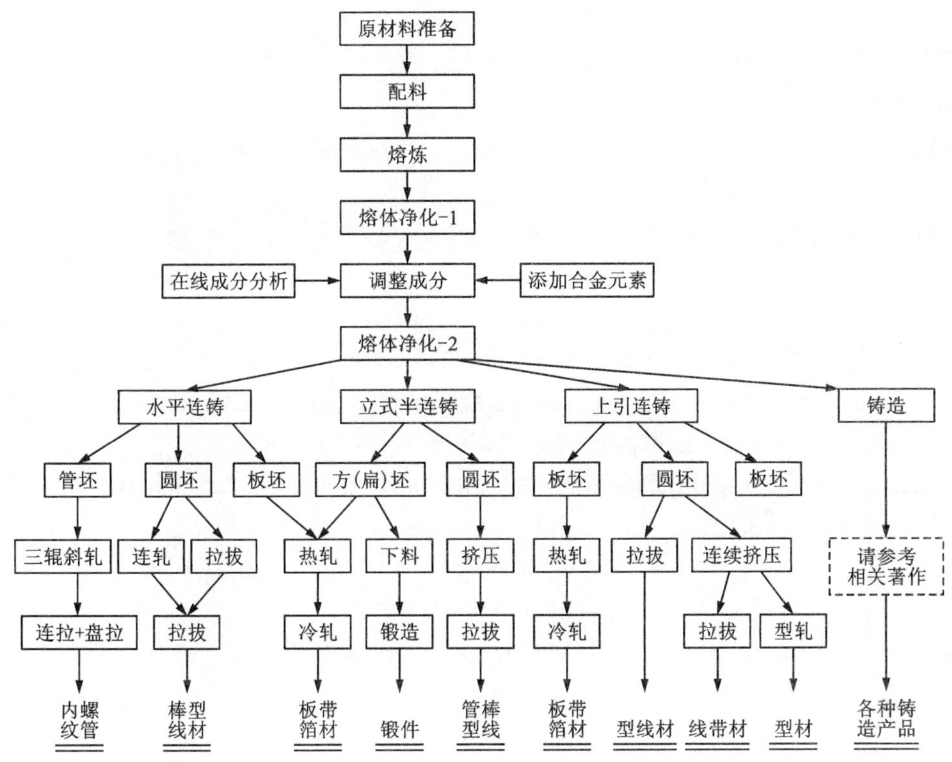

图1－1 铜及铜合金产品生产的基本工艺流程

1.4 铜及铜合金的熔炼技术(产品生产的共性技术之一)

1.4.1 普通纯铜的熔炼

1. 反射炉熔炼

反射炉适合熔炼纯铜，即具有一定氧含量的普通纯铜。

(1)装料

阴极铜是反射炉熔炼普通纯铜的主要原料，同时也可以使用品位相当的各种回收铜。

装料前，须将炉温提高到1300℃以上，并向炉内加入适量的木炭。木炭可以保护炉底，其后上浮又可以作为判断炉料是否彻底熔化的标志。

装料应尽可能快速进行，以减少炉温大幅下降。装料致密，有利于充分利用炉膛的有效面积，并可以减少加料次数。装料的基本原则是：

①正确安排装料位置。一般情况下，先装炉子的高温区，再装低温区，最后补装高温区。

②炉料整齐排列，充分利用炉子的有效空间。

③力求一次将料装完，若一次加不完，余料应在炉料未熔化完之前加入炉内，不宜把炉料直接加入铜液中。

对于固定式反射炉，在装料的同时可以捣筑出铜口。捣筑前先将流口处的残料和残渣清除干净，传统的捣打料配方为：耐火黏土(80号以上)50%，焦炭粉(60～80号)50%，适量的水。

装料结束应及时封闭炉门，以防冷空气进入炉膛。

(2)熔化

熔化期间，炉内应保持微氧化性气氛和正压，尽量提高燃料供给量并控制空气过剩系数，使炉温始终保持在1300～1400℃之间。

炉料全部熔化的标志：整个金属熔池液面搦动、沸腾冒气；炉底的木炭全部浮起到液面上。

(3)氧化去杂

氧化过程可以通过向金属熔体中吹送压缩空气的方式实现。例如：采用外部敷以耐火材料的 ϕ25.4 mm 钢管作输导压缩空气工具，小型炉子风压应保持在0.2 MPa以上，大型炉子风压应保持在0.5 MPa以上。操作时，以风管头部插入金属熔池深度的2/3为宜。

氧化过程中，随着铜液中氧化亚铜数量的增加，其中的某些杂质，例如铝、锰、锌、锡、铁和铅等，将按其与氧的亲和力大小的顺序，依次被氧化，其化学反应为：

$$2Al + 3Cu_2O = 6Cu + Al_2O_3 \qquad (1-4)$$

$$Mn + Cu_2O = 2Cu + MnO \qquad (1-5)$$

$$Zn + Cu_2O = 2Cu + ZnO \qquad (1-6)$$

$$Sn + 2Cu_2O = 4Cu + SnO_2 \qquad (1-7)$$

$$Fe + Cu_2O = 2Cu + FeO \qquad (1-8)$$

$$Pb + Cu_2O = 2Cu + PbO \qquad (1-9)$$

生成的各种氧化物都将进入熔渣。

氧化时，铜液中的氢和硫亦可被去除。其化学反应为：

$$H_2 + Cu_2O = 2Cu + H_2O \qquad (1-10)$$

$$Cu_2S + 2Cu_2O = 6Cu + SO_2\uparrow \qquad (1-11)$$

生成的气态 H_2O 和 SO_2 从熔体中逸出。

氧化过程中，炉温控制：开始氧化时，炉膛温度为1300～1400℃，铜液温度为1200～1300℃；氧化终了时炉膛温度为1200～1250℃，铜液温度为1150～1170℃。

氧化强度取决于铜液温度、吹入压缩空气数量及其在熔池内部分布的均匀程度等因素。氧化期间，铜液保持适当的温度和尽可能地加大压缩空气吹入的强度是促进氧化过程快速进行的基本条件。

氧化后期，应不断地取样检验分析，即通过观察试样断口特征的变化来判断氧化过程的终点。试样断口上的结晶组织，由开始氧化时的细丝状逐渐转变为较粗的柱状，试样断面的颜色逐渐向近似红砖的颜色转变。当采用阴极铜为原料时，呈红砖颜色部分达断口总面积的30%～35%时，可停止氧化；当以其他紫杂铜为原料时，呈红砖颜色部分达断口总面积的80%以上，方可停止吹空气氧化。

氧化过程中，应及时除去熔池表面上的熔渣。氧化结束，彻底扒渣，封闭炉门，提升炉温。氧化结束，铜液温度以1180～1200℃为宜。

(4)还原

还原的目的：除去铜液中气体，还原氧化亚铜。

用作还原剂的主要原料有木材、重油、天然气、石油液化气、木屑、炭粉、煤粉等。这些还原剂中都含有大量的碳和碳氢化合物，还原的主要反应有：

$$Cu_2O + C = 2Cu + CO\uparrow \tag{1-12}$$

$$4Cu_2O + CH_4 = 8Cu + CO_2 + 2H_2O\uparrow \tag{1-13}$$

$$Cu_2O + CO = 2Cu + CO_2\uparrow \tag{1-14}$$

插木还原是比较传统的工艺方法。插木一般分两次进行：

第一次还原，俗称小还原，主要目的在于除气。通过化学反应所产生的大量的不溶于铜液的水蒸气、CO等气体强烈地洗涤熔体时，可将铜液中大部分气体带出。第一次插木还原的时间依炉子大小而定。小型炉子不超过10 min，大型炉子需要20 min或者更长时间。第一次还原结束，熔池表面用木炭覆盖。

第二次还原，主要作用是还原氧化亚铜。还原后期，应及时取样观察其表面收缩和断口结晶组织变化情况。当试样表面呈细致皱纹，断口呈红玫瑰颜色且具有丝绢光泽时，表明氧含量在0.03%～0.05%之间，可以停止还原。

正确的判断还原终点是保证熔体质量的关键。氢在铜中的溶解度随着氧含量的降低而增加，当氧的含量过低时，有可能造成熔体的重新吸气。浇注时，若铸锭浇口发生所谓的“穿水”现象，即表明已经发生了过还原。

重油、木屑等几种还原的技术条件如表1－7所示。

表1－7 几种还原方法的技术条件

还原方法	操作要点	操作要点
重油还原	①重油硫含量应低于0.5%，一般为0.2%～0.3%； ②蒸汽压为0.3～0.45 MPa	①利用蒸汽经铁管将重油吹入金属熔池中； ②确定还原终点时，试样表面皱纹较插木还原时稍微粗大
木屑还原	①木屑须先过26目筛； ②蒸汽压为0.2～0.25 MPa	①利用蒸汽经铁管将木屑吹入金属熔池中； ②还原终点判断同插木还原
木屑炭粉还原	①配比：木屑(过26目筛)80%、炭粉(过80目筛)20%； ②蒸汽压力为0.2～0.25 MPa	①利用蒸汽经铁管将木屑和炭粉吹入金属熔池中； ②还原终点判断同插木还原

还原结束，通常控制铜液温度在1160～1180℃，是采用铁模铸造方式比较合适的浇注温度。

2. 感应电炉熔炼

普通纯铜中氧的含量控制范围，通常可以分为两组：一组氧含量为0.002%～0.004%或者更低，即低氧铜；一组氧含量为0.01%以上，即含氧铜。显然，按照产品种类的不同要求应该采取不同的熔炼工艺。

工频有铁芯感应电炉，是熔炼普通纯铜普遍选用的熔炼设备。

熔炼气氛和炉料选择是熔炼普通纯铜最基本的两项工艺选择。

木炭是在感应电炉熔炼普通纯铜普遍采用的一种覆盖材料。炭黑、焦炭、石墨粉等以碳为主要成分的物质，也可以作为覆盖剂材料。

熔池表面150～200 mm厚的木炭覆盖层，可以使熔体免受氧化。炽热木炭同时还具有良好的保温作用。

感应电炉适合于中性或还原性熔炼。在工频铁芯感应电炉内熔炼普通纯铜时，不方便采取火焰炉熔炼方式对熔体进行氧化而除去氢。另一方面，若完全采用木炭覆盖下的还原性熔炼气氛，则也不太容易达到韧铜通常所希望的氧含量。

国外曾有专利介绍，在已熔化的铜液中直接通入空气或者含氧气体，一直到熔体中氧的含量达到0.05%（质量分数）为止。然后，在熔体表面上覆以一层还原剂。最后，用脱氧处理方法将铜液中的多余的氧除去，使氧的含量降低到所希望的范围。例如：在某小型工频有铁芯感应电炉内熔化300 kg铜，在1150℃时开始向铜液中直接吹入空气，30 min左右即可完成氧化过程。期间，通过对熔体中氧的含量进行连续检测以决定氧化过程的终止点。脱氧剂可采用Cu－P、Cu－Ca等中间合金。

阴极铜和加工过程中产生的纯铜废料，是生产普通纯铜的基本原料。

在工频有铁芯感应电炉内熔炼纯铜时，大都选择还原性气氛进行熔炼作业。一般情况下，还原性气氛或微还原性气氛只能防止氧化，不能使熔体中的氢等气体和某些杂质元素除去，故原料的选择在很大程度上决定了所生产合金的品位。

表1－8为不同质量的阴极铜中所含有的各种气体的分析结果。

表1－9为采用不同质量的阴极铜作为原料进行熔炼和铸造试验时，铸锭中切取试片所做的密度检查结果。

表1－8 阴极铜中的气体含量分析结果

阴极铜特征	析出气体量/[μL·(100 g)$^{-1}$]	气体成分(体积分数)/%					气体成分(质量分数)/%	
		H_2O	SO_2	H_2	CO	CH_4	H_2	O_2
致密的	18.48	10	7	47	17	9.0	0.002	0.007
疏松的	48.96	41	20	4	34	1.0	—	0.040
最疏松	97.25	46	17	7	29	1.0	0.0047	0.070

表1－9 阴极铜质量与铸锭疏松缺陷关系的试验结果

阴极铜的表面质量	试片数量	致密的		疏松的		备注
		片数	占有比例/%	片数	占有比例/%	
很多凸瘤	14	1	7	13	93	分布分散
少量凸瘤	25	14	56	11	44	疏松发生在铸锭底部和浇口附近
没有凸瘤	19	17	90	2	10	疏松发生在锭浇口附近

阴极铜表面有大量凸瘤时，按总量计算其中的氢含量是表面有较少凸瘤阴极铜的3倍。显然，完全采用表面有大量凸瘤的阴极铜作为原料进行熔炼时，很难保证熔体的质量。

此外，阴极铜表面上残留的硫酸铜 $CuSO_4 \cdot 5H_2O$，在熔炼时其中的硫可能转入到熔体中形成 Cu_2S，水的分解则可造成熔体中氢含量的增加。

熔炼非导电用途的普通纯铜时，可使用少量的磷对熔体进行脱氧。普通纯铜在工频有铁芯感应电炉内熔炼的技术条件见表1－10。

表1－10 工频感应电炉熔炼纯铜的技术条件

组别	合金牌号	熔炼温度/℃	覆盖剂	脱氧剂	加料与熔化操作程序
普通纯铜	T1、T2、T3	1180～1200	木炭	Cu－P	(铜＋木炭)→熔化→升温、扒渣→出炉
磷脱氧铜	TP1、TP2	1180～1200	木炭	Cu－P	(铜＋木炭)→熔化→升温、扒渣→Cu－P→取样分析→出护
无氧铜	TU1、TU2	1200～1220	木炭	—	(铜＋木炭)→熔化→升温、扒渣→出炉

3. 竖式炉熔炼

竖式炉比较适合于韧铜。与反射炉相比，竖式炉的最大优点在于熔炼速度快，并且可以实现连续熔炼。

竖式炉通常采用弱还原性熔炼气氛，不能通过熔炼而去除某些杂质元素。竖式炉内的弱还原性气氛也不大可能使氧化亚铜还原，但竖式炉熔炼属于逆流方式作业。阴极铜表面附着的某些有机物和硫酸盐等，可以在预热阶段被分解而挥发。竖式炉通常以天然气或煤气为燃料，以阴极铜为原料。

(1)熔化温度控制

正常情况下，由于竖炉的熔化速度快，铜液受到杂质元素污染的机会相对减少。可是，由于某些原因，尤其是当使用某些尺寸不规则的回炉料时，可能产生炉内悬料现象。此时，炉内熔化段的局部温度可能会升到1200℃或者更高。高温下，不但加速耐火材料的热损耗，同时加速炉料氧化，包括炉料与炉衬耐火材料之间的某些化学反应，而且还可能使铜液吸收大量的气体。

由于悬料，熔化段出现较大的空间，在集聚一定压力和温度后气体产生较集中的上升气流，使竖炉出现烟囱效应，并从竖炉出铜口吸入空气，这些都可能成为熔体吸气的直接原因。

竖炉内温度过高不利于获得高质量的铜液，但过低的温度就无法提供足够的铜液流量。竖炉内衬材料的正常损耗是无法避免的，但可通过控制熔化温度和增加铜液流量来减少对单位重量的铜液的化学污染。即提高竖炉的熔化速度是保证熔化质量、防止污染、增加产量的关键环节；增大受热面积、提高热负荷是实现高速熔化的手段；在适当的温度下，获得较大的铜液流量是企业追求的目标。

可以通过扩大熔化区域和范围，增加烧嘴数量，也可将熔化段温度控制在适宜的范围内，例如1150～1170℃之间。但若单纯追求单个烧嘴的发热量，以求达到增加竖炉的总熔铜量的目的，易使竖炉局部温度过高，SiC 与 CO_2 之间可能发生某些反应，而且可能使炉口温度升高。竖式炉的加料口在顶部，炉料在下降过程中被燃烧的火焰预热和熔化。炉料熔化首先从表面开始，熔化的液滴自然下落。实际上炉料熔化主要是在炉膛底部，即在烧嘴喷射火焰区域进行，形成所谓的铅笔形锥体。熔炼过程中，通过对整个燃烧系统的调整和控制，可以稳定地维持这个形状。

(2)氧含量控制

韧铜产品的氧含量为几万分之一。韧铜产品的氧含量是通过铜液中氧含量的控制实现的。熔炼过程中，避免大气侵入炉膛和正确控制烧嘴的空燃比是实现氧含量控制的基本手段。

在炉区控制氧含量，一般采取调节混合气中燃气比例的方法，并有相关辅助设备进行监控。如 CO 分析仪或 H 分析仪等。燃烧不充分，会导致铜液氧含量降低；燃烧过充分，会导致铜液氧含量升高。

阿萨克竖式炉有一套完整的燃烧控制系统，该烧嘴的主要特征是：燃料和空气能够完全均匀混合，烧嘴喷管断面内氧含量差值比较小，混合气体可微调成弱还原性并保持短火焰，未燃氧对铜液的污染非常小。

采用该烧嘴并按照以下调节方法调节烧嘴的混合气体的空燃比，可以比较准确地控制熔体中的氧含量。

1)点火前混合气体的均匀性

进入炉内的燃气和空气的混合气体，在烧嘴喷管内氧含量的最大值和最小值之差越大，则熔融铜被氧污染的程度越大。混合气体通入炉内以前，烧嘴喷管断面内混合气体的氧含量差值应尽量小，并满足如下试验值。

K 值的定义：

$$K = 0.0623A/(B + 0.01A) \tag{1-15}$$

式中：A 为燃烧空气中氧的体积分数；B 为标准状态下燃料完全燃烧所需要的纯氧的质量分数。各种燃料的 K 值如表 1－11 所列。

表 1－11　各种燃料的 A 值和 B 体值

燃料名称	A 值		B 值
	对空气	对氧	
天然气(CH_4)	0.6	2.11	2
丙烷(C_3H_8)	2.555	1.05	5
甲醇(CH_3OH)	0.776	2.53	1.5
乙醇(C_2H_5OH)	0.414	1.58	3
煤油($C_{12}H_{24}$)	0.071	0.324	18.5

K 值与铜熔体中氧含量的关系应该满足表 1－12 所示条件。

表1－12　K值与铜熔体中氧含量的关系应满足的条件

铜熔体中氧含量/%	混合气的最大与平均氧含量之差
500×10^{-4}以下	$<K$
350×10^{-4}以下	$<2/3K$
100×10^{-4}以下	$<1/3K$

2）防止炉内燃烧火焰的氧污染

在竖式炉的熔炼过程中，炉料与高温的燃烧火焰直接接触。若满足表1－13所示的条件，基本上可避免未燃氧的污染，即距炉壁152.4 mm处，燃烧火焰中已用于燃烧的氧量和铜液中氧含量的关系。

表1－13　避免未燃烧氧污染的条件

铜液中氧含量/%	用于燃烧的氧量/%
500×10^{-4}	>25
350×10^{-4}	>70
100×10^{-4}	>85

为达到上述要求，须采取下列措施：燃料和燃烧空气都要预热至一定温度以上；采用富氧空气；空燃比应调节成弱还原性气氛。

以天然气为燃料与空气混合燃烧时，熔体中氧含量与气氛之间的关系如表1－14所示。

表1－14　熔体中氧含量与气氛之间的关系

铜液中氧含量(质量分数)/%	燃烧前混合气中氧含量(容积体积分数)/%
$<500\times10^{-4}$	18.50～18.95
$<350\times10^{-4}$	18.65～18.95
$<100\times10^{-4}$	18.70～18.85

通常，当燃烧烧嘴的混合气氛比例调整为燃烧平衡比例的1.2倍左右，即保持弱还原性气氛时，燃烧可保持为短火焰，未燃氧对铜液的污染比较小。

在竖式炉中熔炼韧铜时，通常控制铜液在出炉时的氧含量为$(100\sim200)\times10^{-4}\%$。这主要与浇注方式和产品最终的氧含量要求有关。在控制竖炉出铜的氧含量时，应该充分考虑到铜液随后在流槽或保温炉中氧含量将有所变化的实际情况，即对竖炉熔炼的熔体中氧的含量控制应该留有充分的余地。

如果竖炉熔炼的铜液中氧含量不足，可通过在流槽或保温炉中的气氛进行调整。如果氧含量过高，也可以在保温炉中进行适当的还原，例如插木还原。

1.4.2 磷脱氧铜的熔炼

磷脱氧铜几乎可以在所有类型的炉子中熔炼，例如在工频有铁芯感应电炉、中频无铁芯感应电炉等熔炉中熔炼。当采用竖式炉熔炼及电弧炉熔炼时，磷应该在保温炉或流槽、中间浇注包等中间装置中加入。

磷的熔点和沸点都远低于铜的熔炼温度，而且熔体中的磷又可能被脱氧反应所消耗，因此磷含量的控制是个比较突出的工艺问题。

按照惯例，磷都以含13%P左右的Cu－P中间合金形式配料和投炉进行熔化。

只有知道铜液中的氧的含量，即在添加合金元素磷的同时，考虑到可能在熔炼过程中由于脱氧被消耗的量，才有可能保证最终熔体的磷含量。实际上，铜液中的磷含量是熔炼结束时最终剩余的量。

熔炼磷脱氧铜和熔炼无氧铜类似，铜液都须严密保护。虽然在合金中，当有磷存在时，一般都可使铜液免受氧的污染，但如果铜液保护不当，则很容易造成磷的大量烧损，而且当磷与铜等元素之间发生某些化学反应而产生大量熔渣时，又可能影响到铜液的流动等铸造性能。

表1－15所示为TP2熔体在炉内长时间保温状态下，磷含量变化的实际记录。保温期间，关闭炉门，熔池表面用木炭覆盖，铜液温度1160～1180℃。开始保温时，炉内铜液中磷含量为0.026%，50 h后磷的含量为0.002%，不到原来的1/10。可见即使已经合金化了的磷，在长时间保温过程中，其熔损量仍然比较大。

表1－15 TP2熔体保温期间磷含量的变化

序号	保温持续时间/h	磷含量/%
1	0	0.0260
2	17.5	—
3	24.5	0.0049
4	32.5	0.0038
5	51.5	0.0020

连续铸造时，由于持续的时间比较长，必要时应该考虑在铸造过程中，定期向熔体补加一定数量的磷，或者从浇注一开始就连续不断地在流槽或中间包中不断地添加磷。球状的小颗粒Cu－P中间合金，更适合于浇注过程中连续加磷的精确控制。

1.4.3 无氧铜的熔炼

严格区分，无氧铜应分为普通无氧铜和高纯无氧铜。普通无氧铜可以在工频有铁芯感应电炉中熔炼，高纯无氧铜的熔炼则应该在真空感应电炉中进行。

采用半连续铸造方式时，熔体在熔炼炉和保温炉内的精炼过程可以不受时间约束。连续铸造则不同，铜液的质量不仅依赖于熔炼炉和保温炉的精炼质量，更重要的是还需要依赖于整个系统和全过程的稳定性。

为了不使熔体被污染，无氧铜熔炼一般不采用任何添加剂的方式熔炼和精炼，熔池表面覆盖木炭，以及所形成的还原性气氛是普遍采用的熔炼气氛。

熔炼无氧铜的感应电炉应该具有良好的密封性。

熔炼无氧铜应该以优质阴极铜作为原料。熔炼高纯无氧铜，应该以高纯阴极铜作为原料。阴极铜在进入炉膛之前，如果先经过干燥和预热，可以除去其表面可能吸附的水分或潮湿空气。

熔炼无氧铜时炉内熔池表面上覆盖的木炭层厚度，应该比熔炼普通纯铜时加倍，并须及时更新木炭。木炭覆盖尽管有许多优点，例如保温、隔绝空气和还原作用，然而它同时存在一定的缺点，例如木炭容易吸附潮湿空气，甚至直接吸收水分，从而成为可能使铜液大量吸收氢的渠道。

木炭或一氧化碳对氧化亚铜具有还原作用，但对于氢则完全无能为力。因此，木炭在加入炉内之前，应该进行仔细挑选和煅烧。

在熔炼、转注、保温以及整个铸造过程中，对熔体采取全面的保护是无氧铜生产的必要条件。许多现代化的无氧铜熔炼铸造生产线都采取全面保护，同样采用保护处理的还包括炉料的干燥预热、转注流槽、浇注室等。

现代化的大型无氧铜生产线，有些是以发生炉煤气作为保护性气体，而煤气发生炉则大多以天然气为原料。

国外普遍采用的一种保护性气体的制造方法是：首先使硫含量比较低的天然气和94%～96%甲烷用理论值空气进行燃烧，以氧化镍为媒介除去氢，制成的气体主要由氮和 CO_2 气体组成。然后，通过热木炭使 CO_2 变成CO，得到含CO为20%～30%、其余为氮的无氧气体。

除发生炉煤气外，也有采用氮、CO或氩等气体作为无氧铜熔体保护或精炼用介质材料。

真空熔炼应该是熔炼高品质无氧铜的最好选择。真空熔炼不仅可以使氧含量大大降低，同时也可以使氢以及某些其他杂质元素的含量亦同时大大降低。

在真空中频无芯感应炉内熔炼时，多采用石墨坩埚和选用通过两次精炼的高纯阴极铜或重熔铜作为原料。与阴极铜一起装入炉内的，还包括用以脱氧的鳞片状石墨粉。其实，脱氧主要是通过石墨坩埚材料中的炭进行。炭的消耗量，可以通过计算得知，例如1 kg铜消耗100 g炭。经验表明，开始时铜液中氧含量越高，熔炼初期脱氧反应进行得越迅速。

通过真空熔炼获得的无氧铜，其氧含量可以低于0.0005%，氢含量为0.0001%～0.0003%。实际上，只有在一定的真空度下熔炼和铸造的铜，才可能获得完全不含氧和其他气体的铸件，因此生产电子管用铜材所用真空炉的真空度应在10 ppm以上。表1－16所示为无氧铜真空熔炼与大气熔炼的质量比较。

表1－16 无氧铜真空熔炼与大气熔炼的质量比较

熔炼方法	杂质含量(质量分数)/%					
	氢	氧	硫	硒	碲	铅
大气熔炼	0.00012	0.00045	0.00023	0.00013	0.0001	0.0005
真空熔炼	0.00008	0.00004	0.0001	0.00005	0.00005	0.0001

1.4.4 普通黄铜的熔炼

1. 炉型及熔炼气氛选择

(1)炉型选择

工频有铁芯感应电炉是熔炼各种普通黄铜比较理想的熔炼设备。

普通高锌黄铜熔点比较低，在熔炼温度下锌的挥发亦有利于熔体排气，一般不需要复杂的精炼过程，因此比较容易熔炼。

(2)熔炼气氛选择

熔炼普通黄铜时，通常采用木炭作为覆盖剂。实际上，熔池表面上总是会有一定数量的氧化锌积攒，浮在液面上的木炭经常被氧化锌紧紧包裹着。若不经常更新木炭，木炭的覆盖效果会受到影响。

为避免熔体金属由于氧化、挥发和成渣而造成大量损失，生产中已经越来越多地采用各种由盐类组成的熔剂覆盖剂。例如组成为60% NaCl、30% $NaCO_3$、10% Na_3AlF_6 的混合熔剂，当使用量为炉料的0.5%左右时，熔炼过程中随着除渣而损失的金属数量可减少一半。若包括挥发在内，总的熔炼损失可降低到2/3 ~4/5。另外一种比较理想的熔剂组成为硅酸盐($m\mathrm{Na_2O}\cdot n\mathrm{SiO_2}$)50%、硼砂30%和冰晶石20%，使用量仅为炉料的0.2% ~0.4%。

熔炼黄铜所用覆盖剂，大多数都是以炭为主要成分的材料，例如木炭、石墨粉等，以及适量的盐，例如冰晶石、硼砂和食盐等组成的复合型覆盖剂。有的覆盖剂中还掺有少量的玻璃质材料。

黄铜熔炼炉渣通常是由金属、盐类和氧化物等构成的集合体，其中炉渣中的盐类组元起着黏结3种组元颗粒的作用。

对于黄铜而言，合理的原料选择、合理的加料和熔化顺序、合适的熔炼温度等，以及工艺设计，包括低温加锌和高温扒渣原则，每一项都不能忽视。

温度越高，蒸气压越高，锌的挥发损失越大，因此黄铜熔化一般都应该在较低温度下进行。只有在需要精炼和浇注时，才可以适当提高温度。

熔体中气体的含量与原料质量、熔炼气氛、熔炼温度等许多因素有关。精炼方法亦不尽相同，例如：随着锌含量的增加而蒸气压力增大，熔液中气体的饱和度越低，锌的蒸发能有利于熔体中各种气体的排出，因此喷火已成为所有高锌黄铜除气精炼的主要工艺手段。

如果熔体中硫含量比较高，比较适用的是加入碳酸盐，例如碳酸钙($CaCO_3$)或碳酸钠(Na_2CO_3)。此外，也可以通过添加能与硫起化合作用的镁、锰、钙、锂等元素降低硫含量。不过，在加入这些元素之前应该考虑到：只有熔体中含氧量比较低的条件下，加入这些元素才可能起到较好的脱硫作用；否则，这些金属元素添加剂都可能成为脱氧剂元素而过早地被消耗。

2. 普通黄铜的熔炼工艺

表1-17所列为部分普通黄铜的熔炼工艺技术条件。

(1)原料选择

不言而喻，原料品位应该随着黄铜品种品位的提高而提高。

熔炼非重要用途的黄铜时，如果炉料质量可靠，有时废料的使用量可以达到100%。不过，为了保证熔体质量和减少烧损，比较细碎的炉料(如各种锯屑或铣屑)的使用量，一般不宜超过30%。

表1-17 部分普通黄铜的熔炼工艺技术条件

合金名称	出炉温度/℃	脱 氧 剂	覆盖剂	加料与熔化操作规程
H96	1180~1220	Cu-P 新料：0.006% 废料：0.003%	木炭及其他复合熔剂	[铜+(废料)+覆盖剂]→熔化→锌→熔化→搅拌、捞渣→取样分析→升温→Cu-P→搅拌→出炉
H90	1180~1220			
H85	1180~1220			
H80	1180~1220			
H70	喷火(1100~1160)			
H68	喷火(1100~1160)			
H65	喷火(1080~1120)			
H63	喷火(1060~1100)			
H62	喷火(1060~1100)			
H59	喷火(1030~1080)			

试验表明，采用50%阴极铜和50%黄铜废料时，所需的熔炼时间最长、能耗最高。若使锌锭预先加热到100~150℃并分批加料，则非常有利于其迅速地在熔池中沉没及熔化，可以减少金属的烧损。

加入少量的磷，可以在熔池表面形成由$2ZnO \cdot P_2O_5$组成的较有弹性的氧化膜。加入少量的铝，例如0.1%~0.2%，可以在熔池表面形成Al_2O_3保护膜，并有助于避免及减少锌的挥发和改善浇注条件。

大量采用废料熔炼黄铜时，对某些熔炼损失比较大的元素应进行适当的预补偿。例如熔炼低锌黄铜时锌的预补偿量为0.2%，中锌黄铜锌的预补偿量为0.4%~0.7%，高锌黄铜的预补偿量为1.2%~2.0%。

(2)熔化过程控制

熔炼黄铜时一般的加料顺序是：铜、废料和锌。

以纯的金属配料熔炼黄铜时，应首先熔化铜。通常，当铜熔化后并过热至一定温度时应进行适当脱氧(例如用磷)，然后熔化锌。

炉料中含有黄铜废料时，装料顺序可根据合金组元特征和熔炼炉型等实际情况作适当调整。因为废料中本身含有锌，为了减少锌元素的熔损，黄铜废料通常应该在最后加入和熔化。但是，大块炉料则不宜最后加料和熔化。

如果炉料潮湿，则不应该直接加入到熔体中，最好是先将炉料烘干脱去水分。潮湿的炉料若加在其他尚未熔化的炉料上面，即为其熔化之前提供一段干燥和预热时间，不仅有利于避免熔体吸气，同时亦有利于避免其他爆炸事故的发生。

低温加锌，几乎是所有黄铜熔炼过程中都必须遵循的一项基本原则。低温加锌不仅可以减少锌的烧损，同时也有利于熔炼作业的安全进行。

在工频有铁芯感应电炉中熔炼黄铜时，由于熔体(过渡性熔池中熔体内本身)含有大量的锌，因此，一般不必另外添加脱氧剂。不过当熔体质量较差时，也可按炉料总重量添加0.001%~0.01%的磷进行辅助脱氧。

出炉前，在熔体中加入少量的 Cu-P 中间合金，可以增加熔体的流动性。

1.4.5　复杂黄铜的熔炼

工频有铁芯感应电炉，同样是熔炼各种复杂黄铜比较理想的熔炼设备。

若考虑到变料方便，熔炼复杂黄铜时亦可以选择坩埚式工频或者中频无芯感应电炉。坩埚式无芯感应电炉适合于多种牌号交替生产。

复杂黄铜，特别当含有某些熔点较高或者易氧化的合金元素时，熔炼气氛的选择和控制方法是比较重要的。

表 1-18 为某些复杂黄铜的熔炼工艺技术条件。

表 1-18　某些复杂黄铜的熔炼工艺技术条件

组别	合金名称	出炉温度/℃	脱氧剂	覆盖剂	加料与熔化操作程序
铅黄铜	HPb6.3-0.1 HPb6.3-3 HPb62-0.8 HPb61-1 HPb59-1	喷火(1060~1100) 喷火(1060~1100) 喷火(1030~1080) 喷火(1030~1080) 喷火(1030~1080)	Cu-P 新料 0.006% P 废料：0.003% P	木炭、米糠或其他熔剂	[铜+(废料)+覆盖剂]→熔化→(铅+锌)→熔化→搅拌，捞渣→取样分析→升温→铜→磷→搅拌→出炉
铝黄铜	HAl67-2.5 HAl60-1-1 HN59-3-2 HAl66-6-3-2	喷火(1060~1100) 喷火(1080~1120) 喷火(1080~1120) 喷火(1080~1120)		木炭、冰晶石	[铜+(废料)+Cu-Mn+Cu-Fe+Cu-Ni+覆盖剂]→熔化→(铝+锌)→熔化→冰晶石，搅拌，捞渣→取样分析→升温→搅拌→出炉
镍黄铜	HNi65-5 HNi56-3	喷火(1100~1150) 喷火(1060~1100)	Cu-P 新料：0.006% P 废料：0.003% P	木炭、或其他熔剂	[铜+(废料)+Cu-Ni+覆盖剂]→熔化→锌→熔化→搅拌，捞渣→取样分析→升温→铜→磷→搅拌→出炉
加砷黄铜	H68A HSn70-1 HAl77-2	喷火(1100~1160) 喷火(1150~1180) 喷火(1100~1150)		木炭、冰晶石	[铜+(废料)+覆盖剂→熔化→(锡)+(铝)+锌]→熔化→搅拌，捞渣→取样分析→冰晶石→升温→铜→砷→搅拌→出炉
锡黄铜	HSn90-1 HSn62-1 HSn60-1	1180~1220 喷火(1060~1100) 喷火(1060~1100)	Cu-P 新料：0.006% P 废料：0.003% P	木炭、米糠	[铜+(废料)+覆盖剂]→熔化→锡+锌→搅拌，捞渣→取样分析→升温→铜→磷→搅拌→出炉
锰黄铜	HMn58-2 HMn55-3-1 HMn57-3-1	喷火(1040~1080) 喷火(1040~1080) 喷火(1040~1080)	Cu-P 新料：0.006% P 废料：0.003% P	木炭、冰晶石	[铜+(废料)+Cu-Mn+Cu-Fe+覆盖剂]→熔化→锌+(铝)→熔化→冰晶石，搅拌，捞渣→取样分析→升温→Cu-P→搅拌→出炉
铁黄铜	HFe59-1-1 HFe58-1-1	喷火(1040~1080) 喷火(1040~1080)		木炭或其他熔剂	[铜+(废料)+Cu-Mn+Cu-Fe+覆盖剂]→熔化→锌+(铝)→熔化→冰晶石，搅拌，捞渣→取样分析→升温→铜→磷→搅拌→出炉
硅黄铜	HSi80-3	喷火(1150~1180)	Cu-P 新料：0.006% P 旧料：0.003% P	木炭、米糠或其他熔剂	[铜+(废料)+覆盖剂]→熔化→Cu-Si→锌→熔化→搅拌，捞渣→取样分析→升温→铜→磷→搅拌→出炉

1. 铅黄铜的熔炼

单纯采用木炭发生炉煤气覆盖时，熔炼过程中所产生的渣量占金属投料的1.61%，炉渣中金属含量为1.32%。总的熔炼损失为1.80%，其中浸渗到耐火材料中和挥发等其他损失为0.48%。

同时采用木炭、冰晶石和木炭发生炉煤气覆盖时，熔炼过程中所产生的渣量占金属投料的1.05%，炉渣中金属含量为0.7%，总的熔炼损失为1.09%，其中在耐火材料中浸渗和挥发等其他损失为0.39%。

采用木炭和冰晶石覆盖熔炼时，熔炼过程中所产生的渣量占投料量的1.41%，炉渣中金属含量为1.01%。总的熔炼损失为1.56%，其中浸渗到耐火材料中和挥发等其他损失为0.55%。

单纯采用发生炉煤气保护性熔炼试验，熔炼过程中所产生的渣量高达金属投料的1.61%，熔炼时金属损失最高。

熔炼铅黄铜时，几乎无一例外地大量采用废料，而且是大量采用外购的各种废杂料。原料中不乏细碎、金属镀层、带有锡焊料以及混有铁屑等各种杂质，有时还可能含有较多的油、乳液甚至水分等。

因此，使用之前对各种复杂废料仔细进行分拣和必要的处理是所需的。例如采用磁吸方法，将铜屑中的铁屑分离；人工挑选异物和进行分级，然后烘干、制团，包括对特别难以分辨的杂乱废料进行复熔处理等。

使用加工废料时，需要增加相应的工序和成本，但对于整个铜加工生产的全过程而言，往往都是收获远远大于投入。

为了改善铅黄铜的某些性能，可以在熔炼时添加某些微量元素，例如稀土元素。稀土元素的加入量通常为0.03%～0.06%，稀土元素添加过晚或过多，都可能严重降低合金熔体的流动性，并且可能导致凝固，使相变过程中从液体中析出气体困难，造成铸锭的气孔缺陷。加入稀土元素时，首先将其用较薄的紫铜或黄铜带进行包扎或捆绑，然后迅速地插入到熔池深处，以防稀土大量损失。当然，如先将稀土元素制成中间合金，然后投料熔化，对于方便炉前操作和添加元素的实收率是有益处的。

熔体中的铅由于其密度比铜大，容易发生密度偏析。如果采用多台熔炼炉联合作业，可以将铅加在熔炼炉的转炉流槽内，使其在高温铜液的冲刷下逐渐熔化。若采用单台熔炉并且是小型炉子熔炼，可以采用慢慢涮铅的熔化方法，即将铅块用钳子夹住并放入铜液中反复涮。

铅黄铜中加入少量的磷，有助于提高熔体铸造过程所要求的流动性质。

高温下铅易挥发。氧化铅熔点为886℃，难分解、易挥发。950℃时挥发已显著。

铅极少在Cu－Zn合金中固溶，且液态下铅的流动性好，因此铅经常会析出。实际生产中，有时发现熔炼铅黄铜时，炉衬内有析出的铅凝结在一起，甚至发生铅的蒸气穿过炉衬，并凝结在感应体的某一间隙中的现象。

氧化铅能与酸性或碱性氧化物结合生成两性化合物，对硅砖和黏土砖有较强的腐蚀作用。因此在生产铅黄铜时，经常会发现炉壁上黏有大量渣子。对此须及时清除，否则将可能影响到铸锭的质量和炉膛的有效容量。

铅黄铜熔炼时，有时须采取除气精炼工艺，尤其当采用某些质量欠佳的重熔废料、再生金属或者是使用含有大量油和水的细碎屑料时，熔炼过程中熔体常常会从中吸收一定数量的气体。避免及降低熔体含气量的主要工艺措施有：

①严格炉料质量标准，不使用潮湿或含油、水或乳液等过多的炉料。

②适当的保护熔体，包括选择合适的熔剂精炼熔体。

③熔炼后期彻底搅拌熔体，或适当地提高熔体温度，例如充分利用熔体喷火现象除气。

④熔炼末期，添加合适的脱氧剂或变质剂，提高熔体流动性以利于排气。

2. 铝黄铜的熔炼

铝黄铜系列比较复杂，其中有的含有锰、镍、硅、钴和砷等三四种合金元素。合金元素比较多的 HAl66－6－2 和 HAl61－4－3－1 都是由 6 种元素组成的合金，其中部分加工复杂的铝黄铜则源于铸造铜合金。不同的合金往往具有不同的熔炼性质，因此需要不同的熔炼工艺。

首先，铝黄铜在熔炼过程中容易起“沫”，以及容易被铝或其他的金属氧化物夹杂所沾污，合理的熔炼工艺应该包括某些预防性措施。

熔体表面上若存在铝的氧化物薄膜，会对熔体有一定保护作用，熔化时可不用加覆盖剂，从理论上分析，在有 Al_2O_3 膜保护的熔池内加入锌时，可以减少锌的挥发损失。实际上，由于锌的沸腾可能使氧化膜遭到破坏，因此只有当采用合适的熔剂，即熔体能够得到更可靠的保护时，才能有效地避免或减少锌的烧损。

冰晶石已经成为熔炼铝黄铜所用熔剂中不可缺少的重要组分。

铝黄铜熔体决不允许过热，以防熔体大量氧化和吸气。

如果熔体中气体含量比较多，可以选择熔剂覆盖进行精炼，或者采用惰性气体精炼，包括在浇注前更新熔剂并进行重复精炼，以及采用钟罩将氧盐压入熔体中进行熔体精炼的方式。

复杂铝黄铜中所含有的高熔点合金元素，例如铁、锰等，都应该以 Cu－Fe、Cu－Mn 等中间合金形式使用。

通常，大块镀料和铜应该首先加入炉内进行熔化。细碎的炉料可以直接加入熔体中，锌在熔炼末期即最后加入。采用纯金属作为炉料时，应该在它们熔化之后先用磷进行脱氧，接着加入锰(Cu－Mn)、铁(Cu－Fe)，然后加铝，最后加锌。

复杂铝黄铜 HAl66－6－3－2 中，铁含量宜控制在 2%～3%、锰含量控制在 3% 左右。否则，当它们含量过高时，可能对合金的某些性能带来负面影响。

由于铝密度小，如果熔体搅拌不彻底，有可能造成化学成分不均匀的现象。

当炉内有过渡性熔体时，一般可以将铝和部分铜首先加入，待其熔化后再加入锌。加入铝时，由于铜和铝的熔合会放出大量的热，从而加速熔化过程。但如果操作不当，激烈的放热反应可能造成熔池局部温度过高，以致引起锌的激烈挥发，严重时可能会有火焰从炉中喷出。

熔炼温度通常以 1000～1050℃ 为宜，应尽可能地采用较低的熔炼温度。

3. 硅黄铜的熔炼

硅黄铜熔炼，当采用受到铝轻微污染的炉料熔炼时，应该采用木炭覆盖熔炼。必要时，可以采用熔剂进行熔炼。

硅黄铜也可以采用无覆盖的熔炼方式，当熔体不被强烈过热时，熔体表面可以得到由

$SiO_2 \cdot ZnO$ 构成的氧化膜的良好保护。

选择硅黄铜炉料时，应该避免使用铝含量比较高的再生金属，杂质铝的存在对硅黄铜的熔体质量将造成非常不良的影响。同时，也应尽可能地避免使用或者尽量少使用细碎的炉料。含有较多油或水的铜屑，都应该先经过复熔处理。

使用铝含量较高的废料时，熔体容易被气体饱和，甚至可引起凝固过程中的上涨现象。这是由于凝固过程中析出大量气体将偏析物引到结晶前沿。经验表明，杂质铝含量比较低的废铸块，其表面常常呈紫色并具有正常收缩的形态。铝含量较高的废铸块，其表面呈近似于发白的银色表面。

即使杂质铝的含量不高，当采用 Na_2CO_3 等盐类覆盖熔炼时，也容易引起铸锭凝固时的上涨。

采用全新金属作为炉料并在木炭覆盖下熔炼时，其加料顺序一般为：先加铜，铜熔化后加0.01% ~0.03% P 进行脱氧，然后加入硅或者 Cu - Si 中间合金，最后加入锌并熔化。如果配料中含有废料，大块炉料应该与铜一起加入并熔化，然后加硅，再加废料，最后加锌。

若直接采用结晶硅作为炉料，应先破碎成 10 ~20 mm 的小碎块，并应该在熔体温度提高到1100 ~1150℃以上时加入硅。密度比较小的硅块，先浮在熔池表面被预热，随后可借助于熔体的搅拌被熔化。

熔炼硅黄铜时，由于硅的存在可能在熔体表面形成致密并具有一定弹性的氧化膜，此氧化膜有利于防止熔体的进一步氧化。但是，如果氧化膜被随后的加料或者搅拌熔体时的冲击所破裂，则可能导致氧化膜被卷进熔体中。熔体中的氧化物如果与金属有较高的附着力，则可能会在熔体中形成较大颗粒的悬浮夹杂物，最终成为铸锭内部的夹杂缺陷。

采用以氯化钾为主要成分的熔剂覆盖精炼试验的结果如表 1 - 19 所示。虽然各种覆盖剂都有降低铸物中氧化物夹杂的效果，但却存在着不同程度的逸散 HF 等有害气体的现象，并不适于实际应用。硅黄铜的流动性比较好，可以采用较低的浇注温度，例如 950 ~1030℃。

表 1 -19 硅黄铜的熔剂覆盖精炼试验结果

序号	熔剂组成(质量分数)/%	氧化物夹杂废品降低率/%	备注
1	$BaCl_2$: 5; Al_2O_3: 3; Na_3AlF_6: 3; KCl: 余量	30	快速加入，产生烟量较少，无味，结渣量不大
2	$BaCl_2$: 5; Al_2O_3: 3; Na_3AlF_6: 5; KCl: 余量	50	快速加入，产生烟量中等，有味，结渣量不大
3	Na_2CO_3: 30; NaF: 5; KCl: 余量	40	冒烟，无味，炉渣少
4	$BeCl_2$: 4.0; Al_2O_3: 2.5; Na_3AlF_6: 2.5; Na_2CO_3: 20.0; KCl: 余量	30	快速加入，产生烟量不多，无味，结渣量不大
5	Al_2O_3: 3; Na_3AlF_6: 2; Na_2CO_3: 20.0; KCl: 余量	30	—

4. 其他复杂黄铜的熔炼

熔炼复杂黄铜时覆盖剂的选择，主要应根据合金组成和合金的熔炼性质而定。

除了木炭以外，现代生产中广泛采用在盐类熔剂覆盖下进行熔炼。例如：成分为60%氯化钠、30%碳酸钠和10%冰晶石的保护性熔剂，掺有各种稀释添加剂，例如玻璃的熔剂，以及主要由含碳物质(例如木炭或石墨粉等)和少量盐(例如冰晶石、硼砂和食盐等)构成的复合覆盖剂。

原料中的铁、锰、镍和砷等，均应制成中间合金。

复杂黄铜的加料和熔化顺序，既取决于各组成元素的性质，也取决于原料自身的状态和品位。采用新金属作为原料时，应该根据各合金元素熔损量的实际经验值确定配料比。某些易熔损元素，例如锌、铝、锑、砷、锰等，应取标准成分的上限配料；不容易熔损的元素，例如铜、铁、镍、锡、硅等，应取标准成分的中限或下限配料。使用废料熔炼时，对易熔损元素应进行适当的预补偿，例如：铝为0.1% ~0.15%；锰为0.1% ~0.30%；砷为0% ~0.01%；铍为0% ~0.01%；锡为0.05%。

熔炼含有难熔合金成分，例如锰、铁等合金元素的复杂黄铜时，其加料及熔化顺序应依次为铜、锰、铁、废料、铝、铅等。合金中同时含有锰和铁时，最好先加锰，因为铜液中含有锰有利于铁的溶解。熔炼含有镍的黄铜时，镍或Cu－Ni中间合金、废料可以与铜一起加入炉内熔化。

熔炼锰黄铜和铁黄铜时，若全部采用新金属作为炉料，并且炉内没有过渡性熔体时，则应该在部分铜熔化后首先进行脱氧，然后熔化含有锰和铁的中间合金，最后熔化余下的铜。如果采取先把全部铜和大块料熔化完，然后熔化细碎的屑，最后熔化难熔的锰和铁，势必造成熔钵过热至1180 ~1200℃，显然这是不合理的。

复杂黄铜大都属高锌黄铜，可以通过喷火程度判断和控制熔体温度。

复杂黄铜的成分复杂，尤其是含有难熔组元时，一定的熔炼温度有利于化学成分的均匀。但是，温度过高可能造成金属氧化烧损量增加。因此，对于化学成分范围比较窄且容易氧化烧损的元素的加入，掌握适当的温度和加入时机则显得非常重要。

熔炼复杂黄铜时，具有复杂组成的各种熔渣，有些可以和炉衬耐火材料之间发生某种化学反应，有的则可能直接黏附到炉壁上，不利于以后的变料，甚至妨碍操作以及明显减小炉膛的有效容积等。通过人工或者机械方法，或者采用适当的熔剂方法，及时除去黏在炉壁上的积渣是值得注意的。

1.4.6 青铜的熔炼

1. 锡青铜的熔炼

(1)锡青铜的熔炼特性

表1－20所示为锡青铜的组元及杂质元素对铸造性能和组织结构的影响评价。

锡青铜中最有害的杂质是铝、硅和镁，当它们的含量超过0.005%时，产生的SiO_2、MgO和Al_2O_3氧化物夹杂会污染熔体，并且降低合金某些方面的性能。

熔炼锡锌青铜时，由于锌的沸点比较低且与氧有较大的亲和力，应该在对熔体进行脱氧后再投炉熔化，这样锌可以补充脱氧，从而更有助于避免产生SnO_2的危险。熔体中的锌和磷综合脱氧的结果，生成的$2ZnO \cdot P_2O_5$比较容易与熔体分离，而且有利于提高熔体的流动性。

表1－20 锡青铜的组元及杂质元素对铸造性能和组织结构的影响评价

性能	合金元素含量(不大于)/%					杂质元素含量(不大于)/%							
	Sn 10	Ni 5	Zn 10	Pb 30	P 0.3	Al 0.1	Si 0.1	Fe 0.6	As 0.75	Bi 0.2	Cd 0.2	Mg 0.05	Sb 0.5
铸造性能	+	■	+	+/-	+	-	-	-	-	■	■	-	■
组织结构	+	+	■	-	+	-	-	+	★	★	★	-	■

注:“+”表示具有正面影响;“-”表示具有负面影响;“■”表示基本上没有影响;“★”表示组织性能的改变与其含量有关。

(2)锡青铜的熔炼工艺

熔化前首先进行预热炉料,从而减少甚至避免熔体吸收气体。新金属和工艺废料的比例合适,有利于稳定熔体质量。工艺废料的使用量一般不宜超过20% ~30%。

被杂质轻微污染的熔体,可通过吹入空气或借助氧化剂(例如氧化铜CuO)将杂质元素氧化,被某些杂质元素严重污染的废料,可以采用熔剂或惰性气体精炼,包括重熔处理等方式使其品质提升。

合适的加料和熔化顺序,包括采用具有强烈搅拌熔体功能的工频有铁芯感应电炉进行熔炼,有利于减轻或避免偏析现象发生。在熔体中加入适量的镍,有利于加速熔体的凝固和结晶速度,对减轻或避免偏析有一定效果。类似的添加剂,还可以选择锆和锂等。可以采取分别熔化铜和铅,然后将铅的熔体注入1150~1180℃的铜熔体中的混合熔炼方法。

一般情况下,熔炼含有磷的锡青铜多采用木炭或石油焦等碳质材料覆盖熔体,而不使用熔剂。熔炼含有锌的锡青铜时,所用的覆盖剂中,同样应该包括木炭等含碳材料。连续铸造时,出炉温度控制在合金液相线以上100~150℃比较合理。表1-21所列为几种锡青铜的熔炼工艺及技术条件。

表1-21 几种锡青铜的熔炼工艺及技术条件

组别	合金名称	加料及熔炼操作顺序	覆盖剂	脱氧剂	熔炼温度/℃
锡磷青铜	QSn6.5-0.1 QSn6.5-0.4 QSn7-0.2 QSn4-0.3	[铜+(废料)+锡+木炭]→熔化→铜→磷→熔化→升温,搅拌,扒渣→取样分析→升温出炉	木炭、米糠	—	1240~1300 1240~1300 1240~1300 1240~1300
锡锌青铜	QSn4-3 QSn4-4-2.5 QSn4-4-4	[铜+(废料)+锡+铅+木炭]→熔化→锌→熔化→铜→磷→熔化→搅拌,升温,扒渣→取样分析→升温出炉	煅烧木炭	Cu-P	1250~1300 1280~1320 1280~1320

2. 铝青铜的熔炼

(1)铝青铜的熔炼特性

表1-22列出了铝青铜的主要成分和某些杂质元素对合金铸造性能和组织结构的影响评价结果。可以看出,从有利于改善铸造和组织结构性能方面考虑,磷、砷、铋、锌和铅等都属于有不利影响的元素。

表1-22 铝青铜组元及某些杂质元素对铸造性能和组织结构的影响

性能	合金元素含量(不大于)/%				杂质元素含量(不大于)/%								
	Al 11	Ni 5	Mn 10	Fe 4	Si 1.0	Sn 1.0	P 0.1	As 0.1	Mg 0.1	Cd 0.2	Bi 0.1	Pb 0.25	Zn 1.0
铸造性能	+	■	+	-	■	-	■	-	-	■	■	■	-
组织结构	+/★	+	+	+	■	■	-	■	+/★	+/★	+/★	+/★	■

注:“+”表示具有正面影响;“-”表示具有负面影响;“■”表示基本上没有影响;“+/★”表示有正面影响,但是组织性能的改变与其含量有关。

(2)铝青铜的熔炼工艺

铝青铜在中频、工频无芯感应电炉中熔炼比较合适。在工频有芯感应电炉内熔炼时,最大的障碍在于熔沟壁上容易黏挂由 Al_2O_3 或 Al_2O_3 与其他氧化物组成的渣,使得熔沟的有效断面不断减小,直至最后熔沟整个断面全部被渣子所阻断。

感应炉熔炼气氛容易控制,而且熔化速度快,有利于减少甚至避免熔体大量吸氢和生成难以从熔体中排出的 Al_2O_3 的危险。虽然非常细小的 Al_2O_3 可能有细化结晶的作用,但更大的危害是 Al_2O_3 有可能成为加工制品层状断口缺陷的根源。

表1-23所列为精炼铝青铜用的部分精炼熔剂成分。以氟盐为熔剂和氟盐为主要成分的熔剂对 Al_2O_3 具有比较好的湿润能力,可以有效地进行清渣。精炼铝青铜,亦可采用混合型熔剂,例如采用木炭与冰晶石比例为2∶1的混合熔剂。

表1-23 精炼铝青铜用的部分精炼熔剂成分

熔剂组成	消耗量/%(金属重量)	主要用途
玻璃粉∶Na_2O_3=1∶1,另加5%~10%氟盐	1~2	覆盖和精炼用
KCl∶Na_3AlF_6∶$Na_2B_4O_7$∶NaCl∶木炭=35∶25∶28∶10∶2	2~3	覆盖和精炼用
CaF_2∶NaCl∶Na_3AlF_6=40∶20∶40	2.3	覆盖和精炼用
硅盐(块状)∶Na_3AlF_6∶NaF=50∶43∶7	2	覆盖用
NaF∶Na_3AlF_6∶CaF_2=60∶20∶20	2	用于包内精炼
石墨粉或电极石墨粉和冰晶石或硼砂的混合物	适量	覆盖用

实际上,在中频、工频无芯感应电炉和工频有芯感应电炉内熔炼时,只要炉料不是很差,一般都可以不使用熔剂,依靠熔池表面上自然形成的 Al_2O_3 薄膜,也能够防止熔体进一步氧化和成渣。

为了降低熔炼温度,预先将铁、锰等合金元素制成Cu-Fe(20%~30% Fe)、Cu-Mn(25%~35% Mn)、Cu-Al(50% Al)、Cu-Fe-Al、Cu-Fe-Mn、Al-Fe等中间合金。

熔炼铝青铜时,通常使用25%~75%的铜合金废料。大量使用复熔的废料,可能引起过多的某些杂质元素、氧化物、气体的聚集。含有油、乳液及水分较多的碎屑,应该经过干燥处理或复熔处理后再投炉使用。

在中频、工频无芯感应电炉内熔炼铝青铜时，一般应按照合金元素的难熔程度顺序控制加料和熔化顺序：铁、锰、镍、铜、铝。由于铝和铜熔合时伴随着放热效应，可被利用于熔化预先留下的部分铜，此预先被留下的部分铜俗称冷却料。实际上，锰在加铁之前加入熔体是合理的，因为铁不容易在铜中溶解。为避免熔体中产生 NiO 和 $NiO \cdot Cu_2O$ 等夹杂物，应注意避免熔体的氧化，必要时亦可在铜熔化后先进行脱氧。

理论上铝青铜似乎不须脱氧，但也有文献介绍用镁和钠进行脱氧的方法。熔炼临结束前，在每100 kg熔体中加入30 g钠或20 g锂或30～50 g镁。这些被认为是脱氧剂的添加剂，通过专门的金属或陶瓷材料制成的小筒加入到熔体中。当熔体中有钠或锂、镁等元素存在时，有可能改变氧化物(例如 Al_2O_3)的性质，至少可使其易于与熔体分离。有些工厂采用易挥发的氯盐精炼熔体，用石墨制钟罩将其压入到熔体中。挥发性氯盐例如 $AlCl_3$ 升华时，形成的氯气泡可以将熔体中悬浮着的氧化夹杂物带出液体表面。精炼期间，如果能够静置5～10 min，则更有利于提高精炼效果。

在燃气炉中熔炼铝青铜时，常常在浇注开始之前对熔体进行吹氮气甚至氩气处理，以去除熔体在熔炼过程中所吸收的氢。氮吹入量视熔体质量而定，例如每100 kg熔体氮的吹入量为20 L。

铝青铜的熔炼温度，一般以不超过1240℃为宜。某些铝青铜的熔炼工艺技术条件如表1－24所示。

表1－24 某些铝青铜和硅青铜的熔炼工艺技术条件

合金名称	加料与熔化操作程序	熔剂	脱氧剂	熔炼温度/℃
QAl5 QAl7 QAl9－2 QAl9－4 QAl10－3－1.5 QA110－4－4	[冰晶石＋镍＋铁＋锰＋2/3 铜＋(废料)]→熔化→铝→熔化→1/3 铜→熔化→冰晶石→升温，搅拌，扒渣→取样分析→升温出炉	冰晶石	Cu－P	1200～1240 1200～1240 1200～1240 1200～1240 1200～1240 1220～1260
QSi3－1 QSi1－3	[镍＋锰＋硅＋铜＋(废料)＋木炭]→熔化搅拌→取样分析→升温→出炉	木炭	Cu－P	1140～1220 1180～1220

3. 硅青铜的熔炼

(1)硅青铜的熔炼特性

硅青铜的熔炼特性与铝青铜相似，硅具有自脱氧作用，其熔体的吸气性比较强。

采用感应电炉熔炼时，可以不用覆盖剂。熔池表面上的 SiO_2 膜可以保护内部熔体免受进一步氧化。若采用木炭覆盖，则木炭必须经过干馏处理。

(2)硅青铜的熔炼工艺

硅青铜中的硅、锰和镍等合金元素，在中频无芯感应炉中都可以直接进行熔化。然而，如果预先将它们制成Cu－Si、Cu－Mn和Cu－Ni等中间合金，则可大大降低熔炼温度，减少吸气并缩短熔化时间。

熔炼硅青铜所用的原料必须干燥。细碎的或者潮湿的炉料，一般不能直接投炉使用。

熔体应该避免过热，过高的熔炼温度可能引起熔体的大量吸气。

经验表明，熔体达到浇注温度时，仔细搅拌熔体可使熔体中的气体含量大大降低。

4. 其他青铜的熔炼

铍青铜、镉青铜、铬青铜、锆青铜、铁青铜、钛青铜、碲青铜等，在国外多被列为高铜合金。由于所添加的合金元素种类及添加元素含量不同，因而具有不同的熔炼性质。表1－25所列为某些复杂青铜的熔炼工艺技术条件。

表1－25 某些复杂青铜的熔炼工艺技术条件

合金名称	熔炉类型	加料及熔炼操作顺序	覆盖剂	脱氧剂	熔炼温度/℃
QCr0.5	工频有铁芯感应电炉	[铜+硼砂+玻璃+废料]→熔化→升温至1300~1350℃→Cu－P→Cu－Cr→搅拌，取样分析→出炉	硼砂玻璃	Cu－P	1300~1350
QCd1.0	工频有铁芯感应电炉	[铜+废料+木炭]→熔化→Cu→P→Cu－Cd→搅拌，取样分析→出炉	木炭	Cu－P	1230~1260
QTe2.5	中频、工频无芯感应电炉	[废料+木炭]→熔化→Cu－P→Te→熔化→铜→熔化→Cu－Zn→搅拌，取样分析→出炉	木炭		1250~1290
QBe2.0	中频无芯感应电炉	[镍(Cu－Ni)+铜+废料]→熔化→Cu－Be→熔化→搅拌，取样分析→升温，出炉			1200~1250
QZr0.2	真空－中频无芯感应电炉	[铜+废料]→抽真空→熔化→精炼→关阀门，加锆→熔化→静止，升温→出炉			1180~1220

高铜合金中多数合金元素的熔点比较高，并且与氧的亲和力也都比较大。显然，应该根据合金特征即合金的不同熔炼特性进行工艺设计。

铬青铜可以在中频无芯感应电炉和真空中频无芯感应电炉内熔炼。在中频无芯感应电炉熔炼时，可以直接熔化铬，但工艺不当时其熔炼损失比较大。铬青铜熔炼亦可在工频有芯感应电炉内进行。不过，高熔点的铬应该预先在真空中频无芯感应电炉中熔炼并制成Cu－Cr中间合金。

在中频无芯感应电炉中直接熔化铬时，除了须对熔体严密覆盖外，熔化温度的控制及铬的加入时机的选择尤为重要。可以采用煅烧木炭、炭黑或者硼砂和玻璃粉等混合熔剂作为熔炼的覆盖剂。为减少铬的熔炼损失，熔化铬之前应该先对熔体进行彻底的脱氧，或者保证在铜的熔化过程中根本就未曾吸收氧。

镉青铜中镉的沸点为765℃，比锌的沸点还低，在熔炼温度下镉的挥发不可避免。镉青铜的结晶温度范围比较窄，一旦熔体中气体含量较高，则极容易在铸锭内产生气孔。因此，选择合适的覆盖剂和适宜的熔炼温度都是很重要的。

镉通常采用Cu－Cd中间合金加入，可以减少熔炼损失，但制造Cu－Cd同样面临较大的熔炼损失和环境污染。

铍青铜的熔炼过程并不是很复杂。铍青铜和铝青铜、硅青铜等相似，铍有脱氧能力，熔体容易大量吸氢。炉料质量、熔炼温度等工艺条件的正确设计是保证熔炼质量的关键。

熔炼铍青铜所用原料必须保持干燥。通常，细碎或潮湿的原料不能直接投炉使用。

由于 Cu – Be 中间合金中的铍含量有限，熔炼铍青铜时中间合金的使用量是比较大的，例如熔炼 QBe2.0 时需要的 Cu – Be 中间合金数量，占总投料量的 1/3 以上。组元镍的熔点高，应该以 Cu – Ni 中间合金(实际上各种普通白铜工艺废料都可以当成中间合金)形式配料和进行熔化。

铍青铜浇注温度应该尽可能低，出炉前仔细搅拌熔体可以更好地排除气体。

实际上，真空下熔炼铍青铜是比较理想的。真空熔炼，对于保证熔体质量特别是避免熔体吸气是比较可靠的。

应该指出：铬、镉、铍等金属及金属的氧化物都属于有害物质，尤其是镉和铍及其氧化物。因此，熔炼含有这些元素的合金时，应注意劳动条件和环境保护，包括对熔炼过程中产生的熔渣等废弃物质的慎重处理。

1.4.7 白铜的熔炼

1. 白铜的熔炼特性

镍的熔点为 1453℃。在不同镍含量的白铜中，随着镍含量的提高，其固相线温度随之提高。例如 B10 的固相线温度为 1100.5℃；普通白铜 B30 的固相线温度为 1172.6℃。

在白铜的熔炼过程中，由于氧化而产生的 NiO 和 Cu_2O 都属于碱性氧化物，若炉衬是以 SiO_2 为主要成分的石英砂材料，则 NiO 和 Cu_2O 都可以与 SiO_2 发生化学反应，结果炉衬被侵蚀。镍的含量越高，熔体对炉衬耐火材料的侵蚀越严重。

为了保证化学成分均匀和熔体具有一定的流动性，适当的熔炼温度是必须的。显然，熔炼白铜须较高的熔炼温度，因而应该选择具有较高耐火度的耐火材料制造炉衬。

熔炼白铜过程中，熔体容易吸氢和增炭。

实践表明：在石墨坩埚中熔炼普通白铜时，熔炼温度一旦超过 1400℃，熔体中的碳含量将很快达到 0.03% ~0.05%，甚至更高。因此，当采用木炭作覆盖剂熔炼白铜时，熔炼温度不宜超过 1350℃。试验也表明，在熔炼镍含量较高的白铜时，当熔体与木炭的接触时间超过 20 min 时，常常会使熔体中碳的含量超过标准限量。

2. 白铜的熔炼工艺

(1)熔炼设备及熔炼气氛的选择

普通白铜，通常都可以在工频有铁芯感应电炉内熔炼，炉衬应该采用高铝质，甚至镁质耐火材料。

复杂白铜，由于熔点比较高，而且考虑到变料方便，因此实际上多在坩埚式的中频无铁芯感应电炉内熔炼。在中频无铁芯感应电炉内熔炼中、低镍白铜(例如 B0.6 和 B5)时，只要过热温度不超过 1350℃，就可以采用黏土石墨坩埚。

锰白铜在中频无铁芯感应电炉内熔炼时，熔炼温度高并因为合金中含有一定数量的锰，所以炉衬采用镁砂或者电熔刚玉质耐火材料较为合适。

为了获得氢和碳含量都比较低的熔体，必要时可以采用氧化－还原精炼工艺。例如开始在木炭覆盖下进行熔炼，当熔体达到1250℃时，迅速清除木炭，并在无任何覆盖的情况下，使熔体直接暴露在空气中3～5 min，或者直接把氧化镍加在熔池表面上，然后在出炉前再进行脱氧。

熔炼锌白铜时，可使用适量的冰晶石进行清渣。为提高熔体质量，某些重要用途的白铜应该采用真空熔炼或者电渣熔炼的工艺。

(2)白铜的熔炼工艺

熔炼白铜过程中，锰、铝和锌等合金元素的损耗比较大，配料时应取中、上限。铜、镍、铁和铅等合金元素不容易损失，配料时可取中、下限。如果从经济角度考虑，在不影响合金质量的前提下，亦可将较贵重的元素(例如镍)的含量控制在中、下限范围内。

大量使用铜合金工艺废料配料时，对熔炼损失比较大的合金元素应当做适当的预补偿。例如，锰白铜使用本合金废料时，锰可补偿0.5%，锌白铜使用本合金废料时，锌可补偿1.5%。

表1－26所列为某些白铜在工频有铁芯感应电炉熔炼时的工艺技术条件。

表1－26　某些白铜在工频有铁芯感应电炉熔炼时的工艺技术条件

<table>
<tr><th>组别</th><th>合金名称</th><th>加料及熔炼操作顺序</th><th>覆盖剂</th><th>脱氧剂</th><th>熔体温度/℃</th></tr>
<tr><td>普通白铜</td><td>B0.6
B5
B19
B30</td><td>[镍＋铜＋(废料)＋木炭]→熔化→升温，搅拌，扒渣→取样分析→加镁脱氧→升温出炉</td><td>木炭</td><td>Cu－Mg</td><td>1160～1180
1180～1240
1280～1330
1300～1350</td></tr>
<tr><td>铁白铜</td><td>BFe10－1－1
BFe30－1－1</td><td>[镍＋铜＋铁＋(废料)＋木炭]→熔化→锰→熔化→搅拌，升温，扒渣→取样分析→升温，加镁脱氧→升温出炉</td><td>木炭</td><td>Cu－Mg</td><td>1280～1330
1300～1350</td></tr>
<tr><td rowspan="2">锰白铜</td><td>BMn3－12</td><td rowspan="2">[镍＋铜＋(废料)＋熔剂]→熔化→硅＋铁→熔化→锰→搅拌，升温，扒渣→取样分析→升温，加镁脱氧→升温出炉</td><td>硼砂</td><td></td><td>1300～1350</td></tr>
<tr><td>BMn40－1.5
BMn43－0.5</td><td>硼砂
玻璃</td><td>Cu－Mg</td><td>1360～1400
1360～1400</td></tr>
<tr><td>锌白铜</td><td>BZn15－20
BZn18－18
BZn18－26</td><td>[镍＋铜＋铁＋(废料)＋木炭]→熔化→锰＋硅→熔化→锌→熔化→搅拌，升温，扒渣→取样分析→升温，加镁脱氧→升温出炉</td><td>木炭</td><td>Cu－Mg、Si、Mn</td><td>1180～1210</td></tr>
<tr><td>铝白铜</td><td>BAl13－3
BAl6－1.5</td><td>[镍＋锕＋冰晶石＋(废料)＋木炭]→熔化→铝→冰晶石→铝→搅拌，升温，扒渣→取样分析→升温出炉</td><td>木炭
冰晶石</td><td></td><td>1350～1400
1300～1350</td></tr>
</table>

当炉内尚有剩余熔体，例如在工频有铁芯感应电炉(即熔沟中始终保留有一定数量的熔体的情况下)熔炼白铜时，应该首先熔化难熔成分，例如镍和铁等，随着熔化的进行再逐步加入大块废料、锰或Cu－Mn中间合金，最后加入铜并熔化。

通常，本合金工艺废料使用量不超过50%。加工过程中产生的各种锯屑、铣屑，应经充分干燥并将其打包或制团处理。各种细碎的屑和杂料，应该经过复熔处理后再投炉使用。

碳、磷、锰、硅、铝、镁、锂、锆等都可作为白铜熔炼的脱氧剂，有的还采用多种元素按一定顺序进行的复合脱氧工艺。

白铜熔炼的脱氧剂选择，以及脱氧的时机选择应根据熔炼和铸造方式确定。铁模铸造及水冷模铸造时，浇注时间比较短，基本上不受或很少受到二次氧化及吸气的影响。半连续铸造及全连续铸造则因铸造时间长而受到影响。

1.5　铜及铜合金坯料的铸造技术(产品生产的共性技术之二)

1.5.1　棒坯水平连续铸造

1. 水平连续铸造技术

水平连续铸造技术是从铸造实心的小断面铸锭开始发展起来的。随着水平连续铸造技术的不断发展，目前水平连续铸造圆断面的铸锭规格达到了 ϕ300 mm 以上，扁铸锭断面厚度通常超过 200 mm。

最简单的铜合金小断面铸锭的水平连续铸造装置示意图如图 1 -2 所示。

有些简单的装置甚至不用电炉，直接在中间浇注包(有的中间浇注包定用大号黏土石墨坩埚改制成的)前端安装结晶器进行铸造。图 1 -3 所示为采用电阻加热结晶器的水平连续铸造装置。

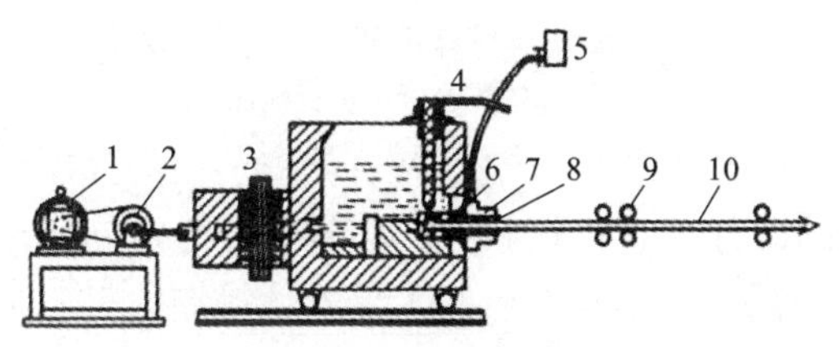

图 1 -2　简单的水平连续铸造装置示意图

1—电机；2—偏心轮；3—电炉；4—液流控制装置；5—润滑油罐；6—出铜口；7—结晶器石墨模；8—结晶器；9—牵引装置；10—铸锭

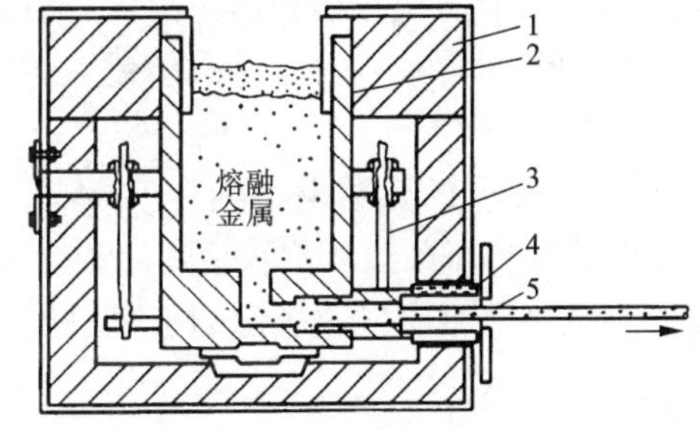

图 1 -3　采用电阻加热结晶器的水平连续铸造装置

1—隔热砖；2—石墨坩埚；3—加热元件；4—结晶器；5—铸锭

该装置中的保温浇注炉采用电阻加热炉衬，相当于石墨坩埚。结晶器与石墨坩埚之间通过石墨质导注管连接，石墨导注管处于电加热区内。结晶器及其结晶器与炉体的连接是水平连续铸造的关键技术。

水平连续铸造用和立式半连续铸造用结晶器的结构相似。不同的是，水平连续铸造用结晶器的前端须与炉体或中间浇注包密封连接。如图 1 -4 所示，结晶器前端带锥度的石墨套前舌，深入到了炉前室中出铜口座砖的锥形孔内。出铜口座砖由石墨材料制造，因此结晶器与炉体的所有接合面密封良好。此种方式适合小断面铸锭的铸造，便于更换铸锭规格。须更换结晶器时，将塞棒关闭即可。

如图 1－5 所示，结晶器和炉前室窗口之间，附加一个过渡的耐火材料制的导流砖，导流砖再通过一可更换的环形砖与炉体相连。

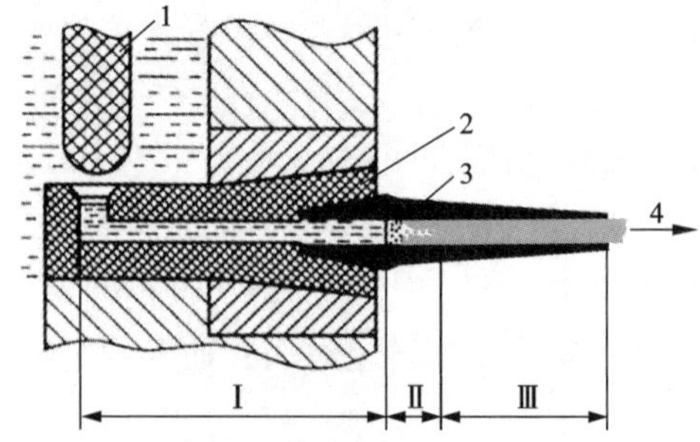

图 1－4　结晶器通过出铜口座砖与炉体对接

Ⅰ—液态区；Ⅱ—半凝固区；Ⅲ—固态区

1—炉前室中的塞棒；2—出铜口座砖；

3—结晶器石墨套前端；4—铸锭及引锭方向

实际上，这种复杂的连接方式后来得到了很多改进。目前，多采用结晶器前端面直接与尺寸相当的炉前室窗口对接的连接方式。不过，直接连接时，做好结合面的密封是非常重要的，此种方式适合大断面铸锭的铸造，不宜频繁变换铸锭规格。更换结晶器时，须将炉内铜液的液面降到出铜口下沿以下的位置时进行。

铸造开始前，必须将结晶器、引锭杆和引拉机牵引辊二者调整在同一水平中心线上。塞棒打开即进行铸造。铸造期间，炉膛内始终应该保持一定高度的金属液位，同时须对炉内铜液温度连续进行监控。与结晶器前端相面对的炉壁是安装热电偶的合适位置。

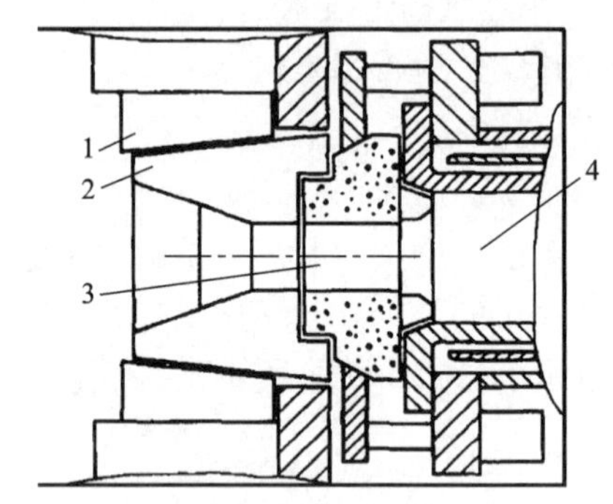

图 1－5　结晶器与炉体前室窗口对接示意图

1—炉体上的固定座砖；2—可更换环形砖；

3—导流砖；4—结晶器前端

结晶器振动或者采用停、拉引锭工艺，或者采用带反推的微程引拉程序，可以有效地改善铸锭表面质量和内部结晶组织。铸造黄铜时须用油润滑。

规格比较小的铜线坯，可同时铸造多根，并可分别将每条线坯都盘成规定长度或重量的圆盘。规格比较大的铸锭，可通过同步运行的带锯或圆盘锯锯切成规定的长度。表 1－27 为铜合金小断面铸锭水平连续铸造的工艺条件举例。

表 1－27　铜合金小断面铸锭水平连续铸造的工艺条件

合金牌号	铸锭直径 /mm	浇注温度 /℃	瞬时速度 /(m·h^{-1})	平均速度 /(m·h^{-1})	链振频率 /(次·min^{-1})	结晶器长度 /mm	冷却水压力/MPa	
							一次冷却	二次冷却
H80	40	1130～1160	15～25	10～15	50～80	190	0.20～0.30	0.05～0.10
H68	40	1050～1100	23～30	15～20	50～80	190	0.20～0.30	0.05～0.10
H65	40	1000～1050	23～30	15～20	50～80	190	0.20～0.30	0.05～0.10
H62	40	1000～1050	25～32	15～20	50～80	190	0.20～0.30	0.05～0.10
HPb59－1	40	990～1040	25～30	15～20	50～80	190	0.20～0.30	0.05～0.10
QSn6.5－0.1	12	1160～1200	110～120	40～80	105～135	120	0.10～0.25	

续表 1-27

合金牌号	铸锭直径/mm	浇注温度/℃	瞬时速度/(m·h^{-1})	平均速度/(m·h^{-1})	链振频率/(次·min^{-1})	结晶器长度/mm	冷却水压力/MPa	
							一次冷却	二次冷却
QSn6.5-0.4	12	1160~1200	90~100	40~80	105~135	120	0.10~0.25	
QSn7-0.2	12	1160~1200	100~110	40~80	105~135	120	0.10~0.25	
QSn4-3	12	1200~1250	90~110	40~80	80~100	120	0.10~0.25	
QSn3-1	35	1180~1230	10~15	4~6	40~50	190	0.15~0.20	0.10

注：铸造锡青铜 QSn6.5-0.1、QSn6.5-0.4、QSn7-0.2 时不用润滑油。铸造其余合金时采用 30 号汽轮机油作为润滑油。

2. 铸锭质量控制

结晶器内衬通常采用高密度、高强度石墨制造，铸锭的凝固过程基本上是在石墨衬套中进行。石墨容易加工，因此不仅可以铸造实心圆铸锭、空心铸锭，也可以铸造宽厚比较大的带坯，以及方坯、六角形断面等复杂断面的铸锭。石墨的工作表面可以通过涂料或电镀抛光等方式进行加工，一方面可以改善铸锭表面质量，同时可以延长石墨模的使用寿命。

小断面铸锭连铸通常采用步进式引拉，即带有间歇的引拉方式及带有反推程序的引拉方式铸造，目的在于克服模壁与铸锭表面之间的摩擦力，防止铸锭表面被拉裂。铸锭断面越小，铸锭与结晶器之间的收缩间隙越小，铸锭越容易被拉断。

水平连续铸锭的主要缺陷是下表面的裂纹，以及铸锭上、下不同部位结晶组织的不均匀。

水平连续铸造过程中一个重要的冶金现象是：铸锭在重力效应下自动下沉，铸锭收缩后与结晶器壁之间的间隙不再均匀，导致下部间隙小于上部间隙。这种偏离的结果，造成了铸锭内部温度场的不对称和结晶组织的不均匀。在距离结晶器出口适当位置，设置支撑辊可以达到调整上述间隙的目的。

水平连铸适于铸造用常规方法难以生产的锡青铜、铅黄铜等复杂铜合金铸锭。

铸造复杂成分铜合金时，铸锭表面析出物对结晶器壁的黏着力、铸锭与结晶器壁之间的摩擦阻力及阻碍其收缩的拉脱力，同时作用在铸锭表面上。当拉应力超过铸锭表面层强度时，将会造成裂纹。

微引程引拉不仅可以减小引锭阻力及“冷热节”裂纹，同时有利于促进液穴中晶核的形成及晶粒的细化。增加引锭频率和减少引锭行程，有利于晶粒的细化。反推时，不仅可以清理结晶器表面上黏结的金属氧化物凝渣，同时结晶前沿附近半固状金属亦将受到强烈的挤压而使结晶更加致密。试验表明：在水平连续铸造 HPb59-1ϕ78 mm 铸锭的过程中，采用微引程和反推程序以后，铸锭结晶组织细致而均匀，抗拉强度提高了 30%~40%，甚至相当于压力加工材水平。

1.5.2 管坯水平连续铸造

图 1-6 为空心铸锭的水平连铸装置示意图。

铸造空心铸锭时，须在结晶器中嵌入与铸锭内径尺寸相当的芯子。芯子通常亦用石墨材料制造，和石墨内套表面一样，应具有一定的锥度，参见图 1-7 所示。图 1-8 为铸造空心铸锭时凝壳形成过程与铸锭表面质量之间关系的示意图。

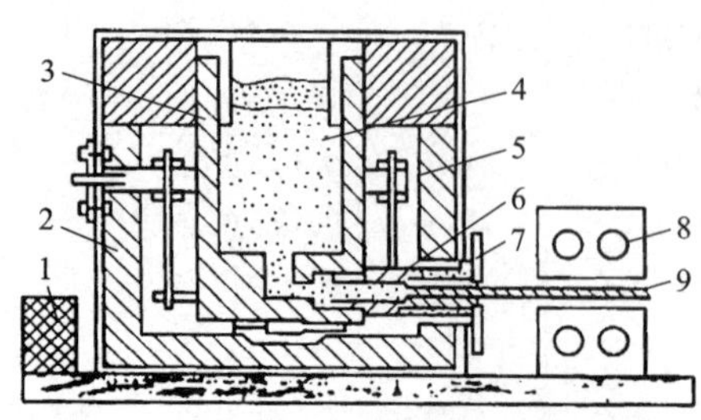

图1-6　空心铸锭的水平连铸装置示意图

1—变压器；2—炉墙；3—石墨坩埚；4—熔体；5—电热体；6—石墨导注管；7—结晶器；8—牵引装置；9—铸锭

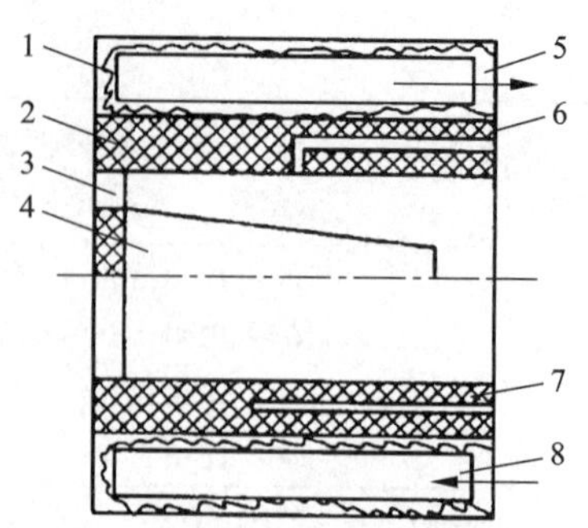

图1-7　铸造空心铸锭用结晶器示意图

1—水冷套；2—石墨内套；3—铜液入口；4—石墨芯杆；5—出水孔；6—氮气输入口；7—热电偶插入孔；8—进水孔

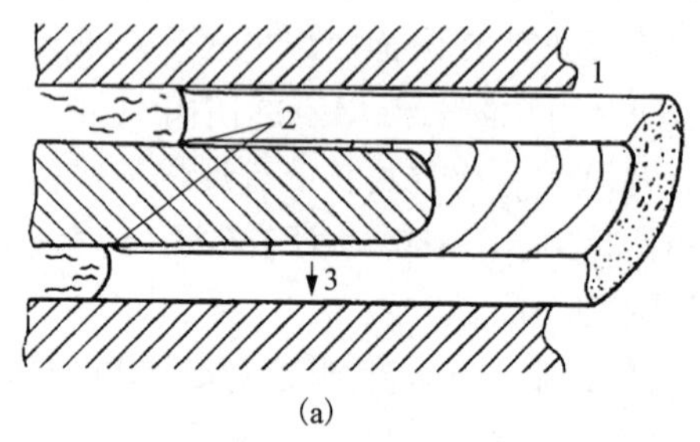

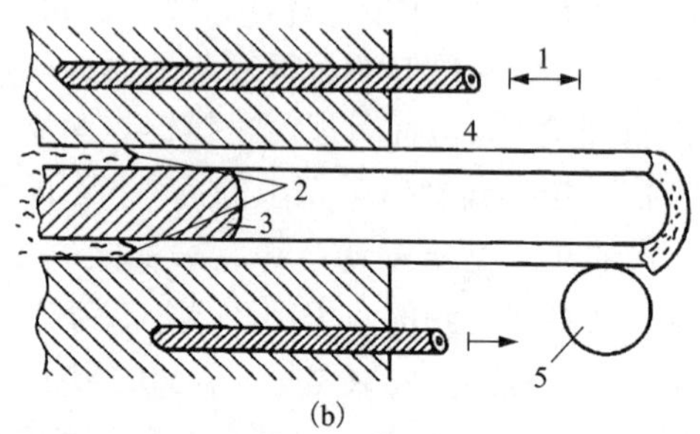

图1-8　B10合金空心铸锭凝壳形成过程

(a)由于重力影响和收缩出现凝固前端不对称：1—不对称的收缩间隙；2—不对称的结晶前沿；3—重力效应方向

(b)采用铜水冷塞冷却装置和设置支撑辊：1—可调的水冷铜塞装置；2—对称的结晶前沿；3—石墨芯棒；4—对称且有极小的收缩间隙；5—承受管坯重力下落的支撑辊

由于保温炉与结晶器连通，在炉内液体金属静压力作用下，凝固过程中铸锭不产生较大的径向热应力。但是，铸锭的下表面却容易产生裂纹。

开始引拉时，与石墨内套和引锭器接触的铜液受到激冷很快形成凝壳，铸锭凝壳收缩产生的间隙有利于铸锭的引出。随后，当管坯凝固收缩，且管坯和石墨内套之间产生间隙时，由于重力效应，管坯下沉并使其下侧外表面贴紧石墨套工作表面[见图1-8(a)]。显然，引拉时下侧阻力大于上侧阻力，结果铸锭的下表面可能产生裂口，俗称拉裂。

如果采用带停歇的铸造程序，裂口可能为下次停歇时跟进的金属液所充填，并与留在模壁上的凝壳残余或凝结渣连接起来，而且凝固成新的较厚的凝壳，并在下一次引拉时被一同拉出。在上述过程中，如果每次裂口只能部分地被结晶前沿熔体所充填，铸锭表面将在那里留下结疤。同时由于高温下裂口附近受到氧化而变色，结果每拉停一次出现一道表征节距的环状斑纹。

通过适当的工艺调整，如适当提高铸造温度，以保证熔体能够有效地将微小的裂口焊合；适当调整引拉程序，以保证得到有足够强度的铸锭凝壳而不被拉裂；铸造过程中，向石墨模内充以保护性气体(如氮气)可防止裂口氧化而有利于重新焊合。

试验表明，通过改进结晶器设计可以在很大程度上克服重力效应对管坯凝固过程的不良影响。图1-8(b)所示为在石墨内套中设置的水冷铜塞装置，以及在结晶器出口端附加支撑辊的示意图。

熔融金属通过结晶器时，通过设置在石墨内套中的水冷铜塞伸入深度的调整，可以达到精确控制结晶前沿凝固界面的位置和形状的目的。当位于石墨模内套下侧壁中的水冷铜塞伸入深度比上侧壁中的水冷铜塞伸入深度浅时，就能纠正凝固前沿界面的不对称行为，从而可以建立稳定的凝固过程。沿结晶器横断面基本对称的凝固界面的建立，可以有效地减少甚至完全消除铸锭下部表面的裂纹。

另一种调节凝固界面形状的方法是：改进铜液进入结晶器的方式和铜液在结晶器中的分配方式。例如将上下均匀或者对称的分配方式，改为上下非均匀或者非对称的分配方式。调整得当时，不仅可以减少或者避免铸锭的表面拉裂缺陷，同时也可以获得上下均匀的结晶组织。

表1-28为铜合金管坯水平连铸的工艺条件举例。

表1-28 铜合金管坯水平连铸的工艺条件

合金牌号	管坯的外径/内径/mm	浇注温度/℃	结晶器长度/mm	引拉速度/$(m \cdot h^{-1})$	链振频率/(次·min^{-1})	冷却水压力/MPa	
						一次冷却	二次冷却
HSn70-1	φ66/φ29	1170~1190	145	20	50~80	0.05	0.02
QSn4-0.3	φ65/φ28	1200~1250		10	70~100	0.40~0.50	
Cu-10% Al-3% Fe	φ105/φ85	1130~1180	230~260	约15①	停拉时间比 1:10	3.5~5 m^3/h	

注：①引锭行程10~17 mm，引锭周期3~7 s，平均速度约15 m/h。

1.5.3 带坯水平连续铸造

采用水平连续铸造铜合金板、带坯已经被许多企业采用，表1-29所示为某厂采用水平连续铸造生产铜合金带坯的工艺参数。

表1-29 某厂采用水平连续铸造生产铜合金带坯的工艺参数

合金牌号	带坯规格/mm	结晶器长度/mm		铸造温度/℃	引拉程序		铸造速度/$(m \cdot h^{-1})$	润滑油	冷却水压/MPa
		水冷套	石墨套		拉/s	停/s			
H90	15×100	100	170	1190~1220	1	2	8.5~10.5	蓖麻油	0.1~0.2
	15×200	140	260	1170~1210	1	2	8.5~10.5		
	35×115	140	240	1150~1170	2.5	5	4.5~6.0		
	50×200	150	260	1150~1170	1	4	4.5~6.0		
QSn4-4-2.5	15×150	110	250	1190~1240	0.5	1.5	9.0~13.0		0.01~0.06
	15×200	130	260	1190~1240	0.5	1.5	7.0~11.0		
	20×150	120	240	1190~1240	0.5	1.5	9.0~12.0		
QSn6.5-0.1	15×225	110	220	1180~1250	0.7	2.5	9.0~13.0		0.01~0.06

1. 保温炉设计

铜带坯水平连铸机列中，通常以立式的工频有芯感应电炉作为保温炉。这种电炉具有良好的保温功能，安装结晶器也比较方便。

(1)炉膛结构设计

铜带坯水平连铸用保温炉的上炉体结构如图1－9所示。

上炉体与结晶器对接的前窗口，应该具有与带坯宽度和厚度相适应的尺寸。结晶器与感应体熔沟口相互对应的位置，可能影响到进入结晶器的铜液的温度分配。进入结晶器的铜液温度的不均匀，可能导致带坯结晶组织的不均匀。

随着铸造过程的进行，炉膛内熔池液面将不断降低。熔池的最低液面高度，不应少于有效高度的1/3。一定高度的金属液柱，一方面有利于熔池内金属温度的均匀，另一方面一定的液体金属静压力有利于充填结晶器及有利于结晶速度的稳定。同时，也不至于使炉内液面的浮动渣进入结晶器，不至于因铜液不足造成带坯的上表面凹心或引起其他缺陷。另外，炉内始终保持一定高度的金属液水平，可以防止熔炼炉转注铜液时，湍流向结晶器进口波及。表1－30列举了保温炉容量配置的设计参数。

表1－30　几种保温炉容量配置的设计参数

序号	合金品种	带坯规格/(mm×mm)	炉子总容量/kg	有效容量/kg	额定功率/kW
1	QSn6.5－0.1	12×220	1700	800	150
2	HPb59－1	(25～50)×150	2500	1500	150
3	QSn6.5－0.1	14×650	3000	1500	150
4	QSn6.5－0.1	15×420×2	4000	2000	200

保温炉的有效容量应该足够大，一般为生产线生产率的1～1.5倍比较适宜。保温炉的功率设计应该充分考虑到新开炉，即第一次从熔炼炉注入铜液时，能够很快达到并保持铸造所需要的温度。

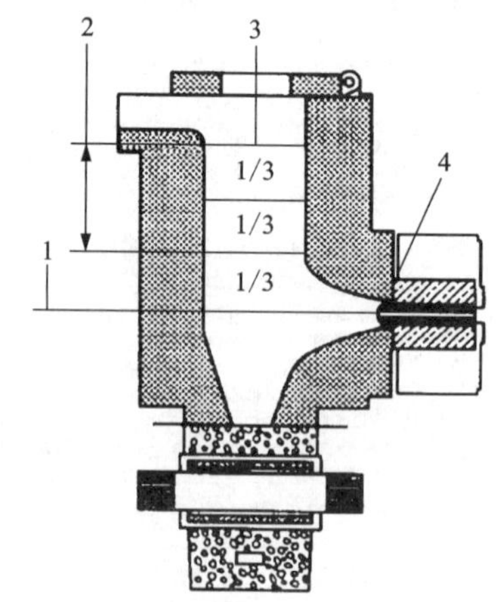

图1－9　保温炉的上炉体结构

1—结晶器入口位置；2—熔池液面的波动范围；3—熔池最高液面；4—与结晶器前端对接的炉前窗口

(2)熔体温度的监控

进入结晶器的铜液温度的恒定是铸造过程稳定的基础之一。因此，对炉内熔体温度的自动化检测和控制非常重要。

铸造比较窄的带坯时，至少应有一只热电偶监视进入结晶器口的铜液温度。如果带坯较宽，或者同时铸造两条以上带坯，增加热电偶监视点是必要的。

热电偶应安装在与结晶器入口(进铜液口)面对的炉膛壁上。这样，热电偶检测到的温度相当于铜液进入结晶器时的温度。

(3)炉体位置的三维调整

由于结晶器固定在保温炉体上，炉体的三维调整即是结晶器安装位置的三维调整，这一点对铜带坯水平连铸过程非常重要。

铜带坯水平连铸生产机列中，牵引装置的水平位置一般不轻易调整。如果结晶器和引拉机的牵引辊彼此不在同一个水平线上，带坯在结晶器中滑动可能不畅，甚至卡住带坯造成拉停，或者因为结晶器石墨模各工作面上受力不均匀而造成石墨模的损坏。

每次铸造开始前，都须将炉体、结晶器和牵引机的牵引辊三者水平调整一致。由于牵引装置的水平位置已经相对固定，因此要求保温炉的炉体位置包括炉体的升降、前后倾、左右移动等多个方位的自由调整和锁定，即炉体位置可实现三维自由调整。

2. 结晶器技术

图1－10为铜带坯水平连铸用结晶器及其安装示意图。结晶器是由冷却器、石墨模，以及石墨模与冷却器、冷却器与结晶器框架组装用的各种紧固件构成冷却器及石墨模的结构，包括石墨模与冷却器的装配方法，是结晶器设计的关键。通常，铜带坯水平连铸结晶器只有一次间接冷却，没有二次直接水冷。离开结晶器一段距离以后，即进入牵引辊之前可设置二次独立的冷却水装置，目的是进一步降低带坯温度。实际上，这种二次冷却已与带坯的凝固结晶过程无关。

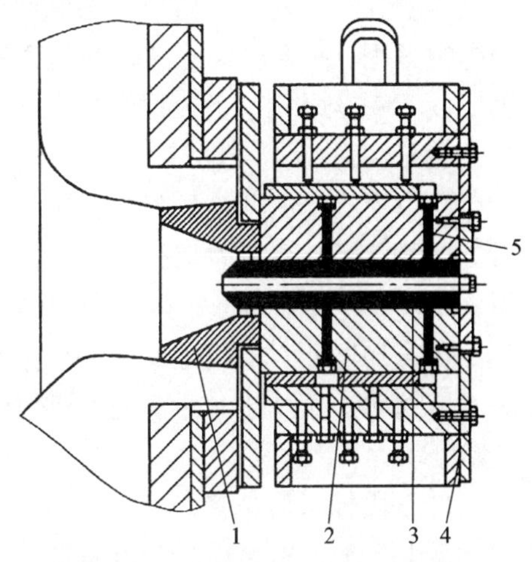

图1－10　铜带坯水平连铸用结晶器及其安装示意图

1—炉前窗口砖；2—冷却器；3—石墨模；4—组装框架；5—石墨模与冷却器结合用螺栓

通常，结晶器通过螺栓与保温炉前所安装前室的窗口连接，结晶器与炉前窗口之间应该用可靠的耐火材料进行密封。当然，也不仅仅是要求密封，还应该要求便于拆卸。

(1)石墨模设计与安装

1)石墨模设计

铜带坯水平连铸结晶器石墨模可以采用不同的结构方式(见图1－11)。常见的石墨模结构主要是对开的伴模结构，以及四块组合结构，即两块大平石墨板和两小块条状石墨板的合成结构。前者安装使用方便、安全，但采用伴模方式耗费材料较多。后者安装和使用略显麻烦，但制造简单，节省石墨材料和便于旧模的复修。

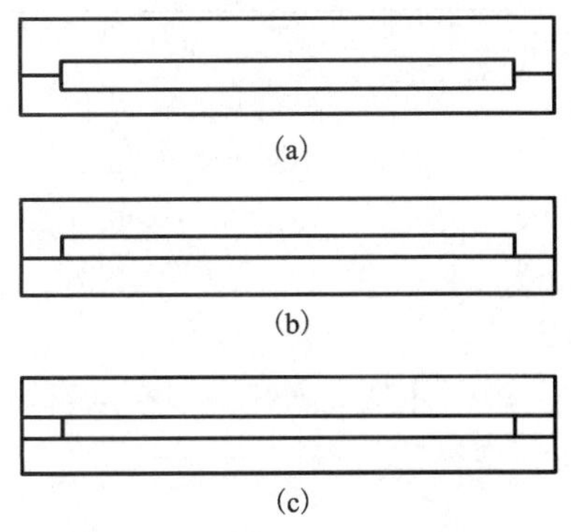

图1－11　石墨模的组合形式

(a)对称式对开石墨伴模；
(b)非对称式对开石墨模；
(c)四块组合式石墨模

石墨模工作腔的横断面尺寸决定了铜带坯的横断面尺寸。由于凝固过程中的收缩，铜带坯的实际断面尺寸将小于模腔的断面尺寸，而带坯的宽度方向的绝对收缩量远大于厚度方向的绝对收缩量。

需要指出的是：如果把石墨模大面壁设计成绝对的平面，那么带坯的大面表面有可能出现凹心现象，这是因为带坯宽向的中心，即液穴的中心最后凝固，随后发生的凝固收缩量不同。因此常常在设计时将工作腔中间部位的厚度尺寸适当加大。

石墨模的厚度与带坯的厚度有关，通常在15～30 mm之间。石墨模的内腔工作表面应该精细加工，并进行抛光。

2)石墨模装配

石墨模的冷却是通过冷却器水室间接进行的，因此石墨模与冷却器的装配很重要。为避免石墨模和冷却器装配过程中以及随后工作中产生间隙，增加热阻，已有多种结构设计并在实际生产中得到应用。

在石墨模(大面)与冷却器组合的一侧，加工出若干个螺纹孔，螺纹孔的相对位置与冷却器上的通孔一一对应。带有双头螺纹的拉杆的一端旋进石墨模内，拉杆穿过冷却器的另一端用螺帽紧固，使石墨模的结合面紧紧地贴合在冷却器的结合面上。石墨模与冷却器之间的紧固应该不完全是刚性的。既要拉紧石墨模，又不能妨碍石墨模的自由变形，设计紧固方案时必须充分注意。

在拉紧螺栓的两端，套上若干组元宝式弹簧垫圈可以缓冲对石墨的压力。装配石墨模时，使用力矩扳手紧固螺栓，可以避免用力不当造成的石墨模损坏。元宝式弹簧垫圈的使用，可以始终保证石墨模处于理想的紧固状态。

在冷却器和石墨模之间加一层柔性石墨纸，或者涂一层石墨粉和耐热油脂材料混合而成的充填物质，可以在某种程度上弥补因冷却器或者石墨模结合表面平整精度不够的先天缺陷。

3)石墨模材质选择

表1－31列出高纯高密度石墨与普通异向石墨性质的比较。挤压成形的电极石墨材料，不宜用做石墨模。静压高纯石墨是理想的石墨模材料。用质量不佳的石墨材料制成的石墨模，不仅使用寿命短，而且当其在使用过程中发生碎裂时可能会带来安全隐患。

表1－31 高纯高密度石墨与普通异向石墨性质的比较

序号	项目	高纯高密度石墨	普通异向石墨性质
1	同向性(异向性)	1.02～1.08	1.2～1.5
2	平均粒度/μm	5～15	50～100
3	密度/($g \cdot cm^{-3}$)	1.75～1.90	1.6～1.8
4	抗弯强度/MPa	4000～9500	30～50

国内外某些高纯高强密度石墨材料的主要性能比较见表1－32。推荐使用的石墨材料见表1－33。

表1－32 国内外某些高纯高强密度石墨材料的主要性能比较

制造商	牌号	密度/($g \cdot cm^{-3}$)	硬度(HS)	比电阻/μm	抗弯强度/MPa	抗压强度/MPa	弹性模量/MPa	线膨胀系数/($10^{-6} \cdot K^{-1}$)	导热率/[$W \cdot (m \cdot K)^{-1}$]	最大粒度/mm	气孔率，不大于/%
德国Linzdof	EK462	1.75	45	13.0	45.0	99.0	11000	2.5	100	0.090	14
	EK463	1.83	65	13.0	45.0	110.0	15000	3.8	100	0.063	8
美国UCAR	CGW	1.82		12.5	28.5	80.0	12000	3.4		0.15	
	ATJS	1.83		8.3	36.0	87	1000	1.7		0.15	

续表1-32

制造商	牌号	密度/(g·cm^{-3})	硬度(HS)	比电阻/μm	抗弯强度/MPa	抗压强度/MPa	弹性模量/MPa	线膨胀系数/(10^{-6}·K^{-1})	导热率/[W·(m·K)$^{-1}$]	最大粒度/mm	气孔率,不大于/%
日本东洋炭素	IG-11	1.77	55	11.0	39.2	78.4	9800	4.6	116		
	IG-11P	1.83	60	11.0	46.1	93.1	11300				
	IG-15	1.90	60	9.5	49.0	103.0	11800	4.8	139		
	IG-43	1.82	55	9.0	53.0	85.3	10800	4.8	139		
	IG-70	1.85	65	10.0	51.9	98.0	11800	4.6	128		
中国上海炭素	SMF-650	1.80		15		70					17
	SMF-800	1.80		15		74					17
	SIFB	1.80		15		74					17
	试制品	1.80			33.0		12000	4.5		0.15	

表1-33 推荐使用的石墨材料

合金 \ 石墨	EK462	EK463	CGW	IG43	IG70	IG11P	IG15
青铜	○	○	○	○	○		
黄铜		○	○		○	○	○
白铜		○	○			○	○

注:○表示推荐使用。

(2)冷却器

铜带坯水平连续铸造初期,大都使用水平连续铸造设备制造商供应的结晶器。后来,许多铜加工厂开始自己改造或设计结晶器。目前,铜带坯水平连铸用的结晶器有许多不同的结构类型。

对于结晶器中的水冷却器,有的采用铜内套和钢外壳组装式结构,有的采用全铜质或者全钢质的整体式结构。选择冷却器材质时,有的出于尽可能强化对石墨模的冷却,有的希望所用材料与石墨模材料有相近的热传导效率。冷却器材料选择和冷却器设计的合理与否,应该通过对产品质量以及生产效率等方面的综合评价来判断。实际上,生产中有时出现这样或那样的问题,其原因则在于结晶器的使用或日常维护工作存在缺欠。

瑞士的 Alfred Wertli 发明的结晶器如图 1-12 所示。图中 1 和 2 分别是各自独立的上、下石墨半模的冷却器。每个冷却器都是由铜内套与钢外壳组成,铜套与钢外壳之间是冷却水的通道。每个冷却器中都分成 3 个冷却室,通过调节阀控制进入各冷却室的冷却介质的流量。冷却介质可以是水或某种油。由于各冷却室可以单独控制冷却强度,因此可以自由调节带坯在宽度方向上不同部位的冷却强度。

有 3 种控制 3 个区域冷却强度的方法:调节阀控制冷却介质的流量;调节进入各冷却室的冷却介质的温度;向不同的冷却室通入不同特性的冷却介质,例如通入水或油等不同的冷却介质。

铸造窄带坯时,沿带坯宽度方向分成 2 个冷却区即可。铸造宽带坯时,分成 4 个、6 个,甚至多达10个冷却区。

然而，通过对带坯大面凝固线的观察发现，凝固线往往多是不平坦的。结晶线大多呈如图1－13左半部所示的抛物线形状。采用间歇引拉程序时，则进一步发现带坯边侧两抛物线之间隔距离 h，比中心部位两抛物线之间的距离 H 小得多。此种不平坦的结晶线分布，意味着带坯内部存在着结晶组织的不均匀性，并常常引起加工制品的周期性裂纹。

于是，Alfred Wertli又在图1－12的基础上提出了如图1－14所示结构的设计。该结晶器的上、下两个冷却器与前述的结构相似。不同之处在于，在石墨模的两侧小面上，各增加了一个加热器(注意：不是冷却器)。A为石墨模小面外侧的加热器，内有通道B。被加入的介质由B的上孔进入，下孔排出。

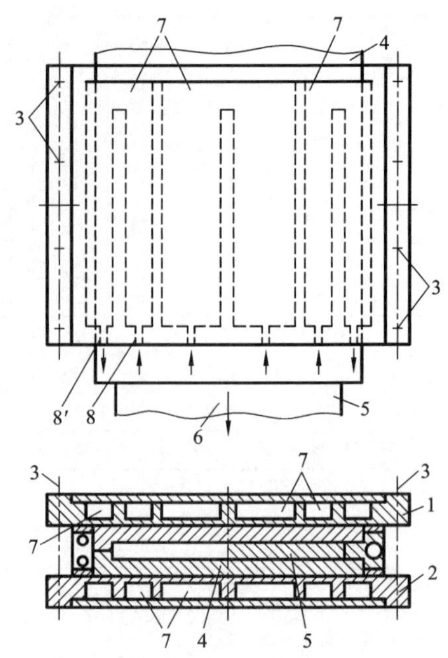

图1－12 Alfred Wertli早期发明的结晶器

1、2—分别为冷却器的上半模和下半模；
3—紧固螺栓；4—石墨模的上、下半模；
5—铜带坯；6—牵引方向；
7—冷却器的水室；8—分别为冷却水进出口

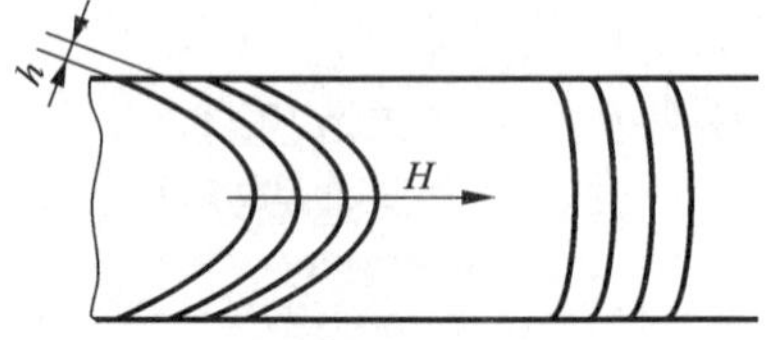

图1－13 铜带坯表面的结晶线形状

由于石墨模小面被加热，避免了铸锭局部过早冷凝的现象。这样，带坯表面凝固线如图1－14的右半部所示，显然，带坯结晶组织得到了均匀化。

整体式结构的冷却器已经被普遍采用，它与早期的装配式结构相比，不容易变形。在冷却器水路设计方面，内部的冷却水路的对称分布原则始终没有改变。小面石墨模不设冷却器的方案是可行的。

3. 带坯引拉技术

(1)引拉程序

铸造过程中，带坯在宽度方向上的绝对收缩量，远大于带坯在厚度方向上的绝对收缩量。因此，带坯通过结晶器时，主要是受到来自带坯大面与结晶器大面之间的摩擦阻力。带坯的宽厚比越大，带坯与结晶器之间的摩擦阻力就越大。当带坯与结晶器之间的摩擦阻力大到一定程度，尤其在采用匀速引拉时，带坯通过结晶器可能不畅，甚至可能发生带坯在结晶器中滞留，或者带坯被拉裂现象。因此，引拉铜带坯时常常采用以下程序：

①拉→停；

②拉→停→反推→停。

引拉程序通常由引拉长度(mm)、引拉速度(mm/min)、停歇时间(s)、反推长度(mm)等参数组成。引拉长度，又称冲程。

引拉带坯采用何种程序，主要取决于合金的铸造性质。例如铸造黄铜时，由于可能有氧化锌等凝结物黏附在石墨模工作表面上，容易引起带坯的表面龟裂。欲从石墨模工作表面上将氧化锌等物质清除，拉→停→反推→停类程序是有效的。

通常的做法是：正常铸造时采用第①类程序；待石墨模工作表面黏附的氧化锌凝结物较多时，引入第②类程序；石墨模工作表面上的黏附物被清除后，重新恢复第①类程序。

当引拉程序中的停歇时间大于引拉时间时，称为清理程序。含锌在20%以上的黄铜，往往都在正常引拉程序中引入清理程序。某种程序中速度随时间变化的曲线，如图1－15所示。

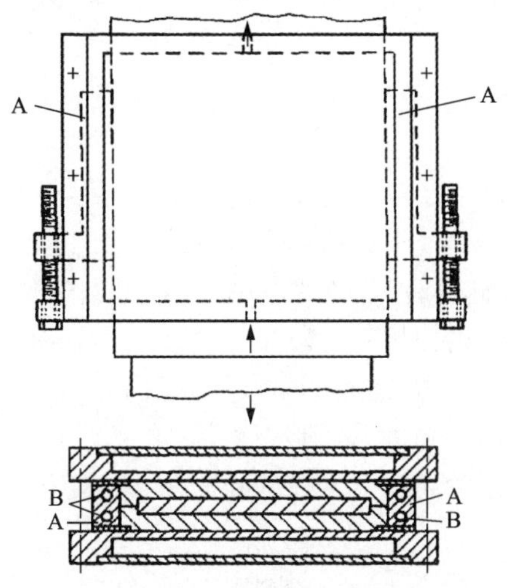

图1－14　石墨模小面带加热系统的结晶器

A—加热器；B—介质孔

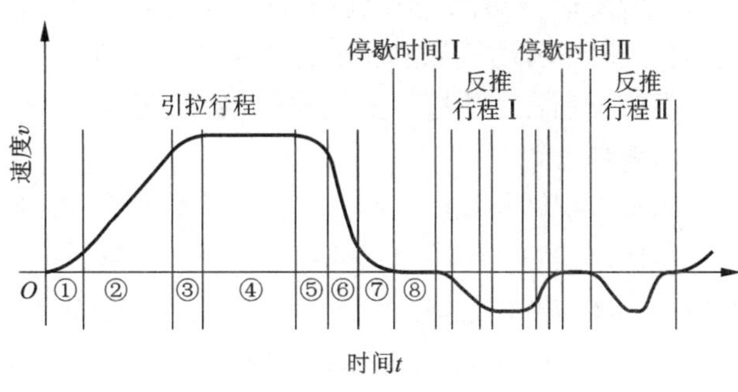

图1－15　某种程序中速度随时间变化的曲线

①—变速加速段，1～15000 mm/s^2；

②—等速加速度段，最大为5000 mm/s^2；

③—变速加速段，1～15000 mm/s^2；

④—匀速段；

⑤—变速减速段，1～15000 mm/s^2；

⑥—等速减速段，最大为5000 mm/s^2；

⑦—变速减速段，1～15000 mm/s^2；

⑧—停歇时间

(2)铜合金带坯铸造生产

1)纯铜和高铜合金

纯铜和含合金元素很少的高铜合金，熔体中的杂质含量低。凝固过程中，由于很少有氧化物等物质析出并黏附到石墨模上，带坯与石墨模之间摩擦力不大，简单的拉→停程序已足够。只有当带坯表面析出物增多，甚至影响表面质量时，才有必要引入清理程序，以清理结晶器。

由于纯的金属在凝固过程中的液－固两相区间狭小，大行程引拉容易促进大柱状晶形成，故宜采用小行程。为了不至于降低平均引拉速度，可采用小行程、低瞬速的高频率程序。

纯度越高的金属，越容易氧化和吸气。纯铜在凝固过程中，石墨模材料自身的碳和铜液中的氧化亚铜发生化学反应时，消耗碳，石墨模表面可能会出现凹坑，变得粗糙。显然，这时带坯引拉阻力增大，严重时带坯表面出现裂纹。在此情况下，适当提高铸造温度和引拉速度，可使相对于石墨模某一恒定区域的带坯凝固前沿位置向后移，从而改善带坯的表面质量。

2)低锌黄铜和高锌黄铜

含锌10%以下的低锌黄铜，铸造性质接近纯铜，宜采用接近纯铜带坯引拉的程序。随着引拉过程的进行，视带坯表面质量状况可适当增加反推动作，或采取降低铸造温度或降低引拉速度等措施。

高锌黄铜由于其中的锌含量高，锌易挥发并随即氧化。由于氧化过程产生大量氧化锌等物质，则在结晶后沿固相区对应的石墨模工作表面上，可能黏结有由氧化锌等物质与结晶过程中析出的其他物质组成的混合物。因此铸造高锌黄铜时，适宜用拉→停→反推→停的程序。

与纯铜和高铜合金不同的是，高锌黄铜熔体中析出的锌，一般不会与石墨模发生反应而溶蚀石墨模表面，只是在光滑的石墨模工作表面上逐渐凝聚锌和锌的氧化物等物质。可适当采取降低铸造速度、铸造温度的办法，使相对于石墨模工作表面恒定的区域的带坯凝固前沿向前移，带坯越过黏结物过多的区段凝固结晶。

简单黄铜宜采用中等的引拉行程、瞬速和频率。

3）锡磷青铜

锡磷青铜结晶温度范围大，树枝状结晶发达，带坯表面容易产生反偏析。

铸造过程中，锡磷青铜带坯表面析出的富锡偏析物质，并不直接和石墨模之间发生化学反应。带坯的宽厚比越大，带坯在宽度方向上的绝对收缩量越大，结果带坯小面与石墨模壁工作表面之间的间隙自然越大，因此带坯侧面表面上的富锡偏析物比较多。带坯表面如有裂口，大都首先从四个角部开始。

锡磷青铜带坯在通过石墨模时，带坯表面不光滑的富锡物“凸瘤”像“锉”一样，磨损石墨模的工作表面。石墨模工作表面在不断磨损的结果，可以引起铸造带坯的断面尺寸的变化。

表1－34 列举了某些铜合金带坯引拉程序。

表1－34　某些铜合金带坯水平连铸引拉程序

序号	合金	带坯规格 /(mm×mm)	均速 /($mm\cdot min^{-1}$)	拉程 /mm	停歇时间 /s	反推 /mm	停歇时间 /s
1	NS60Pb	16×540	210	20.0	0.5	2.0	1.5
2	NS62/18	18×660	95	18.0	4.6	3.0	
3	QSn6.5－0.1	16.5×430	180	14.0	3.0	2.5	
4	CuSn5.0	16×500	135	12.5	3.0	2.5	0.5
5	QSn6.5－0.1	15.5×650	150	13.0	3.2	2.0	0.01

一般情况下，引拉行程不宜过大，引拉瞬速不能过快，引拉速度启动曲线不宜很陡，停歇时间应充足。实际上，停歇时间是带坯凝固完成不可缺少的重要环节。

4）水平连续铸造 C194 带坯的生产线

图1－16 是某企业水平连续铸造两流黄铜带坯的生产现场照片，带坯尺寸为 400 mm×16 mm。

1.5.4　立式连续铸造

1. 小型铸锭立式连铸

图1－17 为小型铸锭立式连续铸造的结晶器装置示意图。

相对而言，小型铸锭的立式连铸装置比较简单。结晶器石墨模的前端伸入保温炉前室，或者中间浇注包中。结晶器与炉内或中间包中熔体是相通的，金属流量无须控制，浇注系统比较简单。

小断面铸锭立式连铸时，结晶器一般只有一次冷却，而无二次直接喷水冷却。通常，小断面铸锭连铸生产线中只有铸锭牵引、锯切等基本功能配置。

图1-16　某企业水平连续铸造黄铜带坯的生产现场

2. 大型铸锭立式连铸

大断面铸锭立式连续铸造装置中，除结晶器及其冷却系统外，还包括熔炼炉、保温浇注炉、铸锭牵引装置、铸锭锯切和排屑装置、接受和倾翻铸锭装置，以及出锭辊道等一系列设备。

大断面铸锭立式连铸装置中，结晶器与浇注铜液的保温炉前室或中间浇注包是相互独立的。结晶器装置与浇注系统的设计，已经考虑到了整个装置结构的适应性和协调性。

生产无氧铜的立式连铸机组中，熔炼炉通常是一台或几台大功率的工频有铁芯感应电炉，熔体通过流槽进入保温浇注炉。熔炼炉、保温炉、流槽及结晶器内液体金属都被严密保护。结晶器及结晶器振动装置、结晶器内金属液面控制系统等，均安装在可移动的小车上。

图1-18为立式连续铸造无氧铜大断面铸锭用结晶器装置示意图。结晶器带石墨内衬和铸造过程中结晶器振动，都有助于改善铸锭的表面质量。精良的结晶器设计及材料选择、稳定可靠的冷却水分配及铸造过程的有效监控等，都有助于结晶器保持长时间连续不停地工作。

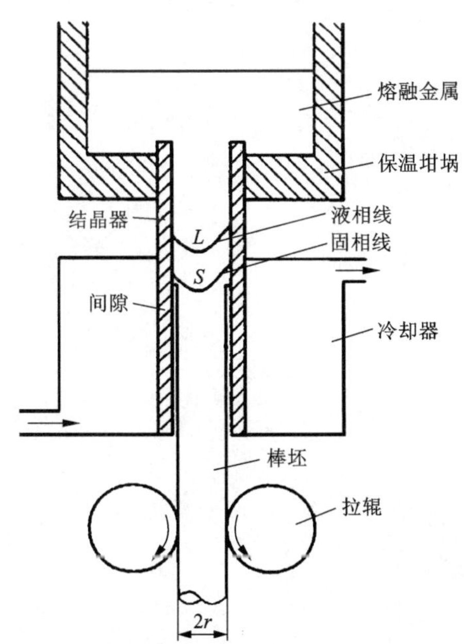

图1-17　小型铸锭立式连续铸造的结晶器装置示意图

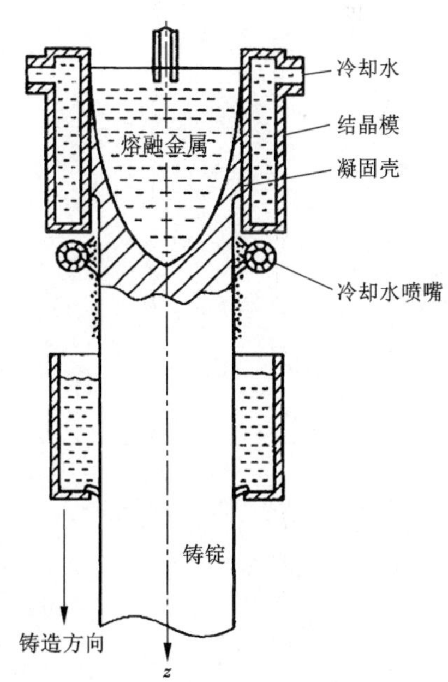

图1-18　立式连铸大断面铸锭的结晶器装置

现代的大型铸锭的立式连铸装置中，通常都有以下的附加配置：熔炼炉熔化进程、保温炉内熔体液位、温度等监测及连锁控制系统；结晶器内金属液面自动控制系统；结晶器及其二次冷却装置中的冷却强度的监测及其控制系统；铸造程序和铸造工艺参数的控制和监视系统；按照规定的长度自动锯切铸锭，以及收屑和快速更换锯片系统；将锯切的锭坯自动下线及其称重和打印系统等。

从铸造的冶金过程分析，立式连续铸造和立式半连续铸造基本一样。即铸造过程进入增长状态以后，铸锭的凝固和结晶过程基本一样。

连续铸造的铸锭质量控制方法与半连续铸造时基本相同。

图 1－19 为某企业立式半连续铸造 C194 铜合金带坯的生产现场照片，铸坯截面尺寸为 420 mm×180 mm。

图 1－19 某企业立式半连续铸造 C194 铜合金带坯的生产现场

第 2 章

铜及铜合金板、带材的生产技术与装备

铜合金板、带材是铜合金加工材的重要组成部分，具有独特的结构与功能特性，在国防工业、电力、电子、船舶、汽车和机械工业等领域得到广泛应用。其生产方法大致包括：大规格铸锭热轧开坯法、水平连铸带坯法和热挤压开坯法。后续的加工方法基本一致，工艺流程一般为：板(带)坯→(铣面)→粗轧→退火→精轧→精整→(退火)→成品。

2.1　变压器用铜板、带

随着电力工业的发展，干式变压器(由纯铜带材绕制而成的箔带绕组结构变压器)逐步取代了传统的油浸式变压器(导线绕组结构的变压器)，使变压器运行效率和可靠性得以提高。干式变压器具有的优点：高的动、热稳定性和空间利用率；制造工艺简单，缠绕效率高；热分布均匀，体积小，重量轻，容量大，节能效果好，散热性能好，使用寿命长等。

2.1.1　带材成分及物理力学性能

国外变压器铜带全部为无氧铜带，国内采用的变压器铜带包括无氧铜带和紫铜带，紫铜带中影响导电性能的杂质元素(如铁、磷等)必须进行严格控制。变压器带材常用的铜合金牌号如表 2－1 所示。产品的性能要求如表 2－2 所示。

表 2－1　变压器常用铜合金牌号对照

国家	中国	日本	美国
铜带材 合金牌号	TU1 T2①	C1020	C10200

注：①用于导电的 T2，其磷含量不大于 0.001%。

表 2－2　产品的性能要求

牌号	状态	抗拉强度(σ_b)/MPa	伸长率(δ_{10})/%	维氏硬度(HV)	导电率/% IACS
		不小于			不小于
TU1	M	195	35	45～65	100
T2①					98

注：①用于导电的 T2，其磷含量不大于 0.001%。

2.1.2 主要工艺流程

目前，国内外变压器用铜带的生产工艺主要有两种：一种是半连续板坯→热轧→冷轧工艺；另一种是水平连铸带坯→冷轧工艺。

工艺流程如图 2－1 所示。

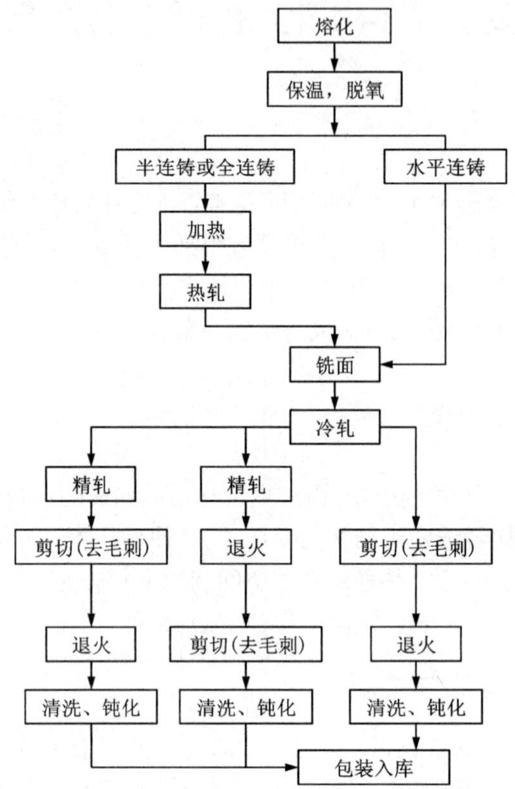

图 2－1　变压器用铜带生产工艺流程图

2.1.3 典型工艺示例

(1)无氧铜熔炼工艺

无氧铜熔炼须以优质阴极铜作原料。阴极铜在进入炉膛之前，须先经过干燥和预热，这样可以除去其表面可能吸附的水分或潮湿空气。具体熔炼技术条件如表 2－3 所示。

表 2－3　工频感应电炉熔炼纯铜的技术条件

组别	合金牌号	熔炼温度/℃	覆盖剂	脱氧剂	加料与熔化操作程序
无氧铜	TU1、TU2	1200～1220	木炭	—	(铜＋木炭)→熔化→升温，扒渣→出炉

(2)无氧铜锭铸造工艺

无氧铜锭半连续铸造工艺如表 2－4 所示。半连续铸造时，从开始放流至进入正常铸造状态，须经历一个过渡过程。浇注之前，浇注系统的水口座、导流管、结晶器和引锭器等铸造工具的干燥程度、铜液充入结晶器前型腔中的空气被排出的程度以及使用的保护介质的干燥程度等，都将有可能引起头部铸锭的含氧量偏高，或者出现局部含氧量偏高的现象，因此必须进行烘干处理。连续铸造工艺如表 2 - 5 所示。

表 2 - 4　某规格无氧铜锭半连续铸造工艺

铸锭规格 /(mm×mm)	浇铸温度 /℃	结晶器高度 /mm	铸造速度 /(mm·min^{-1})	冷却水压 /MPa	振动参数次 /min	结晶器内熔体保护介质
200×1300	1160 ~ 1180	250	120	0.2 ~ 0.3	45 ~ 60	炭黑或氮气

表 2 - 5　某规格无氧铜锭连续铸造工艺

规格 /(mm×mm)	铸造温度 /℃	铸坯速度 /(m·h^{-1})	牵引停顿 /s	回推时间 /s	回推停顿时间/s	牵引时间 /s	结晶器出口温度/450℃	冷却水压 /MPa	覆盖剂
16×450	1180 ~ 1210	6.0 ~ 8.0	4.5 ~ 5.2	0.15 ~ 0.19	0.17 ~ 0.21	0.45 ~ 0.50	450℃	0.3 ~ 0.5	煅烧木炭

注：为保证光亮铸坯的拉铸，使铜带高温区不与空气及水接触，在结晶器铜带出口处增加二次冷却，一次冷却水和二次冷却水须分别控制。

(3) 典型加工工艺参数

某规格变压器用无氧铜带典型的半连续铸造 - 热轧加工工艺示于表 2 - 6。

表 2 - 6　某规格无氧铜带典型的加工工艺

序号	工序名称	工序后尺寸/(mm×mm)	工艺条件与检验项目
1	半连续铸造	200×1300	
2	步进炉煤气加热	200×1300	加热温度 860℃
3	热轧	(14 ~ 16)×1500	终轧温度高于 600℃，热轧变形量可达 95%
4	卷取		
5	水冷		
6	双面铣	(13 ~ 15)×1500	洗面厚度 0.5 ~ 1.0 mm
7	边铣		
8	初轧		
9	中间退火		退火温度 375 ~ 500℃，纯氮气保护
10	分条		
11	成品轧制		根据需要
12	气垫炉退火		0.5 mm×600 mm，M 态，退火温度 500℃，退火速度 16 m/min
13	成品剪切		标准规定
14	去毛刺	0.25×340	210 ~ 250℃
15	包装		

2.1.4 主要工序及工艺参数

1. 熔炼工艺及要求

(1)无氧铜熔炼工艺及要求

无氧铜熔炼工艺要点为精料密封。通常在密闭条件好的工频有芯感应电炉内熔炼，熔化炉和工频有芯保温炉组成连体炉，熔化炉腔、保温炉腔之间通过底部暗流槽相通。原料采用含铜量大于99.93%的高纯阴极铜，无铜豆、铜绿，并切除挂耳和四边，入炉前经炉温500℃，料温200℃预热烘干处理。选用经充分煅烧后的优质木炭作为熔炼覆盖剂。在熔铸过程中，须尽量减少装料次数，及时关闭炉门、炉盖，木炭覆盖厚度应始终保持在150～200 mm，熔体转炉必须采用密闭流槽。为尽可能降低熔体杂质残留量，尽可能少加或不加 Cu－P 中间合金，必须加 Cu－P 中间合金脱氧时，则在脱氧后应保证有充分的精炼过程。应对保温炉进行惰性气体保护，在较低温度下进行熔铸，以防止熔体大量吸气。

(2)T2 紫铜的熔炼工艺及要求

液态紫铜的流动性主要取决于温度和脱氧程度。黏度增加，熔体的流动性变差，从而影响其铸造性能。T2 紫铜熔炼过程中，在出炉前一般采用 Cu－P 中间合金对熔体进行脱氧除气。磷的加入极大地降低了氧在铜中的活性。磷脱氧时的生成物为 $2Cu_2O-P_2O_5$，脱氧产物以分散相形式存在，上浮速度缓慢，因此其大部分仍以 PO_3^{3-}、PO_4^{3-} 形式呈颗粒状留在熔体中，它们比较牢固地同 Cu^+ 和 Cu^{2+} 结合在一起，因此磷脱氧铜的产物有可能影响到熔体的质量。

要控制熔体中的氧含量，得到组织致密、无缺陷的铸锭，且保证成品带材的导电率，在严格控制熔体的原始纯净程度的基础上，须严格控制 Cu－P 中间合金的加入量，并以分批加入的方法来控制最终熔体中的残磷量。因此要严格控制半连续铸造过程中原料的选择及表面处理、熔体的净化及静置、铸造过程的保护、铸造工艺等。

必须严格控制紫铜变压器带材的含气量，以避免成品带材产生气孔。

(3)铸造工艺及要求

高质量的铸锭是带材稳定生产和产品质量保证的前提。在半连续生产过程中，应防止铸造过程中的二次吸气。脱氧铜在浇铸过程中如不进行保护，仍可吸收0.01%的氧，因此应采用埋管式浇铸，液面采用优质烟灰或经脱水处理的发生炉煤气对铸造过程进行保护，操作中要控制液面稳定。浇注前必须对引锭托座等进行烘烤。铸造温度控制在1140～1180℃。一般采用短结晶器，铸造速度和水压根据锭坯规格不同而确定，保证铸锭表面无冷隔、裂纹。热轧前应对铜铸锭表面已产生的冷隔、裂纹等进行修理或铣面。当紫铜铸锭表面缺陷较少时，一般不宜进行铣面处理，避免紫铜铸锭铸造过程中形成的表面细等轴晶层会被铣去，导致内部柱状晶暴露，引起可能的热轧开裂。

3. 常见铸造缺陷产生的原因及预防的措施

(1)铸锭内有皮下气孔

原因：引锭座有水分或冷却水进入结晶器与浇铸铸锭的间隙中。

措施：浇铸前烘干引锭座，浇铸前熔体静置时降低炉头以干燥引锭座表面，干燥结晶器铜套的内表面。调整分水口的分水角度。

(2)铸锭表面氧化严重、有铸瘤和铸锭出结晶器周边不均

原因：浇铸过程中冷却不均匀，结晶器铜套上部分的孔被堵塞或分水盘偏移、歪斜引起

铜套与分水盘之间空隙排列不均匀。炉头箱浇管、结晶器、引锭头三者不同心。

对策：疏通堵塞孔，调正分水盘位置，使得水流均匀、冷却均匀。新安装炉头箱浇管、结晶器、引锭座时做到三者同心。

(3)铸锭周边到一定深度区域内有分散气孔

原因：结晶器冷却强度不够，浇铸过程冷却不均匀。炉头箱浇管、结晶器和引锭头三者不同心，产生的蒸汽进入熔体。木炭煅烧不足，使熔体内还原气氛饱和，熔体由于含有水分而氧化。原料用电铜表面有铜豆、铜绿、油或水。

对策：控制水压，保证足够的冷却强度。调整炉头箱浇管、结晶器和引锭座，使三者同心。采用适当密度的经充分煅烧的木炭，去除电铜的缺陷，投料前对电铜进行烘干处理。

(4)加热及热轧

无氧铜TU1和含磷量小于0.001%的T2铸锭的高温力学性能分别示于图2-2和图2-3。从图中可以看出，无氧铜TU1和紫铜T2铸锭在200~300℃之间均存在由杂质氢或磷引起的中温脆性。因为氢和磷均为表面活性元素，易吸附在铜的晶界上，引起中温脆性。由于铜在高温下的氧化速度随温度的升高而显著加快，在高温加热过程中，氧会渗入铜的表面层内。无氧铜在空气中的渗氧深度与退火时间的关系见图2-4。为了减少氧化损失，保证带坯的正常轧制，在设备状况允许的条件下，锭坯加热一般在高温、快速、均匀、中性或微还原性气氛条件下进行。

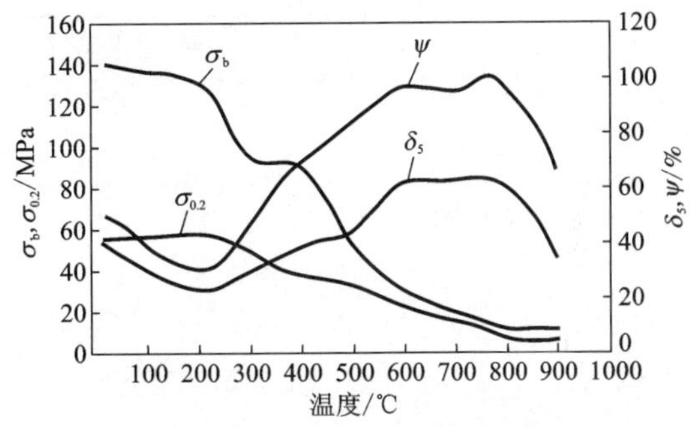

图2-2 TU1铸锭的高温力学性能

(210 mm×620 mm半连续铸造)

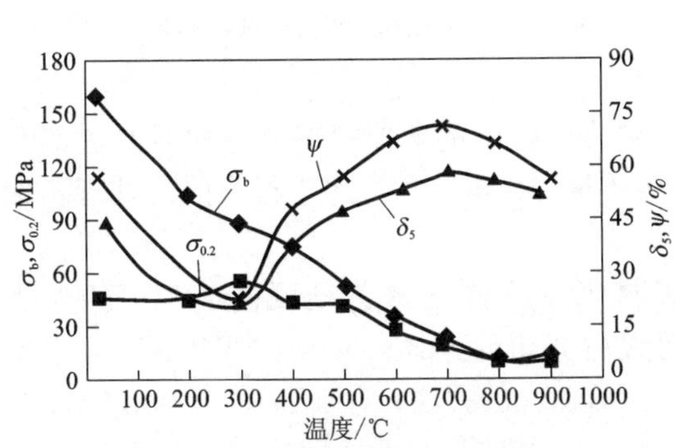

图2-3 T2铸锭的高温力学性能

(含磷小于0.001%，210 mm×620 mm半连续铸造)

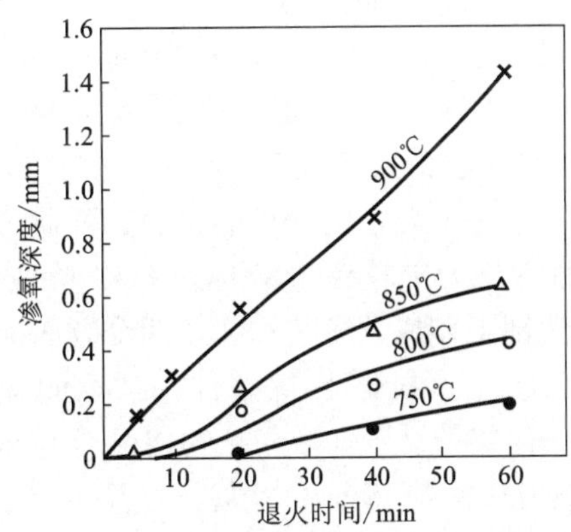

图2-4 在空气中无氧铜渗氧深度与退火温度、时间的关系

铸锭加热一般采用步进式加热炉，出炉料温度应控制在850~920℃；应保证铸锭温度均匀，防止过热或过烧。热轧开坯温度高于820℃，终轧温度不低于600℃。

变压器用纯铜铸锭的加热一般采用中性或微氧化性加热气氛，无氧铜的加热采用中性或还原性气氛，以避免产生氢脆，引起热轧开裂。气氛的控制通过调节空气和燃料比例、燃烧程度、炉膛压力等方法来进行。

(5)剪切

由于变压器带为软状态，在剪切时容易产生毛刺、卷边、翻边、剪刃压痕、擦划伤、卷取不齐等缺陷。剪切过程应尽量专剪专用和保证剪刃质量良好，剪切宜采用圆盘剪，主要的控制参数是剪刃间隙和刀片重叠量。一般剪刃间隙为带材厚度的3% ~5%。剪切的主要工艺参数如表2 -7 所示。

表2 -7 变压器带材剪切工艺参数

带材厚度/mm	剪刃水平间隙/mm	剪刃垂直间隙/mm
<0.5	0.02 ~0.025	0.15 ~0.3
≥0.5	8%带材厚度	1/2 带材厚度

注：剪切工艺参数应根据剪刃锐利程度、剪轴工作状态来选择。

(6)退火

无氧铜 TU1 带材的软化曲线如图2 -5 所示。退火制度及方式由材料软化曲线、带材厚度及装备条件确定。可采用罩式炉退火+清洗的生产方式，也可采用连续通过式退火方式。由于连续通过式退火方式能够实现带材性能控制、脱脂、清洗及钝化一体化作业，产品性能均匀，表面良好，因此是一种适宜的退火方式。气垫炉推荐的典型退火工艺为：0.5 mm ×600 mm，M 状态；退火温度500℃，退火速度16 m/min。

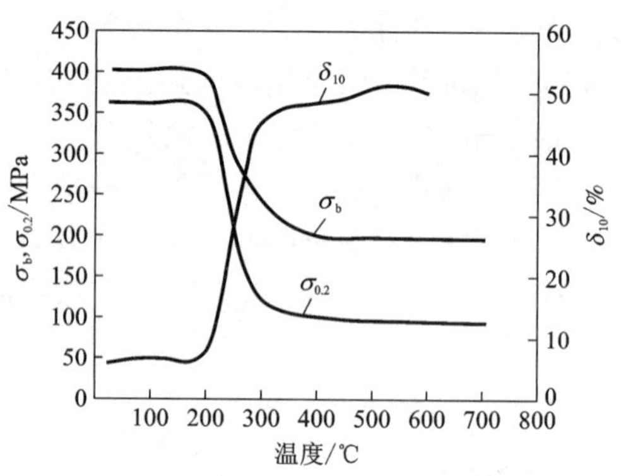

图2 -5 TU1 带材的退火软化曲线

(7)带材的边部处理

对于一般要求的变压器带材，可通过控制带材的剪切质量来控制带材剪切后的边部毛刺；而对于要求较高的变压器带材，除应控制剪切质量外，还须对边部进行专门的处理。带材的边部毛刺应从工艺和装备两个方面加以解决。

工艺上，根据装备条件，对不同规格的带材采用不同的工艺制度：通常宽度大于400 mm、厚度大于1.5 mm 的成品带材采用先退火后剪切的方式；对于软切有难度的中厚(一般指0.5 ~1.5 mm)宽规格成品带材采用先分切后退火的方法；对于窄薄(一般指宽度在100 mm 以下、厚度在0.5 mm 以下)规格的带材，通常采用先退火后剪切的方法。

变压器带的剪切须采用装备良好的圆盘剪。在剪切过程中应重点把握剪刃质量、剪刃间隙、剪刃重叠量、橡胶环配置、剪切速度以及剪切过程中的开卷和收卷张力等工艺因素，以最大限度地减小边部毛刺。对于要求圆角或圆边的特殊产品，须采用专门的工艺技术及装备。

由于剪切过程一般会形成塑性变形区、剪切区、断裂区和毛刺区四个区域，而良好的原始剪切边部质量、带材尺寸公差精度、板形是实现边部处理的前提，因此进行带材边部处理必须保证来料具有良好的宽度及厚度公差、板形和边部原始剪切质量。高精度变压器带的边部处理必须在专门的设备上进行，宽带可考虑在线处理，窄带则一般为单体离线处理。选择机械方式对带材的边部进行处理的具体方法是：厚带材(厚度大于 0.5 mm)采用机械(如刮、铣、滚压等)方式修成圆角或圆边，薄带材(厚度小于 0.5 mm)则在严格控制剪切质量的同时，在剪切机列后部附加多辊矫平系统，将边部毛刺进行压平，以减小垂直毛刺。

2.1.5　典型微观组织

以 T2 为例介绍变压器带典型的金相组织特征。图 2－6(a)为 T2 铜的铸态组织，枝晶发达，边部为细的枝晶组织，中间为粗的枝晶组织。图 2－6(b)为 T2 铜热轧态组织，为典型的动态再结晶组织，存在明显的退火孪晶。图 2－6(c) ~ 图 2－6(e)为 T2 铜冷轧状态下的典型金相组织，晶粒被拉长，出现大量滑移带，随着冷加工率的增大，晶粒变形破碎严重，纤维组织发达。

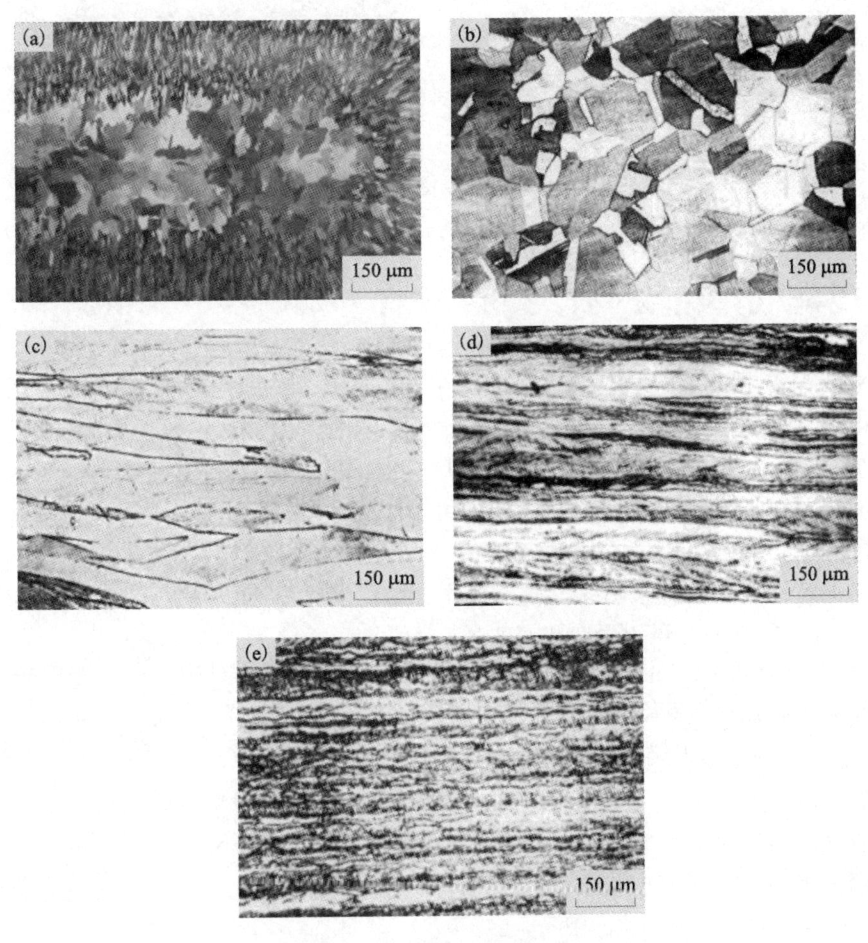

图 2－6　T2 铜的典型金相组织

(a)铸态；(b)热轧态；(c)冷轧态；(d)冷轧态；(e)冷轧态

图 2－7 为 T2 铜冷轧后在不同温度下退火后的典型金相组织照片。随着退火温度的升

高，再结晶晶粒不断长大。

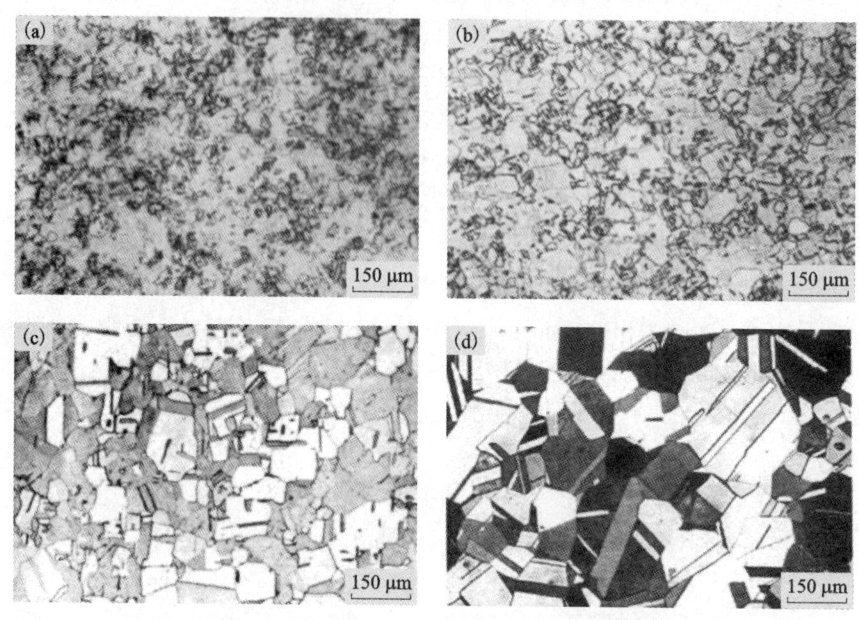

图 2-7　0.5mm 冷轧板经不同工艺退火后的组织

(a)350℃退火 30 min；(b)450℃退火 30 min；(c)500℃退火 30 min；(d)700℃退火 30 min

2.2　C19400 引线框架铜合金板、带材

引线框架铜带是指在半导体(集成)电路中起支撑作用的铜带。它既是芯片的载体又是连接外部电路的引线，是实现半导体器件功能的关键结构件。其主要功能为：支撑芯片、散失热量、连接外部电路、功率分配及环境保护。引线框架铜带，按其使用方向可分为分立器件用和集成电路(IC)用铜带。目前，IC 正朝着高集成化、多功能化发展，同时伴随着封装的多样化、高性能化，使得引线框架向多引线、小间距及短、小、轻、薄方向发展。因此，对引线框架材料的特性要求也愈来愈多、愈来愈高，如高的导电率以及精度特性(尺寸精度、板型、内应力)和导热率，必要的强度和弯曲加工性，高精度的冲压成形性，导致与密封树脂及陶瓷的膨胀率差，易于电镀及焊接。因此，具有高强度、高导电、高导热性和良好的焊接性、耐蚀性、塑封性、抗氧化性、冲制成形性的材料成了集成电路引线框架材料的发展方向。国际市场上铜及铜合金引线框架材料已达 100 余种，主要生产国是日本、美国、德国、法国、中国和韩国。其中广泛应用的合金是 Cu-Fe-P 系(C19400、C19210)、Cu-Ni-Si 系(C70250)、Cu-Cr-Zr 系等。不同铜合金系

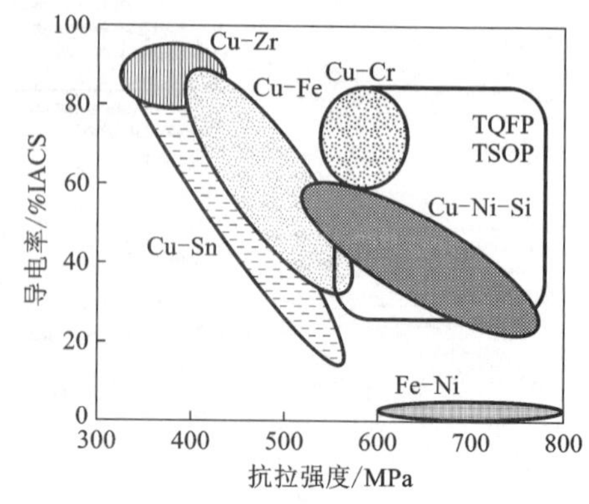

图 2-8　不同铜合金系列引线框架材料性能范围

列引线框架材料性能范围如图 2－8 所示。高强度高导电铜合金的现状如图 2－9 所示。

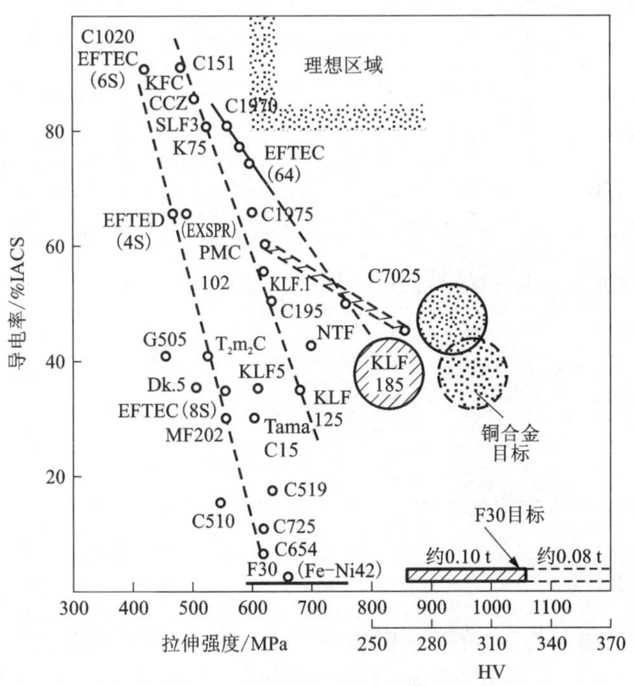

图 2－9　高强度高导电铜合金的现状

2.2.1　合金成分及物理力学性能

Cu－Fe－P 系合金是目前产量最大，用量最多的引线框架铜合金。第一种 Cu－Fe－P 系引线框架铜合金是美国奥林公司于 20 世纪 70 年代初期发明的 C194 合金。合金的化学成分如表 2－8 所示，合金的物理性能如表 2－9 所示，力学性能如表 2－10 所示。

表 2－8　合金的成分

元素	Cu	Zn	Fe	P	Pb	Sn	杂质
含量	余量	0.05～0.20	2.1～2.6	0.015～0.15	≤0.03	≤0.03	≤0.03

表 2－9　合金的物理性能

合金排号	密度 /(kg·m^{-1})	线膨胀系数 (20～300℃) /℃$^{-1}$	导热率 (20℃) /(J·cm·S·℃$^{-1}$)	电阻率 (20℃) /(μΩ·cm^{-1})	导电率 (20℃) /%IACS	弹性模量 /MPa
TAMAC194	8.8	16.3×10^{-6}	2.617	2.54	65	121000

表 2-10 合金的力学性能

合金牌号	状态	抗拉强度/MPa	伸长率/%	维氏硬度(HV)	软化温度/℃
TAMAC194	O_3	275~345	≥30(特殊说明)	75~95	1/2H：700 SH：390
	O_2	310~380	≥25	80~105	
	O_1	345~415	≥15	100~125	
	1/2H	365~435	≥5	115~137	
	H		≥2	125~145	
	EH	460~505	≥2	135~150	
	SH	485~525	≥4	140~155	
	ESH	505~550 (530~575)	≥5 ≥5	145~160 (150~170)	
	SSH	≥550 (570~635)	≥5	≥155 ≥160	

2.2.2 主要工艺流程

C194 属于中强、中导型时效强化铜合金，是最典型的析出强化型合金。目前的主要生产方法为：半连续(或全连续)铸造→大锭热轧→高精度冷轧→时效法。其工艺流程见图 2-10。

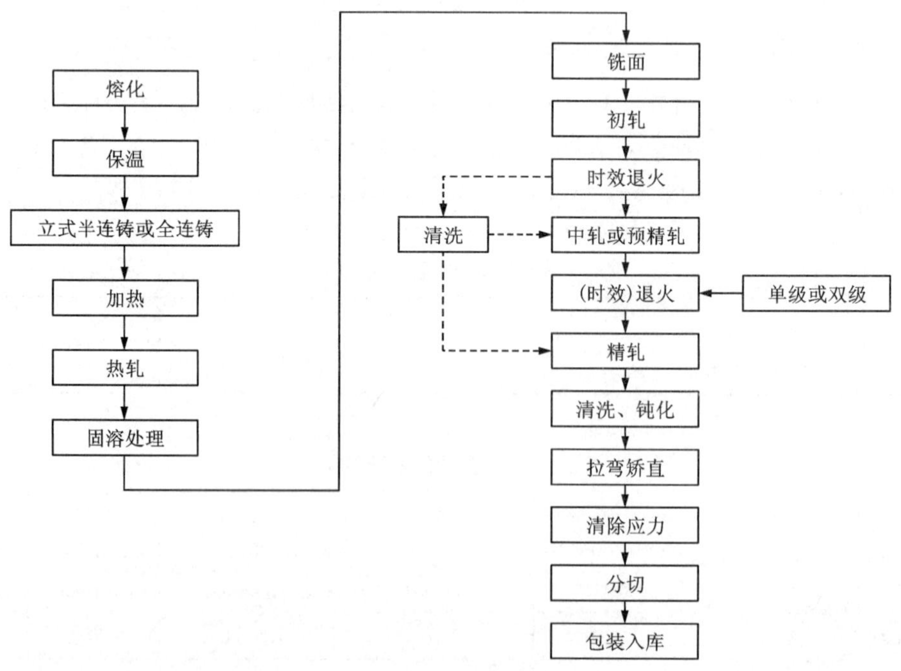

图 2-10 C194 生产工艺流程图

2.2.3　典型工艺示例

1. 熔炼工艺

C194 熔炼工艺如表 2－11 所示。

表 2－11　C194 合金熔炼工艺

熔炉类型	加料及熔炼操作顺序	覆盖剂	脱氧剂	熔炼温度/℃
中频、工频无芯感应电炉	(废料＋木炭)→熔化→Cu－P→Fe→熔化→铜→熔化→CuZn→搅拌、取样分析→出炉	木炭	—	1250～1290

2. 扁锭半连续铸造工艺

C194 扁锭半连续铸造工艺如表 2－12 所示。

表 2－12　C194 扁铸锭半连续铸造工艺条件

序号	铸锭规格/(mm×mm)	结晶器高度/mm	铸造速度/(mm·min^{-1})	覆盖剂	铸造温度/℃
1	140×600	240	50～60	炭黑	1200～1230
2	180×640	330	80～100	炭黑	
3	220×650	485	约 100	炭黑	
4	200×820	500	80～100	炭黑	

3. 典型加工工艺参数

C194 典型加工工艺参数如表 2－13 所示。

表 2－13　引线框架铜带 C19 生产工艺流程及工艺参数举例

序号	工序名称	工序后尺寸/(mm×mm×mm)	工艺条件与检测项目
1	加热	200×600×6000	加热温度：900～950℃
2	热轧	10×660	终轧温度：700℃以上，总加工率 95%，在线淬火
3	铣面	9.4×660	铣面：0.3 mm/面
4	初轧(六辊)	1.5×660	冷轧总加工率：84%
5	切边	1.5×620	切边：20 mm/边
6	退火(钟罩炉)	1.5×620	540℃/8 h，检验 ρ、σ_b、δ 值复合工序标准规定
7	连续酸洗	1.5×620	在内线检验控制表面质量
8	预精轧 (六辊或十二辊)	三种状态 ①0.7×620(SH) ②0.45×620(H) ③0.35×620(H/2)	①总加工率 53.3% ②总加工率 70% ③总加工率 76.7%

续表 2－13

序号	工序名称	工序后尺寸/(mm × mm × mm)	工艺条件与检测项目
9	时效		单级或双级
10	精轧(二十辊)	0.254 × 620(SH) 0.254 × 620(H) 0.254 × 620(H/2)	成品加工率，检测值符合下面要求： 1.63.8%，σ_b 482～524 MPa，$\delta \geqslant 3\%$； 1.43.6%，σ_b 414～582 MPa，$\delta \geqslant 4\%$； 1.27.4%，σ_b 366～434 MPa，$\delta \geqslant 1\%$； 厚度公差 ±0.005 mm
11	脱脂清洗	0.254 × 620	在线检验控制表面质量
12	拉弯矫直	0.254 × 620	在线检验控制表面与板形质量
13	成品剪切在线包装	0.254 按用户要求分切	检验平直度、边部质量、宽度符合标准要求，按标准规定包装

2.2.4 主要工序及工艺参数

1. 材料设计原理和成分设计

C19400 合金中的铁起到提高合金强度、细化晶粒、延缓再结晶过程的作用，当铁在铜基体中以单质相存在时，使该合金呈现磁性；磷可以起到脱氧、防止合金产生氢脆的作用，但磷能显著降低铜的导电性和导热性；锌可有效防止 C19400 合金焊合过程中在基体与钎镀层之间出现脆性相。开发和研制高强度、高导电铜合金的基本方法是：将固溶度随温度降低而急剧下降的合金元素加入铜基体中，通过固溶处理，使合金元素在铜基体中形成过饱和固溶体；随后进行时效处理，使过饱和固溶体分解，大量的合金元素以沉淀相的形式从铜基体中析出，进而使导电率迅速提高，同时由于时效析出相的强化作用，强度进一步提高，再结合形变强化，可取得强度和导电性能的综合平衡；为了使析出相更弥散、更充分，同时降低时效时间，通常会在时效前进行一定程度的预冷变形。从 Cu－Fe 二元相图看(见图 2－11)，Cu－Fe 系合金具有包晶转变反应，包晶点处铁含量为 4%，温度为 1094℃，高于纯铜的熔点。铁在铜中的溶解度变化比较大，随温度下降而减小，在 1050℃时溶解度为 3.5%，在 635℃时降为 0.15%，在 300℃以下，仅为 0.0004%，几乎不溶于铜。随温度下降，铁将以 α－Fe 或 γ－Fe 形式析出，产生时效强化效果。从 Cu－P 相图看(见图 2－12)，磷在固态铜中有一定的固溶度，在 200℃时保持在 0.4% 左右，因此，在 Cu－P 二元状态下，铜合金中添加的 0.015%～0.15% P 应以固溶状态的形式存在，起固溶强化作用，但对铜合金导电性影响较大。在 C19400 合金中加入磷的主要目的是脱氧和防止氢脆。当 Cu 合金中同时含有铁、磷元素时，磷和铜将结合形成 Fe_3P 或 Fe_2P 化合物从铜基体中析出，使铜基体得到净化，同时因 Fe_3P 及 Fe_2P 相硬度较高，又具有一定的时效强化效果。另外，Fe_3P 或 Fe_2P 在铜合金中还可以起到细化晶粒和阻止再结晶发生的作用，从而提高合金的抗软化性能。但是，磷的加入，会对产品的导电、导热性能产生不利影响。因此，在 C194 合金熔炼过程中，磷的添加量在满足脱氧和防止合金氢脆的前提下，应取下限。

2. 熔铸工艺

由 Cu－Fe 相图可知，铁在铜中的固溶度随温度的变化而显著变化。含铁为 2%～3% 的铜合金，其熔点为 1090℃，固相线为 1084℃。如此狭窄的液－固区域，必须格外注意铜液的

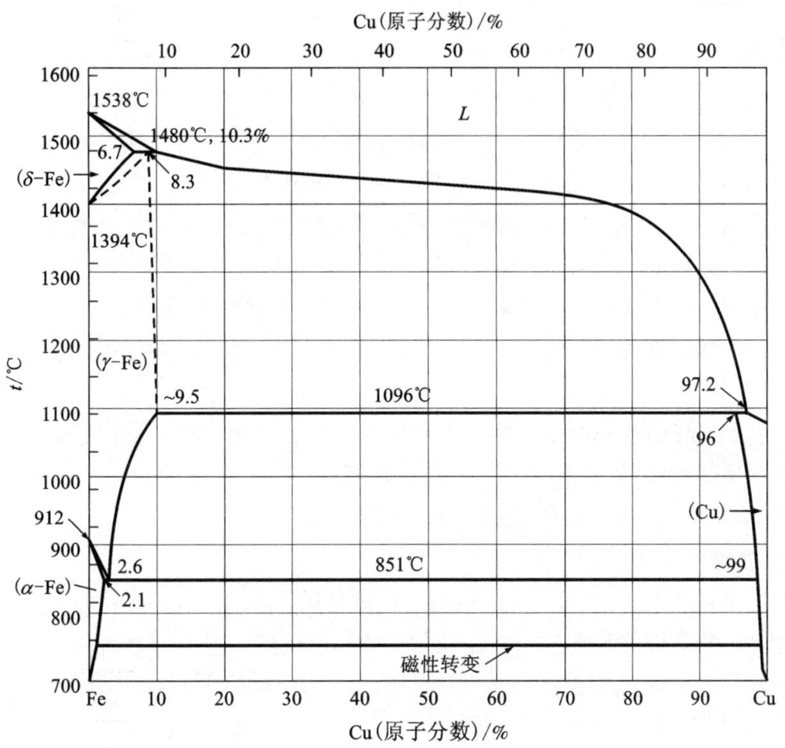

图2-11　Cu-Fe相图

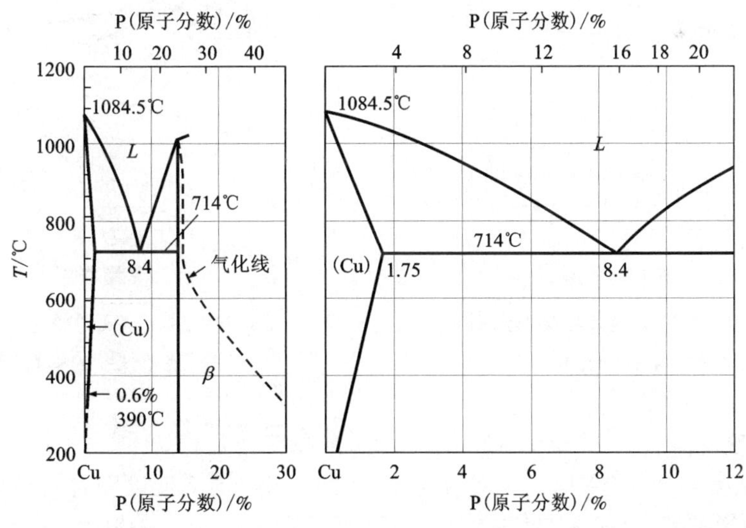

图2-12　Cu-P相图

温度。铜液温度过高，炉内液体吸气严重，在铸造过程中易出现气孔、夹渣等缺陷，如果拉速不相应减缓，铸坯外表层凝固，内部为液态，抗拉能力低，会造成拉断，使铜液大量溢出。铸造温度过低，在铸造过程中易出现表面裂纹。铸造温度控制在1180~1230℃为宜，同时应采用较低的铸造速度。铸造时，合金内部会有第二相析出，第二相的形态和分布，将影响材料的加工性能。因为 Cu－Fe－P 合金的导热性差、流动性差、易造渣，故铸造时对冷却水强度要求高。铸造时可能会出现两种铸锭：一种是采用低冷却水压铸造的红锭；一种是采用高冷却水压的黑锭。两种铸锭内部的第二相分布不同，红锭由于冷却速度低，均匀析出的第二相较多（α－Fe 和 Fe_xP 的混合物）。在均匀化处理过程中，均匀分布的第二相能够阻碍位错的运动和组态的改变，同时对晶界起钉扎作用，使晶粒不会明显长大。合金的高温性能好，热轧开坯容易进行。而黑锭中，析出的第二相呈明显的树枝状偏析。热处理时，第二相聚集长大，多呈粗大的树枝状和针状的形态分布，使材料各相异性明显，高温时材料的横向性能较差，变形时易产生晶界断裂及鱼鳞形的裂纹。晶界上细小的孔洞也削弱了晶界的高温性能，热轧时极易开裂。在生产中，应合理控制铸造参数，尽量采用红锭铸造。

3. 热轧

由 C194 合金的红锭在 600℃、800～850℃时，强度下降明显，黑锭在 500～700℃强度下降，热轧时应避开这些区域。结合在线淬火工艺考虑，热轧温度为 980～1040℃，红锭终轧温度控制在 850℃ 以上，黑锭终轧温度控制在 700℃以上。

4. 形变热处理

时效处理之前的冷变形程度对析出物的形成有很大影响。冷加工可使材料产生晶格缺陷，促进析出物在畸变能大的地方形核。因此，时效前进行适当的冷加工，具有促进时效析出的作用。因此，为了保证材料的综合性能优良，可对材料进行适当的形变处理。冷变形量对 C194 合金性能的影响见图 2－13 和图 2－14。冷轧变形量应大于 60%。

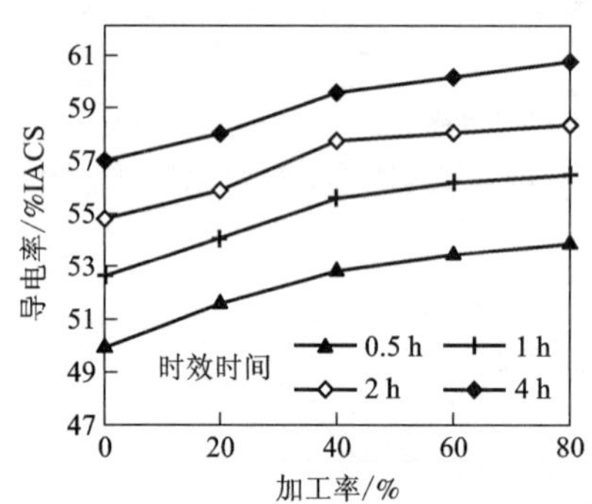

图 2－13 C19400 时效前冷变形量对时效后导电率的影响

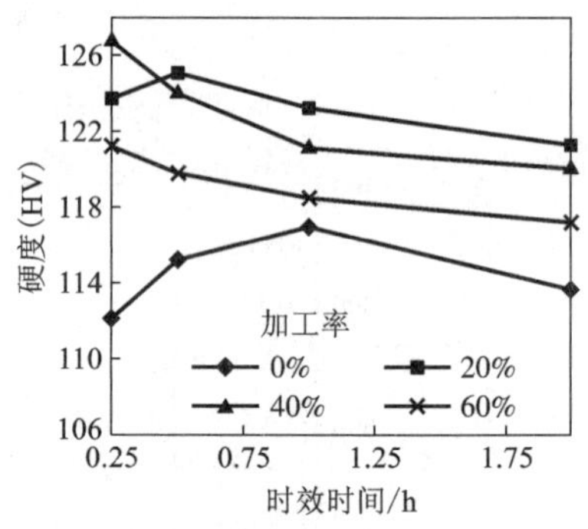

图 2－14 C19400 时效前冷变形量对时效后显微硬度的影响（500℃）

5. 时效工艺

时效工艺制度可分为单级时效和双级时效。时效条件（时效温度和时间）对析出物的形态影响很大，进而影响到成品带材的综合性能。Cu－2.3Fe－0.12Zn－0.03P 合金固溶＋75% 的冷轧后在不同温度下时效 3.5 h 后炉冷，导电率与抗拉强度的变化曲线如图 2－15 所示。

合金在 450～550℃温度范围内时效时，随着时效温度的提高，合金强度与导电率也逐渐升高，525℃时效的导电率与抗拉强度最高，导电率为 56.87% IACS，抗拉强度为 343 MPa。合金采用如图 2－16 所示的固溶处理制度和双级时效处理制度处理后合金的导电率为 55.77% IACS，抗拉强度为 464 MPa。说明，二级时效可使合金达到较好的综合性能，尤其是提高了抗拉强度。

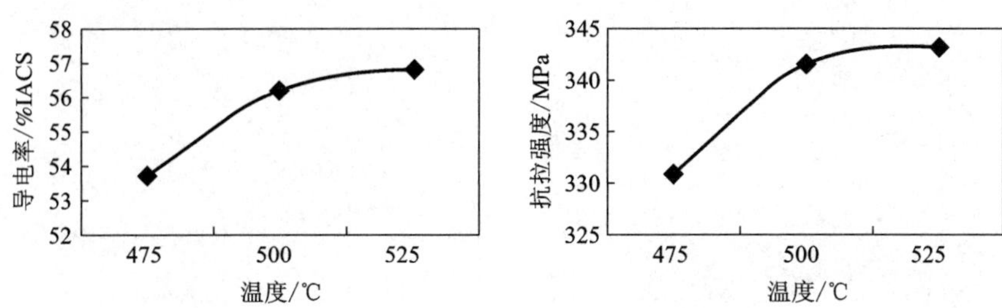

图 2-15　时效温度对合金导电率与抗拉强度的影响(时效时间 3.5h，炉冷)

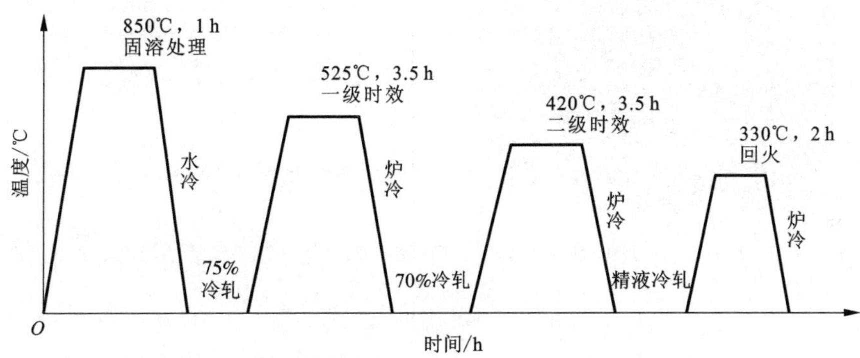

图 2-16　分级时效工艺流程图

2.2.5　C194 合金的时效析出相

C194 合金的强化机制，普遍认为是析出强化，但是关于 C194 合金的强化析出物的研究结果差别较大，有研究认为铁与磷形成 Fe_3P 化合物，并起到析出强化作用；有研究认为是通过析出 Fe_2P 起到的强化作用；还有研究认为析出的强化相主要是单质铁。目前，较为普遍的认识是强化相主要以单质铁为主。通过表 2-14 所示的三种合金，分别对其铸态和时效态的析出相进行了表征。

表 2-14　设计合金成分

1#	2#	3#
Cu-2.30%Fe-0.12%Zn	Cu-2.30%Fe-0.03%P-0.12%Zn	Cu-2.30%Fe-0.63%P-0.12%Zn

三种合金的铁、锌含量一样，1# 合金不含磷，2# 合金为 C194 成分，3# 合金磷含量达 0.63%。图 2-17 为 Cu-2.3Fe-0.03P-0.12Zn 合金于 960℃均匀化处理 6 h 后的显微组织及 EDX 谱，图 2-18 为合金的均匀化处理后元素面分布图。图 2-19 为 Cu-2.30%Fe-0.63%P-0.12%Zn 合金铸态的元素面分布图。由图 2-17、图 2-18、图 2-19 可以看出，含磷合金在铸态过程中即析出 Fe_2P 相，其中 C194 合金析出的 Fe_2P 相尺寸较小，约为 2 μm，而高磷合金 Fe_2P 相尺寸约为 10 μm。

C194 合金成品带材的透射电子显微组织如图 2-20 所示，可以看到三种形态的析出粒

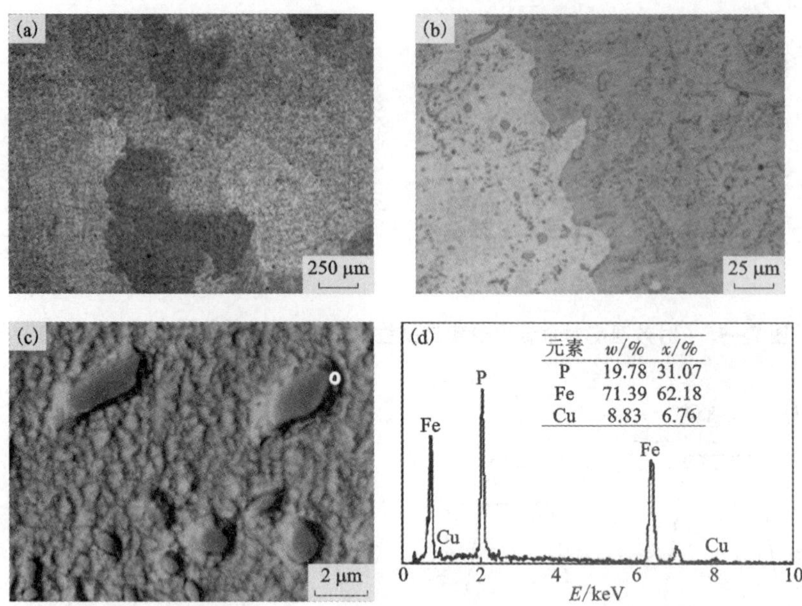

图 2-17 Cu-2.3Fe-0.03P-0.12Zn 合金于 960℃均匀化处理 6 h 后的显微组织及 EDX 谱

(a)低倍金相；(b)高倍金相；(c)SEM；(d)EDX 谱

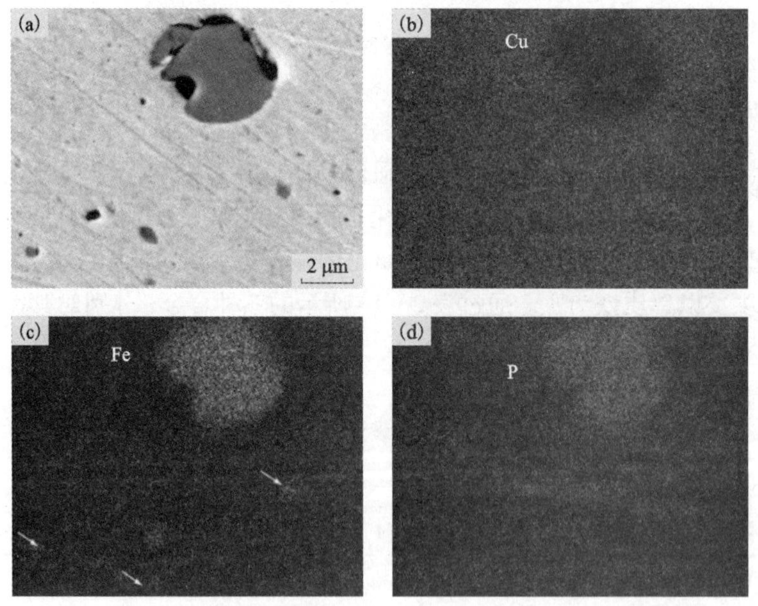

图 2-18 Cu-2.3Fe-0.03P-0.12Zn 合金 960℃，6 h 均匀化后显微组织及相应的元素面扫描分析

(a)SEM；(b)铜元素面扫描；(c)铁元素面扫描；(d)磷元素面扫描

子，一种为豆瓣状的与基体共格的粒子[见图 2-20(a)]。第二种是短棒状与基体不共格的粒子[见图 2-20(b)]。豆瓣状是由于球形粒子与基体形成共格关系而产生的无衬度线。与基体共格的粒子为 γ-Fe 粒子，短棒状与基体不共格的粒子为 α-Fe 粒子。另外还有少量与基体不共格的球状粒子[见图 2-20(d)]。能谱分析表明球状粒子为 Fe_3P。

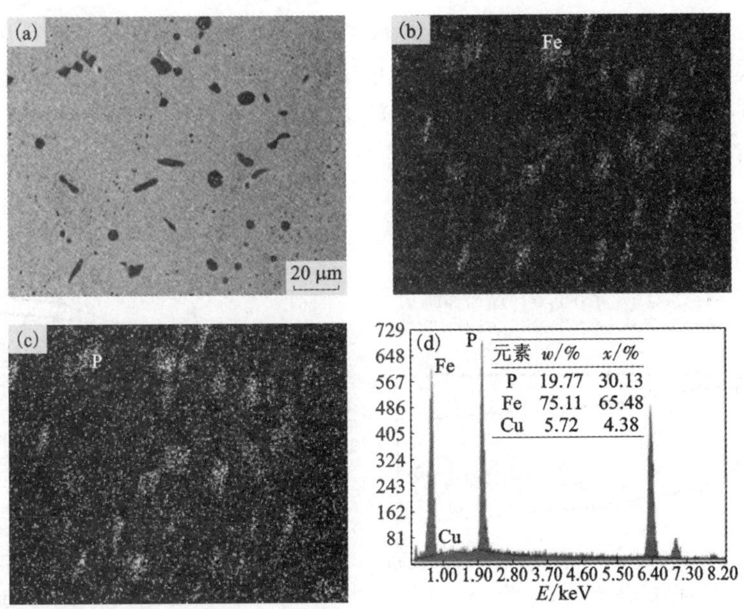

元素	w/%	x/%
P	19.77	30.13
Fe	75.11	65.48
Cu	5.72	4.38

图 2－19　Cu－2.30%Fe－0.63%P－0.12%Zn 铸态合金扫描电镜分析

(a)二次电子像；(b)铁元素面扫描分布；(c)磷元素面扫描分布；(d)能谱

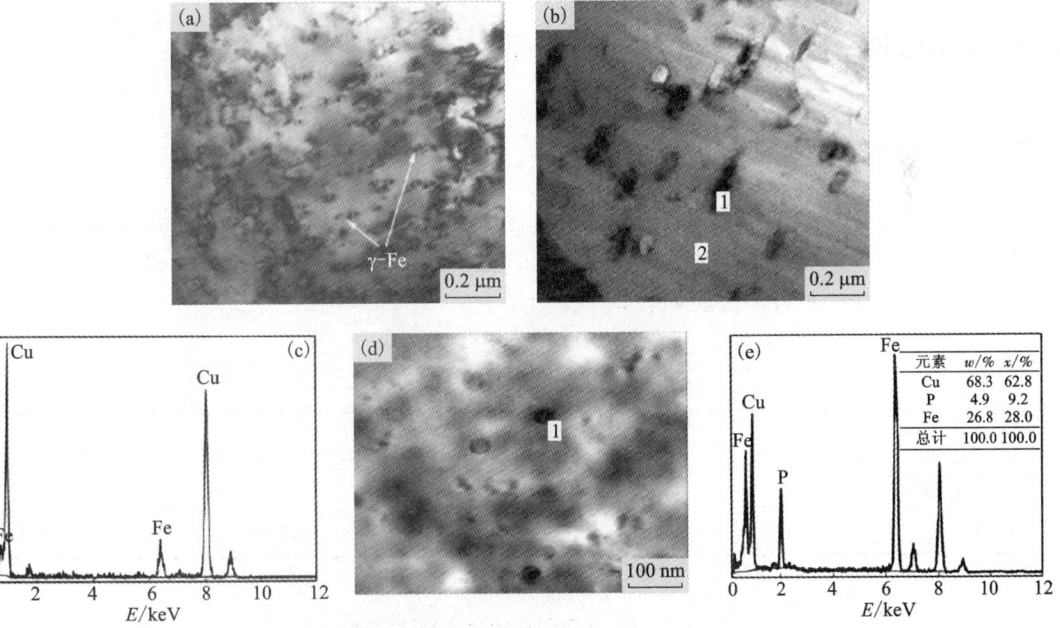

元素	w/%	x/%
Cu	68.3	62.8
P	4.9	9.2
Fe	26.8	28.0
总计	100.0	100.0

图 2－20　C194 薄带的 TEM 像及 EDS 能谱

表 2－14 所示的三种合金按下述工艺处理：960℃，6 h 均匀化＋热轧(HR)淬火＋80%冷轧(CR)＋400℃时效，其硬度和导电率的变化曲线示于图 2－21。Cu－2.30% Fe－0.63% P－0.12% Zn 合金固溶态硬度最大。随着时效的进行，Cu－2.30% Fe－0.12% Zn，Cu－2.30% Fe－0.03% P－0.12% Zn 合金的硬度明显高于 Cu－2.30% Fe－0.63% P－0.12% Zn 合金，说

明合金时效过程中的强化相主要不是来自于 $Fe_{(2,3)}P$ 相。Fe_2P 相在铸态时析出，降低了固溶态合金中铁的固溶度，导致时效过程中析出相浓度降低、硬度下降。结合电镜分析可以知道，C194 合金时效析出相为 $\gamma-Fe$ 和 $\alpha-Fe$ 粒子以及少量的 $Fe_{(2,3)}P$ 相，但对于强化起决定作用的是铁粒子。

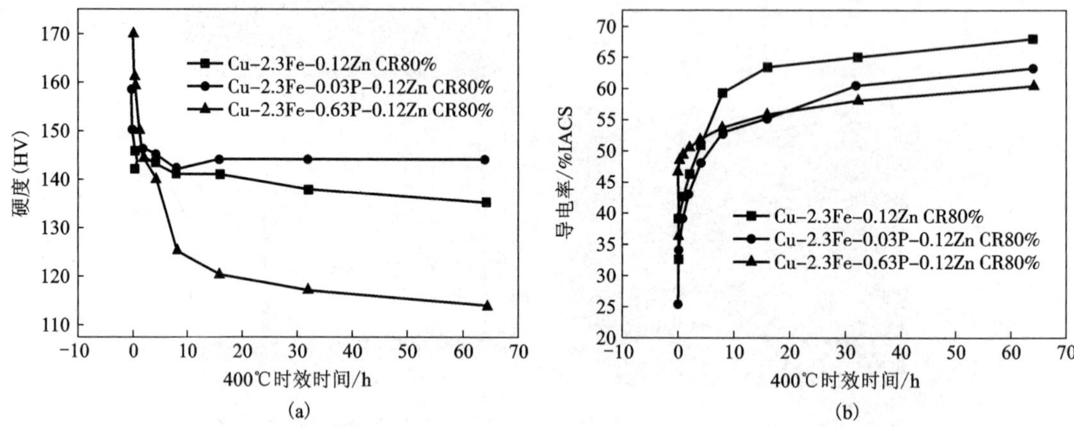

图 2-21 三种合金 960℃，6 h 均匀化 + 热轧淬火 + 80%冷轧 + 400℃时效的硬度和导电率变化

(a)硬度变化；(b)导电率变化

2.3 C70250 引线框架铜合金板、带材

2.3.1 合金成分及物理力学性能

C70250 合金是一种时效强化型的铜合金，具有高强、高导热性能，非常适合用作引线框架合金，尤其适用于高密度集成电路的封装。合金的化学成分如表 2-15 所示。合金的物理性能如表 2-16 所示。力学性能如表 2-17 所示。

表 2-15 C70250 合金的成分

成分范围/%							
铜 + 合金元素	Ni	Si	Mg	Fe	Pb	Zn	Mn
Min99.5%	2.2~4.2	0.25~1.2	0.05~0.3	≤0.2	≤0.05	≤1	≤0.1

表 2-16 C70250 合金的物理性能

物理性能	英制	公制
液相点	2003 ℉	1095℃
固相点	1967 ℉	1075℃
密度	0.318ibs/in^3	8.82 g/cm^3

续表 2－16

物理性能	英制	公制
导热系数	85～110btu－ft/ft^2－hr－°F	0.35～0.45cal/cm－sec－℃
电阻率	25.9ohm circ mil/ft(20℃)	4.3 microhm/cm(20℃)
导电率	TR02 40% IACS(20℃)	0.23 megmho/cm(20℃)
	TM00 40% IACS(20℃)	0.23 megmho/cm(20℃)
	TM02 40% IACS(20℃)	0.23 megmho/cm(20℃)
	TM03 40% IACS(20℃)	0.20 megmho/cm(20℃)
弹性模量(拉伸态)	19000000psi	13500 kg/mm^2

表 2－17　C70250 合金的力学性能

状态	抗拉强度/MPa	屈服强度/MPa	延伸率，不小于/%
TM00	620～760	450～620	10
TM02	655～830	590～760	7
TM03	690～860	655～830	5
TR02	≥605	≥550	6

2.3.2　主要工艺流程

C70250 合金元素含量高，强化类型为时效强化，目前的主要生产方法为：半连续(或全连续)铸造→大锭热轧→高精度冷轧→时效法。其工艺流程见图 2－22。

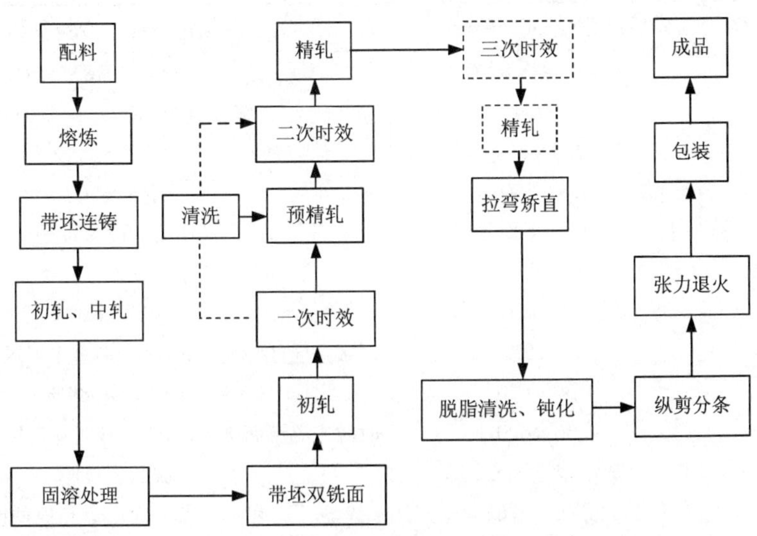

图 2－22　C70250 合金的工艺流程图

2.3.3 典型工艺示例

1. C70250 合金熔炼工艺

C70250 合金熔炼工艺如表 2 – 18 所示。

表 2 – 18 C70250 合金熔炼工艺

熔炉类型	加料及熔炼控制顺序	覆盖剂	脱氧剂	熔炼温度
中频无芯熔化炉	(Cu + 旧料)→Ni→全部熔化后扒渣→Si→CuMg→静置→取样分析、提温→铸造	木炭		1260 ~ 1340℃

2. C70250 合金扁锭半连续铸造工艺

扁锭半连续铸造工艺如表 2 – 19 所示。

表 2 – 19 C70250 铸锭半连续铸造工艺

合金牌号	铸锭规格 /(mm × mm × mm)	结晶器 /(mm × mm)	浇铸温度 /℃	铸造速度 /(mm·min^{-1})	冷却水压力 /kPa	覆盖剂
C70250	220 × 640 × 8000	220 × 640	1320	60	50	炭黑

3. C70250 合金典型加工工艺

C70250 合金典型加工工艺参数如表 2 – 20 所示。

表 2 – 20 C70250 合金典型加工工艺参数

序号	工序名称	工序后尺寸/(mm × mm × mm)	工艺条件与检验项目
1	加热	220 × 640 × 8000	最终炉温 910 ± 15℃
2	热轧	13 × 680	开轧温度≥890℃，终轧≥700℃
3	铣面	12.0 × 680	铣面：0.5 mm/面
4	初轧	4.8 × 680	总变形量 60%
5	切边	4.8 × 620	切边：30 mm/边
6	时效	—	保温 450℃，5 ~ 8 h
7	中轧	1.5 × 620	总变形量 68%
8	时效	1.5 × 620	时效主温区温度为 500℃，通过主温区的时间为 2 min
9	预精轧	0.36 × 620	总变形量 80%
10	时效	0.36 × 620	时效主温区温度为 500℃，通过主温区的时间为 2 min
11	精轧	成品尺寸 × 620	成品率检测
12	拉弯矫直	成品尺寸 × 620	在线控制表面质量和板型控制
13	酸洗脱脂	成品尺寸 × 620	在线表面质量控制
14	成品分切包装	用户要求	标准规定

2.3.4　主要工序及工艺参数

1. 材料设计原理和成分设计

Cu－Ni－Si 系合金是典型的时效强化型合金，将其在适当的条件下进行热处理，可使镍与硅从铜基体中析出，形成纳米级的金属间化合物(第二相)，这种第二相会与位错发生交互作用，对位错移动起阻碍作用，从而提高材料的强度。同时，由于合金元素从铜基体中析出，导致铜基体中对电子起散射作用的溶质原子数量减少，从而提高导电率。因此，该合金可以在保持优良的导电性能和导热性能的同时获得较高的强度。

Cu－Ni－Si 系合金在时效过程中，镍原子和硅原子可形成 $\delta-Ni_2Si$ 和 $\beta-Ni_3Si$ 等化合物。大量研究表明 $\delta-Ni_2Si$ 的强化效果要优于 $\beta-Ni_3Si$，因此为了得到强化相 $\delta-Ni_2Si$ 以获得最大的强化效果，在合金成分设计时须将镍与硅元素原子数之比定为2∶1。

图2－23 为铜与 Ni_2Si 的伪二元相图。从图中可以看出，Ni_2Si 在铜中的最大固溶度可达8%(1020℃)，在800℃时，其固溶度仍可达3.7%。Ni_2Si 的固溶度随着温度的降低而下降，当温度低于400℃时固溶度变化趋于平缓(室温下小于0.7%)。因此，Cu－Ni－Si 系合金经固溶处理后，在时效过程中，大部分的镍原子和硅原子会析出产生大量的 Ni_2Si 第二相，从而产生极强的弥散强化效果，大幅度提高合金的力学性能。同时，由于固溶体在室温下的平衡溶解度较低(室温下小于0.7%)，可以得到较高的导电率。因此选择镍和硅为主要添加元素是比较合适的。

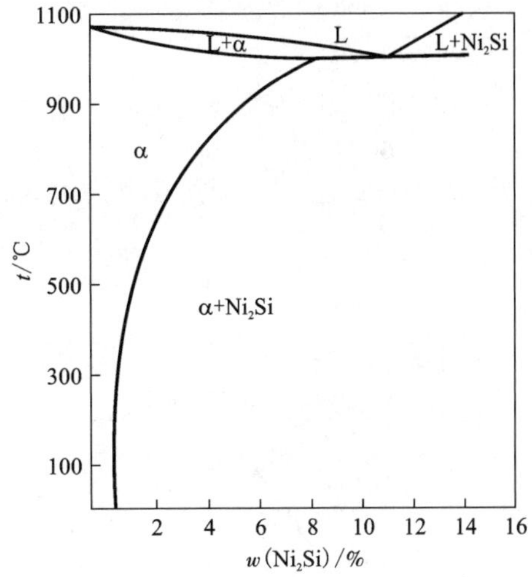

图2－23　铜与 Ni_2Si 的伪二元相图

(1)镍与硅的比例设计

由于在实际熔炼过程中，镍元素和硅元素会发生少量烧损，使得最终铸锭中镍与硅元素原子数之比稍稍偏离2∶1，导致少量过量的镍或者硅无法析出。这些过量的镍或硅固溶在铜基体中，均会对合金性能(尤其是导电率)产生一定的影响。表2－21 示出了6 组镍与硅元素原子数之比不同的合金经800℃固溶淬火后于450℃时效的峰值硬度和对应的导电率。

表2－21　C70250 合金典型加工工艺参数

编号	实验合金成分(质量分数)/%	Ni∶Si(质量比)	过量，质量分数/%*	800℃固溶淬火＋450℃时效时效峰值硬度(HV)	HV 峰值处的导电率/%IACS
1	Cu－1.5Ni－0.44Si	3.41	Si 过量0.08%	150	42.5%
2	Cu－1.5Ni－0.41Si	3.65	Si 过量0.05%	160	46.1%
3	Cu－1.5Ni－0.38Si	3.95	Si 过量0.02%	170	52.4%
4	Cu－1.5Ni－0.35Si	4.28	Ni 过量0.04%	175	56.8%
5	Cu－1.5Ni－0.32Si	4.69	Ni 过量0.16%	173	54.4%
6	Cu－1.5Ni－0.29Si	5.17	Ni 过量0.29%	170	52.7%

注：*若 Ni∶Si＞4.18，则 Ni 过量；Ni∶Si＜4.18 则 Si 过量。

由表2－21可以看出，镍和硅元素质量比对合金性能有显著的影响，当Ni∶Si比(质量比)接近4.18且镍稍稍过量时(4号合金)，样品的显微硬度和导电率均为最大值；进一步增加镍元素的比例(5号和6号合金)，样品的导电率和显微硬度缓慢下降，但幅度并不大(Δg为4%IACS，ΔHV为5)；当硅元素过量时(1号合金到3号合金)，随着硅元素含量的逐步增加，样品的导电率和显微硬度急剧降低(Δg为14%IACS，ΔHV为25)。引起上述差异的原因主要有以下两点：①过量的镍和硅元素与铜基体形成置换固溶体，而铜、镍和硅三种元素的原子半径分别为0.157 nm、0.162 nm和0.146 nm，很明显Si元素所引起的点阵畸变更大，对电子的散射作用也更强，即引起导电率大幅度下降；②一部分过量的Ni元素还能够以$\beta-Ni_3Si$的形式析出，这样尽管会小幅降低合金的力学性能，但是对导电率影响不大。

合金设计过程中，硅过量对合金性能的负面影响要远大于镍过量，因此在合金熔炼过程中一定要避免出现硅过量现象。故在合金设计时，应使镍与硅的质量比略大于4.18(控制在4.2～4.4)，以保证合金获得尽可能高的力学性能和导电率。

(2)镍和硅总含量设计

800℃时Ni_2Si在铜中的极限固溶度为3.7%，在此固溶度范围之内，按Ni∶Si质量比为4.2～4.4，设计制备了5种不同浓度Ni_2Si合金(Ni_2Si含量：1.23%～3.7%)。表2－22和图2－25分别示出了这5种合金分别经固溶和时效处理后测得的时效峰值硬度和相应的导电率结果。

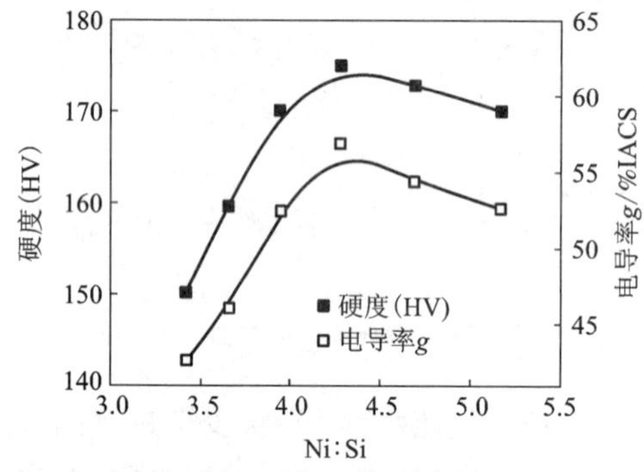

图2－24　Cu－1.5Ni－XSi合金Ni∶Si与力学性能及电性能的关系

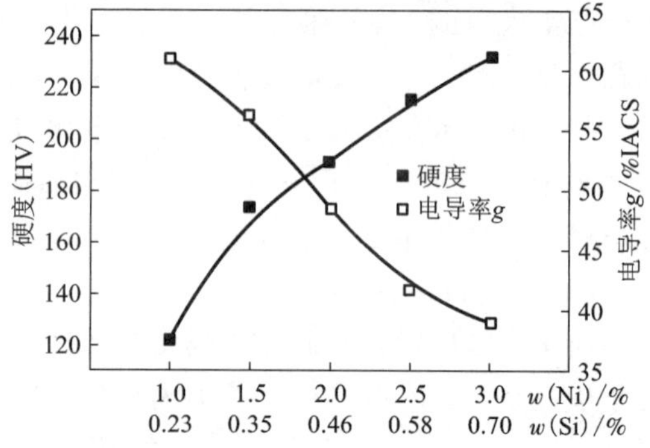

图2－25　Ni_2Si含量对合金硬度和导电率的影响

表2－22　Ni_2Si含量与合金硬度和导电率之间的关系

成分，质量分数/%	800℃固溶淬火＋450℃时效	
	HV	g/%IACS
Cu－1.00Ni－0.23Si	122	61.0
Cu－1.50Ni－0.34Si	173	56.3
Cu－2.00Ni－0.47Si	190	48.4
Cu－2.50Ni－0.58Si	215	41.7
Cu－3.00Ni－0.72Si	232	39.1

由表2－22和图2－25可见，Ni_2Si含量越高，硬度HV逐步升高，但导电率逐步下降。

(3)其他微量添加元素设计(添加量为质量分数)

Cu－Ni－Si系合金容易发生过时效，抗高温软化性能不好；且在钎焊过程中易产生脆性的Cu_3Sn，影响钎焊接头性能。因此，需要添加一些其他的微量元素对合金进行改造。镁元素不但可以去除熔体中的氧和硫，还可以与磷形成化合物进一步强化合金。最近的一些研究还指出，镁还有减慢时效速度并提高合金抗高温软化性能的作用。但镁会降低导电率，并恶化钎焊浸润性，故镁元素的添加量应小于0.05%；磷元素通常用来去除铜合金熔体中的氧，同时熔体中加入磷还可以提高流动性，但磷元素的添加不宜过多。多余的磷元素会作为杂质固溶在铜基体中，引起额外的电子散射，严重降低导电率。而且过量的磷和铜还会形成低熔点的Cu_3P共晶相。在热轧时容易出现开裂现象，故磷元素的添加量应小于0.03%；锌在钎焊时可扩散至表面形成富锌层，阻挡锡扩散形成脆性Cu_3Sn，提高钎焊接头抗剥离能力，但锌会降低导电率，故锌元素的添加量应小于0.2%。

2. 铸锭内部质量控制

(1)气孔

C7025铜合金中的气孔以氢气孔为主。随着熔体温度的升高，铜合金熔体吸氢越多。该合金熔炼温度在1260～1340℃之间，熔炼温度高，显著增加吸氢量；另外合金中随着镍的增加，氢的溶解度也呈直线上升。因而，C7025铜合金的吸气性比较强，铸锭中容易出现气孔缺陷。需要从熔炼保护和铸造排气两方面入手，避免合金铸造过程中产生气孔缺陷，具体措施如下：

①全干燥处理。无芯炉和流槽须完全干燥。所用的原料、工具，如搅拌棒、捞渣勺、浇注时所用的引锭座和结晶器必须干燥处理。新炉生产时，前几炉生产紫铜铸锭，待炉壁完全干燥后再转为生产C7025铜合金铸锭。

②煅烧木炭覆盖熔体。煅烧木炭的覆盖层厚度控制在150～200 mm。

③采取低温熔炼，熔炼温度控制在1220℃，待所有添加原料全部熔化后，取样分析成分合格后迅速提温到1320℃左右进行铸造。

④结晶器内的熔体表面要用烤红、呈散状的烟灰严密覆盖，浇注管埋入液面不能太深，以便于气体的排出。

⑤严格控制铸造速度，铸造速度不宜太快，以便于气体排出。

⑥选用合适的结晶器，使液穴浅平，利于气体排出。

(2)内部裂纹

C7025铜合金凝固温度区间大，导热性较差，铸造过程中，当二次水喷射到红热的铸锭上时，使铸锭断面上产生大的温度梯度，造成很大的铸造应力。如果铸造应力超过了该温度下的晶界强度，会导致晶界裂纹。有时铸造应力虽未使铸锭形成裂纹，但是在热轧前的加热过程中，有可能由于应力的释放，促使内部微小裂纹的产生，造成带材表面起皮现象，影响成品质量。为避免内部裂纹，应采取的措施如下。

1)铸造速度

为了保证C7025熔体的流动性，须采用较高的铸造温度。在较高的铸造速度下，熔融金属在结晶器内没有充分的结晶时间，凝固的外壳拉出结晶器时，铸锭内部还保持了相当一部分未凝固的和处于半凝固状态的金属，外壳立刻受到二次冷却，使中心部分的熔体很快地凝固收缩，由于收缩而产生了很大的铸造应力。当凝固和半凝固的金属晶界强度承受不了铸造应力时，便产生内部裂纹。铸造速度较低时，上述现象显著改善，可有效消除铸锭内部裂纹。因此结合气孔和裂纹等因素，C7025 合金铸造速度不能太快。

2)结晶器对内部裂纹的影响

增加结晶器高度意味着一次冷却区域扩大，使得铸锭的液穴深度处于结晶器范围内，铸锭拉出结晶器时内部已经凝固，从而提高了合金强度，减小了铸造应力，可以生产出合格的铸锭。国外某铜加工厂采用 360 mm 高的结晶器生产 C7025 铜合金铸锭，铸造速度为 120 mm/min，可以生产出无内部裂纹的铸锭。可见结晶器高度对铸锭内部裂纹影响较大，提高结晶器高度，可以提升铸造速度，但液穴较深，不利于熔体排气。

采用一次、二次水分开的结晶器，合理分配冷却强度，红锭生产 C7025 铜合金铸锭。在铸造过程中，先确保一次水的流量，产生足够的过冷度，使凝固的外壳达到一定的厚度和强度，然后调整并控制二次水的流量，让铸锭保持红锭状态，减缓铸锭冷却速度，减少了金属内部固相线附近的强烈收缩，减小铸造应力，避免内部裂纹的产生。

(3)表面质量

C7025 铜合金中含有易氧化的硅和镁元素，高温下熔体容易氧化造渣，导致熔体流动性降低，加上结晶器内液面波动，极易造成铸锭表面夹渣和由此引起的表面裂纹。强化的熔体保护，再辅以合适的溶剂保护时，结晶器内熔体表面虽有少量的渣，但在铸造过程中没有增加，减小了凝壳与结晶器壁的摩擦力，可避免铸锭表面出现大量夹渣和拉裂现象。

3. 热轧

加热炉采用步进炉，空燃比为(8 ~ 9) :1，以防锭子氧化；要分区加热，逐步缓慢升温，防铸锭在加热时开裂；最终炉温为 910 ±15℃，保温 4 h，在保温中实现铸锭均匀化。铸锭出炉温度 910 ±15℃，开轧温度≥890℃，终轧≥700℃，终轧后在线强力喷水淬火，后干燥、打卷。

热轧在线淬火组织视在线淬火温度高低应为拉长的长晶组织或部分动态再结晶或 20 ~ 30 μm 全部动态再结晶组织，高倍下有极少量未溶解的尺寸小于 3 μm 的 Ni_2Si 粒子，在 1000 ×倍下应无细小(0.1 ~0.2 μm)的 Ni_2Si 粒子沉淀。

视在线淬火温度高低，热轧板坯硬度(HV) =75 ~120；导电率小于 23% IACS。

4. 粗轧

粗轧的目的是通过冷变形来缩短主时效的时间，总变形量 60%，预冷轧后组织应为纤维组织。

5. 时效

热轧板的时效特性：以 Cu －2.00Ni －0.58Si + Mg 合金的热轧板为例分析其时效特性。热轧板分别在 450℃、500℃和 550℃时效处理后的硬度、导电率与时效时间的关系分别示于图 2 －26，合金在较宽的时间范围内都有较高的硬度和良好的导电率，且不易过时效，易获得高强高导性能，如在 450℃时效 128 h 时，合金的性能为 HV =190，导电率 g =55.3%；在 500℃时效 8 h 时，合金的性能为 HV =191，导电率 g =46.0%。

6. 冷轧时效特性

以 Cu －2.00Ni －0.58Si + Mg 合金为例。热轧淬火 +450℃时效，8 h(过时效态) +92% 冷轧后于不同温度条件下时效的显微硬度和导电率随时效时间变化曲线如图 2 －27 所示。与一次时效相比，合金经冷轧后在二次时效过程中显微硬度和导电率变化规律与前面的研究都

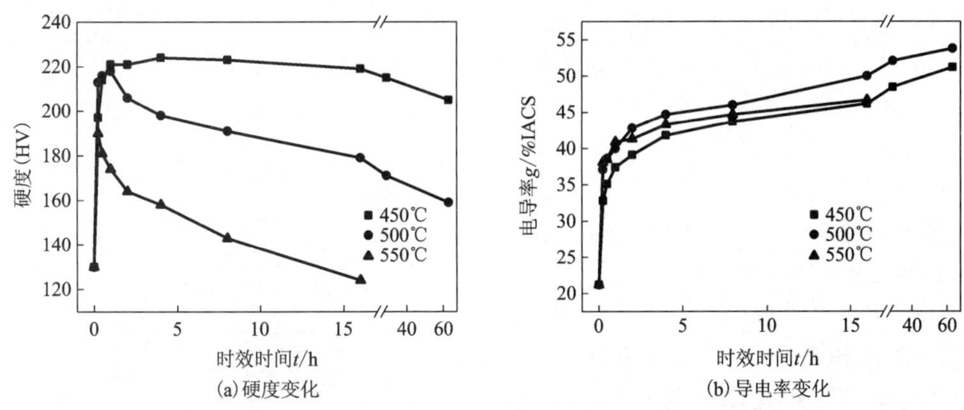

图2-26　Cu-2.00Ni-0.58Si+Mg合金热轧淬火后经不同温度时效的硬度与导电率

是一致的，且综合性能有所提高。在500℃和550℃下进行二次时效时，合金的显微硬度随着时效时间的延长一直下降，且非常容易过时效。当合金在500℃下二次时效时，时效时间小于15 min时其显微硬度(HV)保持在200以上。当将二次时效温度升至550℃时，在2.5 min以内时效时合金保持较高的显微硬度，合金的综合性能仅为201和40.5% IACS。合金在450℃下进行二次时效可获得良好的综合性能，且其抗450℃软化性能较好，在1 h时效时间范围内一直保持了较高的显微硬度。

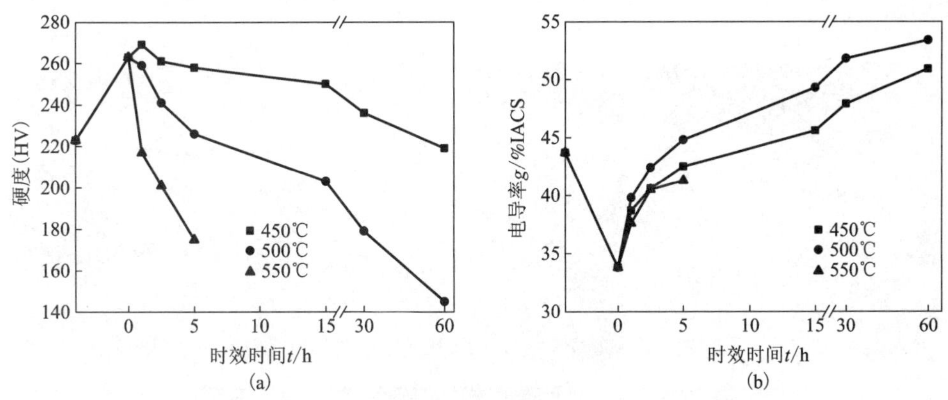

图2-27　Cu-2.00Ni-0.58Si合金热轧淬火+450℃时效8h+92%冷轧于不同温度时效的硬度与导电率

(a)硬度变化；(b)导电率变化

2.3.5　C7025合金的时效析出相

Cu-Ni-Si合金中的溶质元素为镍和硅，在时效过程中镍原子与硅原子可能形成的Ni-Si化合物主要包括Ni_3Si、Ni_5Si_2/$Ni_{31}Si_{12}$和Ni_2Si。其中Ni_3Si具有两种不同结构，一种为简单立方结构的$\beta-Ni_3Si$，其属于Pm-3m空间群；另一种是属于I4/mmm空间群的具有正方结构的t-Ni_3Si。Ni_5Si_2/$Ni_{31}Si_{12}$通常被称作γ相，其属于P321空间群，具有六方结构。Ni_2Si也存在两种不同的结构，一种是属于P63/mmc空间群具有六方结构的$\theta-Ni_2Si$；另一种是属于Pbnm空间群的具有正交结构的$\delta-Ni_2Si$。几种主要的Ni-Si化合物在温度为0 K

时的形成焓如图 2－28 所示。从图中可以看出，0 K 条件下 δ－Ni_2Si 是最稳定的结构。对于时效过程而言，时效温度为 450℃（即 723 K），由于 δ－Ni_2Si 的形成焓与最相近的析出相的形成焓之间有近 50 meV 的差别，不可能出现熵增效应而逆转的现象，所以此时应该依然是 δ－Ni_2Si 最稳定。

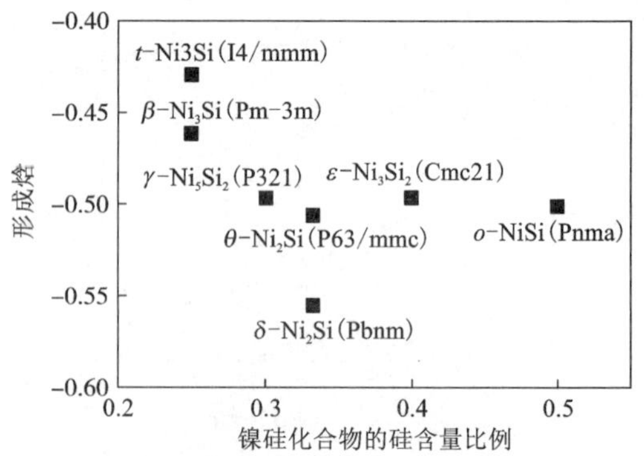

图 2－28　不同 Ni－Si 化合物的形成焓

图 2－29 示出了 Cu－Ni－Si 合金不同时效状态的 TEM 明场像。图 2－29(a)为合金时效 15 min 后的明场像，从整体上看其呈波纹状，非常类似于条幅组织；对局部进行放大观察[图 2－29(b)]，可以发现个别位置出现了共格粒子特有的应变场衬度(如图中标记所示)。图 2－29(c)、图 2－29(d)为合金时效 4 h 后的明场像。基体中析出了大量弥散分布的纳米级粒子，且粒子周围存在明显应变场衬度，这说明析出相与基体间存在一定的共格关系。图 2－29(e)、(f)为合金时效 16 h 后的明场像，粒子进一步长大，同时其引起的基体应变场也随之扩大。当合金处于过时效后期 500 h 时，如图 2－29(g)、(h)所示，基体中仍分布了大量的析出相，且析出相粒子的尺寸长大。无衬度线基本消失，与基体的共格关系大部分遭破坏，或演变为半共格关系(析出相与基体间的畸变被界面位错等缺陷松弛)，粒子周围的应变场减小。

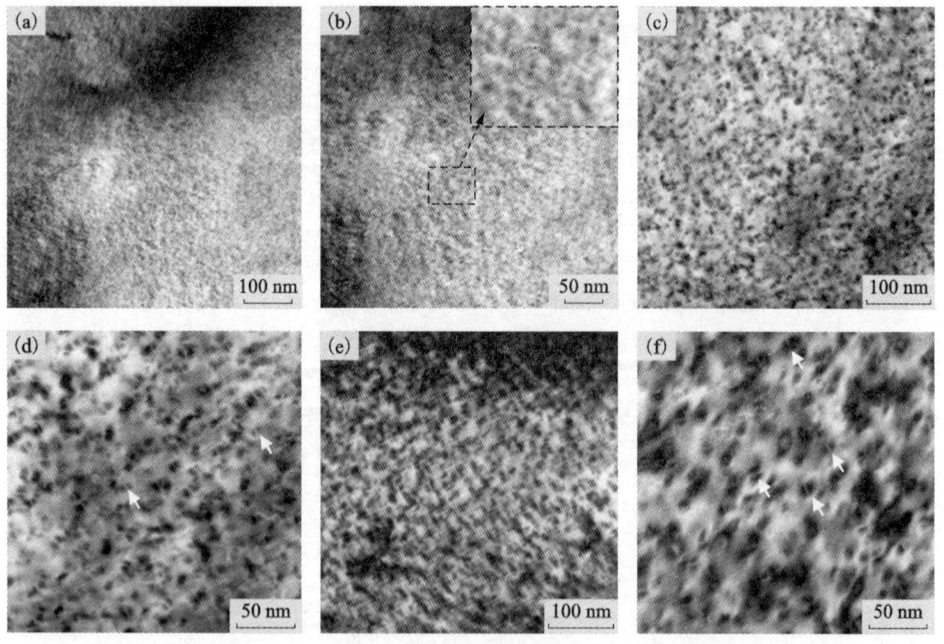

图 2－29　CuNiSi 合金 450℃时效不同时间的 TEM 照片

(a)(b)15 min；(c)(d)4 h；(e)(f)16 h；(g)(h)500 h

在暗场条件下对经 450℃，500 h 时效处理的样品进行了观察，如图 2－30 所示。

图 2-30(a)为$[001]_{Cu}$带轴下位于$(110)_{Cu}$位置的衍射斑(如图中圆圈标记所示)所成的暗场像。在暗场条件下可以观察到呈棒状且相互垂直的两种变体的析出相，其中一种变体长度方向与操作矢量 g 平行。此外，在图 2-30(a)中还可以看到少量近圆形的析出相(如图中箭头所示)。Cu-Ni-Si 合金时效过程中会在$\{110\}_{Cu}$面上产生圆盘或椭圆盘状析出相。由于 Cu 基体为面心立方结构，共有 6 个等价的$\{110\}_{Cu}$面。当透射束与$[001]_{Cu}$方向平行时，有两个$\{110\}_{Cu}$面与透射束平行，在这两个面上析出的盘状相投影在像平面上便表现为上述的棒状形貌。而其他四个$\{110\}_{Cu}$面与透射束夹角为 45°，在这四个面上析出的盘状相投影在像平面上表现为椭圆盘状形貌。图 2-30(b)是在$[111]_{Cu}$带轴下选取处于$\{110\}_{Cu}$位置的衍射斑(如图中圆圈标记所示)进行成像的。可以观察到呈棒状且相互呈 120°夹角的三种变体的析出相，其中一种变体长度方向与操作矢量 g 的方向平行。改变成像衍射斑点和曝光条件，获得了图 2-30(c)和图 2-30(d)。由图可见，在特定的条件下，暗场像中可观察到长轴方向一致的析出相。且在曝光条件相同的情况下，图 2-30(c)中析出相的亮度要高于图 2-30(d)的。

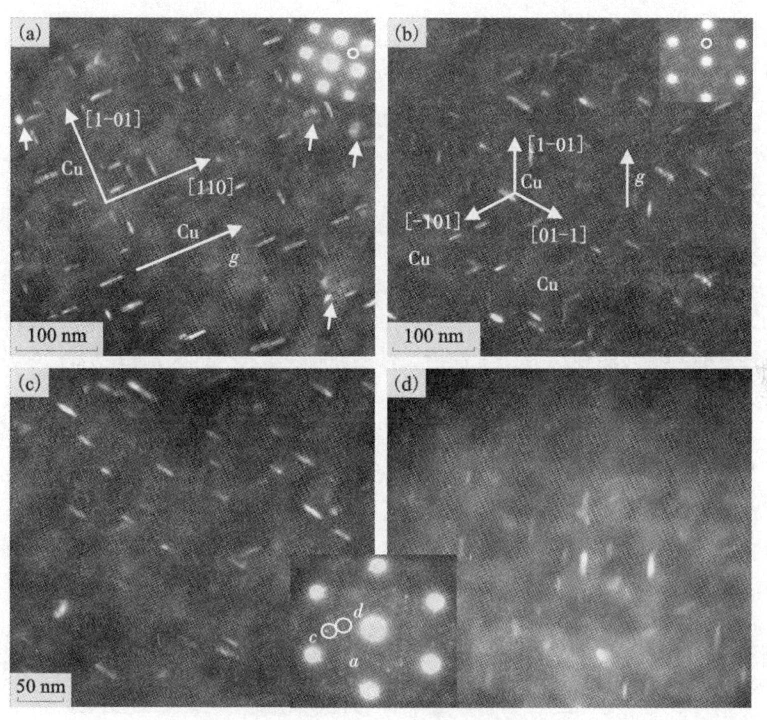

图 2-30　Cu-1.50Ni-0.34Si 合金经 450℃时效 500 h 样品的 TEM 暗场照片

2.4　黄铜板、带材

2.4.1　合金成分及物理力学性能

普通黄铜是 Cu-Zn 二元合金，普通黄铜的化学成分，牌号、特点和应用，物理性能、化学性能和力学性能分别示于表 2-23 ~ 表 2-29。

表 2-23 普通黄铜的化学成分(质量分数)

合金牌号	Cu/%	Fe/%	Pb/%	Ni/%	Zn/%	杂质总和%
H96	95.0~97.0	0.10	0.03	0.5	余量	0.2
H90	88.0~91.0	0.10	0.03	0.5	余量	0.2
H85	84.0~86.0	0.10	0.03	0.5	余量	0.3
H80	79.0~81.0	0.10	0.03	0.5	余量	0.3
H70	68.5~71.5	0.10	0.03	0.5	余量	0.3
H68	67.0~70.0	0.10	0.03	0.5	余量	0.3
H65	63.5~68.0	0.10	0.03	0.5	余量	0.3
H63	62.0~65.0	0.15	0.03	0.5	余量	0.5
H62	60.5~63.5	0.15	0.08	0.5	余量	0.5
H59	57.0~60.0	0.30	0.50	0.5	余量	1.0

表 2-24 普通黄铜的牌号、特点和应用

合金牌号	主要特性	应用举例
H96	具有良好的冷热加工性能，易焊接，表面工程特性良好，在大气和淡水中不腐蚀，无应力腐蚀破裂倾向，有庄重的古铜色泽	货币、纪念品、徽章、印信帽、起爆器、珐琅低胎、波导管、散热管、导电器件等
H90	有良好的力学性能和压力加工性能，耐蚀性好，能镀金、涂敷珐琅	装饰品、奖章、船用构件、铆钉、波导管、水箱带、电池帽、水道管
H85	有足够的机械强度和耐蚀性，易成形	建筑装饰、徽章、波纹管、蛇形管、水道管、挠性软管、冷却设备制件等
H80	有良好的力学性能，在冷热状态下加工性能好，在大气淡水和海水中有较高的耐蚀性	标牌标签、浮雕、电池帽、乐器、挠性软管、泵用管等
H70	有较好的塑性和较高的强度，易焊接，耐蚀性好，在氨气气氛中应力腐蚀开裂十分敏感	弹壳、汽车水箱、五金制品、卫生管道配件等
H68	有良好的塑性和较高的强度、切削性好、易焊接、耐蚀、易成形	各种冷冲件和深冲件、散热器外壳、波纹管、门、灯具等
H65	有足够的机械强度和工艺性能、有美丽的金黄色光泽	各种五金制品、灯具、管道配件、拉链、牌匾、铆钉、弹簧、沉降过滤器等
H63	有足够的机械强度和工艺性能，耐蚀性一般	各种浅冲件、制糖管件、垫片等
H62 H59	有较高的机械强度，热塑性尚好，切削性能好，在某些情况下易脱锌和应力开裂	各种结构件、制糖热交换器管、销钉、夹线板、垫圈等

表 2－25　普通黄铜的物理性能

合金牌号	融化温度/℃		沸点/℃	密度/(kg·m^{-3})	比热容/[J·(kg·℃)$^{-1}$]	线膨胀系数/℃$^{-1}$	导热率/[W·(m·K)$^{-1}$]	导电率/%IACS	电阻率/(μm·m)		电阻温度系数/℃$^{-1}$
	液相线	固相线							固态	液态	
H96	1071.4	1056.4	约1600	8850	0.093	18.0×10^{-6}	243.9	57	0.031	0.24	0.0027
H90	1046.4	1026.3	约1400	8800	0.095	18.4×10^{-6}	187.6	44	0.040	0.27	0.0018
H85	1026.3	991.0	约1300	8750	0.095	18.0×10^{-6}	151.7	37	0.047	0.29	0.0016
H80	1001.2	966.0	约1240	8660	0.093	18.0×10^{-6}	141.7	32	0.054	0.33	0.0015
H75	981.1			8630		19.9×10^{-6}	120.9	30	0.057		
H70	951.0	916.0	约1150	8530	0.09	20.0×10^{-6}	120.9	28	0.062	0.39	0.0015
H68	939.0	910.0		8500		20.0×10^{-6}	116.7	27	0.064		0.0015
H65	936.0	906.0		8470		20.1×10^{-6}	116.7	27	0.069		
H63	911.0	901.0		8430		20.6×10^{-6}	116.7	27			
H62	906.0	899.0		8430		20.6×10^{-6}	116.7	27	0.071		0.0017
H59	896.0	886.0		8400		21.0×10^{-6}	125.1				0.0025

表 2－26　黄铜的化学性能

合金排号	腐蚀介质	腐蚀速度/(mm·s^{-1})	介质浓度/%	温度/℃	试验时间/h
各种黄铜	农村大气	0.0001～0.00075			
各种黄铜	城市和海滨大气	0.0012～0.0038			
各种黄铜	低速干燥纯净大气	≤0.0025			
各种黄铜	常温纯净淡水	0.0025～0.025		20	
各种黄铜	常温海水	0.0075～0.1			
各种黄铜	土壤水	3.0			
各种黄铜	纯磷酸溶液	0.5			
各种黄铜	苛性钠溶液	0.5			
各种黄铜	含空气或较高温苛性钠溶液	1.8		20	
各种黄铜	脂肪酸	0.25～1.3			
各种黄铜	静置醋酸	0.025～0.75			
各种黄铜	甲醇、乙醇、乙二醇	0.0005～0.006			
各种黄铜	苦味酸	4.3		250	
H62	硫酸	0.01～0.2	0.01～0.05	20	336～840
H68	硫酸	0.05	0.01	50	336
HFe59－1－1	硫酸	0.14	0.5	190	100
HSn70－1	硫酸	0.6～1.0(增速)	浓的	20～40	720
HSn60－1	硫酸	0.36	2	80	500

表 2-27 普通黄铜的室温力学性能

合金牌号	弹性模量/GPa	抗拉强度/MPa	屈服强度/MPa	弹性极限/MPa	疲劳强度/MPa	疲劳试验循环次数/($\times 10^{-6}$)	伸长率/%	断面收缩率/%	冲击韧性/($J\cdot cm^{-2}$)	硬度(HRB)
H96	115	240/450	—/390	35/360			50/2		220	
H90	115	260/480	120/400	40/380	8.5/12.6	50/50	45/4	80	180	53/130
H85	115	280/550	100/450	40/450	10.6/14	100/300	45/4	85		54/126
H80	110	320/640	120/520	80/420	10.5/15.4	90/50	52/5	70	160	53/145
H75	110	340/590	110/540	80/450	12/15		58/6			
H68	106	320/660	90/520	70/500	12/15	100/100	55/3	70	170	—/150
H65	105	320/700	91/450	70/450	12/13.5	100/100	48/4			
H63	100	300/630	110/500	70/420			49/4	66	140	56/140
H62	100	330/600	150/200	80/420	12/15.4	100/300	49/3	66	140	56/164
H59	98	390/500		80/—	12/18.2	100/500	44/10	62	140	—/163

注：表中斜杠"/"前数据为软态，"/"后数据为硬态。

表 2-28 普通黄铜的高温力学性能

合金牌号	温度/℃	抗拉强度/MPa	伸长率/%	硬度(HRB)	冲击韧性/($J\cdot cm^{-2}$)
H90	100	270	48	53	180
	200	260	48	50	160
	300	260	50	48	150
	500	240		46	90
H80	100	310	52	53	160
	200	300	51	51	151
	300	280	42	48	135
	500	270	39	44	50
H60	100	390	57	56	70
	200	320	55	56	66
	300	210	48	43	40
	500	160		23	30

表 2-29 普通黄铜的低温力学性能

合金牌号	状态	温度/℃	抗拉强度/MPa	屈服强度/MPa	伸长率/%	断面收缩率/%
H70	加工退火	20	358	198	49	77
		-10	372	201	49	77
		-40	383	189	58	77
		-80	400	192	60	79
		-120	429	196	55	78
		-180	515	189	75	73

续表 2－29

合金牌号	状态	温度/℃	抗拉强度/MPa	屈服强度/MPa	伸长率/%	断面收缩率/%
H70 (Cu 71.6%)	加工退火	18	291	67	82.6	76.4
		0	300	69	79.7	78.7
		－30	303	76	75.9	79.7
		－80	341	85	74.5	80.0
H68 (Cu67.0%)	550℃退火	20	400	275	50.4	72
		－78	429	306	49.8	76.6
		－183	535	400	50.8	70.7
		20	601	592	6.3	66.5
H68 (Cu67.0%)	40%冷加工	－78	648	643	7.8	71.5
		－183	720	712	10.1	66.5
H60 (Cu60.6%)	25%冷加工	20	558	399	19.8	65.5
		－78	581	420	21.0	67.7
		－183	689	561	24.4	64.1
H68 (Cu67.0%)	550℃退火	20	384	140	51.3	75.5
		－78	429	158	53.0	74.6
		－183	531	200	55.3	71.0

2.4.2　主要工艺流程

普通黄铜带因具有良好的导电、导热性能和适当的强度与塑性以及具有华贵的色彩等综合性能，因而广泛应用于电器开关、接插件、五金、机械零件和各种装饰件上。

黄铜带典型生产工艺流程见图 2－31。

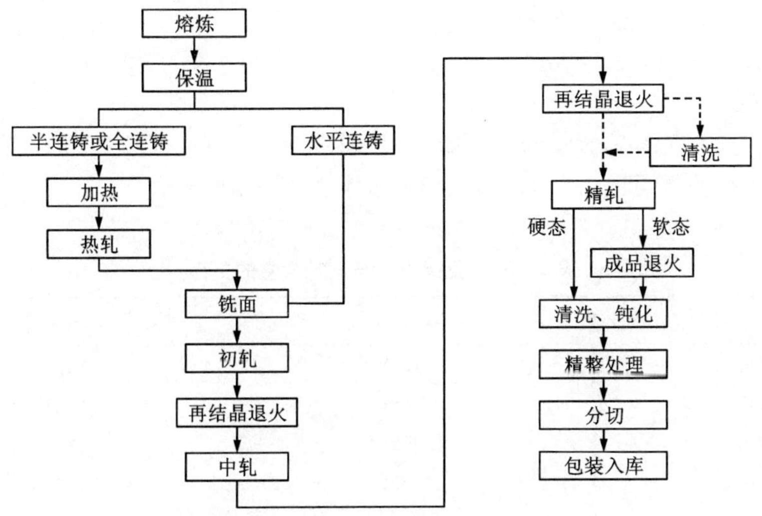

图 2－31　黄铜带典型生产工艺流程图

2.4.3 主要工序及工艺参数

1. 普通黄铜熔炼工艺

部分普通黄铜的熔炼工艺见表2－30。

表2－30 部分普通黄铜的熔炼工艺

合金牌号	出炉温度/℃	脱氧剂	覆盖剂	加热与熔化操作程序
H96	1180～1220	Cu－P新料：0.006%P；废料：0.003%P	木炭或其他复合熔剂	[铜＋(废料)＋覆盖剂]→熔化→锌→熔化→搅拌，捞渣→取样分析→升温→Cu－P→搅拌→出炉
H90	1180～1220			
H85	1180～1220			
H80	1180～1220			
H75	喷火(1100～1160)			
H68	喷火(1100～1160)			
H65	喷火(1080～1120)			
H63	喷火(1060～1100)			
H62	喷火(1060～1100)			
H59	喷火(1030～1080)			

2. 普通黄铜铸锭生产

(1)铸造方式

普通黄铜半连续或连续铸造生产铸锭的常用浇注炉设备是工频铁芯感应电炉，熔体流量调节系统通常安装在其前室。

高锌黄铜的浇注温度较低，熔体流量调节系统中的塞棒、出铜口和导流管等可采用石墨，也可以采用耐热铸铁或耐热铸钢等材料来制造。

熔融硼砂型覆盖铸造技术的应用使黄铜半连续和连续铸造生产铸锭的表面质量得以有效控制。

(2)铸造工艺参数

1)浇注温度

普通黄铜的沸点与其锌含量的关系如表2－31所示。工频铁芯感应电炉熔炼锌含量(质量分数)高于20%的黄铜时，可以以喷火作为熔体达出炉温度的标志。

表2－31 黄铜沸点与其锌含量的关系

合金牌号	沸点/℃	浇注温度/℃
H96	1600	1275～1300
H90	1400	1225～1250
H80	1240	1175～1200
H70	1150	1125～1150
H65	1135	1100～1180
H60	1080	1060～1080

2)铸造速度

像所有的铜合金铸造过程一样，铸造速度与铸锭规格有很强的关联性，铸锭小，则铸造速度就越快。表2-32列出H68各种规格铸锭的铸造速度。

表2-32　H68各种规格铸锭的铸造速度

铸锭规格/mm	结晶器高度/mm	冷却水压力/MPa	铸造速度/($m \cdot h^{-1}$)
ϕ85	170	0.05~0.10	14.0~16.0
ϕ145	200	0.05~0.10	9.5~10.5
ϕ195	225	0.06~0.12	9.0~10.5
ϕ245	250	0.06~0.12	7.0~8.0
ϕ295	280	0.08~0.15	4.5~5.5
ϕ360	280	0.08~0.15	4.0~5.0

浇注温度一定时，增加结晶器有效高度或者适当加大冷却强度，在一定程度上可以提高铸造速度。表2-33列出了生产H65时，结晶器高度与铸造速度之间的关联性，铸锭规格相近，但所用的结晶器高度不同时，铸造速度不同。

表2-33　H65扁铸锭铸造工艺参数

工厂	铸锭规格/mm	浇注温度/℃	结晶器高度/mm	铸造速度/($m \cdot h^{-1}$)
A	170×620	1160~1180	230	10.0~12.0
	180×645	1160~1180	230	10.0~12.0
B	160×600	1160~1180	550	11.0~12.0
	160×800	1160~1180	550	11.0~12.0

(3)冷却强度

在保持冷却水流量不变的条件下，提高结晶器高度，有助于铸造速度的提高。铸造时采用硼砂作覆盖剂，可以改善结晶器的一次冷却强度，见表2-34。

表2-34　H68铸锭采用不同覆盖剂铸造时铸造速度的比较

结晶器内液体金属保护条件	以下铸锭规格(mm)的铸造速度/($m \cdot h^{-1}$)					
	180×640	ϕ360	ϕ295	ϕ245	ϕ195	ϕ145
保护气和润滑油	7.0~8.0	3.5~4.0	4.0~4.5	5.0~6.0	8.0~8.5	10.0~10.5
熔融硼砂	10.0~12.0	4.0　5.0	5.0~5.5	7.0~8.0	9.0~10.0	11.0~12.0

3. 热轧

(1)加热温度及时间

以H65黄铜为例，由Cu-Zn二元相图可以看出，H65在780℃以下为单相α黄铜，超过此温度时则为$\alpha+\beta$两相黄铜。当温度升高时，H65铜的塑性会显著提高，但当温度接近熔点时，塑性显著降低，见图 2 - 32。因此，在热轧过程中必须避开中温脆性区，并且要求在热轧结束时，热轧件的组织是完全再结晶组织，因此 H65 黄铜终轧温度应高于 350 ~ 450℃。H65 黄铜热轧的加热工艺见表 2 - 35。

(2)热轧总加工率及道次加工率

H65 黄铜的高温塑性好，变形抗力低，热脆性小，热轧的总加工率一般选择在 90% ~ 95% 范围内。常用的最大道次加工率及平均道次加工率的范围见表 2 - 36。

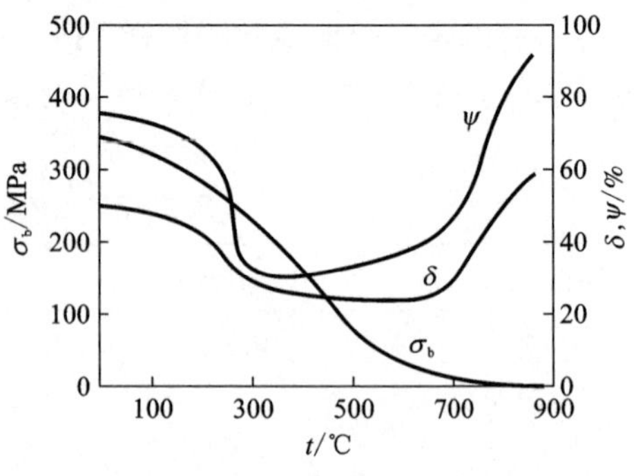

图 2 - 32 H65 铜力学性能与温度关系图

表 2 - 35 H65 黄铜带热轧加热工艺参数

名称	锭坯加热及炉温/℃	锭坯保温及炉温/℃	热轧开轧温度/℃	热轧终轧温度/℃	加热时间/h
H65	820 ~ 870	800 ~ 860	780 ~ 850	550 ~ 650	2.0 ~ 2.5

表 2 - 36 H65 锭坯最大道次加工率及道次平均加工率的范围

合金牌号	锭坯宽/mm	最大道次加工率/%	道次平均加工率/%
H65	< 340	40 ~ 50	30 ~ 36
	340 ~ 600	33 ~ 40	27 ~ 32
	> 600	28 ~ 33	22 ~ 27

(3)加热炉内气氛

H65 黄铜加热炉一般采用微氧化气氛，炉腔在微负压状态下工作。因为在微氧化气氛下加热，铜坯表面能生成一层薄而硬、致密度很高的氧化膜，可以减少黄铜坯进一步氧化和脱锌，保证黄铜加热坯的质量。

(4)冷轧

H65 黄铜的冷加工性能好，其屈服极限和伸长率与冷加工率之间的关系曲线见图 2 - 33 和图 2 - 34。

一般情况下，H65 黄铜带的总冷加工率范围见表 2 - 37。成品冷轧的加工率范围见表 2 - 38。

表 2 - 37 H65 黄铜带冷轧的总加工率范围

合金牌号	允许轧制的最大加工率/%	实际采用冷轧总加工率/%	
		单张冷轧	成卷冷轧
H65	85	40 ~ 60	45 ~ 70

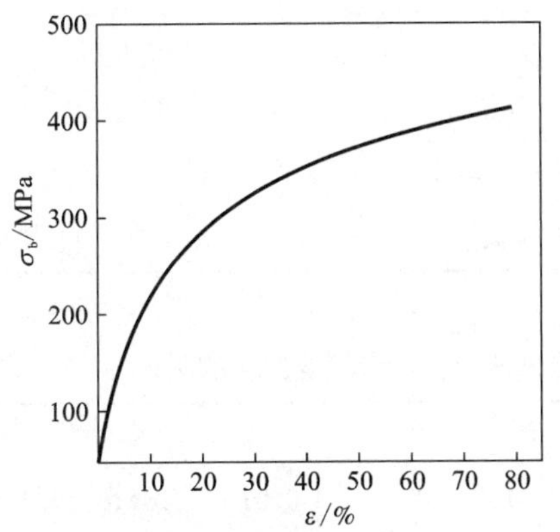

图 2－33　简单黄铜的屈服极限与总加工率的关系

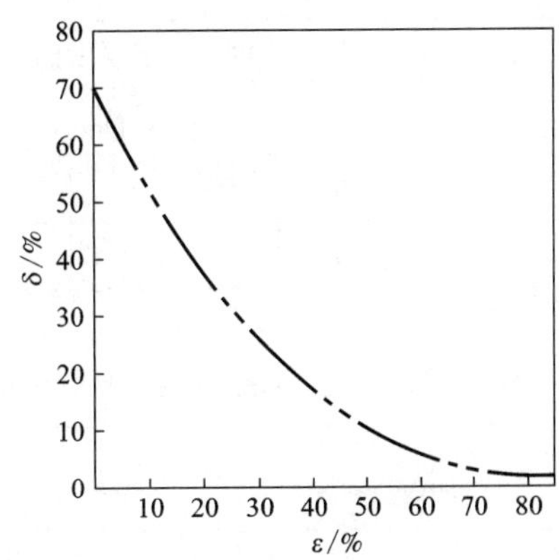

图 2－34　简单黄铜的伸长率与冷轧工率的关系

表 2－38　简单黄铜冷轧成品的加工率范围

合金牌号	单张冷轧时加工率/%				成卷冷轧时加工率/%			
	M	Y_2	Y	T	M	Y_2	Y	T
H65	18～25	6～15	18～25	≥40	20～35	6～15	20～35	≥45

某企业 H65 具体的冷轧工艺如表 2－39 所示。

表 2－39　某企业冷轧实例

合金牌号	厚度/mm		每道次的厚度/mm
	来料	成品	
H65	水平连铸坯 4.0	0.5	4.0→2.8→2.2→1.8→1.5(退火)→0.75→0.68(退火)→0.5
	热轧坯 2.8	0.5	2.8→1.90→1.35→1.05(退火)→0.75→0.67→0.5

注：轧机 4×ϕ160 mm/ϕ550 mm×600 mm。

4. 黄铜带的热处理

目前 H65 黄铜带材一般采用的退火制度见表 2－40～表 2－42。

表 2－40　H65 黄铜箱式退火炉退火制度

状态	不同板、带厚度的退火温度/℃				保温时间/h
	3.0～5.0 mm	1.0～3.0 mm	0.5～1.0 mm	<0.5 mm	
中间退火	550～580	530～560	500～530	480～510	3.5～4.0
成品退火	530～560	500～530	480～500	470～490	3.0～3.5

表 2-41 H65 黄铜罩式炉退火制度

状态	不同板、带厚度的退火温度/℃				保温时间/h	出炉温度/℃	保温气氛
	3.0~5.0 mm	1.0~3.0 mm	0.5~1.0 mm	<0.5 mm			
中间退火	530~560	500~530	480~510	460~490	3.0~4.0	85 以下	25% H_2 + 75% N_2
成品退火	500~530	480~510	460~490	460~480	3.0~4.0	70 以下	

表 2-42 H65 黄铜气垫式连续光亮退火炉退火速度(m/min)与厚度的关系

状态	温度/℃	厚度/mm								
		0.50~0.55	0.56~0.60	0.61~0.65	0.66~0.70	0.71~0.75	0.76~0.80	0.81~0.85	0.86~0.91	0.92~0.99
中间退火	700	19	19	16	14	13	11	11	10	10
成品软态 1	700	23	21	19	18	17	16	16	15	14
成品软态 2	700	15	14	13	11	10	10	9	8	8
成品 Y_2	550	23	21	20	19	18	17	16	15	14

注：成品软态 1 是指产品用于制作纽扣等；成品软态 2 是指硬度要求为 HV60~80。

2.4.4 黄铜的典型金相组织

以 H68 黄铜为例。图 2-35 为 H68 黄铜的铸态组织，图 2-35(a)为 ϕ95 mm 卧式连铸的合金铸态组织，边部晶粒较细，中心为柱状晶，卧式连铸的工艺特点决定了其结晶组织多以不对称的方式排列。图 2-35(b)为 H68 黄铜半连续铸造的扁锭，边部晶粒较细，中心为柱状晶。

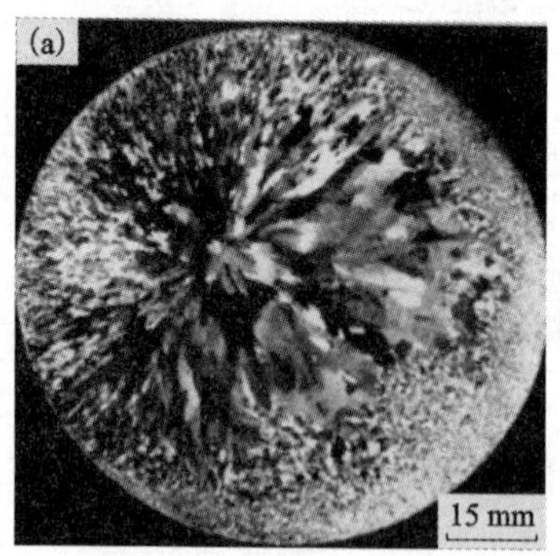

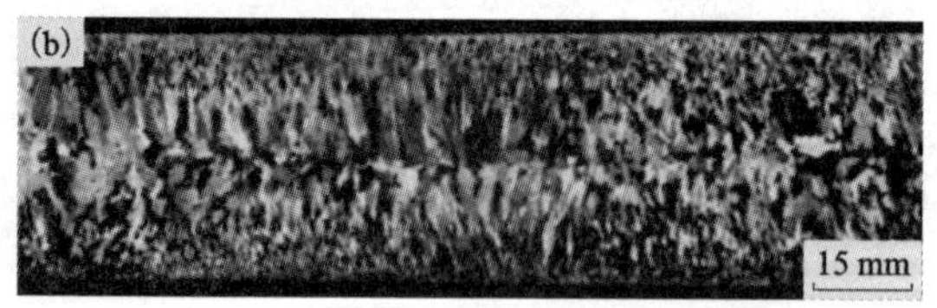

图 2-35 H68 黄铜的铸态组织

(a)卧式连铸；(b)半连续铸造

图 2-36 为 H68 黄铜不同温度下热轧后的典型金相组织照片，从图 2-36(a)~图 2-36(d)，热轧温度分别为 750℃、780℃、800℃和 830℃，随着轧制温度的提高，合金的再结晶晶粒组织明显长大。

图 2-37 为 H68 黄铜不同冷加工率下的典型金相组织照片，随着冷加工率的增大，晶粒被拉长、破坏，出现大量滑移带，最终成加工纤维组织，经再结晶退火后，呈再结晶晶粒组织。

图2-36　不同终轧温度下为H68黄铜的金相组织

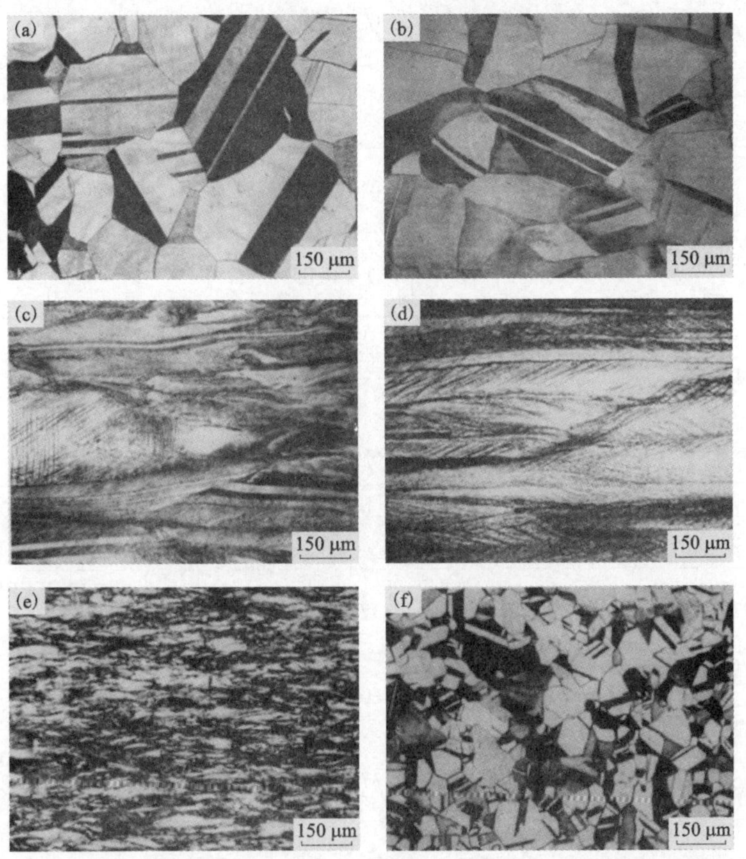

图2-37　加工率下H68黄铜的典型金相组织(板厚5.4 mm，分别冷轧至不同厚度)

(a)冷轧至4.5 mm，加工率23%；(b)冷轧至3.5 mm，加工率39%；(c)冷轧至2.5 mm，加工率56%；(d)冷轧至1.5mm，加工率73%；(e)冷轧至1.0 mm，加工率83% P；(f)冷轧退火态组织

2.5 锡磷青铜板、带材

2.5.1 合金成分及物理力学性能

锡磷青铜的主要合金元素为锡和磷。由于锡磷青铜具有高强度和弹性、高耐磨和高耐蚀等优良特性，使其应用范围相当广泛，几乎遍及宇航、航空、航海、电子、电讯、原子能、仪表、建筑、机械和汽车等领域。合金的化学成分如表 2 -43，热学性能如表 2 -44，电学性能如表 2 -45 所示，力学性能如表 2 -46 所示，腐蚀性能如表 2 -47 所示。

表 2 -43 锡磷青铜的化学成分(GB/T5233—2001)(质量分数)/%

合金	成分	Sn	Al	Zn	Mn	Fe	Pb	Ni	As[①]	Si	P	Cu	杂质总和
QSn6.5~0.1	最小值 最大值	6.0 7.0	0.002	0.3		0.05	0.2	0.2			0.10 0.25	余量	0.10
QSn6.5~0.4	最小值 最大值	6.0 7.0	0.002	0.3		0.02	0.2	0.2			0.26 0.40	余量	0.10
QSn7-0.2	最小值 最大值	6.0 8.0	0.01	0.3		0.05	0.2	0.2			0.10 0.25	余量	0.15
QSn4-0.3 (C51100)	最小值 最大值	7.1 4.9		0.3		0.01	0.05	0.2	0.002		0.03 0.35	余量[②]	
QSn8-0.3 (C52100)	最小值 最大值	7.0 9.0		0.2		0.1	0.05	0.2			0.03 0.35	余量	

注：1. 镍计入铜含量中；2. 抗磁用的锡青铜，铁含量不大于0.020%。

①砷、铋和锑可不分析，但供方必须保证不大于界限值；②Cu+所列出元素总和不小于99.5%。

表 2 -44 锡青铜的热学性能

合金	熔化温度范围/℃	导热率/[W·(m·℃)$^{-1}$]	比热容/[J·(kg·℃)$^{-1}$]	凝固线收缩率/%	线膨胀系数/℃$^{-1}$
QSn4-0.3	974~1062	87.6	377	1.45	$a_1=17.3\times10^{-6}$(20~100℃) $a_1=19.4\times10^{-6}$(20~400℃)
QSn6.5-0.1	996	54.4	307	1.45	$a_1=17.3\times10^{-6}$(20℃) $a_1=18.9\times10^{-6}$(400℃)
QSn6.5-0.4	996	87.12	370	1.45	$a_1=17.0\times10^{-6}$(20℃) $a_1=19.0\times10^{-6}$(20~300℃)
QSn7-0.2	1025	54.4	376.8	1.5	$a_1=18.1\times10^{-6}$(20℃) $a_1=19.0\times10^{-6}$(400℃)

表2-45　锡磷青铜室温电学性能

合金	QSn4-0.3	QSn6.5-0.1	QSn6.5-0.4	QSn7-0.2
导电率/%IACS	20	13	10	12
电阻率/(μΩ·m^{-1})	0.086	0.13	0.176	0.14
电阻温度系数/℃$^{-1}$		6.23×10^{-4}	$(6\sim23)\times10^{-4}$	$(6\sim23)\times10^{-4}$

表2-46　加工锡磷青铜的典型室温力学性能

合金	状态	弹性模量 E/GPa	抗拉强度 σ_b/MPa	比例极限 σ_p/MPa	屈服强度 $\sigma_{0.2}$/MPa	伸长率 δ/%	面缩率 φ/%	冲击韧性 a_K/J	布氏硬度 (HB)	摩擦系数	
										有润滑剂	无润滑剂
QSn6.5-0.1	软态		350~450		200~250	60~70			70~90	0.01	0.12
	硬态	124	700~800	450	590~650	7.4~12			160~200	0.01	0.12
QSn6.5-0.4	铸件		250~350	100	140	15~30		50~60		0.01	0.12
	软态		350~450		200~250	60~70			70~90	0.01	0.12
	硬态	112	700~800	450	590~650	7.4~12			160~200	0.01	0.12
QSn7-0.2	软态	108	360	85	230	64	50	178	75		
	硬态		500			15	20	70	180	0.0125	0.2
QSn4-0.3	软态	100	340			52			55~70		
	硬态		600	350	540	8			160~180		

表2-47　锡磷青铜对酸的抗蚀性

合金	酸类	浓度/%	温度/℃	腐蚀速度	
				腐蚀量/[g·(m^2·h)$^{-1}$]	深度/(mm·a^{-1})
QSn6.5-0.4	硫酸	10	20	0.213	
		10	80	0.746	
		55	20	0.040	
		55	80	0.217	
QSn6.5-0.1	硫酸	0.5	190(1.2~1.4 MPa)①	0.17	0.19
		12.5(发烟硫酸)	190(1.2~1.4 MPa)①	0.58	0.55
		浓的	20	0.06	0.06
			40	0.13	0.13
	醋酸酐	生产过程中获得的冰醋酸		可用	可用
	硝酸铵	结晶			有爆炸危险
	安叶林	纯的			不可用
	氟化铵	溶液			不可用
	乙炔	潮湿的			(在480℃试验)不可用

注：指溶液蒸汽压。

2.5.2 主要工艺流程

为克服锡的反偏析问题，目前，国内外已普遍采用水平连续铸造带坯－冷轧工艺方式生产。典型的水平连续铸造带坯－冷轧工艺流程如图2－38所示。

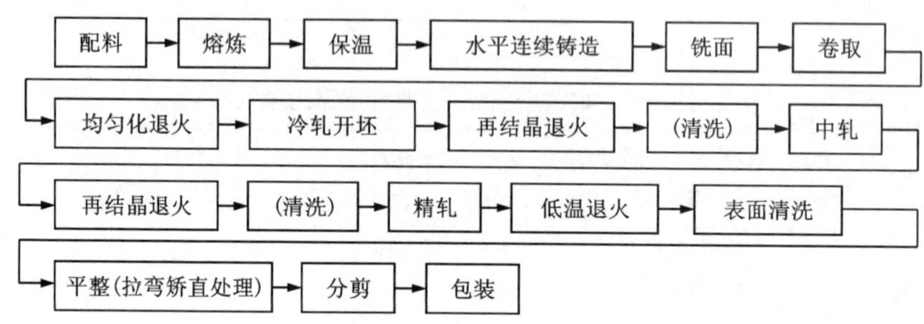

图2－38　典型的水平连续铸造带坯－冷轧工艺流程

2.5.3 典型工艺示例

1. 熔炼工艺

锡磷青铜熔炼工艺如表2－48所示。

表2－48　部分锡磷青铜的熔炼工艺

组别	合金名称	加料及熔炼操作顺序	覆盖剂	脱氧剂	熔炼温度/℃
锡磷青铜	QSn6.5－0.1	[铜＋(废料)＋锡＋木炭]→熔化→Cu－P→熔化→升温，搅拌，扒渣→取样分析→升温出炉	木炭、米糠		1240～1300
	QSn6.5－0.4				1240～1300
	QSn7－0.2				1240～1300
	QSn4－0.3				1240～1300
锡锌青铜	QSn4－3	[铜＋(废料)＋锡＋铅＋木炭]→熔化→锌→熔化→Cu－P→熔化→搅拌，升温，扒渣→取样分析→升温出炉	煅烧木炭	Cu－P	1250～1300
	QSn4－4－2.5				1280～1320
	QSn4－4－4				1280～1320

2. 连续铸造工艺

以QSn6.5－1锡磷青为例，其连续工艺如表2－49所示。

表2－49　QSn6.5－1连续工艺

规格/(mm×mm)	铸造温度/℃	铸坯速度/$(m\cdot h^{-1})$	反推/mm	拉/mm	停/s	带坯出口温度/℃	冷却水压/MPa	覆盖剂
14～16×320～650	1180～1240	170～180	0～2	10～15	1～3	320～380	0.4	木炭/米糠(干燥)

3. 典型加工工艺参数

锡磷青铜典型的加工工艺如表 2 - 50 所示。

表 2 - 50　锡磷青铜典型的加工工艺

序号	工序名称	工序后尺寸/(mm × mm)	工艺条件与检验项目
1	水平连铸	14 × 320	
2	铣面	12 × 320	铣面：0.5 ~ 1.0 mm/面
3	卷取		
4	均匀化退火	12 × 320	640 ~ 690℃，保温 7 ~ 9 h
5	冷轧开坯	2.4 × 360	
6	再结晶退火	2.4 × 360	500 ~ 560℃
7	中轧	0.8 × 360	
8	切边	0.8 × 340	切边：8 ~ 12 mm/边
9	再结晶退火	0.8 × 340	470 ~ 520℃
10	精轧	0.25 × 340	
11	低温退火	0.25 × 340	210 ~ 250℃
12	拉弯矫直	0.25 × 340	控制带材延伸率 0.2% 以内
13	表面清洗	0.25 × 340	在线表面质量控制
14	成品分切在线包装	用户要求	标准规定

2.5.4　主要工序及工艺参数

1. 材料设计原理和成分设计

锡磷青铜的铸造组织由 α 固溶体和($\alpha+\delta$)共析体组成。α 相和 δ 相的性质、数量和分布决定了铸造锡磷青铜的性能。α 相是锡在铜中的固溶体，具有面心立方晶格，有良好塑性，又由于锡溶于铜中产生固溶强化，因而具有一定的强度。α 单相组织的锡磷青铜可以进行压力加工。δ 相是以金属化合物 $Cu_{31}Sn_8$ 为基的固溶体，具有复杂立方晶格，常温下性质硬而脆。锡磷青铜固相结晶中锡含量的不同，其塑性也不相同，压力加工的难易程度也不尽相同，铜合金熔体中的锡，在凝固结晶的过程中易偏析。在合金熔炼中通过机械或电磁搅拌，可以减轻铸坯的宏观偏析，即区域偏析。而晶内偏析，又称枝晶偏析，只能通过均匀化退火来消除。但均匀化退火过程中的原子扩散是一个缓慢的过程，所以均匀化退火时间应足够长。退火温度与退火时间是均匀化退火过程中的两个重要的工艺参数。过多的 δ 相会使合金塑性下降，在加工带材表面出现硬的质点夹杂，均匀化退火的目的就是尽量减少 δ 相。

磷是铜合金的有效脱氧剂。磷元素的加入，能提高合金的强度、硬度、弹性极限、弹性模量和疲劳强度，改善耐蚀性能和铸造时的流动性。缺点是加大铸锭的反偏析。

2. 熔炼工艺

锡磷青铜采用水平连铸的方式进行生产，氧含量比较容易控制，因此，氢含量的控制成为重点。在熔炼中采用氧化→覆盖保护→还原三个步骤进行。在对锡磷青铜熔炼过程中，先期须将炉内所有炉渣及覆盖物彻底扒净，将铜液彻底暴露于空气之中，然后加入锡磷青铜下角料和电解铜，使铜液处于微氧化状态，待所有原料彻底熔化后，升温至 1180 ~ 1200℃，保温时间为5 min。以通过微氧化气氛达到除氢的目的。然后加入米糠，将铜液彻底覆盖，加入 Cu－P 中间合金，对铜液进行脱氧，Cu－P 中间合金中的磷与铜液中的氧发生化学反应：$5Cu_2O + 2P = P_2O_3 \uparrow + 10Cu$，$P_2O_5 + Cu_2O = 2CuPO_2 + O_2 \uparrow$ 生成的 $CuPO_2$ 呈球状的液珠上浮至铜液表面，以炉渣形式捞出。反应过程中通过电磁搅拌，可使反应进行得较充分。但在此过程中必须保证铜液与空气隔离，即必须严密覆盖。最后再加入金属锡，确保化学成分合格。经过了先脱氢，后脱氧两个化学反应过程以后，铜液中的气体含量大幅度降低，所得到的铸坯氧化夹杂和疏松现象会消失，铸坯致密度显著提高，成品带材塑性得到显著提高。

3．水平连铸工艺

锡磷青铜在凝固过程中易产生锡含量外高内低的反偏析现象，即铸锭表层至中心层锡含量逐渐降低，严重时铸锭表面可见灰白色析出物。锡含量的反偏析以富锡低熔点组分形式存在。锡磷青铜的熔炼和保温常采用低频有芯感应电炉。由 Cu－Sn 二元相图可知，锡磷青铜合金的结晶温度范围为150～160℃，且凝固过程中合金元素扩散速度慢，因此易产生严重的枝晶偏析，同时材料在凝固过程中，体积收缩率和线收缩率均较小，枝晶补缩困难，易形成缩松，导致合金在后续加工时产生裂纹和各种缺陷。因此须采用恰当的铸造温度，防止铸坯产生缩松缺陷。锡磷青铜常用的熔炼温度为1180～1250℃，铸造温度为1140～1180℃。

水平连铸采用“退→拉→停→退→拉→停”的工作程序，反推过程能有效地提高铸坯表面质量，获得均匀平滑铸坯表面以及消除表面裂纹，同时也是减少组织反偏析的关键工序之一。水平连铸的工艺主要包括水平连铸机的拉铸程序（退一拉一停的节奏）、结晶器的水冷控制和调整、连铸带坯出口温度等工艺参数。

冷却强度的大小与铸造条件是密切相关的，也是对铸坯质量有重要影响的因素。冷却强度大，铸坯断面温度梯度增大。在进水量、出水量和水温确定的情况下，引拉速度是决定冷却强度的关键因素之一。如果引拉速度过快，则相当于冷却强度降低；引拉速度过小，液态金属在结晶器内冷却强度增加。在冷却水压和流量一定的条件下为防止水平连铸过程中锡磷青铜铸坯产生缩松，必须合理地调控铸造速度。拉速过低，冷却强度增加，拉铸时阻力过大，易形成裂纹或冷隔等缺陷。拉速过高，冷却强度下降，液穴过深，金属凝固时造成枝晶间空隙不能及时被补充而形成缩松，且由于结晶凝壳变薄，拉引时易导致横向和纵向裂纹的产生。铸造工艺参数直接影响着铸坯质量，该参数的变化直接受到外部工艺条件变化的控制。另外，冷却水路、结晶器铜套内是否产生结垢堵塞、石墨片是否疏松、导热性能是否良好，是否容易吸附氧化物，二次冷却水的位置、角度和强度等都会直接影响着冷却强度，进而决定铸坯质量的好坏。所以找到一个合理的冷却强度是锡磷青铜水平连铸过程中最复杂又最关键的步骤。在引拉过程中，须根据铸坯的出口温度、铸造温度、速度、铸坯质量等因素，通过调节冷却水的流量和出水温度来调整冷却强度的大小。

4．连铸带坯的铣面

锡磷青铜存在反偏析。通过铸造工艺参数的调整可以在一定程度减轻反偏析现象，但不能根除，必须对铸坯表面进行铣面处理。铣削深度的确定应以保证将铸坯表面氧化皮和铸坯表层的偏析瘤等各类铸造缺陷均铣去为宜，这样可确保铣后坯料的表面质量。具体的铣削深度还与铸坯的板形有关，不良的板形（例如：横向拱起的铸坯板形）须更大的铣削量。为了保证后续轧制的正常进行，应严格控制铣面后的带坯尺寸偏差，铣削后的带坯表面应光滑，不能留有影响后续加工的刀痕。

5. 连铸带坯的均匀化退火

锡磷青铜还存在明显的枝晶偏析问题。适宜的均匀化退火可以消除水平连铸坯存在的枝晶偏析，改善铸坯的组织结构，可提高后续大加工率冷轧变形的适应性。通常认为采用水平连铸坯高温、长时间的均匀化退火工艺，可以使铸坯组织内的 δ 相和 Cu_3P 等通过扩散而消失，从而提高其塑性，但生产表明，由于合金元素锡的扩散速度慢，且存在明显的区域性偏析，现行的退火工艺难以使其完全消除。因此，必须运用合理的连铸工艺，尽可能减小偏析，特别是防止严重的区域性反偏析的出现，然后配合以适宜的均匀化退火工艺才是可行的途径。另一种处理锡磷青铜水平连铸带坯严重枝晶偏析的方法是通过对铸造带坯进行表面碾压，破碎粗大的柱状晶粒，然后进行退火，可以得到均匀、细小的再结晶组织。

6. 连铸带坯的冷开坯

锡磷青铜具有良好的冷加工性能，冷轧的加工率可达60% ~80%。国内锡磷青铜生产厂家普遍采用大加工率的开坯工艺，14.0 ~16.0 mm 厚的连铸带坯(经铣面和均匀化退火)可直接轧制到4.0 ~6.0 mm，最大可直接轧制到2.4 ~2.7 mm。

锡磷青铜水平连铸带坯在轧制中遇到的主要质量问题是各种形式的轧制开裂，包括带材边部开裂和中间开裂。防止带坯轧制开裂，除要求铸造质量较好的水平连铸带坯外，轧机的技术参数及轧制卷取方式也是非常重要的。冷轧机(特别是冷初轧)的轧机类型(二辊、四辊及其他形式)、轧辊辊径及总轧制力、轧制速度等技术参数的选择会直接影响带坯轧制的生产效率和工艺质量。对于锡磷青铜水平连铸带坯轧制，采用大辊径的轧机和卷筒直径1.5 ~2.0 m 的直接张力卷取机(即大鼓轮)，可以避免或减小带坯轧制过程中发生带材边部开裂和中间开裂的可能性或开裂程度。

典型锡磷青铜的硬化曲线见图2 -39 ~图2 -42。

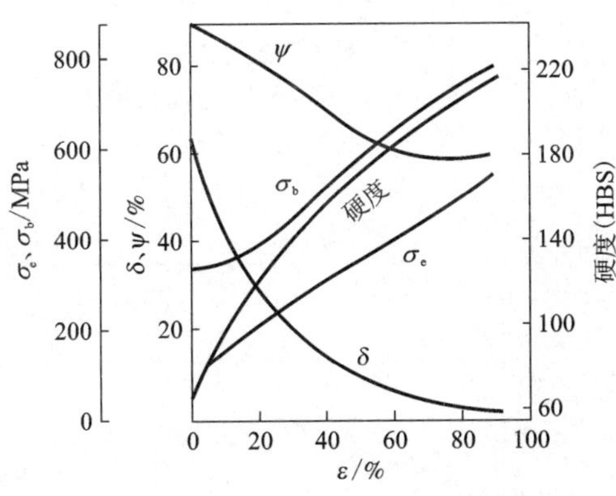

图2 -39 QSn4 -0.3 的力学性能与加工率的关系

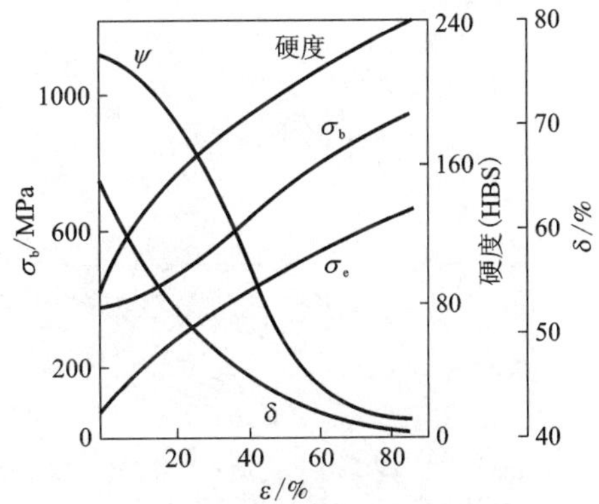

图2 -40 QSn6.5 -0.1 的拉伸性能与加工率的关系

原材料：软带材

7. 锡磷青铜带坯的再结晶退火

锡磷青铜薄带的再结晶退火方式已经被众多厂家所采用。单张连续退火既可有效地避免退火过程中带材的黏结，同时，由于连续式退火炉通常装备带材的脱脂、酸洗、磨面及成品的钝化处理装置，因此退火处理后铜带的表面质量明显提高。

部分锡磷青铜退火工艺与材料性能之间的关系示于图2 -43 ~图2 -52。

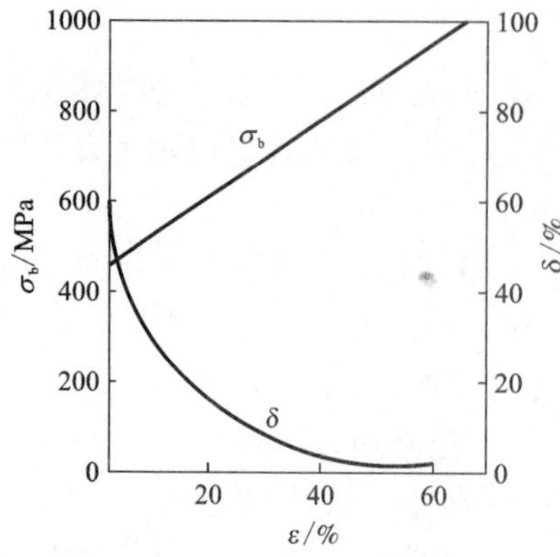

图 2-41　QSn6.5-0.4 的拉伸性能与加工率的关系

原材料：厚 4 mm 的软带材

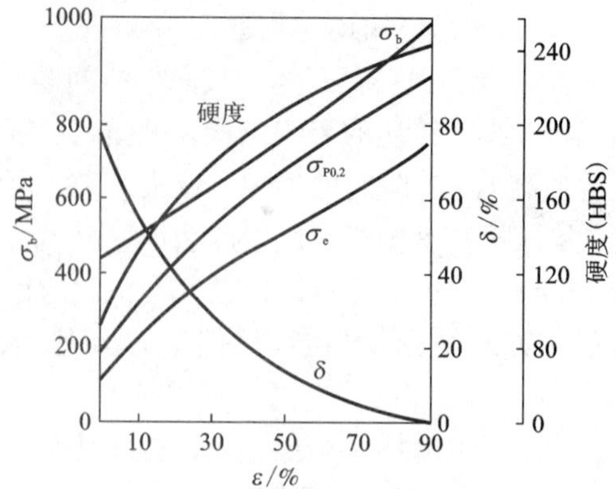

图 2-42　QSn7-0.2 的力学性能与加工率的关系

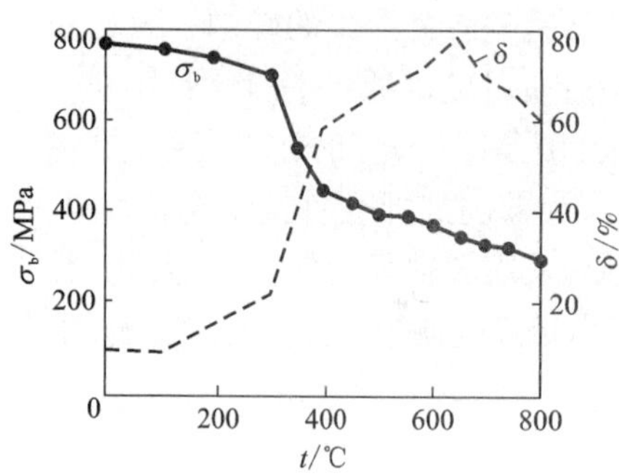

图 2-43　QSn6.5-0.1 的力学性能与加退火温度的关系

原材料：经 62.5% 冷加工的硬板材，在不同温度退火 30 min

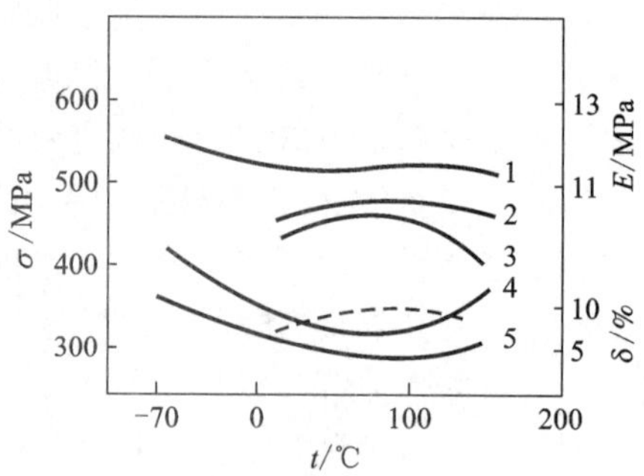

图 2-44　QSn6.5-0.1 的力学性能与退火温度的关系

原材料：厚 0.0085～0.12 mm 带材，退火状态

1—弯曲弹性模量 E；2—抗拉强度 σ_b；3—屈服强度 $\sigma_{0.2}$；4—弯曲弹性极限 σ_e 0.01；5—弯曲弹性极限 σ_e 0.005

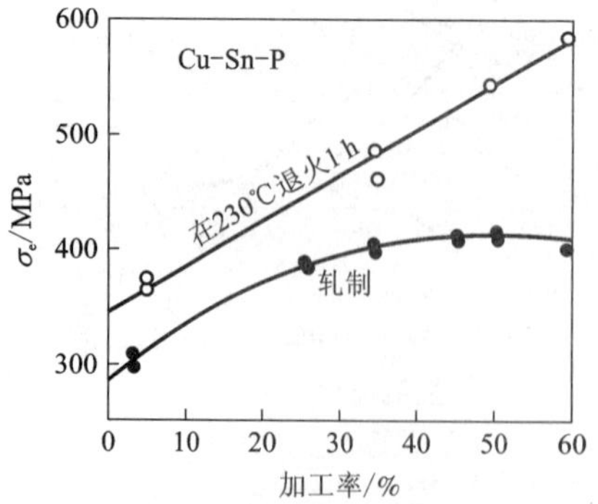

图 2-45　加工率与低温退火对 QSn7-0.2 弹性极限的影响

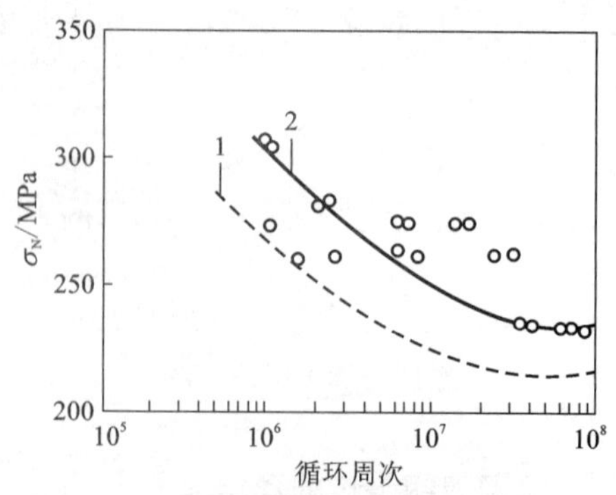

图 2-46　加工率与退火温度对 QSn7-0.2 疲劳强度的影响

原材料：Cu-8.0%Sn-0.1%P；0.508 mm 的条材

1—加工率 60%；2—冷轧后经 250℃ 低温退火 100 h

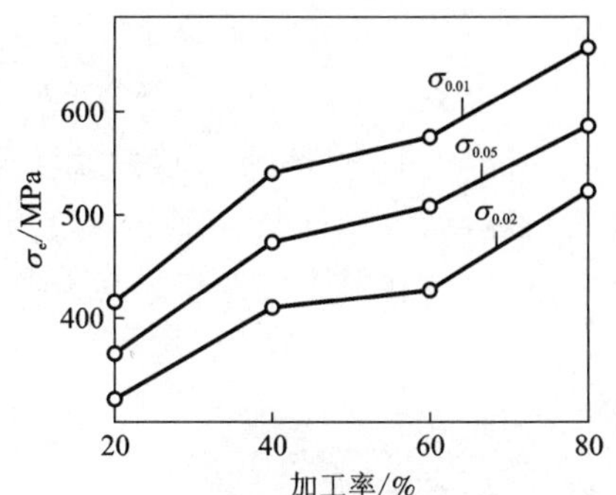

图 2-47　QSn6.5-0.1 的弹性极限与加工率的关系

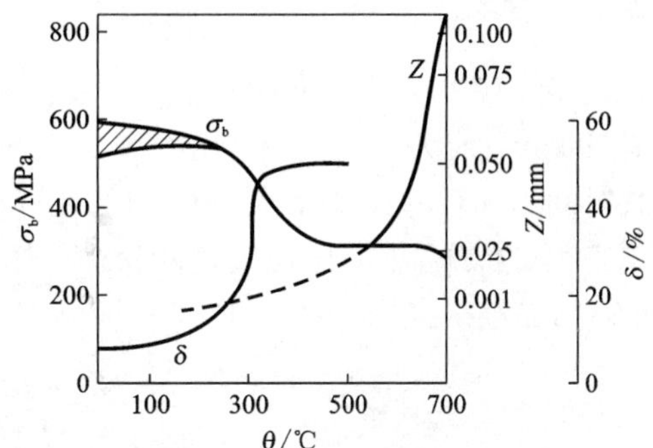

图 2-48　QSn4-0.3 拉伸性能和晶粒度与退火温度(保温 1 h)的关系

原材料：压力计用 6.5 mm×5 mm×0.9 mm 的硬管材

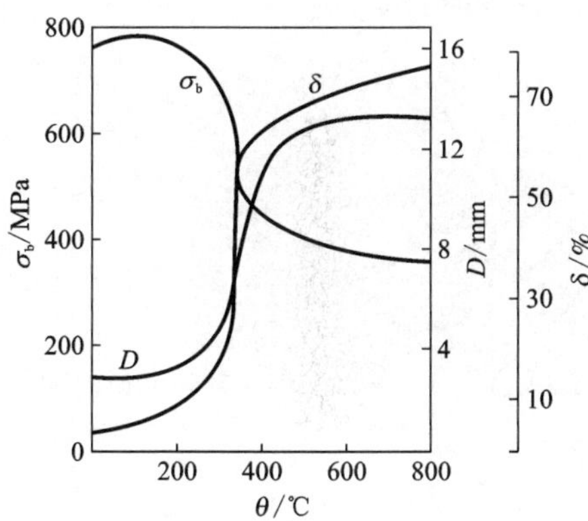

图 2-49　QSn6.5-0.1 的拉伸性能与退火温度的关系

原材料：硬带材，D 为杯突深度

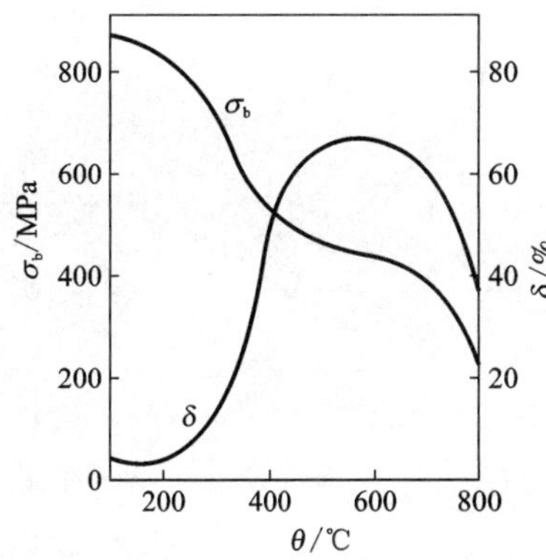

图 2-50　QSn6.5-0.4 的拉伸性能与退火温度(保温 1 h)的关系

原材料：厚 4 mm 的硬线材

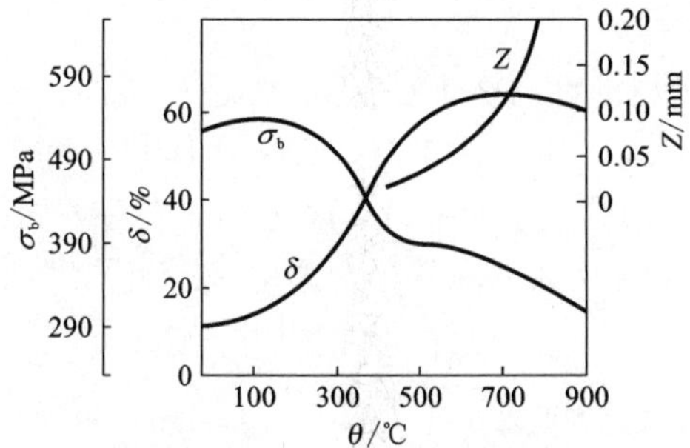

图 2-51　QSn7-0.2 的拉伸性能与退火温度(保温 40 min)的关系

原材料：$d=30$ mm 棒材，$\varepsilon=20\%$

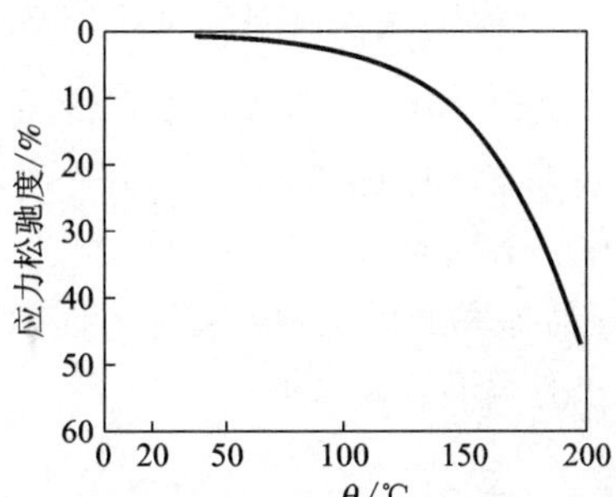

图 2-52　QSn6.5-0.4 在 $0.5\sigma_e$ 载荷下与不同温度试验 100 h 的应力松弛

2.5.5 锡磷青的典型金相组织

以 QSn7 - 0.2 为例介绍合金的典型的显微组织。图 2 - 53(a)为合金的铸态组织，由于含锡量很高，有大量灰色块状的($\alpha+\delta$)共析体分布于枝晶间。图 2 - 53(b)为铸态组织经高温长时间退火后的典型金相组织照片，树枝晶偏析及共析体已消除。图 2 - 53(c)为合金冷轧态组织，晶粒拉长，出现大量滑移带。图 2 - 53(d)为板材冷轧退火的组织，其为典型的 α 相再结晶组织，晶粒细小均匀。

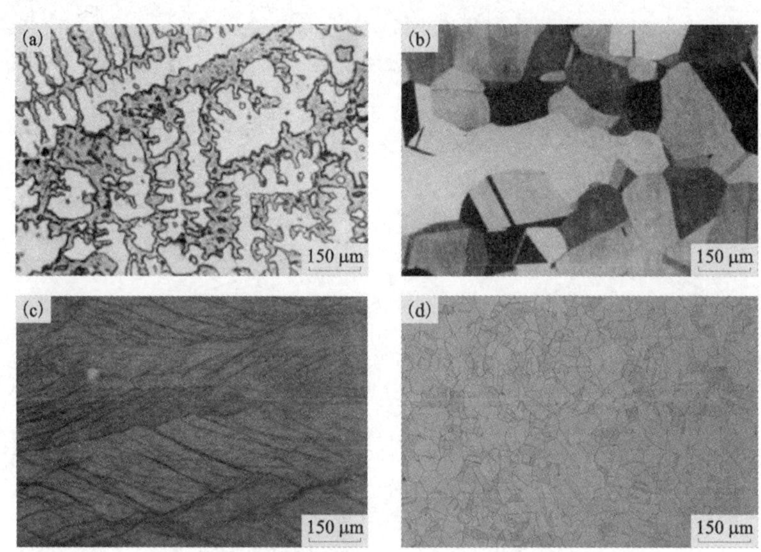

图 2 - 53 QSn7 - 0.2 合金金相组织

(a)铸态；(b)退火态；(c)冷轧态；(d)冷轧退火态

2.6 锌白铜板、带材

2.6.1 合金成分及物理力学性能

锌白铜合金体系为 Cu - Ni - Zn 系，具有优良的耐蚀性、较高的强度、弹性和塑性，易于进行冷、热压力加工，钎焊性能好，耐热、耐寒，还有较好的电学性能，能够用作结构材料及高电阻和热电偶合金。广泛用于制造耐蚀的结构件和弹簧、接插件，以及用于制造精密仪器，医疗器械和通讯工业、卫生工程中的各种零部件以及日用品等。合金的成分、物理和力学性能分别示于表 2 - 51 ~ 表 2 - 54。

表 2 - 51 锌白铜带化学成分的要求

合金牌号	化学成分/%											
	元素	Ni + Co	Fe	Mn	Pb	Si	P	S		Cu	Zu	杂质总和
BZn18 - 18	最小值	16.5								63.5	余量	
	最大值	19.5	0.25	0.50	0.05					66.5		

续表 2－51

合金牌号	化学成分/%											
	元素	Ni＋Co	Fe	Mn	Pb	Si	P	S		Cu	Zu	杂质总和
BZn18－26	最小值	16.5								53.5	余量	
	最大值	19.5	0.25	0.50	0.05					56.5		
BZn15－20									Mg：0.050		余量	
	最小值	13.5							Bi：0.002	62.0		
	最大值	16.5	0.50	0.30	0.02	0.15	0.005	0.01	As：0.010	65.0		0.9
									Sb：0.002			
BZn15－21－1.8	最小值	14.0			1.50					60.0	余量	
	最大值	16.0	0.30	0.50	2.00	0.15				63.0		0.9
BZn15－24－1.5	最小值	12.5		0.05	1.40					58.0	余量	
	最大值	15.5	0.25	0.50	1.70		0.02	0.005		60.0		0.75

注：1. 杂质砷、铋和锑可不分析，但供方必须保证不大于界限值；2. Cu＋所列元素总和≥99.5%。

表 2－52　锌白铜 BZn15－20 的物理性能

性能	数据	性能	数据
液相点/℃	1081.5	密度/(kg·cm^{-3})	8700
固相点/℃	—	导电率(20℃)/(μΩ·m^{-1})	260
比热容/[J·(kg·K)$^{-1}$]	399	电阻温度系数/℃$^{-1}$	2×10^{-4}
20～100℃线膨胀系数/℃$^{-1}$	16.6×10^{-6}	弹性模量/GPa	126～140
导热率(20℃)/[W·(m·K)$^{-1}$]	25.2～35.7		

表 2－53　锌白铜 BZn15－20 的力学性能

性能	数据
抗拉强度，软状态/MPa	380～450
抗拉强度，硬状态，加工率 80%/MPa	800
伸长率，软状态/%	35～45
伸长率，硬状态/%	2～4
弹性极限	100
屈服强度	140
(软状态)	70
布氏硬度(HB，硬状态)	160～175

表 2－54　BZn15－20 锌白铜的低温力学性能

材料状态	温度/℃	抗拉强度	屈服强度	伸长率	面缩率
冷轧	20～183	517	冷轧	20～183	517
655	486		655	486	

2.6.2 主要工艺流程

锌白铜合金材料的冷加工性能优良，可采用水平连铸—冷轧方式生产。水平连铸—冷轧方式主要生产工艺流程，具体如图2-54所示。

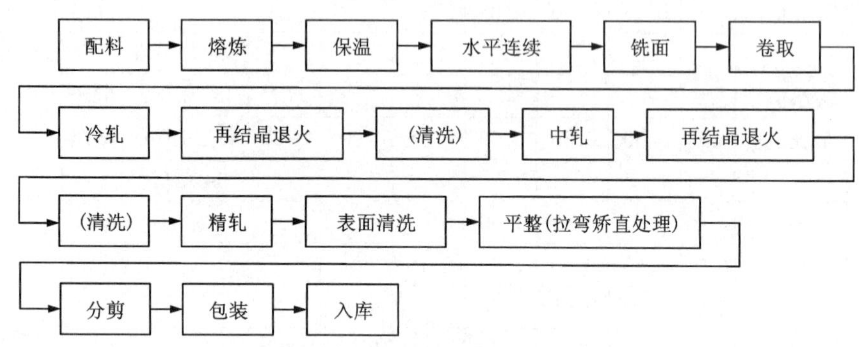

图2-54 锌白铜合金制备工艺流程图

2.6.3 典型工艺示例

1. 熔炼工艺

以BZn15-20(C7541)合金为例，描述其熔炼工艺，具体如表2-55所示。

表2-55 C7541合金的熔炼工艺

熔炉类型	熔料加料操作顺序	覆盖剂	脱氧剂	熔炼温度/℃
有心工频感应炉	(镍+铜+旧料+木炭)→熔化→搅拌→锌→搅拌捞渣→Cu-Mg(中间合金)→搅拌→倒入工频保温炉	焙烧过的木炭及米糠严密覆盖	Cu-Mg、硅、锰	1280~1350

2. 水平连铸工艺

C7541合金的水平连铸工艺如表2-56所示。

表2-56 C7541合金的水平连铸工艺

规格/(mm×mm)	转炉温度/℃	铸造温度/℃	铸坯速度/($m\cdot h^{-1}$)	拉/s	停/s	带坯出口温度/℃	冷却水压/MPa	节距/mm	覆盖剂
16×330	1220~1280	1180~1240	6~7	2~3	4~6	340~440	0.01~0.02	13~6	木炭

3. 锌白铜合金典型加工工艺参数

锌白铜合金典型加工工艺参数如表2-57所示。

表 2－57　锌白铜合金典型加工工艺参数

序号	工序名称	工序后尺寸/(mm×mm)	工艺条件与检验项目
1	水平连铸	16×320	
2	铣面	15.0×320	铣面：0.5 mm/面
3	冷轧	0.8～2.5×340	9～11 道次
4	中间退火	0.8～2.5×340	600～640℃，保温 4～6 h
5	冷中轧	0.5～1.5×340	
6	切边	0.5～1.5×320	切边：8～12 mm/边
7	成品精轧	0.22×320	
8	拉弯矫	0.22×320	控制带材延伸率 0.2% 以内
9	软态成品退火	0.22×320	550～600℃，保温 4～6 h 钟罩炉内，75% 氢 25% 氮
10	表面钝化	0.22×320	在线表面质量控制
11	成品分切在线包装	用户要求	标准规定

2.6.4　主要工序及工艺参数

1. 材料设计原理和成分设计

锌白铜是以镍作为主要合金元素的铜合金。以 BZn15－20 锌白铜为例，其中含 15% Ni 和 20% Zn。锌在铜镍合金中的溶解度高，可以形成固溶体，有固溶强化的效果，可提合金高强度和硬度，锌还能提高 BZn15－20 锌白铜的耐腐蚀能力。BZn15－20 锌白铜的相组织为单相组织，总的冷加工率最大可达 80%。

2. 水平连铸工艺

将工频保温炉升温到铸造温度达到喷火，充分预热炉口后，开始铸锭。由于高镍锌白铜合金铸造温度较高，液相区域较窄，热裂纹倾向明显，而且氧化物等易黏附在结晶器壁上，须采用间断拉锭的方法。其中反推—停取代了振动，便于合金液结晶成形，同时可有效使黏附在结晶器壁上的氧化渣等脱离模壁，随铸锭一起拉出。保温炉和结晶器的结构尺寸对锌白铜水平连铸能否成功及其质量有重要影响。保温炉炉膛尺寸宜大，采取保温炉铜液液位和温度保持相对稳定的措施避免熔沟与结晶器靠得太近，保证铸造的正常进行。转炉后再加入锰脱氧、除气并捞去浮渣，同时取样分析，以确保化学成分合格。要及时加入干燥木炭进行覆盖，以防吸气氧化。

3. 锌白铜板、带的冷轧

锌白铜具有良好的冷加工性能，冷轧的加工率可达 80% 以上。但锌白铜板、带材的强度较高，加工时轧制负荷大，材料的道次加工率取决于轧机的能力。锌白铜带坯在轧制中遇到的主要质量问题是各种形式的边部开裂和中间开裂。防止轧制开裂，除了需要较好的带坯铸造质量外，轧机的性能及轧制卷取方式等也是重要的影响因素。

4. 中间退火

锌白铜带可在带保护气氛的钟罩式退火炉内进行再结晶退火，其退火温度为 600～640℃。采用钟罩式退火炉退火，其优点是退火后能保持一定的表面光亮度，比较适合于厚带材的再结晶退火，其缺点是退火时容易发生带卷的黏结和表面脱锌，带表面色泽稍差，存在黏连引起表面白丝、白斑。通常退火前最后一道次轧制采用小张力轧制，以减轻带卷层与层间的压力，同时在钟罩炉内退火时适当降低退火温度、延长保温时间来克服上述问题。

5. 软态退火

与锡青铜、黄铜退火相比，锌白铜存在退火温度高、时间长、易黏连且晶粒度有规定要求的特点。为解决大卷的内外晶粒粗大，卷的中间性能偏硬，可提高退火温度，延长退火时间，但如果工艺控制不当，会出现带卷黏连，卷的头尾内外性能不均的问题。为解决黏连和性能不均，可采用气垫炉退火，但气垫炉生产能力较低，且退火生产成本高。也可采用将轧制后的卷分成小卷后再进行退火，这样张力、体积均减小，退火容易做到内外均匀、性能一致。适当降低退火温度，延长退火时间，可满足用户对软态带性能均匀、表面不黏连的要求。

2.6.5 锌白铜的典型微观组织

以 C7541 合金为例介绍合金的组织。图 2－55(a)为合金的铸态组织，枝晶发达。图 2－55(b)为合金冷轧态组织，晶粒拉长，出现大量滑移带。图 2－55(c)和图 2－55(d)为板材冷轧退火的组织，其是典型的再结晶组织，存在明显的退火孪晶。

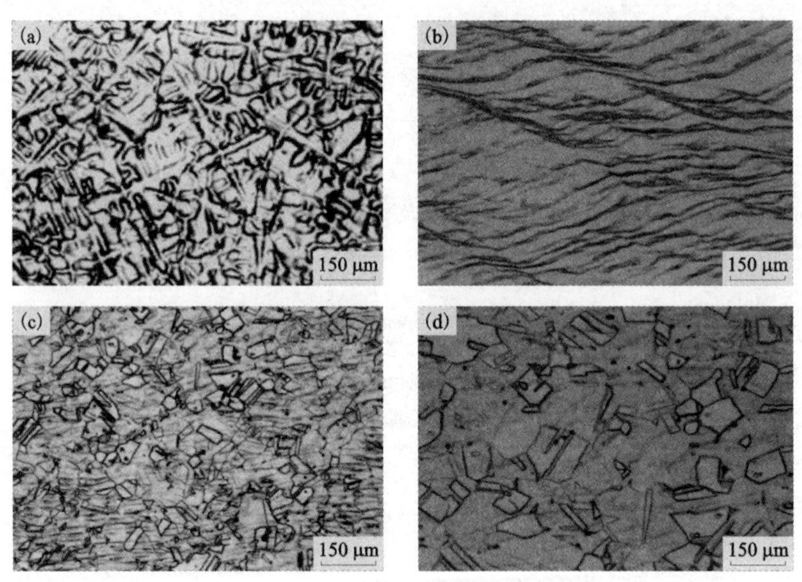

图 2－55 C7541 合金的典型金相组织

(a)铸态；(b)冷轧态；(c)退火态；(d)退火态

2.7 铍青铜板、带材

2.7.1 合金成分及物理力学性能

铍青铜合金是典型的沉淀强化型高传导、高弹性铜合金。这种合金除具有高的强度、弹性、硬度、耐磨性和抗疲劳等优点外，还有优良的导电性、导热性、耐腐蚀性、耐高低温、无磁、冲击时不产生火花等特性。固溶处理或低温退火后，有非常好的加工性能。在 120℃温度以内，铍青铜的弹性极限及松弛稳定性很高。铍青铜加工材的牌号见表 2－58。合金的化学成分见表 2 - 59。合金的物理性能如表 2 - 60 所示。力学性能如表 2 - 61 所示。热学性能如表 2 - 62 所示。电学性能如表 2 - 63 所示。

表 2 - 58　铍青铜加工材的牌号

国别	GB(中国)	DIN(德国)	ГОСТ(俄罗斯)	ASTM(美国)	BS(英国)	NF(法国)	JIS(日本)	ISO
高强度加工铍青铜	QBe2	CuBe2	БРБ2	C17200	CB101		C1720	$CuBe_2CoNi$
	QBe1.9		БРБНТ1.9	C17200		CuBe1.9	C1720	
	QBe1.7	CuBe1.7	БРБНТ1.7	C17000		CuBe1.7	C1700	
	QBe1.9 - 0.1		БРБНТ1.9МТ					
高传导加工铍青铜	QBe0.6 - 2.5	CuCo2Be		C17500			C1750	
	QBe0.4 - 1.8			C17100			C1751	
	QBe0.3 - 1.5			C17600			C1760	

表 2 - 59　铍青铜加工材的化学成分(质量分数)/%

牌号	Al	Be	Si	Ni	Fe	Pb	Ti	Mg	Co	Ag	Cu	杂质总量
QB2	0.15	1.80 ~ 2.1	0.15	0.2 ~ 0.5	0.15	0.005					余量	0.5

注：摘至 GB/T5231—2001。

表 2 - 60　固溶热处理或固溶热处理后冷加工的 C17200 力学性能

合金状态		材料厚度/in①		抗拉强度 /MPa	2 in 伸长率 (最小)/%	硬度(RC，最小)		
新标准	旧标准	>	≤			B	30T	15T
TB00	A			410 ~ 540	35	45 ~ 78	46 ~ 67	75 ~ 85
TD01	1/4H		0.188	520 ~ 610	15	68 ~ 90	62 ~ 75	83 ~ 89
TD02	1/2H		0.188	590 ~ 690	9	88 ~ 96	74 ~ 79	88 ~ 91
TD04	H		0.188	690 ~ 900	2	96 ~ 104	79 ~ 83	91 ~ 94
TD04	H	0.188	0.375	660 ~ 900		91 ~ 103	77	90
TD04	H	0.375	1.0	620 ~ 830		90 ~ 102		
TD04	H	1.0		590 ~ 800	8	88 ~ 102		

注：1. B 是指 0.04 in(1.016 mm)以上厚度规格的硬度；2. 30T 是指 0.02 ~ 0.04in(0.508 ~ 1.016 mm)但不包括 0.04 in 的厚度规格；3. 15T 是指 0.015 ~ 0.02 in(0.381 ~ 0.508 mm)但不包括 0.02 in 的厚度规格。①1 in = 25.4 mm。

表 2 - 61　时效热处理的铍青铜材料力学性能

合金状态		材料厚度/in		抗拉强度 /MPa	屈服强度 /MPa	2 in 伸长率 (最小)/%	硬度(RC，最小)		
新标准	旧标准	>	≤				C	30N	15N
TB00	AT			1140 ~ 1340	960	3	36	56	78
TD01	1/4HT		0.188	1210 ~ 1410	1030	2.5	36	56	79
TD02	1/2HT		0.188	1280 ~ 1480	1100	1	38	58	79.5

续表 2-61

合金状态		材料厚度/in		抗拉强度/MPa	屈服强度/MPa	2 in 伸长率(最小)/%	硬度(RC，最小)		
新标准	旧标准	>	≤				C	30N	15N
TD04	HT		0.188	1310~1520	1140	1	38	58	80
TD04	HT	0.188	0.375	1240~1430	1100	1	38	58	80
TD04	HT	0.375	1.000	1240~1450	1070	1	38		
TD04	HT	1.000	2.000	1210~1410	1030	2	37		
THD4	HT	>	2.00	1140~1380	890	2	36		

注：1. C是指0.04 in(1.016 mm)以上厚度规格的硬度；2. 30N是指0.02~0.04 in(0.508~1.016 mm)但不包括0.04 in的厚度规格；3. 15N是指0.015~0.02 in(0.381~0.508 mm)但不包括0.02 in的厚度规格。

表 2-62 铍青铜加工材的热学性能

合金	熔化温度范围/℃	比热容(室温) C /[J·(kg·K)$^{-1}$]	线膨胀系数 σ /(K^{-1})	室温导热率 λ /[W·(m·K)$^{-1}$]
QBe2	856~956	418.7	16.6×10^{-6}(20~100℃) 17.0×10^{-6}(20~200℃)	87.12(固溶态) 104.7(时效态)

表 2-63 加工态铍青铜电学性能

合金	材料状态			电阻率 ρ /(μΩ·m^{-1})	导电率 /% IACS
	状态[①]	时效温度/℃	时效时间/min		
QBe2	C			0.086~0.082	19.9~20.9
	CY(40)			0.089	19.2
	CY(61)			0.096~0.094	18.0~18.4
	CS	300	60	0.082	20.9
			120	0.074	27.7
			180	0.073	27.11
			240	0.071	24.2
			360	0.068	25.2
	CS	360	10	0.088	19.6
			20	0.087	19.8
			30	0.082	21.1
			60	0.081	21.2
			90	0.066	26.0
			120	0.058	29.4
			180	0.053	32.5

注：①状态：C固溶处理状态；CY固溶处理后冷轧；CS淬火(软时效)。

2.7.2　主要工艺流程

以 QBe2 铍青铜(C17200)为例，介绍其加工工艺，其工艺流程见图 2 - 56。

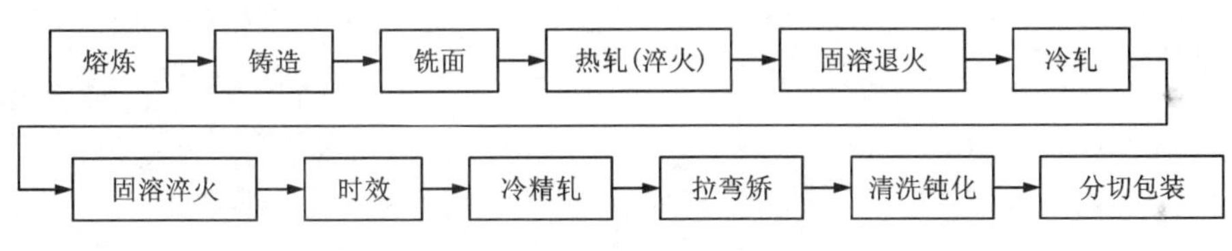

图 2 - 56　C17200 工艺流程流程

2.7.3　典型工艺示例

1. C17200 熔炼工艺

C17200 合金的熔炼工艺条件如表 2 - 64 所示。

表 2 - 64　某些复杂青铜的熔炼工艺技术条件

合金名称	熔炉类型	加料及熔炼操作顺序	覆盖剂	脱氧剂	熔炼温度/℃
QBe2.0	中频无芯感应电炉	[镍(Cu - Ni) + 铜 + 废料]→熔化→Cu - Be→熔化→搅拌，取样分析→升温，出炉	煅烧木炭	硼砂、锂、镁、钛	1200 ~ 1250

2. C17200 铸锭半连续铸造工艺

C17200 铸锭半连续铸造的工艺如表 2 - 65 所示。

表 2 - 65　QBe2.0 铸锭半连续铸造的工艺条件

铸锭规格/(mm × mm)	结晶器高度/mm	浇注温度/℃	铸造速度/($m \cdot h^{-1}$)	冷却水压/MPa	覆盖及润滑剂
40 × 110	200	1180 ~ 1200	10.5		炭黑
75 × 330		1120 ~ 1160	4.0 ~ 4.5	0.01 ~ 0.02	炭黑
120 × 340		1250 ~ 1290	2.5 ~ 3.0	0.02 ~ 0.05	炭黑

注：表中浇注温度差别很大，这是因为采用的导流方式不同。有的采用中间包和漏斗浇注，有的在炉前通过漏斗直接浇注。

3. C17200 典型加工工艺参数

C17200 典型加工工艺参数如表 2 - 66 所示。

表 2 - 66　C17200 典型加工工艺参数

序号	工序名称	工序后尺寸/(mm × mm)	工艺条件与检验项目
1	铣面	112 × 360	铣面：4 mm/面
2	加热	112 × 340	最终炉温 790 ± 5℃
3	热轧	8 × 360	开轧温度 800℃，终轧温度 650℃

续表 2 - 66

序号	工序名称	工序后尺寸/(mm × mm)	工艺条件与检验项目
4	初轧	3.2 × 360	总变形量 60%
5	切边	3.2 × 320	切边：20 mm/边
6	固溶淬火	3.2 × 320	固溶温度 790℃
7	中轧	1.0 × 320	总变形量 70%
8	固溶淬火	0.3 × 320	固溶温度 790℃
9	时效	0.3 × 320	双级：(180 ± 1.5)℃/1 h + (320 ± 1.5)℃/1 h； 单级 316℃/3 h
10	精轧	成品尺寸	成品率检测
11	拉弯矫	成品尺寸	在线控制表面质量和板型控制
12	表面清洗和光亮清洗	成品尺寸	在线表面质量控制
13	成品分切在线包装	用户要求	标准规定

2.7.4 主要工序及工艺参数

1. 材料设计原理和成分设计

镍是铍青铜的合金化元素，微量镍可抑制铍青铜合金固溶过程中局部分解并延缓再结晶过程，细化晶粒。Cu - Be 合金中加入微量镍，能显著地降低铍在铜中的溶解度，使 β 相的相对量减少，降低合金时效效果及机械性能，因此，铍青铜合金的含镍量应控制在 0.2% ~0.4%。

向含少量镍的 Cu - Be 合金添加 0.1% ~0.25% 钛，可使其硬脆 γ 相的量减到最低限度，合金组织均匀，能改善合金的加工性能与提高疲劳强度，同时能使时效后的材料有好的弹性稳定性和低的弹性滞后；少量的钛既能细化铸锭的晶粒又能细化退火材料的晶粒，降低铍的扩散速度，减弱晶界反应，阻碍脱溶相优先在晶界沉淀，提高材料时效后的力学性能。

钴可与铍形成化合物 CoBe 等金属间化合物，其有 CsCl 结构，属体心立方晶格，其显微硬度高达 433 MPa，CoBe 在固溶体中的固溶量随着温度的下降而减少，在共晶温度 1011℃的最大溶解度为 2.7%，少量钴(0.2% ~0.5%)能阻碍铍青铜在加热过程中的晶粒长大，延缓固溶体分解，抑制晶界反应引起的时效过程中合金强度的降低。当合金含有一定量的钴，可通过固溶与时效处理提高铍青铜的强度。高导电率铍青铜常含有一定量的钴。

镁能降低铍在固态铜中的溶解度，向 QBe2 合金添加 0.02% ~0.15% 镁，能细化晶粒，使析出相质点既细小又均匀弥散分布，提高材料的力学性能及其稳定性，还能提高合金的抗应力松弛性能。少量镁对铍青铜的可焊性与抗蚀性无影响，但镁含量为 0.2% ~0.5% 时，会在 QBe2 合金晶界上出现低熔点共晶体 $Cu_2Mg + Cu$，使材料在热加工过程中易开裂，同时会使合金的焊接性能变差。

铁能细化铍青铜的晶粒，而且固溶的铁能延迟过饱和固溶体分解与抑制晶界反应(胞状析出)，但铍青铜的含铁量应小于 0.4%，铁含量过多，不但会形成含铁的相，增加合金的组织不均匀性，降低其抗蚀性，而且会减少铍在 α 固溶体中的过饱和度。

少量铝(Al)(0.4%～0.8%)使QBe2合金的力学性能略有提高。

少量锡能固溶于铍青铜的α固溶体中，延迟过饱和固溶体分解，显著抑制晶界的不连续沉淀(胞状析出)，防止过时效。

2. 熔炼

金属铍在高温下极易氧化，铍尘极易引起工人中毒，且较难治愈，因此铍青铜熔铸的防护是非常重要的。目前国内外普遍采用大型中频感应电炉熔炼；高质量的覆盖剂可防止铍和铜金属氧化；采用防毒面罩和高效收尘系统可解决铍尘的环保问题。熔炼时高温快速熔化，熔炼、保温时间不要过长，出炉温度不要过高，否则会增加熔体的氧化、吸气和铍损失。为了脱气，在浇铸前将金属液静置一段时间，对金属液进行周期性搅拌有利于脱气，并在过程中扒渣2～3次。

3. 铸造

目前铍青铜多采用半连续铸造的方法。它具有铸锭均匀、氧化小、冷却快速、定向凝固、无严重的β相析出、高成品率和模具费用低等优点。由于铍青铜如C17200合金导热性能没有紫铜好，并且冷却时线收缩率大，所以铸锭的宽厚比不宜过大。铸造不当会产生偏析，一般铸锭铸造后应进行铣面处理。

4. 热轧

C17200合金一般采用电阻炉或步进炉加热，温度控制在790±5℃，不得超过802℃，否则会造成晶界熔化，无法热轧。由于铍青铜热轧后要求淬火，对终轧温度的要求严格，所以热轧机的轧制速度要快，以缩短轧制时间，减少散热，及时淬火。C17200合金热轧温度范围为650～800℃。淬火的目的是使β相来不及析出，直接冷却到200℃以下，使高温状态的α面心立方系无序结构保存下来，有利于冷加工，并为时效处理做组织准备。

5. 冷轧

由于铍青铜硬度大，冷轧一般采用多辊轧机，初轧也有用四辊的，但精轧基本上采用二十辊轧机。其精度为0.1±0.0025 mm。冷轧加工率最大可达60%～80%。

6. 时效

铍青铜固溶淬火后必须经过时效处理才能获得最佳的综合性能。时效过程是过饱和的α固溶体脱溶析出的过程，其强化效果取决于时效析出的γ相形貌。当时效温度一定时，过长的时效时间会引起强化相聚集、粗化，降低强化效果；当时效时间一定时，提高时效温度能加快时效进程，但过高的时效温度会促使时效析出物呈块状或沿晶界呈链状分布(胞状析出)，降低强化效果。只有时效温度和时效时间的合理组合才能获得良好的时效强化效果。常规时效强化效果不够充分。双重强化时效，即低温一级时效+中温二级时效，能有效克服常规时效的不足，既可提高强化效果，又可减少畸变。一级时效(预时效)温度低，可在基体中形成一定量的稳定晶核，能避免二级时效时出现脱溶物沿晶界的不均匀析出，并能够使二级时效在稳定晶核上析出γ相，均匀弥散地分布于基体。双重时效能使时效析出物的聚集过程减缓，抑制晶界处时效的出现，消除固溶淬火和冷变形加工应力，获得更好的组织性能。

7. 表面清洗和光亮清洗

在无惰性气体保护下的时效炉内进行时效处理后，要达到表面光亮、清洁，应按下列步骤进行酸洗：

①浸入浓度为15%～25%硫酸溶液中进行酸洗，液温最低为71℃。浸泡时间大约

10 min，或直到黑色部分全部洗掉为止。

②在冷水中彻底清洗。

③浸入15% ~30%浓度的冷硝酸中进行浸泡，当铍青铜发生溶解，酸液冒出气泡时，即停止浸泡。

④在冷水中彻底清洗。对于表面质量要求高的部件，应采用以下方法清洗：ⓐ在每加仑硫酸溶液(含15%硫酸)中加入4盎司重铬酸钠，做成冷溶液，将材料在溶液中浸泡15 s；ⓑ在冷水中彻底清洗；ⓒ在加热到65 ~66℃，浓度1%的磷酸三钠$(Na_3)_2P_2O_7$中进行中和漂洗(国内采用2% ~3% NaOH)；ⓓ彻底干燥。

采用光亮退火或淬火炉进行热处理，能够使产品表面质量更好。美国于20世纪70年代研发出气体淬火方式，80年代开始采用，使带材表面质量和板形大大改善。我国于20世纪90年代引进光亮淬火热处理炉，采用石墨辊同步托起带材加热，惰性气体保护，淬火段采用高速循环的惰性气体淬火，气体通过外界冷却介质进行热交换，将气体冷却后直接喷到带面上，出炉口有别于气垫炉的出炉口，气垫炉带材出口处为弯曲水封式封闭，而铍青铜淬火炉则采用带材直通式毛毡封门。

2.7.5 C17200合金的时效析出相

铍青铜合金时效不同时间透射电镜照片(TEM)和选区电子衍射花样(SAEP)示于图2-57 ~图2-59，图2-57(a)和图2-57(b)分别为在320℃时效1 h和2 h的微观组织结构，由明场像和选取电子衍射分析可知，其为G·P区(调幅组织)。

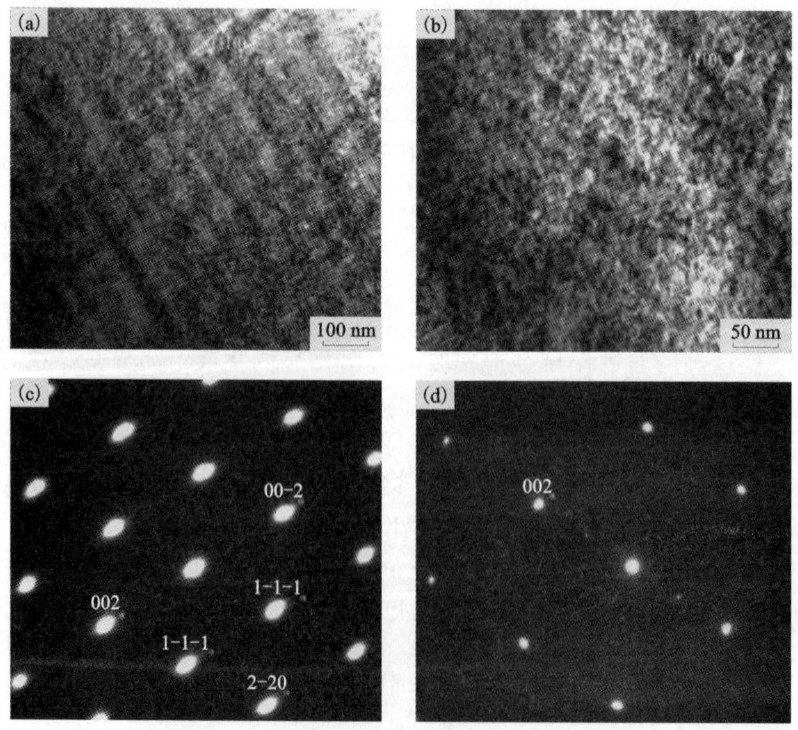

图2-57 320℃时效不同时间的TEM和SAEP

图2－58示出了合金在320℃时效8小时透射电镜照片和选区电子衍射花样，合金时效析出相以盘状γ相为主[图2－59(a)]，同时合金中尚存在球形的γ相[图2－59(b)]，析出相与基体的位向关系：$(1\bar{1}3)_{\alpha}$ // $(130_{\gamma}$，$[110]_{\alpha}$//$[001]_{\gamma})$，图2－59(c)，图2－59(d)为选区电子衍射花样图2－58(c)的具体指数化示意图。

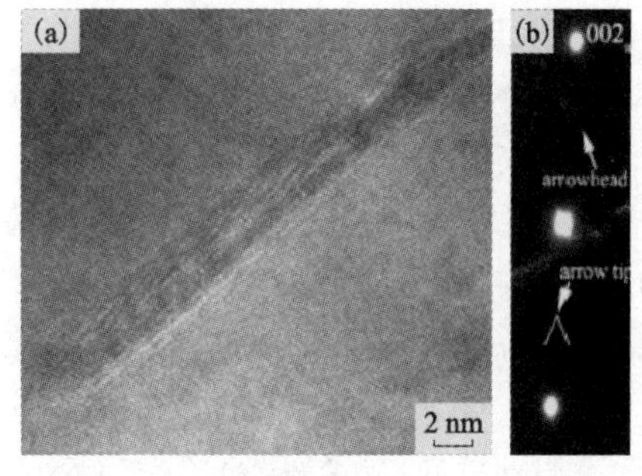

图2－58　320℃时效不同时间的TEM和SAEP

图2－59为合金在320℃时效8 h透射电镜照片和选区电子衍射花样，合金时效析出相以盘状γ相为主，析出相与基体的位向关系：$(1\bar{1}3)_{\alpha}//(130)_{\gamma}$，$[110]_{\alpha}//[001]_{\gamma}$，同时合金中尚存在球形的$\gamma$相。

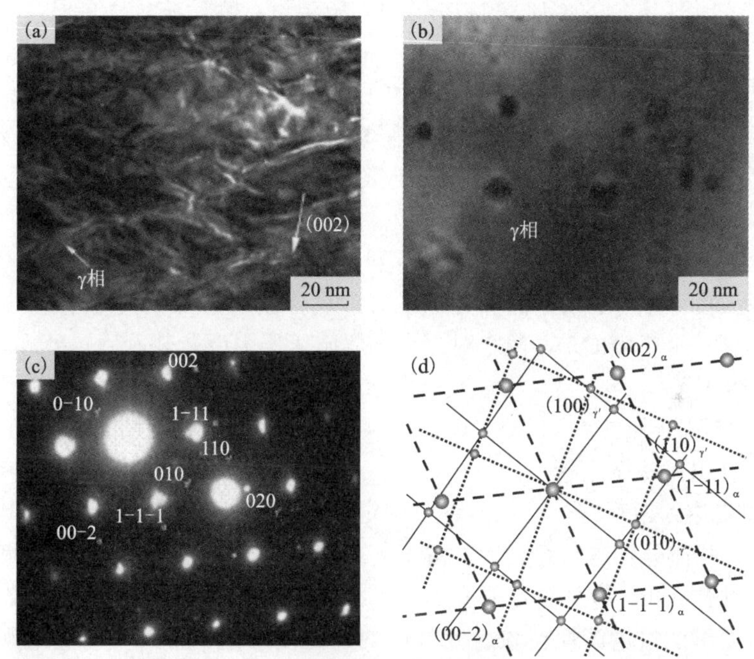

图2－59　320℃时效8 h TEM和SAEP

2.8　双金属复合板、带材

2.8.1　铜铝复合板、带

1. 铜铝复合板、带的性能

铜铝复合板、带是以铝为基体，在其表面包覆一层铜，通过一定的方法实现层状结合的一种复合材料。该复合材料，结合了铜铝金属各自的优点，既有铜导电性好、导热率高、接触电阻低、外表美观等优点，又具有铝的质轻、价格便宜等优点，能够满足性能和价格的双重要求。

2. 制备工艺

铜铝复合板的加工方法很多，主要分为固－固相复合法、液－固相复合法和液－液相复合法。固－固相复合法包括轧制复合法、爆炸复合法、挤压复合法等。液－固复合法包括铸轧法等。液－液相复合法包括离心浇注法等。

3. 轧制复合法

轧制复合基本原理是将待复合的金属板在轧机的强大压力作用下，在整个金属界面内产生塑性变形，使组元层表面氧化膜破碎，在热的作用下，破碎后露出的新鲜金属表面的组元层间原子相互扩散，最终形成冶金结合，达到复合的目的。表面的氧化层破裂，露出新鲜界面是保证两金属复合的条件之一，所以要对复合的金属施加大的压力，后续的热处理是必须的，作用是去除产生的残余应力，加速元素扩散，为实现冶金结合，提高复合的强度，达到完全复合的效果。轧制复合根据轧制温度参数的不同可分为热轧复合和冷轧复合。

热轧复合法：将待复合的金属坯料加热到一定温度，然后施加大的压下量使其产生变形，在热和力的同时作用下使组元金属复合的一种工艺方法。热轧复合法的优点是所须轧制力相对较小；操作工艺简单；可生产厚度较大的金属板，结合面较为均一。缺点是在加热时容易在界面形成脆性的金属间化合物且对金属板长度有一定的要求，生产一致性和稳定性差。多适合于生产厚的复合板材及板坯。热轧复合中，温度对铜铝复合板热轧效果起着比较重要的影响。

冷轧复合法：相对热轧来说，冷轧首道压下率要高。该法加工时金属的自由组合大，适应面更广，可以大批量生产，效率高。是加工铜铝复合板的一种较为常用的方法，工艺过程中有三个重要因素：金属表面洁净度、对复合金属施压压力以及轧制后热处理。

(1)冷轧复合工艺

冷轧复合常采用四步法复合，即表面处理→轧制复合→热处理(扩散退火)→冷轧。

1)铜、铝复合组元状态选择

金属原子间要达到相互键合，必须克服一定能垒方可实现。当符合组元以 M(软态)－Y(硬态)或 Y－Y 状体分别进行组合时，由于复合组元弹性恢复能力大，对界面复合起到阻碍或破坏作用，键合点少，最终复合强度小；反之，以 M－M 状态组合时，能较好地克服上述问题，还可防止变形能过量消耗在软组元基体的塑性变形上，而较多地集中到结合界面上，以使更多接触点压接到键力作用范围，结合点多。因此，铜和铝组元复合时常以 M－M 状态组合时复合效果为佳。

2)复合轧制率对复合效果的影响

铜、铝轧制复合过程中，压下率是铜、铝能否复合及复合效果好坏的关键，压下率计算公式为：

$$\eta = 1 - h/H$$

式中：h 为铜带或铝板轧制复合后的厚度；H 为铜带或铝板轧制复合前的厚度。

在其他工艺条件不变的情况下，随轧制量的增加，铜和铝两组元间进行复合的效果更好。铜、铝轧制复合的临界加工率在 40% ~45% 范围。压下量越大，铜、铝复合带的结合界面越牢固，当轧制率增大 65% 以上时，铜和铝组元界面上的结合条带迅速增大，复合效果显著提升。图 2－60 示出了铜、铝复合板冷轧状态下的结合界面状况。

图 2－60(a)是铜 0.8 mm 厚，铝 12 mm 厚的板坯经轧制复合后复合板典型微观组织结

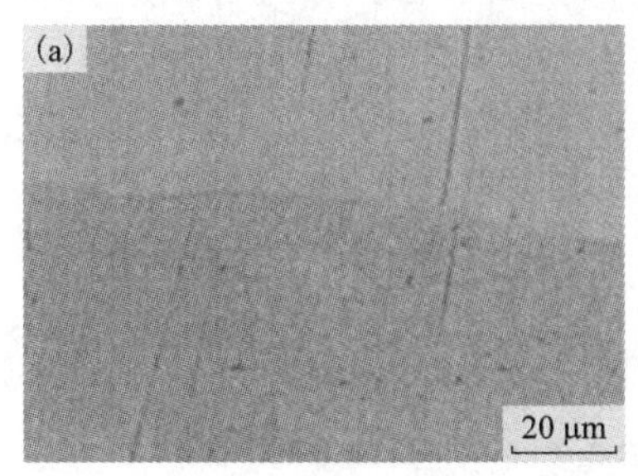

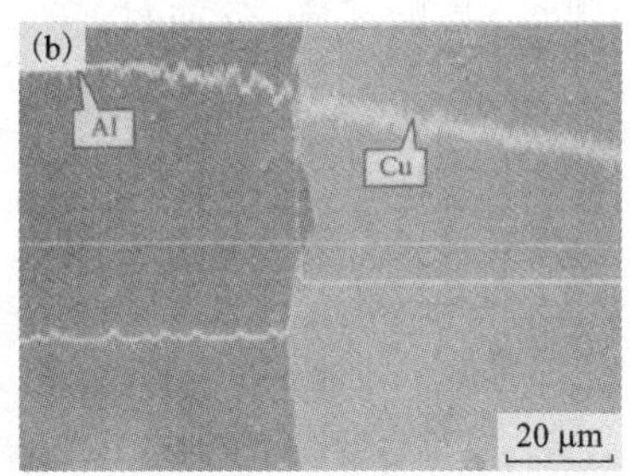

图 2－60　Cu－Al 复合板冷轧状态下的界面组织

(a)微观界面；(b)复合界面铜、铝元素的线分布

构，铜、铝轧制复合的界面不是平直的，而是有一定的凹凸起伏，界面两侧铜、铝相互挤入对方。图 2－60(b)是界面元素线分布，表明界面两侧并没有发生明显的铜、铝原子互扩散。

3)等温扩散温度对复合效果的影响

在冷轧复合—等温扩散退火工艺中，退火目的是通过组元间的热扩散，进一步提高复合板、带界面的结合强度。在其他工艺条件相同的情况下，300～320℃ 退火处理后可获得最高的复合强度值，随温度提高(400℃、500℃)复合强度逐渐减小(但其值比 200℃时要高得多)，即存在一个最佳退火温度。200℃退火，由于扩散温度过低，未能使原界面消失；300℃退火有薄扩散层，原界面消失；当温度升高到 400℃或 500℃退火处理时，相互扩散层加宽，形成较厚的硬而脆的金属化合物($CuAl$、$CuAl_3$等)，这将导致复合强度降低。复合带伸长率与退火工艺的关系如图 2－61 所示，复合带抗拉强度与退火工艺的关系如图 2－62 所示，复合带杯突值与退火工艺的关系如图 2－63 所示。在 600℃下，不同退火速度下铜－铝复合界面的扩散层变化见图 2－64。

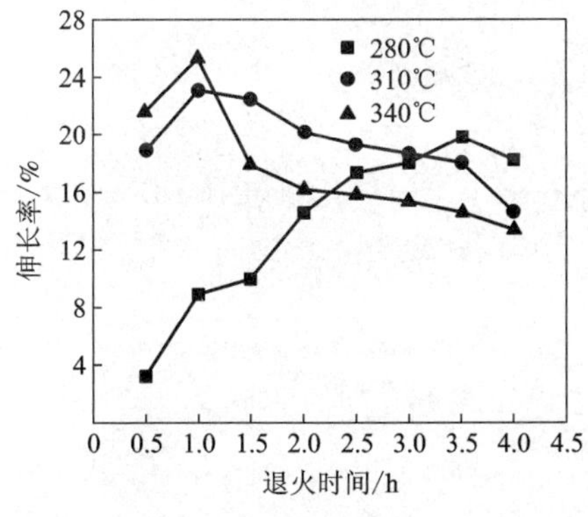

图 2－61　复合带伸长率与退火工艺的关系

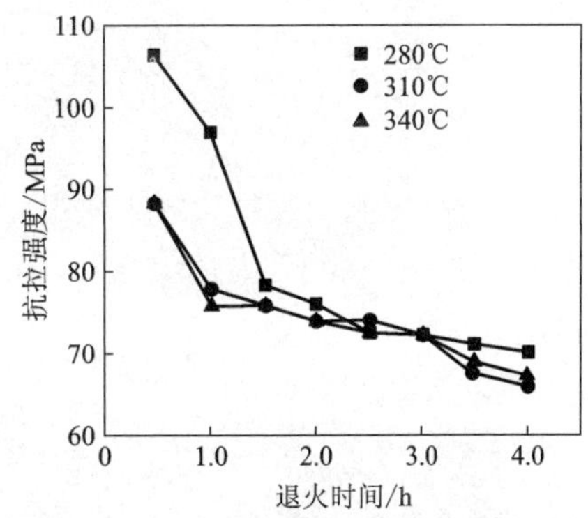

图 2－62　复合带抗拉强度与退火工艺的关系

图 2－65 是铜 0.5 mm 厚、铝 12 mm 厚的板坯经轧制复合后在不同退火温度下观察的微观组织形貌和元素扩散情况。图 2－65(a)是在 260℃ 下保温 1 h 的典型界面微观结构，图 2－65(b)是在 340℃下保温 1 h 的界面状态，图 2－65(c)是在 420℃下保温 1 h 的界面微观组织形貌。260℃下保温 1 h，铜、铝复合界面已经变得相对模糊，但是铜、铝间的相互扩散仍然不是很显著，340℃下保温 1 h，可观察到铜、铝之间开始有了明显的扩散，且逐渐形成了扩散过

渡层；随着热处理的温度的升高，界面两侧铜、铝元素的扩散越来越明显。

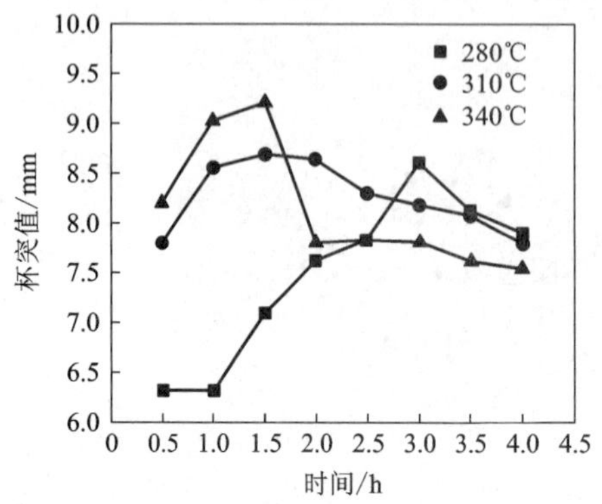

图 2-63　复合带杯突值与退火工艺的关系

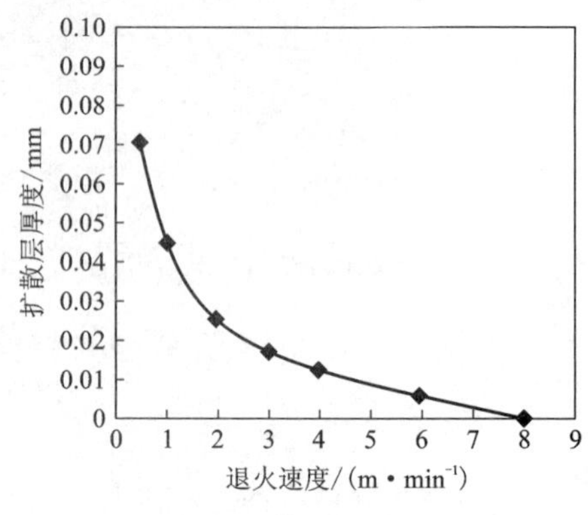

图 2-64　扩散退火层厚度随退火速度的变化

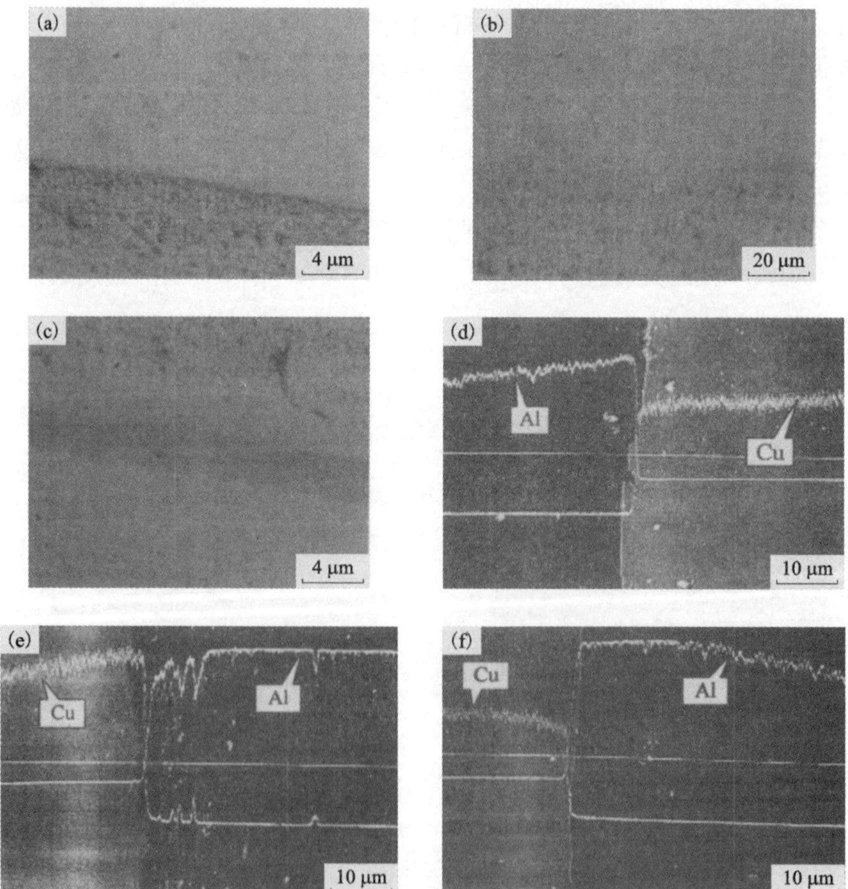

图 2-65　复合界面不同热处理温度下界面扩散情况

(a)260℃保温 1 h；(b)340℃保温 1 h；(c)420℃保温 1 h；
(d)260℃保温 1 h 元素线分布；(e)340℃保温 1 h 元素线分布；(f)420℃保温 1 h 元素线分布

复合板经不同温度退火后的元素线分布如图2－65(d)、图2－65(e)、图2－65(f)所示。可以看出，随着热处理温度的升高，界面两侧铜、铝元素的互相扩散越来越明显。

4)强度比与轧制率对成品组元变形程度的影响

由σ_b(Al)/σ_b(Cu)＝0.48(M－M)与σ_b(Al)/σ_b(Cu)＝0.96(Y－M)分别进行复合，所测得的总轧制率与铜、铝组元轧制率的关系曲线分别如图2－66(a)和图2－66(b)所示。

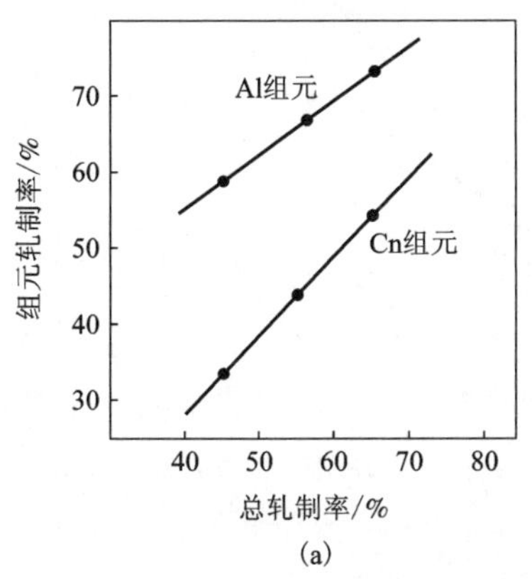

(a)

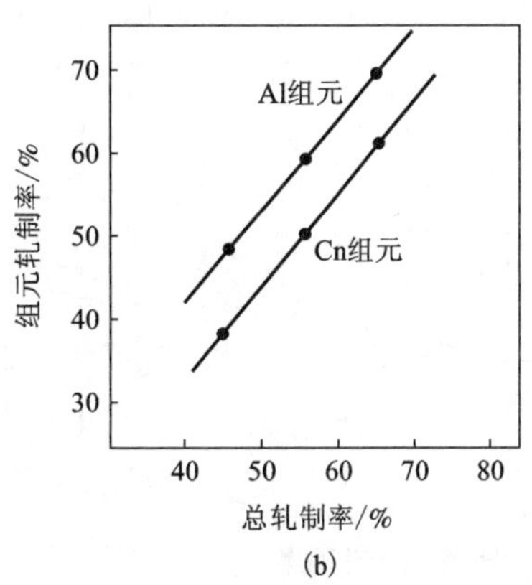

(b)

图2－66　组元轧制率随总轧制率变化关系曲线

(a)组元为σ_b(Al)/σ_b(Cu)＝0.48(M－M)；(b)σ_b(Al)/σ_b(Cu)＝0.96(Y－M)

当组元强度相差较大时，变形较集中在软基体上，两组元间变形差异较大。随着总轧制率增大，由于组元金属加工硬化程度的不同，使这种差异减少，见图2－66(a)。所以，当组元强度差值较小时，由于组元基体塑性变形条件相近，组元变形程度差值较小，且随着轧制率增加的变化变的更小，见图2－66(b)。从组元变形均匀的角度，铜、铝冷轧复合时，坯料组元采用M－Y状态配对较好，然而此时的复合强度却远不如M－M的组元配对。

5)强度比、轧制率与原始厚度比对成品组元厚度比影响

σ_b(Al)/σ_b(Cu)＝0.48(M－M)时，坯料厚度比$H_{Cu}/H_{Al}=1$时所测得的成品组元厚度H_{Cu}/H_{Al}与轧制率关系曲线如图2－67。轧制复合后的成品组元层厚比与总轧制率成反比。

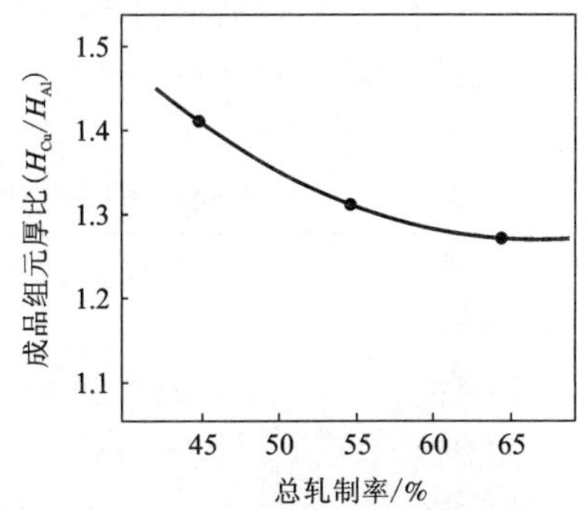

图2－67　成品组元厚度H_{Cu}/H_{Al}与轧制率关系曲线

6)轧前处理对铜－铝冷轧复合的影响

铜、铝轧制复合前要求对铜和铝板进行表面处理和软化退火。表面处理包括酸碱清洗，表面刷拭清理。表面处理质量对轧制复合效果有很大的影响，其中退火软化和刷拭处理对复合的影响最大。退火软化的目的是消除铜和铝板内应力，降低铜、铝的硬度；而刷拭处理则是要彻底清除掉铜、铝表面的氧化物和各种杂质，同时在表面形成一层硬化层。

0.5 mm厚的铜带和16 mm厚的铝板进行轧制复合过程中，复合组元轧制前所处状态分

别为：正常表面清理、轧前未酸碱洗、轧前未热处理和轧前未进行刷拭处理，4 种情况下复合板的剥切力随压下率的关系示于图 2－68，从图中可以看出对铜、铝轧制复合效果的影响最大的是刷拭处理，其次是铜、铝轧制前的热处理，较小的是酸碱洗处理。

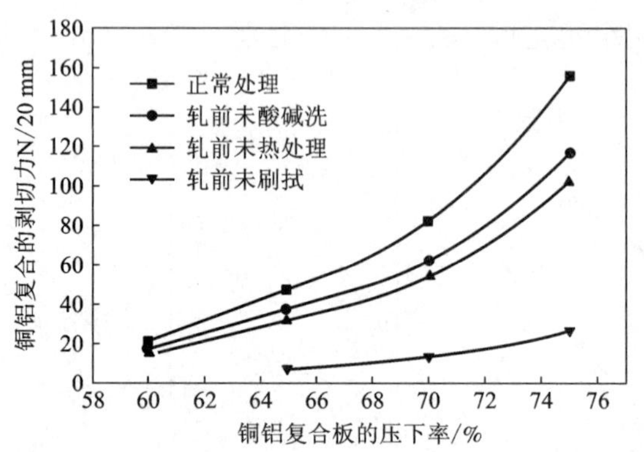

图 2－68　各种处理条件下铜－铝复合板剥切力与压下率的关系

2.8.2　铜钢复合带材

1. 铜钢复合带材的性能

产品特点要求：

①具有纯铜及铜合金的表面金属光泽和良好的表面再加工性（上釉或镀铬）。

②在弯曲、折边、卷边、冲压、成形、型压、拉伸、深冲等工艺加工过程中，带材断面不会产生铜、钢分层和表面裂纹现象，具有良好的可塑性和高结合强度。

③具有强度高、良好的导电性、耐热性、热稳定性、可塑性、焊接性、耐蚀性和耐磨性能。

由于铜、钢复合带材所具有的综合特性，与单一金属铜、钢的性能比较（见表 2－67、表 2－68），铜、钢复合新材料带材产品的技术性能超过单一金属铜和钢，是一种不可多得的双金属复合功能性新材料。

表 2－67　铜、钢复合新材料与单一金属铜、钢的性能比较

性能	铜钢复合新材料	铜	钢
强度	△△△	△△	△△△
电性能	△△	△△△	△
耐热性	△△△	△	△△△
热稳定性	△△	△	△△△
可塑性	△△△	△△△	△△△
耐蚀性	△△△	△△△	△
耐磨性	△△△	△△△	△
焊接性	△△△	△△	△△△
美观性	△△△	△△△	△

注：△△△—优或高；△△—良或中；△—差或低。

表2-68　T2/Q195/T2复合板、带与铜合金H65和碳素钢Q195的物理性能比较

指标名称	T2/Q195/T2(Cu 18%)	H65(Cu 65%)	Q195
导电率 IACS/%	28★★★	27①★★	17.3④★★
最大抗拉强度 R_m/MPa	800★★★	640②★★	450③★
最大断后延伸率 $A_{11.3}$/%	45★★★	40②★★	33③★
密度/(g·cm^{-3})	8.077★★	8.47★★★	7.85★★
导热率/[W·(m·K)$^{-1}$]	61.877★★	116.7①★★★	43④★
中性盐雾试验24 h	表面无点腐蚀★★	无点腐蚀★★★	严重锈蚀★
美观性	美丽的粉玫瑰色光泽★★★	美丽的金黄色光泽①★★★	灰白色★

注：①中卫佳《铜加工技术实用手册》2007；②GB/T 26007—2010《弹性元件和插接件用铜带》；③GB/T 700-2006《碳素结构钢》；④以Fe的电阻系数和热导系数得出；★★★代表优或高；★★良或中；★差或低。

2. 铜、钢复合带材制备工艺

(1)铜、钢复合带材制备工艺

铜、钢复合带材制备工艺流程如图2-69、图2-70和图2-71所示。

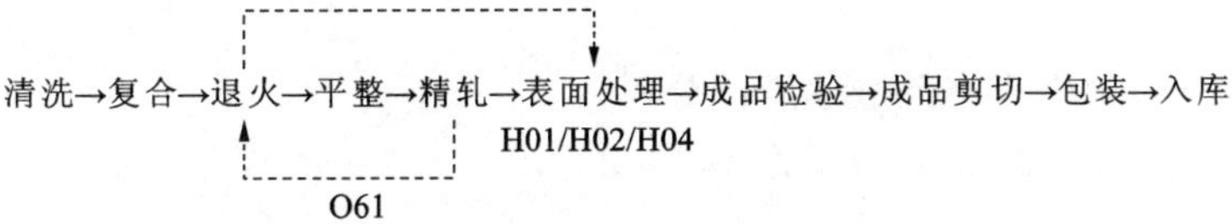

图2-69　装饰装潢用铜、钢复合带材工艺流程图

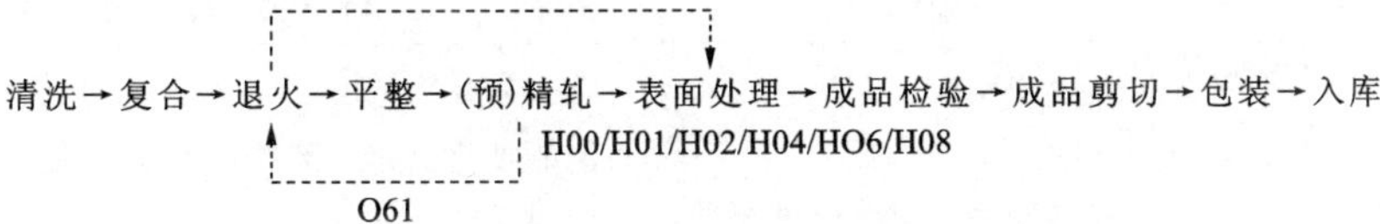

图2-70　电工用铜、钢复合板、带生产工艺流程图

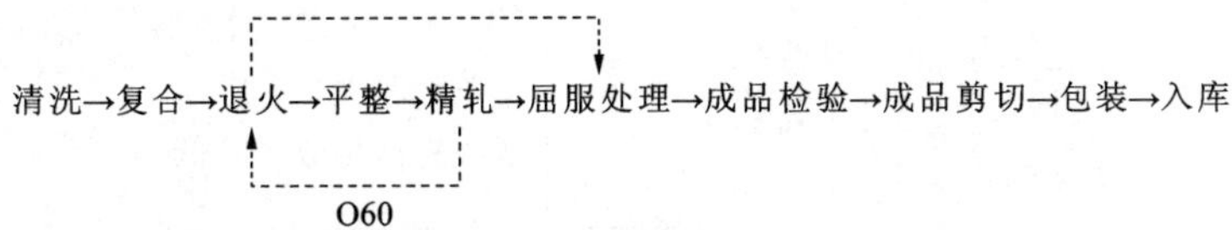

图2-71　深冲压用铜、钢复合板、带生产工艺流程图

3. 典型产品生产工艺

典型产品工艺方案如表2-69所示。

表 2－69 典型产品工艺方案列举

成品厚度/mm		0.2、0.5		0.8、1.0		1.2	
状　态		060(软)	H02(半硬)、H04(硬)	060	H02、H04	060	H02、H04
工序名称		工艺流程					
①	原料清洗	○	○	○	○	○	○
②	复合轧制	○1.0~1.3	○1.0~1.3	○1.75~2.3	○1.75~2.3	○1.95	○1.95
③	退火	●	● ○	●	● ○	●	● ○
④	清洗	○	○ ○	○	○ ○	○	○ ○
⑤	精轧	○0.2~0.5	△0.22~0.57 ○0.22~0.5	○0.8~1.0	△0.9~1.1 ○0.8~1.0		△1.35 ○1.2
⑥	成品退火	○		○			
⑦	平整	○0.2~0.5		○0.8~1.0		○1.2	
⑧	成品清洗	○	○	○	○	○	○
⑨	成品检验	○	○	○	○	○	○
⑩	成品剪切	○	○	○	○	○	○

注：●为扩散退火。△为预精轧。

4. 铜、钢复合带材生产产品缺陷原因分析

铜、钢复合带材产品缺陷及产生原因如表 2－70～表 2－76 所示。

表 2－70 铜、钢复合产品缺陷及产生原因

序号	常见缺陷	产生原因	对后续工序质量影响
1	气泡	①复合时入辊覆层带面不平； ②复合加工率太小； ③钢带打磨不均匀，钢刷落巢太多； ④油污进入	①改轧后漏钢； ②规律性气泡，装饰产品无法使用，分窄料可以挑选使用； ③边部气泡，成品边部不能够使用
2	分层/脱层	①复合加工率太小； ②复合轧制力、张力不匹配； ③钢带打磨粗糙度不匹配； ④突然停车	①改轧、平整、清洗容易产生鼓包； ②改轧厚度公差波动； ③改轧产生效率降低
3	漏钢	①覆层纠偏不及时； ②覆层金属单边没有覆盖钢带； ③钢带严重划伤	降低复合成材率
4	边丝压入	复合时钢带跑偏	影响成品宽度，使成材率下降

续表 2 - 70

序号	常见缺陷	产生原因	对后续工序质量影响
5	侧弯	①辊缝不平衡，即两边压下不一致； ②冷却润滑沿宽向分布不一致； ③来料纵向有侧弯； ④辊形控制不当； ⑤进料不正或不对中	①倒卷卷取不齐、出现塔形，容易挫伤，造成漏钢； ②带材头、尾跑偏； ③卷取塔形； ④改轧厚度公差波动
6	中浪	①原始辊形不当； ②局部辊温控制不好，冷却不到位； ③中间辊温过高； ④润滑剂流量控制不当； ⑤轧制速度控制不当	①倒卷卷取不齐、层错，容易挫伤、造成漏钢； ②改轧开坯带头、尾跑偏； ③改轧时易产生错动，带面产生擦伤； ④改轧带材公差波动、板形不好； ⑤改轧易产生断带
7	裙边浪	①压下率过大； ②轧辊两侧温度偏高	①改轧后不能有效消除； ②倒卷卷取不齐、层错，容易挫伤、造成漏钢
8	厚度超差	①操作不当； ②辊形控制不正确； ③压下量分配不当； ④轧制速度变化太大； ⑤润滑不良	①改轧开坯带头、带尾跑偏； ②改轧带材公差波动、板形不好
9	人字纹	①复合加工率过大； ②润滑不良	①成品带材产生色差； ②改轧容易产生复合浪

表 2 - 71　铜 - 钢复合带倒卷带材缺陷及产生原因

序号	缺陷名称	产生原因	对后续工序的影响
1	挫伤	①松卷张力不适宜； ②松卷时带材卷取间隙过大； ③来料板形不好	①产生漏钢； ②轧制压合、表面起刺、划伤； ③产生色差
2	层错	①倒卷张力不适宜； ②来料板形不好	①翻料时，容易造成窝边、挫伤； ②紧卷时，容易挫伤带材表面或甩卷； ③清洗时，容易擦伤带材表面
3	塔形	①倒卷张力不适宜； ②来料板形不好	①翻料时，容易造成窝边，挫伤； ②紧卷时，容易挫伤带材表面或甩卷； ③清洗时，容易擦伤带材表面
4	甩卷	①倒卷张力太小； ②松卷张力太小； ③来料板形不好	①翻料时，容易造成窝边、挫伤； ②紧卷时，容易挫伤带材表面； ③清洗时，容易擦伤带材表面
5	严重屈服痕	①卷取张力过大； ②来料板形不好	①精轧不能消除，带面产生色差； ②成品不能抛光消除，影响使用效果； ③降低成材率

表 2 – 72 铜 – 钢复合带退火产品缺陷及产生原因

序号	缺陷名称	产生原因	对后续工序的影响
1	黏带或塌卷	①退火温度设定过高； ②退火炉区温度显示错误，应检查相关热电偶和温控仪器	产生黏带、黏破等质量事故
2	氧化	①保护气氛含氧量过高，不合格； ②炉内漏气； ③出炉温度偏高	①表面大量氧化； ②容易出现安全事故
3	脱锌	①保护气氛含氧量超标； ②炉区密封不好	温度过高产生脱锌
4	性能不合	①工艺设置不合格； ②与实际情况存在偏差	产生不合格品

表 2 – 73 铜 – 钢复合带清洗产品缺陷及产生原因

序号	常见缺陷	产生原因	对后续工序质量影响
1	挫伤	①来料收卷不齐； ②开卷张力大于来料张力	带面产生不洁、色差、条纹等缺陷
2	划伤	①旋转的辊子上有异物； ②卷取机打滑	①钢带复合时产生气泡、脱层； ②复合带产生不洁、色差、条纹等缺陷
3	氧化	①速度过快； ②酸液浓度过低	带面产生不洁、色差等缺陷
4	油迹	①速度过快； ②碱液浓度过低	带面产生不洁、色差等缺陷
5	酸水迹	①挤干效果差； ②干燥不完全	带面产生不洁、色差等缺陷
6	严重屈服痕	①开卷或卷取张力过大； ②来料带材卷取过紧； ③来料板形不好	①精轧不能消除，带面产生色差； ②成品不能抛光消除，影响使用效果； ③降低成材率
7	凹坑	①机列旋转的辊子不干净； ②辊子上有损伤	①精轧带面产生起刺或漏钢缺陷； ②带面产生不洁、色差等缺陷
8	压入	①机列旋转的辊子不干净； ②刷子掉毛被压入	带面压坑、不洁、色差
9	鼓包	①来料有破损、接头、脱层； ②来料波浪严重	带面凹坑、压折
10	防黏痕	①倒卷时防黏剂涂抹过量； ②退火后带材已先平整	带面产生不洁、色差等缺陷
11	裙边	①带材跑偏； ②来料板形差	①钢带复合时钢刷打磨不到； ②复合时生产气泡
12	亮线/虚线	①刷子磨损严重； ②刷子横向磨损不均	带面产生不洁、色差等缺陷

表 2-74　铜-钢复合带平整产品缺陷及产生原因

序号	缺陷名称	产生原因	对后续工序影响
1	挫伤	①来料收卷不齐； ②开卷张力大于来料张力	①带面产生不洁、色差、条纹等缺陷； ②精轧带面产生起刺或漏钢缺陷
2	中浪	①辊形凸度太大； ②张力不够大	①带材卷取不齐、出现层错； ②易产生错动，带面产生擦伤； ③成品公差波动、板形不好
3	边浪	①辊形凸度太小； ②张力不够大； ③压下量过多	①易产生错动，带面产生擦伤； ②成品公差波动、板形不好
4	凹坑	①辊子上有黏附金属颗粒和异物； ②来料带面有金属颗粒和异物	①精轧带面产生起刺或漏钢缺陷； ②带面产生不洁、色差等缺陷
5	辊印	①换辊周期太长； ②张力不够，带材跑偏	①精轧容易跑偏； ②带面产生不洁、色差等缺陷
6	压折	①带材跑偏； ②张力不稳	带面辊印、鼓包、凹坑、破裂
7	严重屈服痕	①开卷或卷取张力过大； ②来料带材卷取过紧； ③来料板形不好	①精轧不能消除，带面产生色差； ②成品不能抛光消除，影响使用效果； ③降低成材率

表 2-75　铜-钢复合带精轧产品缺陷及产生原因

序号	常见缺陷	产生原因	对后续工序质量影响
1	挫伤	①操作配合不好； ②前后张力建立不同步； ③轧机启动和停车速度过快	①严重的造成漏钢缺陷； ②不符合成品表面要求
2	辊印	①换辊周期太长； ②张力不够，带材跑偏	①带材容易跑偏； ②带面产生不洁、色差等缺陷
3	凹坑	①辊子上有黏附金属颗粒和异物； ②来料带面有金属颗粒和异物	①精轧带面产生起刺或漏钢缺陷； ②带面产生不洁、色差等缺陷
4	压折	①带材跑偏； ②张力不稳	带面辊印、鼓包、凹坑、破裂
5	划伤	①旋转的辊子上有异物； ②卷取机打滑	带面产生不洁、色差、条纹等缺陷
6	公差不合	①辊形控制不正确； ②压下量分配不当； ③轧制速度变化太大； ④润滑不良	①公差波动大、板形不好； ②产品带材厚度尺寸不合格
7	裂边	①道次压下率过高； ②总加工率过大； ③带材性能偏硬	①容易断带； ②切边量增大

续表 2－75

序号	常见缺陷	产生原因	对后续工序质量影响
8	单边浪	①轧辊不平衡，即两边压下不一致； ②冷却润滑沿宽向分布不一致； ③来料纵向有侧弯； ④辊形控制不当； ⑤进料不正或不对中	①卷取不齐、出现塔形，容易挫伤，造成漏钢； ②带卷带头、尾跑偏； ③横向厚度公差波动
9	双边浪	①原始辊形不当； ②局部辊温控制不好，冷却不到位； ③润滑剂流量控制不当； ④轧制速度控制不当	①卷取不齐、层错，容易挫伤、造成漏钢； ②带头、尾跑偏； ③卷取易产生错动，带面产生擦伤； ④带材公差波动、板形不好； ⑤易产生断带
10	中间浪	①辊形凸度太大； ②张力不够大	①带材卷取不齐、出现层错； ②易产生错动，带面产生擦伤； ③成品公差波动、板形不好
11	复合浪	①道次压下率过高； ②来料有斜纹浪	带材板形差

表 2－76　铜－钢复合带剪切带材缺陷及产生原因

序号	常见缺陷	产生原因	对后续工序质量影响
1	松/散卷	①卷取不整齐，带材跑偏； ②张力太小； ③来料板形差	①成品包装容易散包； ②容易产生表面擦伤
2	裂边	①来料带材有裂边没有切除； ②剪刃有缺口	成品不合格
3	卷边/裙边	①分离盘宽度小于剪切宽度； ②带材跑偏	①轻微的影响成品使用； ②严重时成品不合格
4	毛刺	①剪切钝化； ②剪切间隙不合理； ③剪切重叠量不合理	①严重的包装时易划伤手； ②影响成品使用
5	层错	①张力太小； ②来料板形差； ③带材对中失灵	①包装翻到时容易造成边部损坏； ②影响成品使用
6	划伤	通过的辊子上有异物	严重时成品不合格
7	塔形	①张力太小； ②来料板形差； ③带材跑偏	①包装翻到时容易造成边部损坏； ②影响成品使用

5. 铜、钢复合的结合机理

两种金属在轧制复合过程中，裂口机制和嵌合机制均起着重要的作用，是金属复合机械啮合的主要原因，能量理论的作用也是必不可少的原因之一。图 2－72 所展示的是铜、铁复合带材退火处理后界面的元素线分布和 SEM 界面形貌观察图，从图 2－72(a)～图 2－72(e) 可以明显看出，扩散退火使铜、钢复合界面通过原子扩散形成了冶金结合，随着退火温度的升高，扩散层厚度随之增加。

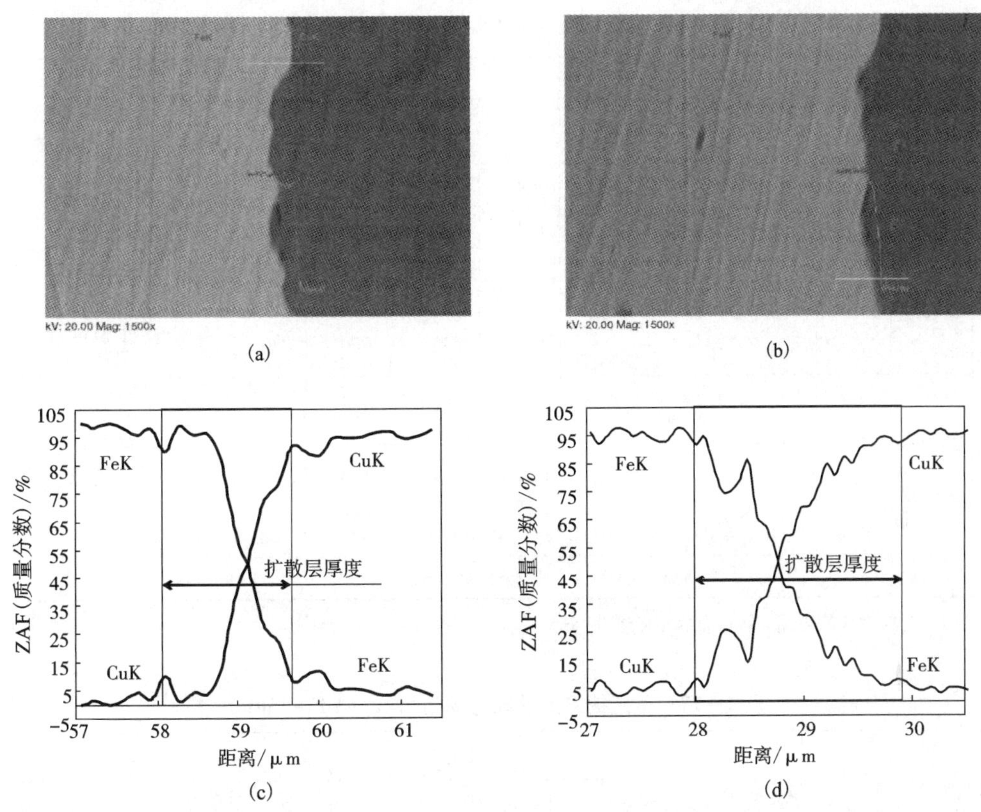

图 2－72　1.9 mm 铜钢复合带扩散退火前后的 SEM 和扩散层的宽度

(a)扩散退火前 SEM；(b)扩散退火后 SEM；(c)扩散退火前扩散层宽度；(d)扩散退火后扩散层宽度

2.9　铜箔加工制备技术及装备

2.9.1　铜箔的分类

按厚度可将铜箔分为厚铜箔(≥70 μm)、常规厚度铜箔(18 ~ 70 μm)、薄铜箔(12 ~ 18 μm)、超薄铜箔(≤12 μm)。

按表面状况可以分为单面处理铜箔(单面毛)、双面处理铜箔(双面粗)、光面处理铜箔(双面毛)、双面光铜箔(双光)和甚低轮廓铜箔(VLP 铜箔)。

按生产方式可分为压延铜箔和电解铜箔。

2.9.2　压延铜箔

1. 压延铜箔的化学成分与特性

压延铜箔一般是以熔铸的大规格铜坯锭为原材料，经热压、回火韧化、削垢、冷轧、连续韧化、酸洗、压延及脱脂干燥等工序加工而成。压延铜箔的化学成分、特性如表 2－77 所示，性能与规格如表 2-78 所示。

表 2-77 压延铜箔的化学成分、特性

名称	牌号	化学成分(质量分数)/%			特性					用途
		Cu	O	其他	状态	厚度/μm	抗拉强度/MPa	伸长率/%	导电率/% IACS	
电子管用无氧铜	C10100	99.995	0.0003		压延箔	35	420	1	99	FPC TCP
					退火箔	35	200	20	102	
无氧铜	C10200	99.99	0.0005		压延箔	35	420	1	99	FPC, TCP, 屏蔽带、钎焊材
					退火箔	35	200	20	102	小型电机、变压器用箔
铜带	C11000	99.91	0.035		压延箔	35	430	1	98	FPC, TCP, 屏蔽罩、锂电池电极、钎焊材、屏蔽带、FFC、容器料、变压器、小型电机用箔
					退火箔	35	200	20	101	
耐蚀铜箔		99.9	0.003	0.035Sn-0.003Pb	压延箔	40~60	420	1	95	散热器用
		99.8		0.15Sn-0.003P	压延箔	40~60	硬度(HV)：120~140			

注：RPC 为柔性印刷电路；TCP 为信号传送带；FFC 为柔性变电缆。

表 2-78 压延铜箔的性能与规格(IPC-CF-150E)

名称	板厚/μm	23℃		180℃		20℃	
		抗拉强度/MPa	伸长率/%	抗拉强度/MPa	伸长率/%	质量电阻率/(Ω·g·m^{-2})	导电率/% IACS
压延箔	18	>345	>0.5			<0.160	>95.8
	35	>345	>0.5	>138	>2		
	70	>345	>1	>276	>3		
低加工箔	18					<0.155~0.160	98.9~95.8
	35	177~345	10~0.5				
	70	177~345	20~1				
退火箔	18	>103	>5			<0.155	>98.9
	35	>138	>10	>95	>6		
	70	>172	>20	>152	>11		
	18	>103	>5				
低温软化箔	35	>138	>10			<0.160	>95.8
	70	>172	>10				

注：低温软化箔的特性是指在 177℃下加热 15 min 后的性能值。

2. 压延铜箔制备工艺流程

压延铜箔是将铜板经多次重复轧制而成。压延铜箔的一般生产工艺流程为：铜锭→热轧→退火→铣面→冷轧→连续退火→酸洗→压延→脱脂干燥，这样获得的压延铜箔为毛箔。毛箔再根据要求进行表面粗化处理、耐热层处理、防氧化的钝化等处理。

箔材轧制的特点是轧制力大，对辊形要严格控制，铜及铜合金箔材轧制常采用多辊轧机，如六辊、十二辊、二十辊甚至三十六辊等。目前压延(轧制)铜箔的宽度一般为 650 mm。在实际生产中，650 mm 以上的铜箔轧制一般采用六辊 UC 轧机。采用 UC 轧机是由于该轧机的中间辊和工作辊均能弯辊，而 HC 轧机只有工作弯辊，所以 UC 轧机的弯辊与板形仪的联合作用，能够达到更好调节板形的目的。

3. 轧制参数

(1)轧制速度

铜及铜合金箔材最大的轧制速度一般为 600 ~ 800 m/min。轧制过程中，根据油膜轴承的原理，轧辊转动速度越高，油膜形成压力越大，油膜厚度越厚。所以，速度是在轧辊弹性压扁的情况下轧件能够有效减薄的主要条件之一。提高轧制速度，轧辊上由于瞬时产生的静压力使油膜加厚，带材变薄；油膜厚度还与接触弧的长度有关，接触弧越长，越不利于轧制油的流动，油膜产生的厚度就越厚，单位轧制压力也越大。接触弧长与轧辊直径有直接关系，为形成足够的接触弧长，辊径并非愈小愈好；轧制速度增加时，带材轧制的变形热聚集，瞬时温度升高，使材料的变形抗力有所降低。

(2)张力控制

精确的张力控制也是轧制箔材的必要条件。张力愈大，$K = 1.55(R_p - q)$ 愈小(q 为张应力)，所以 h_{min}(最小可轧厚度)也相应减小，愈能轧制较薄的箔材。从最小可轧厚度公式 $h_{min} = 3.58\mu KD$ 可以看出，除了减小辊径外，增大前后张力 q 和降低摩擦系数 μ 是最有效的方法。所以箔材轧机设计时其张力是板、带轧制时张力的 2 ~ 4 倍。

(3)轧辊

铜及铜合金箔材轧制时，必须保证轧制压力的切向分力与正向分压力必须小于某一值才能保证轧制过程的稳定性，所以轧辊必须有一定的刚度。对于十二辊和二十辊轧机来讲，由于前后中间辊压紧工作辊，轧辊稳定性明显优于四辊和六辊轧机，一般适用于轧制强度较高的铜合金薄带。但过多和较细的轧辊辊系，散热性能明显降低，速度受到影响，使设备润滑和维护的难度增大。

(4)冷却润滑剂

轧制铜及铜合金箔材时，由于高速、高温使轧件升温较高，只能使用闪点达 140℃ 的机油作冷却润滑剂的基础油。

4. 压延铜箔表面处理

压延铜箔表面处理过程由 12 道工序组成，脱脂清洗后的压延铜箔先经开卷机开卷，进入脱脂槽，进行两段电解脱脂，彻底除去表面微量残油；然后，进入酸洗槽酸洗，除掉表面少量氧化物，使铜箔表面洁净。酸洗后，铜箔进入粗化、固化电镀槽，完成两次粗化、固化，在箔材的一侧表面形成致密的镀铜层；随后，铜箔进入镍钴镀槽，进行 Ni - Co 电镀，再进入镀锌槽完成表面镀锌作业；之后，进行表面镀铬和硅烷耦合处理，经干燥箱烘干后，收卷下线。这一工艺过程由可编程控制器(PLC)对系统进行集成控制，连续进行。其工艺流程各工序的主要工艺参数如表2－79所示。

表2－79 压延铜箔表面处理工艺参数

工序	电流密度/(A·m^{-2})	液温/℃	浓度/(g·L^{-1})	流量/(L·min^{-1})
脱脂①	300～600	常温	NaOH：30～50	20
脱脂②	300～600	常温	NaOH：30～50	20
酸洗		常温	H_2SO_4：50～80	20
粗化			Cu，H_2SO_4	
脱脂①	1500～2000	20～40	20～40，100～150	150
脱脂②	2500～5000		20～30，120～150	
固化			Cu，H_2SO_4	
脱脂①	1500～2000	40～50	35～50，80～110	150
脱脂②	800～1200		35～50，80～110	
镀Ni－Co	100～200	40～50	Ni，Co：30～55，5～10	50
镀锌	30～50	20～30	Zn：20～30	50
镀铬	20～40	20～30	CrO_3：1～5	50
硅烷		常温	0.3～0.7%	

注：脱脂①和脱脂②均为电解脱脂，二者具体的电流密度和电解液的浓度不同。

2.9.3 电解铜箔

电解铜箔的生产工艺主要包含两部分：①制成满足宽度和厚度要求的卷状铜箔及表面处理工序；②对铜箔的表面进行粗化处理，化成皮膜和防锈处理，以提高箔材绝缘基材料的高温黏接强度的表面处理工序。

目前国内外大都采用辊式阴极和不溶性阳极法等连续生产法来制备电解铜箔。

1. 辊式连续电解法

辊式连续电解法是电解铜箔常用的生产方法，其原理是安装在电解槽里的阴极辊筒，一部分浸在电解液中，通直流低压电，使溶液中的铜离子电解沉积到阴极辊筒的表面形成铜箔。阴极辊以一定的速度连续转动，辊筒上的铜箔不停地从阴极辊上剥离下来，再经水洗、烘干、剪切等工序，最后绕卷成铜箔卷。采用该工艺制备的电解铜箔必须进行表面处理，以满足印刷线路板用铜箔各种性能要求。

(1)工艺流程

图2－73所示是典型的采用辊式连续电解法生产电解铜箔的原理示意图。图2－74为日本三井公司的电解铜箔生产工艺流程图。美国MTI公司电解铜箔生产流程示于图2－75。

(2)基本原理

1)铜溶解的基本原理

将处理好的铜料加入到溶铜槽内，铜料的表面积越大越好，铜料之间要有缝隙，以增大反应面积。加入一定数量的纯水和硫酸后，通入压缩空气进行氧化反应，生成硫酸铜溶液。其化学反应式为：$2Cu + 2H_2SO_4 + O_2 = 2CuSO_4 + 2H_2O$。该反应属固－液、固－气和液－气等多相反应。反应速度与槽内铜料的总表面积有关，表面积越大，反应速度越快。其次与风量

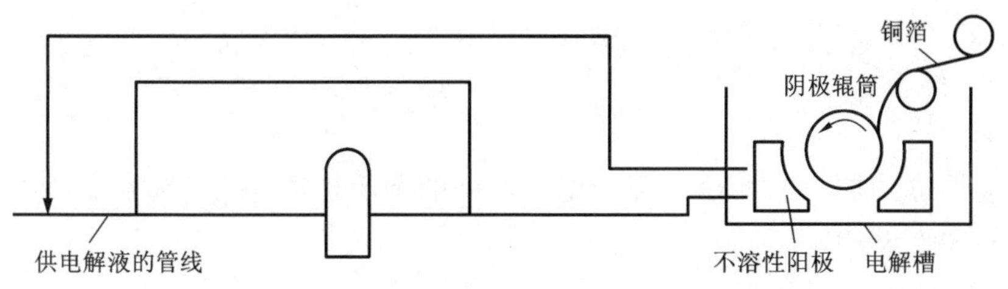

图2-73　辊式连续电解法生产电解铜箔原理示意图

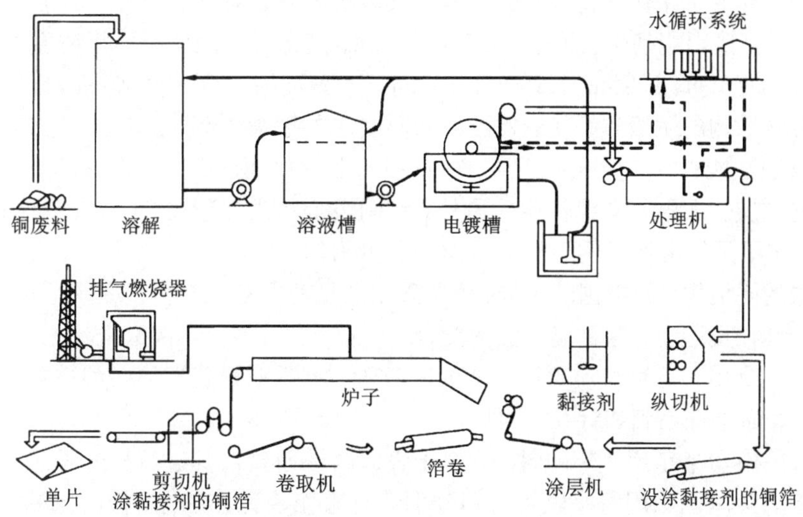

图2-74　日本三井公司的电解铜箔生产工艺流程图

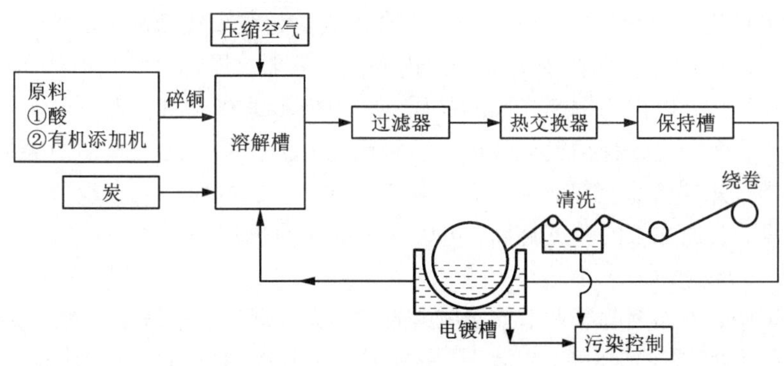

图2-75　美国MTI公司铜箔生产工艺流程图

有关，风量增加，反应速度加快。

2)铜生箔制造的基本原理

铜生箔制造是采用硫酸铜作电解液，其主要成分是Cu^{2+}和H^+。在直流电的作用下，阳离子Cu^{2+}移向阴极，阴离子移向阳极。在阴极上Cu^{2+}得到两个电子还原成Cu，并在阴极辊上沉积结晶形成生箔。电解液经过电解后，其Cu^{2+}含量下降，H_2SO_4含量升高。将电解液返回到溶铜槽内进行调整，使电解液 Cu^{2+} 升高而 H_2SO_4 含量下降。通过电解和溶铜两个过程，电解液中的 Cu^{2+} 和 H_2SO_4 含量保持平衡。

(3)制箔工序

1)原料要求

铜箔厚度越薄，质量档次越高，要求电解液中的杂质含量越低。为了保证铜箔质量，铜材的纯度必须大于99.9%。

2)设备

①阴极辊。

阴极辊的材质通常采用三层复合式结构，其表层材料现在多为纯钛，具有良好的耐腐蚀性，其表面质量直接影响到生(原)箔的表面质量和视觉效果，因此辊面粗糙度 $Ra < 0.3$ μm。阴极辊直径分别有 1 m、1.5 m、2.2 m 和 2.7 m 等，宽度为 1400 ~ 1500 mm。

三层复合式结构的阴极辊，其最外层为钛质层，是由钛经锻造、穿孔、旋压而成，具有良好的耐化学腐蚀性能；中间层为铜质层，由铜板弯曲焊接而成，具有良好的导电性能；最内层是不锈钢材质层，主要起支撑作用。另外，在阴极辊的内部还按照一定的规则分布有许多导电铜排，其作用是使电流沿阴极辊的表面分布更均匀。

也有两层的阴极辊，如美国的 Yatcs 公司采用的是两层复合材料，外层用不锈钢或钛，用温差法将外壳套在辊芯上，这种温差法的配合、接触良好，可以解决大电流导电的问题。

我国以前一直用不锈钢材质单层结构的阴极辊，不锈钢耐硫酸的腐蚀性差，容易产生腐蚀点，使铜箔表面出现毛刺和针孔。

阴极辊一般使用半年到一年的时间，由于表面腐蚀而要对其进行抛光处理，我国多采用离线抛光工艺。美国则采用每个电解机列分别装有抛光装置，在电解槽的尾端，通过连杆机构控制，使之与阴极辊接触或脱离。抛光轮工作时，一面高速旋转一面往复运动。

②阳极座。

先进的阳极结构是由超级阳极和主阳极组合而成。超级阳极为高电流密度阳极，分布于阴极辊进出电解液的两侧。即在阴极辊开始进入电解液时，提供一个高电流密度，可以提高阴极辊的表面粗糙度，以提高铜箔光面的品质；在阴极辊即将出液面时，再次提供一个高电流密度，使铜箔毛面产生一种预粗化效果。这种组合式阳极结构对提高铜箔表面品质的作用很大。阳极多半是用铅合金浇铸，经表面车削加工而成，也可用铅合金板弯制而成。阳极弧面的同轴度越高，表面加工的精度越高，电解铜箔的品质也越好。

3)添加剂

在电解铜箔中，添加剂起着调节铜箔物理性质，如光泽度、平滑度、硬度或韧性等作用，电解铜箔常用的添加剂有光亮剂、润湿剂、整平剂等，其作用机理可以归纳为如下几个方面：

①光亮剂加入到电解液中后，会吸附在电极的表面，使化学反应的阻力增大，阴极极化提高 10 ~ 30 mV，使铜离子还原反应变得困难，降低了浓度极化的可能性，从而获得均匀细致的沉积层。电解铜箔常用的光亮剂包括：硫脲、聚乙二醇、明胶、2 - 巯基苯并咪唑。

②润湿剂的作用机理是增大金属还原过程的电化学极化和促进新晶核的形成速度，使金属表面细致、均匀；还有一些添加剂由于在不同的晶面的吸附行为不同，能有效促进晶面的择优取向，改进沉积层的光亮程度。湿润剂的典型代表是：聚乙二醇(PEG)和聚丙二醇(PPG)。

③整平剂的作用是能使铜箔的表面粗糙度比阴极表层更平滑。整平剂吸附在晶面以及晶面的生长点上，使阴极极化提高 50～120 mV，减慢晶体继续成长的速度，如阴极表面有突起部位，整平剂在凸起部位的吸附量会大于其他部位的吸附量，进而形成一层吸附膜，增大电阻，减少或停止铜离子在这些部位的放电，降低微晶的形成。这将有利于新晶核的形成，因而得到平整、致密、晶粒极为细小的阴极铜箔。常用的整平剂是含氮杂环有机分子，如明胶等。

(4)生箔制造的工艺参数

生箔制造中的工艺参数如表 2－80 所示。

表 2－80　生箔制造工艺参数

工艺名称	工艺参数	说明
溶铜温度	高温溶铜温度为 85～90℃，低温溶铜为 60～70℃	
铜离子浓度	65～100 g/L	铜离子浓度大，铜箔更加致密，其硬度、强度和延伸率均较高。但必须结合溶解度考虑，过分接近饱和浓度，易受温度微小波动引起异常结晶而影响产品质量
电解时槽电流	一般为 4000～8000A；国外先进水平为 20000～100000A	提高电流密度是提高产量的重要措施。电流密度的提高将使电化学极化及浓度极化增大，生成晶核数目增加，生箔结晶变细
阴极辊尺寸	辊径为 2～2.2 m；辊身长为 1～2.5 m	
电解液的组成	250 g/mL 的 $CuSO_4 \cdot 5H_2O$ + 150 g/mL 的 H_2SO_4 + 适量添加剂	低酸，则电流密度相对下降，易使材质疏松，延伸率下降；而含酸过高则铜箔硬度过大，发脆，并增加对设备的腐蚀
电解液温度	48～52℃	温度升高 10℃，极限电流密度可提高 10%。温度提高会降低阴极极化作用，使结晶变粗，造成金属箔导电率、弹性、硬度及强度下降。所以在生产中温度不宜有大的波动
电解电流密度	大于 30 A/cm^2	
表面粗化处理液的组成	120 g/mL 的 $CuSO_4 \cdot 5H_2O$ + 80 g/mL 的 H_2SO_4 + 10～30 g/mL 的 HNO_3	
工作条件	液温为 50℃，电流密度为 20 A/cm^2，时间为 30～60 s	

2. 环带式连续电解法

此法是在电解槽内设置由导电材料制成的环形带，将此环形带的下侧运行部分浸入电解液中，环形带为负极，相当于阴极辊筒。与辊式法的原理一样，电解液中的铜离子沉积到环形带上，铜箔则从环形带上剥离下来，卷成铜箔卷。此法的优点是设备结构简单，阴极的有效电解面积大，增加了宽度，提高了产量。环形带式连续电解铜箔机列如图 2－76 所示。

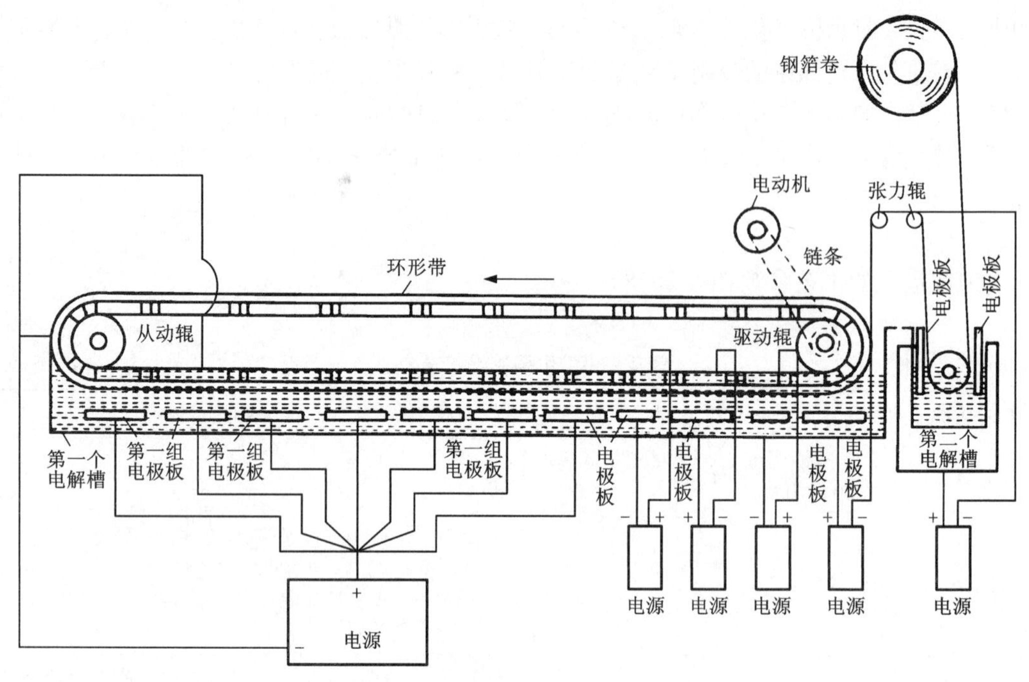

图 2-76　环形带式电解铜箔机示意图

3. 用载体生产超薄铜箔法

该方法的具体工艺如下：用表面经过处理的铝(可溶性)支撑层，在支撑层上面镀一层厚度足以形成粗面的第一层铜箔，在该箔上涂一薄层防黏层，再镀第二层非自承重的铜层。支撑层、第一层铜层、防黏层统称为载体层，是为超薄铜箔提供容易分离、干净、不会擦伤表面的载体。第二镀铜层可用现有的方法进行表面处理，增加表面黏接强度，以便于层压到基底材料上。层压方法是将复合箔叠放到浸环氧树脂的绝缘基底上，超薄铜箔层与基底材料接触，在加热加压条件下，压制成层压板，冷却后将载体层剥离下来，留下具有超薄的覆铜层压板。这种方法生产的铜箔适于印刷电路板。

4. 电解铜箔的表面处理工艺

电解铜箔表面处理工艺是将电解铜箔预先洗净，活化洗净，表面粗化处理，化成皮膜处理，防锈处理，经干燥后便制成铜箔的系列工艺过程。电解铜箔表面处理方法大致可分为机械法、化学法和电化学法三种。

(1)机械法

此种方法是对铜箔的粗糙表面进行机械磨削加工，以提高铜箔表面粗糙度，改善其黏接强度，这种方法作用不明显，特别是对 0.05 mm 以下的铜箔。

(2)化学法

这种方法是在不加任何外部电源的情况下，采用浸渍或喷射的方式对铜箔表面进行镀覆或腐蚀处理，使铜箔表面产生一定的化学反应，形成具有一定形貌特征的凸凹表面结构，达到改善铜箔表面黏接性的目的。表面处理还包括涂黏结剂和干燥工序，再按规定的尺寸剪切成箔片或卷制成卷制品。美国 MTI 公司的铜箔表面处理流程如图 2-77 所示。

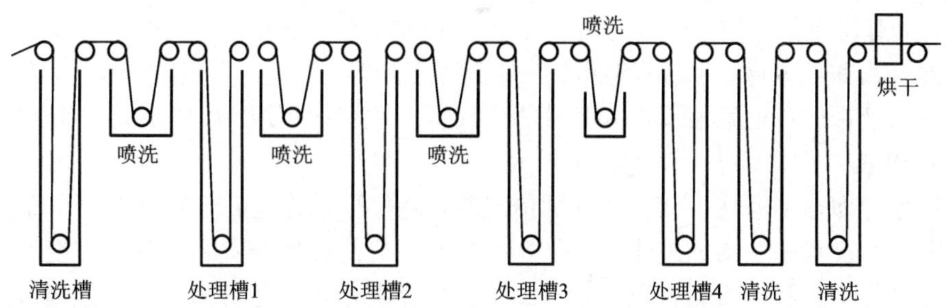

图 2 - 77　美国 MTI 公司的铜箔表面处理流程

(3)电化学法

电化学法是借助外部电源，对铜箔表面实施一定的电化学沉积或电化学氧化处理来提高和改善铜箔表面的黏接性能。根据铜箔所处电极的不同，该法又分为阳极处理和阴极处理。各种表面处理方法比较见表 2 - 81。

表 2 - 81　各种表面处理方法的比较

分类	优点	缺点
化学处理	设备简单、厚度均匀、节省能源	黏接力提高不明显、反应速率慢、生产率低、槽液组成复杂、难控制
阳极氧化处理	工艺稳定、控制范围大、操作简单	黏接力提高不明显、不能进行无胶层压
复合电沉积处理	能明显提高黏接力、工序简单	槽液极难控制和维护、对铜箔电性能有一定影响、蚀刻条件苛刻
添加剂型表面处理	能明显提高黏接力、工序简单、添加剂种类多、潜力大	槽液难控制、有毒添加剂较多、对环境有影响
一般工艺处理	槽液稳定、易于控制和维护、阴极电流较高	黏接力提高不显著、易产生铜粉转移
脉冲电流处理	能大大提高黏接力、工序简单、槽液稳定、沉积速度快	阴极电流效率低、一次性投资较大

1)阳极处理

阳极处理是将铜箔作为阳极，使铜箔表面发生氧化反应，生成氧化铜或氧化亚铜，以氧化铜为主的处理称为黑色氧化处理，以氧化亚铜为主的处理称为红色氧化处理。阳极氧化过程中，表面先形成红色的氧化亚铜，再继续氧化形成黑色的氧化铜薄膜。氧化膜的形成提高了铜箔表面对绝缘树脂的化学键合力，同时使铜箔表面凹凸不平，增加了机械黏合力。

2)阴极处理

阴极处理是将铜箔作为阴极，对铜箔表面进行电沉积，使之形成一种或多种功能层，以改善铜箔的黏合性能。按控制不同又分为复合电沉积处理、添加剂型处理和工艺性处理等。

复合电沉积处理即采用悬浮有不溶性微粒子的处理液，用铜箔作阴极进行沉积处理，使铜箔表面形成一层含不溶性微粒子的沉积层，以改善铜箔表面的黏接性能。不溶性微粒子必须不导电、具有化学稳定性和热稳定性。常用的物质有硅、氧化铝、玻璃、硫酸钡等无机化合物及其混合物和环氧树脂、酚醛树脂、聚烯醇缩丁醛等有机多分子化合物及其混合物。

添加剂型处理即在电解液里加入某种物质改善沉积层的组织，以添加某种组成的多少来控制其表面状态。

工艺性处理即在不添加任何添加剂的情况下，通过控制其他工艺参数实现表面处理的方法。即在电化学过程中对诸如组成成分、溶液浓度等溶液参数，和诸如电流密度、溶液循环量等电解参数等的调控来进行控制。此外，工艺性处理过程中还可通过对溶液温度、脉冲电流等的调控来改变铜箔的表面状态。

如图 2－78 所示为美国奥林公司电解铜箔和表面处理设备。该电解铜箔的制备过程是将阴极辊分为电镀区和表面处理区，在电镀区内加基准电流，在另一区内叠加一个大于阴极电流密度的电流，使之在铜箔剥离前进行了表面处理，使整个工艺流程大为简化。

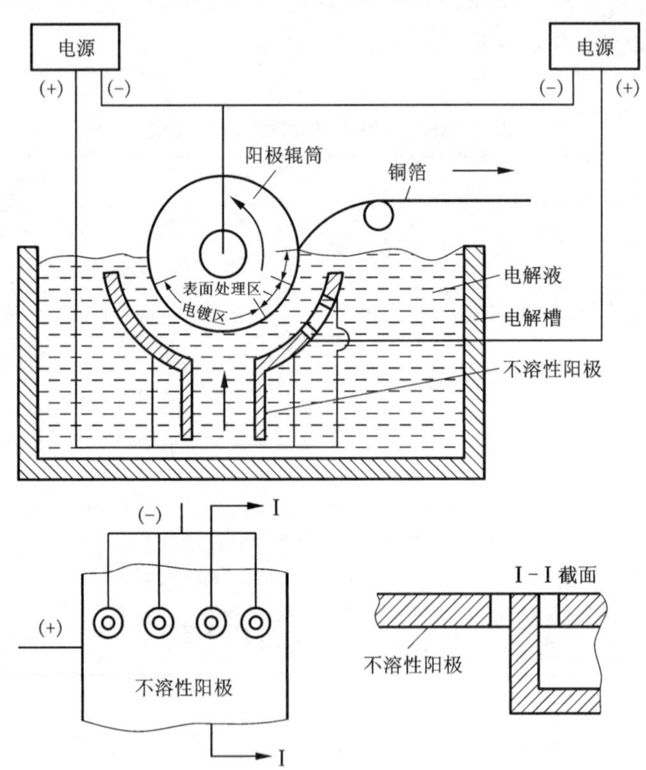

图 2－78　美国奥林公司电解铜箔和表面处理设备

5. 电解铜箔表面形貌

电解铜箔的表面形貌如图 2－79 所示。

图 2－79(a)为标准电解铜箔生箔毛面结构；图 2－78(b)标准电解铜箔生箔光面结构；图 2－78(c)标准电解铜箔处理后毛面结构；图 2－78(d)双粗电解铜箔成品光面结构；图 2－78(e)双粗电解铜箔成品毛面结构。

图 2－79　电解铜箔的表面形貌

(a)为标准电解铜箔生箔毛面结构；(b)标准电解铜箔生箔光面结构；(c)标准电解铜箔处理后毛面结构；(d)双粗电解铜箔成品光面结构；(e)双粗电解铜箔成品毛面结构

2.10　铜合金板、带加工的常用装备

2.10.1　热轧机

1. 现代化热轧机的要求

①热轧机要有足够大的轧制力和轧制力矩，能使厚度为 200 ~ 250 mm 的铸锭经 9 道次或 7 道次轧制，将带厚轧到 15 mm 左右的能力。

②热轧带坯要有足够大的卷重，满足现代化冷轧机，即自动化生产线对带长的要求。

③框架材料的制备，要求热轧料能够实现在线淬火、在线冷却，这对铜合金用热轧机提出了新的工艺要求。

④应具有快速准确的电动压下和精确的液压微调系统，可实现厚度自动控制、给定需要的辊缝、轧机调偏与卸荷。电动压下螺丝须添加长行程传感器，或采用光电码盘，压下调节

小于3 s。

⑤轧制过程中，乳化液或水要加热，以防急冷－急热导致轧辊表面龟裂，不要将大量的乳液或水直接落在铸锭上，以减少温降。

⑥可生产卷材也可生产板材。

⑦可实现在线双面铣或线外铣面。

2. 热轧机的类型

(1)常用的热轧机

铜合金通常采用的热轧机为二辊不可逆轧机、二辊可逆轧机、三辊等径式轧机、三辊劳特式轧机和行星轧机等。常用热轧机的类型如图2－80所示。

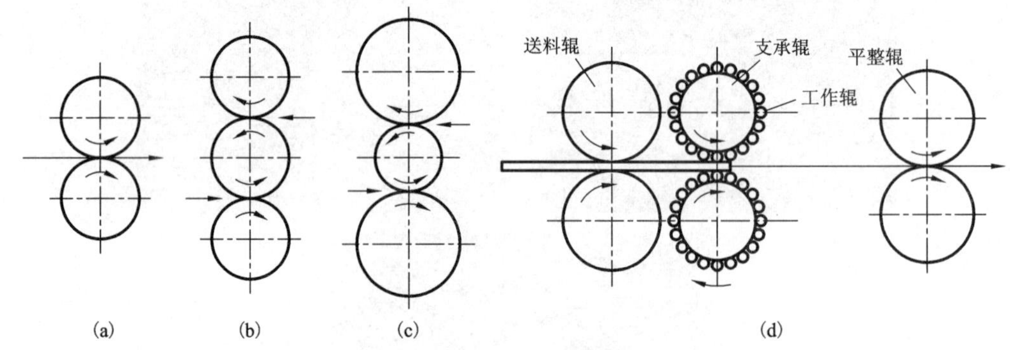

图2－80 常用热轧机的类型

(a)二辊轧机；(b)三辊等径轧机；(c)三辊劳特轧机；(d)行星轧机

二辊不可逆式轧机，设备结构简单，投资少，上马快，适于坯锭小，产量少的生产车间。

二辊可逆式轧机，结构简单，但需要大容量的直流电机，轧制时可调速，低速咬入，高速轧制，提高生产率和产品质量，适于采用锭坯尺寸大和热变形温度范围较窄的难变形合金。一般用于产量高，规格大的生产车间。

三辊轧机除机架前后辊道和升降台外，还有轧辊平衡装置，采用交流电机传动，中辊不须反转可实现可逆轧制，用于生产规模较小的生产车间；三辊劳特轧机的中辊直径比上、下辊直径小，可以降低轧制力及减小轧辊压扁，节省能量消耗，且中辊更换方便，可配置不同的辊形提高轧制精度，但易出现上压力或下压力，致使轧件产生翘曲，用于锭坯尺寸及生产规模较大的生产车间。

行星轧机是压下量大的高效率轧机，由很多小工作辊高速轧制锭坯，后面由平整辊消除波浪形及减小坯料厚度偏差。工作辊直径小，轧制压力低，道次加工率大。行星轧机送料速度低，产量不高，适于品种多及批量少的生产条件。行星轧机设备重量轻，占地面积小，并可与连续铸锭配套使用。

常用的热轧机的主要技术性能见表2－82。

表 2－82　热轧机的主要技术性能

轧机型式	轧机尺寸 辊数 φ 辊身直径 × 辊身长度/(mm × mm)	主传动功率 /kW	轧制速度 /(m·s⁻¹)	许用压力 /×10⁴N	最大轧制力矩/(×10⁴ N·m⁻¹)	轧辊最大开口度 /mm	最小轧制厚度 /mm
三辊劳特式	3φ750/650 × 1100	1250	1.5	800	80	240	5
	3φ650/550 × 1000	530	1.5	—	—	250	5
	3φ600/520 × 1000	260	1.75	—	—	—	—
三辊等径式	3φ365 × 780	150	0.56	—	—	—	—
	3φ335 × 800	130	0.6	—	—	100	7
	3φ300 × 600	280	1	—	—	80	4
	3φ230 × 500	180	1.16	—	—	100	3.5
	3φ200 × 380	155	1	—	—	80	5.5
二辊可逆	2φ1000 × 3500	1600	1.24	1700	205	300	4
	2φ850 × 1500	1900	0.5 ~ 3.0	1035	117.6	250	4
	2φ8100 × 1120	560	1.36	—	—	—	—
	2φ750 × 1500	1000	1	—	—	—	—
	2φ700 × 1400	1700	3	—	—	—	5
	2φ660 × 900	600	1.5	—	—	—	6
	2φ660 × 1170	735	0.85 ~ 1.1	—	—	200	6
	2φ610 × 800	447	1.5	—	—	—	—
	2φ600 × 600	375	1.33	400	—	—	6
	2φ600 × 750	596	1	—	—	130	6
	2φ580 × 940	373	0.75	450	—	—	—
	2φ500 × 1200	245	0.89	250	—	70	4 ~ 5
	2φ350 × 450	—	0.3 ~ 0.9	125	26	40	—
二辊不可逆	2φ457 × 864	447	1.4	300	10	60	3 ~ 4.5
	2φ450 × 860	245	0.85	200	—	120	3
	2φ365 × 800	210	0.8	—	—	120	3.5
	2φ360 × 780	180	0.88	150	—	60	2
	2φ340 × 350	115	0.715	140	—	40	—
四辊可逆式	4φ600/1100 × 1500	2237	1.7, 3.0	740	—	—	15 ~ 17
行星式	20φ76/457 × 460	735	0.77 ~ 0.92	—	—	—	—
	24φ105/820 × 500	800	0.06	—	—	100	8

2.10.2　冷轧机

1. 冷轧机的特点与型式

与热轧机相比，冷轧机具有如下特点：轧辊辊颈较细、开口度小、硬度和表面粗糙度要求高，压下速度慢但调整精度高。

图 2－81 和图 2－82 列出了各种常用冷轧机的形式，表 2－83 列出了其主要参数。

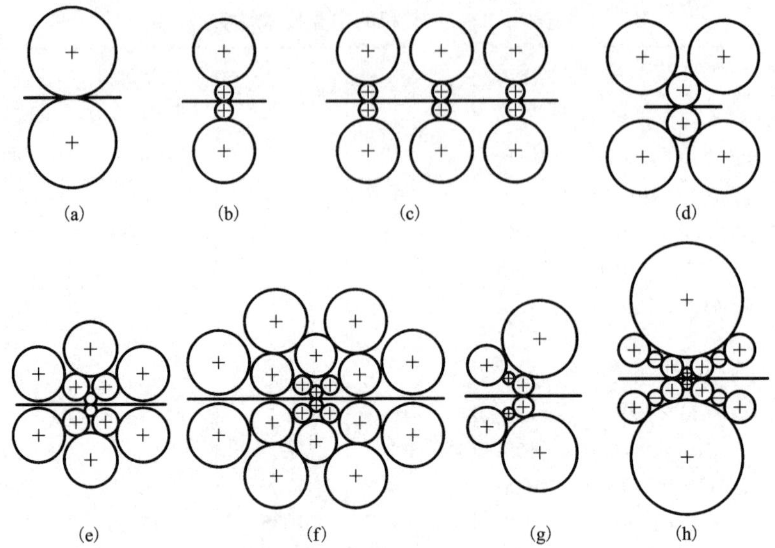

图 2-81 常用冷轧机的各种型式

(a)二辊轧机；(b)四辊轧机；(c)三机架连轧机；(d)六辊轧机；
(e)十二辊轧机；(f)二十辊轧机；(g)偏八辊轧机；(h)十六辊轧机

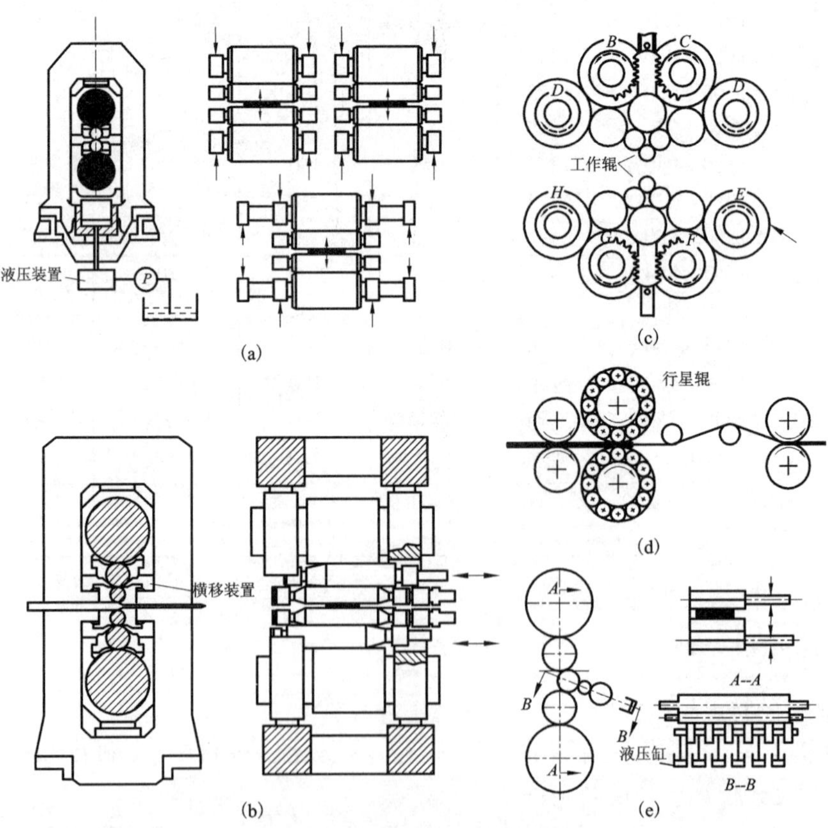

图 2-82 几种轧机类型结构示意图

(a)带液压弯辊的四辊轧机结构示意图；(b)六辊带横移的 HC 轧机结构示意图；
(c)二十辊轧机结构示意图；(d)行星轧机结构；(e)FFC 轧机结构示意图

表2－83　各种冷轧机的主要参数

轧机类型	L/D	D_0/D	B_{max}/h_{min}	轧机类型	L/D	D_0/D	$B_{max}/0_{min}$
二辊	0.5～3		500～2500	十二辊	8～14	3～4	5000～12000
四辊	2～7	2.4～5.8	1500～6000	二十辊	12～30	3.7～8.5	1000～25000
六辊	2.5～6	2～2.5	2000～5000	偏八辊	3～10		

注：L代表辊身长度；D_0、D代表支承辊及工作辊直径；B_{max}代表最大轧件宽度。

2. 二辊冷轧机

二辊可逆轧机采用直流电机，可以调速，生产率高。二辊冷轧机的主要技术性能列于表2－84。

表2－84　冷轧机的主要技术性能

轧机型式	辊数ϕ辊身直径×辊身长度/(mm×mm)	主传动功率/kW	轧制速度/(m·s^{-1})	许用轧制压力/t	轧件尺寸(厚度×宽度)/(mm×mm)
不可逆	2ϕ762×914	1470	0.45, 0.9	—	(63～10)×640
	2ϕ650×900	920	0.55	—	(57～10)×630
	2ϕ600×800	530	0.75	—	—
可逆	2ϕ600×1000	1100	0.45～3	600	(30～4)×800
	2ϕ600×600	—	0～1.33	400	(110～10)×350
不可逆	2ϕ580×940	375	0.73	450	(90～11)×615
	2ϕ500×1200	180	0.923	250	—
	2ϕ475×940	370	0.58	500	(30～1.0)×700
	2ϕ459×864	224	0.72	—	(30～1.0)×700
	2ϕ450×850	110	0.83	200	—
	2ϕ460×550	230	0.91	330	(17～2.8)×355
	2ϕ450×800	210	0.56	180	—
	2ϕ580×940	375	0.73	450	(90～11)×615
可逆	2ϕ435×450	—	0～1.67	400	(14～2)×350
	2ϕ400×350	—	0～1.67	280	(40～2.5)×260
	2ϕ400×450	90	0～5.0	100	(1.5～0.05)×350
不可逆	2ϕ425×890	150	0.36	—	(15～2)×650
	2ϕ355×600	150	1	—	(3.5～1.0)×500
	2ϕ350×300	150	—	—	(25～2.4)×120
	2ϕ350×500	100	0.32	—	(3.5～0.8)×350
可逆	2ϕ350×300	75	0～1.0	80～120	(1.7～0.3)×100
	2ϕ360×410	—	0～5.1	—	(2～0.35)×250
不可逆	2ϕ300×600	280	1	—	(60～4)×500
	2ϕ305×400	115	0.3	—	(30～2.3)×300
	2ϕ300×350	75	0.17, 0.33	150～200	—
	2ϕ304×381	75	0.5	270	(3～0.8)×300
	2ϕ277×300	40	0.53	250	(1.5～0.35)×220
	2ϕ250×500	75	0.24	—	(1.7～0.6)×320

续表 2－84

轧机型式	辊数 φ 辊身直径×辊身长度/(mm×mm)	主传动功率/kW	轧制速度/(m·s⁻¹)	许用轧制压力/t	轧件尺寸(厚度×宽度)/(mm×mm)
可逆	2φ250×300	—	0.3～0.85	100	(2.0～0.3)×200
不可逆	2φ250×280	37	0.17, 0.33	100～150	—
	2φ200×300	40	0.3	—	(2.0～0.15)×200
	2φ200×500	17	—	115	(3.0～0.1)×200
	2φ175×230	40	0.37	—	(1.0～0.1)×200
	2φ170×230	30	0.37～1.0	—	(1.0～0.1)×300
	2φ170×300	20	0.6	42	(1.0～0.15)×200
	2φ150×250	15	0.25, 0.33	25～50	—
	2φ140×200	20	0.28	—	(0.65～0.1)×150
	2φ130×160	15	0.1	40	(0.8～0.2)×130
	2φ125×200	7.5	0.1, 0.5	10	—
	2φ120×150	5.6	0.17	12	—
	2φ75×125	3.7	0.1	6	—

3. 四辊冷轧机

四辊冷轧机工作辊比二辊轧机直径较小，轧机的刚度及强度高，可生产高精度板、带材。常用的四辊冷轧机和连续式四辊冷轧机的主要技术性能分别见表 2－85 和表 2－86。

表 2－85 常用四辊冷轧机的技术性能

技术性能	$\frac{\phi400}{1000}\times1500$	$\frac{\phi20}{920}\times1000$	$\frac{\phi320}{850}\times900$	$\frac{\phi250}{750}\times800$	$\frac{\phi150}{500}\times400$	$\frac{\phi120}{320}\times300$
工作辊直径/mm	400～370	420	320～300	250～235	150～136	120～110
支承辊直径/mm	1000～950	920	850～830	750～720	500～470	320～310
辊身长度/mm	1500	1000	900	800	400	300
许用轧制压力/$\times10^4$N	1000	1000	700	400	120	80
坯料厚度/mm	1.5～12.0	2.5	6	1～2.2	0.5～1.0	0.1～0.2
最小轧制厚度/mm	0.8	0.1～0.5	1.5～2.0	0.2～1.0	0.1～0.5	0.01
轧件宽度/mm	1200	300～620	750	310～615	180～312	180
带卷直径/mm	—	1400	600	700～1100	650～1100	230
卷筒最大/最小直径/mm	—	800	400	520/450	520/450	140
轧制速度/(m/s)	0.5～2.1	0～4	0～2.5	0.5～0.7	0.5～10	0～0.6
压下螺杆直径×螺距/mm	360×12	—	—	250×10	180×8	—
压下螺杆调整速度/(mm·s⁻¹)	0.01, 0.4, 1.0	0.083～0.25	—	0.142	0.07～0.2	0.01
压下螺丝最大行程/mm	150	—	—	230	170	10
压下电机功率/kW	32	37	—	16	15	1
主传动电机功率/kW	360	1000	750	280×2	160	22
转速/(r·min⁻¹)	500～800	—	—	750×1500	1000～1300	470～1410
开卷机电机功率/kW	—	—	—	150	150	—
卷取电机功率/kW	—	200	—	150×2	150×2	—
开卷机最大张力/kgf	—	—	—	2000	1220	—
卷取机最大张力/kgf	—	2000	—	4000	2000	—

注：1 kgf＝9.8 N。

表2-86 冷连轧机的主要技术性能

机架数量	辊数 φ 辊身直径×辊身长度/(mm×mm)	主传动电机功率/kW	轧制速度/($m \cdot s^{-1}$)	轧件尺寸(厚度×宽度)/(mm×mm)
三机架	4φ400/1000×1000	3×1100	0.5~5	(6.0~0.8)×700
三机架	4φ375/1000×1000	3×600	1~3	(6.0~0.8)×60
三机架	2φ400×700	3×220	0.22~0.66	(11~2)×480
二机架	4φ370/780×900	2×590	0~1.35	(9.5~1.5)×550
二机架	4φ310/680×800	2×515	0~5	(3~1)×630
五机架	4φ120/500×400	—	0~10	(0.6~0.06)×250

四辊冷轧机轧制带材时，须配置前后卷取装置同时配置有单张轧制采用的可回转辊道的四辊冷轧机，既可单张轧制也可成卷轧制。

单机架四辊轧机与连续式四辊轧机相比，适于生产品种多且须经常调整轧制参数的生产工艺条件。以三机架冷连轧机为例，是由三台四辊轧机串联组成，机架间采用大张力单方向轧制，最后机架起精轧平整作用，适宜于生产批量大，品种、规格比较单一的产品。该系统电气调整控制比较复杂，对操作技术的要求较高。

4φ400/1000×1000三机架冷连轧机的具体技术性能列于表2-87。

表2-87 4φ400/1000×1000三机架冷连轧机的具体技术性能

技术性能	指 标	技术性能	指 标
各机架工作辊直径/mm	400~370	换辊机构	
工作辊辊颈直径/mm	205	支承辊带枕座的重量/$\times 10^4$N	6.3
辊身长度/mm	1000	移动速度/($m \cdot min^{-1}$)	2.1
轧前坯料厚度/mm	2.5~7.0	电动机功率/kW	6
带卷宽度/mm	330~750	电动机转速/($r \cdot min^{-1}$)	680
带卷内经/mm	500	平衡上支承辊的液压缸直径/mm	120
工作辊辊面硬度(肖氏)	90~100	轧辊液压平衡系统中的工作压力/MPa	10
工作辊轴承	四列锥形滚柱轴承7774	工艺润滑用乳液的冷却能力/($kg \cdot s^{-1}$)	30
各机架支承辊直径/mm	1000~950	轧机许用轧制压力/$\times 10^4$N	1000
支承辊辊颈直径/mm	600	机架间最大张力/$\times 10^4$N	20
轧辊材质	9Cr2MoV	卷取机张力/$\times 10^4$N	14.5~18.5
轧后带材厚度/mm	0.8~1.5	卷取速度最大值/($m \cdot s^{-1}$)	5.25
带卷重量/kg	1000~2000	卷取电机	
带卷外径/mm	700~1200	功率/kW	550
支承辊辊面硬度/肖氏	65~75	转速/($r \cdot min^{-1}$)	375~1050
支承辊轴承	液体摩擦轴承 dl=710×500	压下螺杆直径×螺距/(mm×mm)	480×12

续表 2－87

技术性能	指　标	技术性能	指　标
轧机理论生产率/($t·h^{-1}$)	30	压下电机	
开卷机最大张力/×10^4N	1.4～6	功率/kW	30.8
各机架主传动电机		转速/($r·min^{-1}$)	700
功率/kW	1100	压下调整速度/($mm·s^{-1}$)	0.072～0.18
转速/($r·min^{-1}$)	300～600	机架断面面积/cm^2	2140
额定电压/V	750	机架窗口尺寸(宽×高)/(mm×mm)	1150/1140×3775
额定电流/A	1600		
额定转矩/(×$10^4N·m^{-1}$)	3.85～7.79	压下螺杆最大工作行程/mm	6
轧制速度/($m·s^{-1}$)		轧辊最大开度/mm	200
Ⅰ机架	0.25～2.84	平衡上工作辊的液压缸直径/mm	50
Ⅱ机架	0.41～4.1	换辊时液压平衡系统中的工作压力/MPa	15
Ⅲ机架	0.5～5.1	工艺润滑用乳液压力/($kg·cm^{-2}$)	3.2

注：1 kg/cm^2 =0.098 MPa。

4. 多辊冷轧机

多辊冷轧机包括为防止轧辊侧向弯曲的具有多层支承辊结构六辊、十二辊和二十辊轧机等以及结构较简单的偏八辊和双八辊轧机。四辊轧机常要求轧前坯料厚度精度为±10%，而多辊轧机在同样条件下要求的坯料厚度精度为±3%。

(1)六辊轧机

六辊轧机由两个工作辊及四个支承辊组成，支撑辊直径与工作辊直径之比限于2.5∶1，通常采用工作辊传动。常用的六辊冷轧机的主要技术性能见表2－88。

表2－88　铜合金冷轧常用的六辊轧机

轧机尺寸 ϕ $D/D_0 \times L$/mm	主传动功率/kW	轧制速度/($m·s^{-1}$)	许用轧制压力/t	前/后张力/N	轧件尺寸(厚度×宽度)/(mm×mm)
6ϕ25/100×130	15	0～0.5	10	—	—
6ϕ40/85×80	7.5	0.5	5	—	—
6ϕ65/160×160	55	0～3.3	—	300～3000/800～8000	(1.5～0.05)×140
6ϕ80/220×300	150	0～6.7	—	600～6000/1200～12000	(2.0～0.05)×250
6ϕ130/250×325	29	0.5～1.0	—	—	(1.0～0.1)×250
6ϕ130/200×180	37	0～0.83	30	—	—
6ϕ160/350×450	65	1.07	130	14500	(1.0～0.1)×350

(2)十二辊及二十辊轧机

薄带及箔材冷轧须采用十二辊及二十辊机。十二辊轧机一般生产厚度为0.005～0.2 mm

的带材。轧辊直径为 ϕ20 ~ 80 mm 的二十辊轧机一般可生产厚度为 0.02 ~ 1.0 mm 的带材，轧辊直径为 ϕ2 ~ 20 mm 的二十辊轧机一般生产厚度仅为 0.002 mm 的箔材。表 2 - 89 及表 2 - 90 分别列出了常采用的十二辊轧机及二十辊轧机的主要技术性能。

表 2 - 89　十二辊冷轧机的主要技术性能

轧辊直径/mm			辊身长度/mm	主传动功率/kW	轧制速度/(m·s^{-1})	许用轧制压力/×10^{4}N	张力/×10^{4}N	轧件尺寸(厚度×宽度)/(mm×mm)
工作辊	第一列之承辊	背衬轴承						
12	24	75	260	7.5	1.5	—	—	(1.5 ~ 0.01) ×216
20	41	120	260	45	2 ~ 2.5	—	—	(1.5 ~ 0.025) ×216
32	40	110	300	136	1 ~ 5	—	—	(0.5 ~ 0.05) ×250
37	93	185	260	100	2.5	60	1.2 ~ 3.0	(2 ~ 0.05) ×200
40	72	125	700	300	1 ~ 2.5	—	1.2 ~ 5.0	(1.65 ~ 0.125) ×635
42	93	185	160	150	2.5	—	1.2 ~ 5.0	(2.5 ~ 0.53) ×100

表 2 - 90　二十辊冷轧机的主要技术性能

轧辊直径/mm				辊身长度/mm	主传动功率/kW	轧制速度/(m·s^{-1})	许用轧制压力/×10^{4}N	张力/×10^{4}N	轧件尺寸(厚度×宽度)/(mm×mm)
工作辊	第一列之承辊	第二列之承辊	背衬轴承						
6.35	12.7	25.4	47.8	135	15	0 ~ 1.25	5	75 ~ 3500	(0.3 ~ 0.0025) ×110
6.5	17	35	58	164	—	0 ~ 0.8	5	70 ~ 3000	(0.25. ~ 0.0018) ×140
8 ~ 12	22	32	60	130	60	0 ~ 2.5	—	70 ~ 3500	(0.5 ~ 0.004) ×100
10	24	44	80	250	—	0 ~ 1	—	120 ~ 8000	(0.5 ~ 0.008) ×210
22	40	69	120	292	—	0 ~ 1	—	150 ~ 10000	(1 ~ 0.2) ×216
29	52	92	160	380	260	0 ~ 3	—	600 ~ 35000	(1 ~ 0.25) ×320
40	72	128	224	700	370	0 ~ 5	—	1000 ~ 70000	(2 ~ 0.05) ×620
61	89	146	225	750	—	0 ~ 5	—	—	(3 ~ 0.07) ×620
54	102	173	300	750	300	0 ~ 6	—	1500 ~ 60000	(2.5 ~ 0.07) ×660

(3)八辊轧机

1)偏八辊轧机

工作辊是具有侧向支承辊和大直径支承传动辊组成的薄带轧机，适于生产批量小而品种多的极薄带及箔材。

2)双八辊轧机(十六辊轧机)

铜合金冷轧采用的八辊轧机的主要技术性能见表 2 - 91。

表 2－91 八辊冷轧机的主要技术性能

形式	轧辊直径/mm				辊身长度/mm	工作辊偏移值/mm	轧制速度/(m·s^{-1})	主传动电机功率/kW	许用压力/×10^{4}N	最小轧件厚度/mm
	工作辊	中间辊	侧向支承辊	主支承辊						
偏八辊	60	45	90	360	600	25	0.42			0.05
	40	30	62	205	270	8	0.35	20		0.015
	40			220	200		0.25～2		30	0.04
双八辊	30	50	90	400	300		0.5	19	100	0.015

5. 多种铜合金冷轧机的技术性能

我国目前引进或自己设计的技术比较先进的铜带冷轧机的主要技术性能列于表 4－19；轧机情况及控制特点列于表 2－92。

表 2－92 引进和我国设计的铜带冷轧机主要技术性能情况

设备规格	4ϕ450/1150×1250/mm	4ϕ450/1000×850/mm	4ϕ380/850×800/mm	4ϕ320/760×600/mm	4ϕ250/620×560/mm	4ϕ260/700×750/mm
供货单位	德国 Frohling 公司	洛阳有色加工设计院	奥地利 Andritz 公司	奥地利 Andritz 公司	洛阳有色加工设计院	意大利 MINO 公司
轧机辊数/个	4	4	4	4	4	4
带坯最大厚度/mm	15	14.5	12.5	18	14	2.5
成品最小厚度/mm	0.500±0.001	0.500±0.005	1.000±0.008	0.500±0.005	0.300±0.005	0.1000±0.0015
成品带最大宽度/mm	1000	650	650	450	440	650
带卷质量/t	7.5	6.5	4.5	6.0	3.0	4.5
轧制力矩/(kN·m^{-1})	18000	13000	10000	8000	6000	5000
许用轧制力/kN	310	300	200	140	65	14.5
最大轧制速度/(m·min^{-1})	450	360	300	450	240	600
最大卷取张力/kN	200	200	—	—	90	60
ACG 装置	Vollemet 测厚仪 VSB2082E	Vollemet 测厚仪 VSB2082E	Vollemet 测厚仪 VSB2082E	IGC AGC2DG－80	Vollemet 测厚仪 VSB2082E/SU	Vollemet 1076E
板形仪	—	—	—	—	—	ASEAQUSM－200 压进式
板材平直度/I	40～50	—	—	30	—	5～10
设备质量/t	674	560	—		约 300	279
主传动功率/kW	2×1250	2×980	1500	2×600	728	746
卷取机功率/kW	800	730	450	—	—	—
设备规格	4ϕ450/1150×1250/mm	4ϕ450/1000×850/mm	4ϕ380/850×800/mm	4ϕ320/760×600/mm	4ϕ250/620×560/mm	4ϕ260/700×750/mm
供货单位	法国 Grohling 公司	德国 Frohling 公司	德国 DEMAG 公司	德国 Frohling 公司	美国 US 公司	美国 US 公司
轧机辊数/个	2 和 4	4	4	12	20	20

续表 2-92

设备规格	4φ450/1150 ×1250/mm	4φ450/1000 ×850/mm	4φ380/850 ×800/mm	4φ320/760 ×600/mm	4φ250/620 ×560/mm	4φ260/700 ×750/mm
带坯最大厚度/mm	15.0	15	3.5	18	2.0	2.0
成品最小厚度/mm	0.1500 ± 0.0015	0.250 ± 0.003	0.03	0.050 ± 0.002	0.025 ± 0.002	0.05000 ± 0.00075
成品带最大宽度/mm	420	440	440	650	430	340
带卷质量/t	4.0	3.0	3.0	4.5	5.6	2.5
轧制力矩/(kN·m^{-1})	8000	4500		2000	1850	971
许用轧制力/kN				16		
最大轧制速度/(m·min^{-1})	250	216	500	600	730	450
最大卷取张力/kN	—	80	85	—	37.4	46
ACG 装置	>6 mm 用辊缝仪 <6 mm 用测厚仪	Vollemet	Vollemet 1076	—	γ 射线测厚仪	γ 射线测厚仪
板型仪	—	—	—	—	—	—
板材平直度/I	—	30		20 ~ 30	20	
设备质量/t	—	约 250			约 200	
主传动功率/kW	—	500	400	2 × 350	525	294
卷取机功率/kW	—	450		—	—	—

表 2-93　近年我国引进的铜材轧机情况和控制特点

用途	设备规格	引进国家	数量	特点
粗轧机	4φ450/1150 × 1250	德国 Frohling 公司	1	①带有薄带开卷机和边缘位控装置； ②配有计算机 AGC 控制，辊缝、压边、速度等最佳控制系统； ③设有 PCC700 逻辑程序控制和可变程控制系统
	4φ320/760 × 600	奥地利 Andritz 公司	1	①带液压微调 AGC - ZDG80 控制； ②设大卷和小卷两种卷取机； ③最大卷重 6t
粗精两用轧机	4φ260/560 × 510	德国 Frohling 公司	2	粗、精轧两用，全油润滑
	2φ450 - 150/420	法国格里塞公司	1	
精中两用轧机	4φ260/500 × 410	德国 Frohling 公司	1	带液压弯辊，AGC 辊缝控制和恒张力控制
	4φ380/850 × 800	奥地利 Andritz 公司	1	①全液压式带直接辊缝控制； ②配合 2 台 Vollemer 自动测厚仪； ③工艺润滑油和乳液润滑油冷却润滑
中精两用轧机	4φ356/914 × 1166	英国 Locwy 公司	1	带液压下控制
	2φ305 × 457	英国 Joncs 公司	1	
	4φ356/813 × 813	英国 Loewy Roberston 公司	1	
	2φ508 × 762	英国 Joncs 公司	1	
	2φ457 × 762		2	
	2φ305 × 406		9	

续表 2-93

用途	设备规格	引进国家	数量	特点
精轧轧机	4ϕ260/700×750	意大利 MINO 公司	1	①机械压下、液压压上，恒压辊缝； ②张力、速度自动调整，计算机控制； ③带 ASEA QVSM-200 压磁式板型控制； ④液压弯辊，全油润滑冷却系统等闭环控制机 EPC 边缘位控系统； ⑤机械、液压、电气联锁控制
	4ϕ120/410×410	德国 Frohling 公司	1	带液压弯辊，AGC 控制辊缝，恒张力轧制
	4ϕ215/610×710	美国 Bliss 公司	1	—
	4ϕ130/400×450	奥地利 Andritz 公司	1	
	2ϕ370×450	美国 Reborsioo	1	
	4ϕ178/457×5363	英国 Joncs 公司	1	—

2.10.3 热处理炉

铜合金热处理炉多采用中温炉(600~900℃)及低温炉。热处理炉应满足如下要求：

①满足热处理工艺、性能及表面质量要求。

②在保证产品质量的前提下，合理结合本地的能源条件。

③生产率高。

④炉形结构简单，耐用，占地面积小，投资少，劳动条件好，操作方便。

1. 普通铜及铜合金热处理炉

铜及铜合金常用的热处理炉主要技术性能指标列于表 2-94，各式炉的技术性能比较见表 2-95。

表 2-94 热处理炉的主要技术性能

名称	用途	最高温度/℃	炉膛尺寸/mm			燃料		燃耗/($m^3 \cdot t^{-1}$)	装料量/t	生产率/($t \cdot h^{-1}$)	炉内介质
			高	宽	长	类型	功率/kW				
箱式炉	带卷板材	—	900	1300	6700	煤气	—	—	3	—	—
		950	1000	1800	5000	电	350	—	4~5	—	—
车底式炉	板材	850	835	1400	4500	电	250	—	—	1.3	—
		900	1100	2470	4400	煤气	—	400	10	2	—
		950	835	1400	4500	煤气	—	—	—	1.5	—
矩形罩式炉	板材	900	1100	1160	3248	煤气	—	200	10	2	—
		800	—	—	—	电	375	—	4	1	—
钟罩式炉	卷材	900	—	—	—	电	135	—	—	—	氨气
井式炉	卷材	850	1900	ϕ960	—	电	144	—	0.3~1	0.35	—
		650	—				85	—		—	—
双膛式炉	卷材	700	1245	1432	31770	电	640	—	60	4.5	—
			600	1000	9700		280			3~4.5	
半膛式炉	卷材	700	1060	1050	9925	电	320	—	19	1.5	氨气

续表 2－94

名称	用途	最高温度/℃	炉膛尺寸/mm			燃料		燃耗/($m^3 \cdot t^{-1}$)	装料量/t	生产率/($t \cdot h^{-1}$)	炉内介质
			高	宽	长	类型	功率/kW				
步进炉	板	1250	1550	3600	10000	煤气	—	800	50	5	—
辊底式炉	卷材	650	—	—	—	甲烷	—	20	—	2	—
		580	—	—	—	煤气	—	135		1	
		600	533	2048	6710	电	450	—		2	
链式炉	卷材	700	1050	1200	4845	电	280	—	4	0.75～1	—
		460	700	750	10000				10	—	
立式牵引炉	卷材	700	—	—	—	电	180	—	8	0.75	—
立式淬火炉	铍青铜带	850	800	ϕ600	—	电	90	—	—	—	分解氨
卧式淬火炉	铍青铜带	950	270	330	500	电	160	—	—	0.25	分解氨
井式真空炉	卷材	900	1070	ϕ800	—	电	100	—	—	0.12～0.18	真空

表 2－95　各式炉技术性能的比较

比较项目	钟罩炉	罩式炉	单、双膛炉	真空炉
退火卷重/t	4.5～7.5	板垛	单 1、双 2	0.5
热源	电	煤气	电	电
温度均匀性/℃	±5	±10	±15	±10
表面品质	光洁	氧化脱锌严重	氧化脱锌严重	氧化脱锌较轻
导热率/%	>55	20	32	11
传热方式	对流	对流	对流	辐射
装料方式	卷垛	板垛	单卷	小卷垛
炉衬材料	陶瓷材料	耐火砖	耐火砖	耐火砖
密封性能	好	差	较好	较好
保护性气体	N_2 +25% H_2	无	N_2	N_2
循环情况	强循环	无	有	无
控制水平	单板机自动控制	人工	人工	人工
投资	中等	较大	较大	中
适用性	大小小企业	中小企业	中小企业	中小企业
整体水平	20 世纪 80 年代	20 世纪 50 年代	20 世纪 50 年代	20 世纪 50 年代

2. 现代常用的铜合金热处理炉

目前铜合金热处理炉方面发展的主要趋势是：通过优化设计提高热能利用效率；采用快速退火，减少氧化、脱元素；采用保护性气体和强制循环通风，使加热快速，温度均匀；增强封闭效果；提高集成度和连续化水平。

中间退火采用罩式或立式展开退火装备。成品薄带退火普遍采用水平气垫式退火炉。

气垫式退火炉是连续热处理的新技术，由开卷、焊接、脱脂、炉子、酸洗、剪切、卷取及S辊、控制辊、活套塔等组成。实现了酸洗、水洗、烘干、表面涂层、钝化处理等一体化。它与罩式退火炉比，炉温高，退火时间短，可以实现高温快速退火。加热速度可调，加热均匀，退火表面品质好，组织性能均匀。

气垫式退火炉退火带材的最大厚度和最小厚度之比为10∶15，最大宽度与最小宽度之比为2∶1，同一条带厚与宽的比小于1/250，目前可实现厚度0.05～5 mm，宽1250～1100 mm带材的退火，退火速度为4～100 m/min，生产能力为5 t/h，热效率为58%；热源采用电或燃气加热。如图2－83所示为连续生产线的退火与酸洗机列。如图2－84所示为各种铜合金气垫式退火炉连续退火示意图。采用气垫式连续退火大大提高了表面品质和制品组织性能的均匀度。

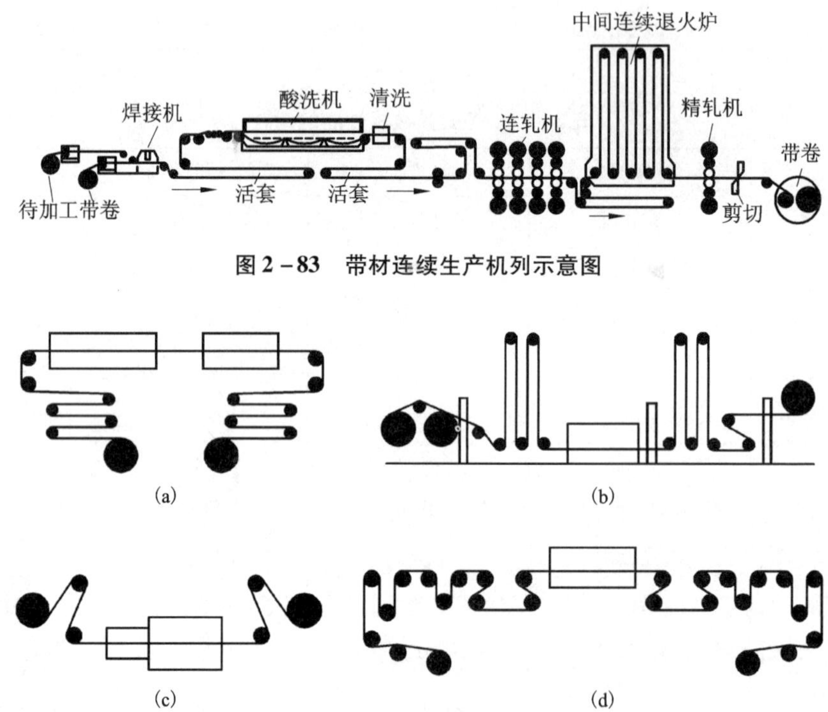

图2－83　带材连续生产机列示意图

图2－84　各种铜合金气垫式退火炉连续退火示意图

(a)中间退火和酸洗机列；(b)连续光亮退火机列；(c)张力退火炉；(d)低温连续退火机列

表2－96为罩式炉的主要性能；表2－97为德国气垫式炉的主要性能；表2－98为连续退火炉与气垫式炉的比较。

表 2－96　罩式炉的简要性能

罩式炉型 /(mm×mm)	最高温度 /℃	最大炉量 /(t·h^{-1})	生产能力 /(t·h^{-1})	保护气产生能力 /(m^3·h^{-1})	用途
φ1600×2900	700	30	黄铜 2.16 纯铜 1.9	100	铜带卷退火
φ1400×3600	700	22.5	2	140	
φ1400×3300	700	20	中间退火 1.9 成品退火 1.56	50	
φ1400×2900	700	—	1.65	70	
φ1400×2500	700	12.6	1.3	—	
φ1400×2000	700	—	0.75	50，惰性 20	
φ1200×2900	800	—	1.15	50	
φ2000×4000	—	24	1.6	—	铜带卷退火

表 2－97　气垫式炉的主要性能

项目	A	B	C
外形尺寸($L×B×H$)/(m×m×m)	82×7.5×10.5	78×8×6.5	20×2.4×3.4
热处理铜带宽(B)/mm	500～1050	200～660	约 420
热处理铜带厚(H)/mm	0.1～1.5	0.08～1.2	(0.05～0.8)±5%
卷的质量/t	7.5	4.5	6
机列速度/(m·min^{-1})	4～50	4～40	(8～80)±1%
热处理温度/℃	450～750	最高 700	(620～750)±5%
热效率/%	55	55	55
生产能力(t·h^{-1})	4.7	2	1.38，0.895
退火后晶粒度/μm	0.1 mm，25±5 0.8 mm，35±8	(20～25)±5	20±5
保护性气体	2%～5% H_2 95%～98% N_2	不带保护性气体	2%～5% H_2 95%～98% N_2
涂层装置	预留位置	带辊式涂层装置	—

表 2－98　连续退火炉与气垫式炉的比较

比较项目	连续退火炉	气垫式退火炉
退火带材规格($H×B$)/(mm×mm)	(0.15～0.6)×(200～640)	0.1×1.5×(500～1500)
带卷(内径/外径)/mm	φ500/φ820	φ500/φ1300
炉内最高温度/℃	800	750±5
带材最高温度/℃	700±5	700±5
带材出冷却室温度/℃	80～100	70～80

续表 2 – 98

比较项目	连续退火炉	气垫式退火炉
带材退火时间/min	2 ~ 10	4 ~ 50
加热区额定功率/kW	160	600
最大生产能力/$(t \cdot h^{-1})$	1.0	4.7
活套塔补偿长度(炉前)/mm	15.2	60
活套塔补偿长度(炉后)/mm	10.0	60
保护性气体成分	96% N_2，2% CO_2，1.5% H_2，CO < 0.5%	95% ~ 98% N_2，约 5% H_2
保护性气体消耗量/$(m^3 \cdot h^{-1})$	160	140

2.10.4 酸洗设备

1. 牵引式连续酸洗机列

连续酸洗时，酸洗、水洗、清刷、烘干等均在机列中进行。带材酸洗时还装设开卷、压接、活套坑及卷取等附属装置。主要有两种型式：浸入式和喷射式。带材在浸入式酸洗机列中的移动速度一般在 30 m/min 以下，在酸洗槽内带材呈悬浮状态，在进出口处均有压紧辊。板、带材通过喷射式酸洗机列时，受到自动压力喷嘴喷到表面的酸液作用，带材移动速度可达到 30 ~ 180 m/min。喷嘴与制品成一定角度。酸液具有一定压力，由于酸洗液的机械作用与化学反应，加速了酸洗过程。

2. 连续式酸洗机列

此酸洗机列是由翻斗机、带直头开卷机、缝头机、喷射式酸槽、清理机、烘干机、下剪机、卷取机和辊道仓等组成。酸洗黄铜和青铜的酸洗液一般为硫酸溶液。酸洗黄铜时，浓度为 15% ~ 20%，温度为室温；酸洗锡磷青铜时，浓度为 15% ~ 25%，温度为 50 ~ 60℃。酸洗锡磷青铜后的酸洗液不能洗黄铜，酸洗速度应以保证洗净、滚法烘干、卷齐为原则。

酸洗机列有许多种，多数是与其他工序组合在一起的，如喷射式酸洗机列[图 2 – 85(a)]，酸洗矫平机列[图 2 – 85(b)]，中间退火酸洗机列[图 2 – 85(c)]。

3. 超声波酸洗

在酸洗槽内安装超声波装置，可以使酸洗时间缩短到传统酸洗工艺的 2/3，是一种有效的快速酸洗方法。

4. 电解酸洗

在酸洗槽中放置电解液，金属带材通过两极板之间，酸洗时将电极板及支承带材的导辊通电，则带材(阳极)与电极板(阴极)之间形成电势，可去除带材的表面氧化层。由于电化学作用，表面质量及酸的利用系数均较高。

2.10.5 表面清理及设备

生产中根据表面情况采用机械或手工工具清刷表面的经酸洗后残存的氧化铜粉及酸迹和修理其他缺陷的工序。清刷分干刷和湿刷，干刷在干燥后进行，湿刷一般在酸洗过程中进行。常用的表面清刷机如图 2 – 86 所示。

双辊清刷机可以同时清刷上、下表面，单辊清刷机每次只清刷一个表面，每个刷辊有支

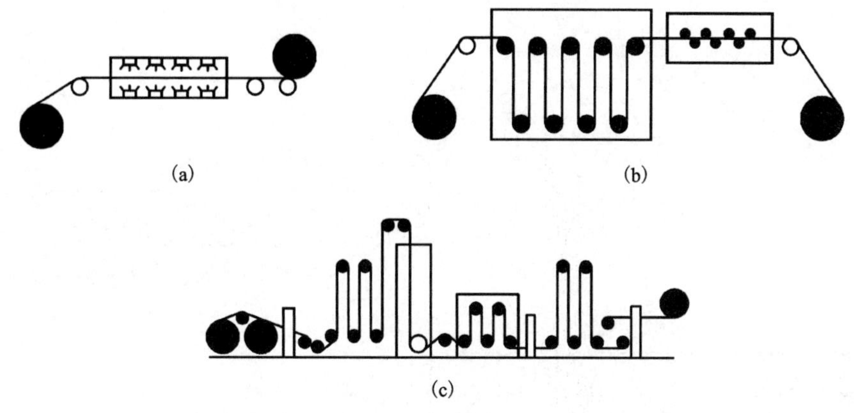

图2-85　几种酸洗机列示意图

(a)喷射式酸洗机列；(b)酸洗矫平机列；(c)中间退火与酸洗机列

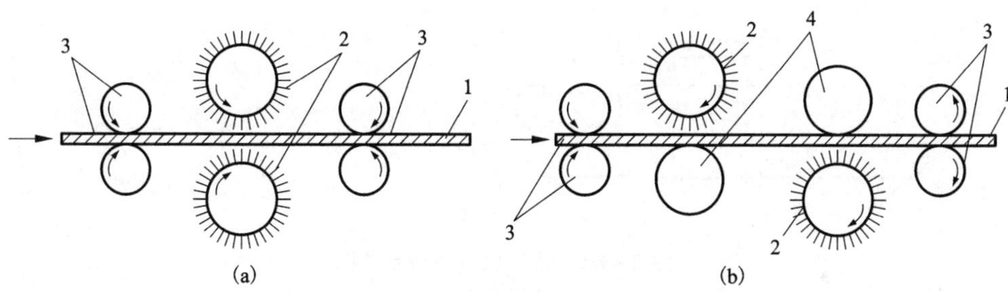

图2-86　表面清刷机示意图

(a)双辊清刷机；(b)单辊清刷机

1—板材或带材；2—刷辊；3—压紧辊；4—支持辊

持辊支承。压紧辊起压紧作用。刷辊的线速度一般为0.6~6 m/s，压紧辊的进给速度一般为0.2~0.8 m/s，刷辊的线速度比压紧辊大3~10倍，刷辊的回转方向与压紧辊的进给方向相同或者相反。湿刷时可以避免氧化铜粉飞扬，但刷丝材料应避免腐蚀及生锈。干刷时应设置收尘器回收处理氧化铜粉。

轧件表面局部的氧化铜粉、变色、水渍及斑点可用钢丝刷或砂纸清擦去除，表面上的麻坑、裂纹、夹渣、起皮、压坑及夹灰等局部缺陷大多用刮刀修理，刮修时最好与轧制方向一致或相近，修理坑必须平滑，不应有陡坡、棱角，不要刮得过深，以免造成“压漏”。表面修理尽量在中轧及精轧前进行，应尽量避免成品修理，并允许超出技术条件要求。

2.10.6　矫平工序及设备

为了提高板、带材表面平直度，改善产品的性能或便于继续加工，板材或带材卷都要进行矫平。

1. 矫平工艺

矫平的方法主要包括：辊式矫平、拉伸矫平、张力矫平、拉伸弯曲矫平以及其他各种联合式矫平，如拉伸退火矫平等，如图 2－87 所示为矫平及类型的示意。

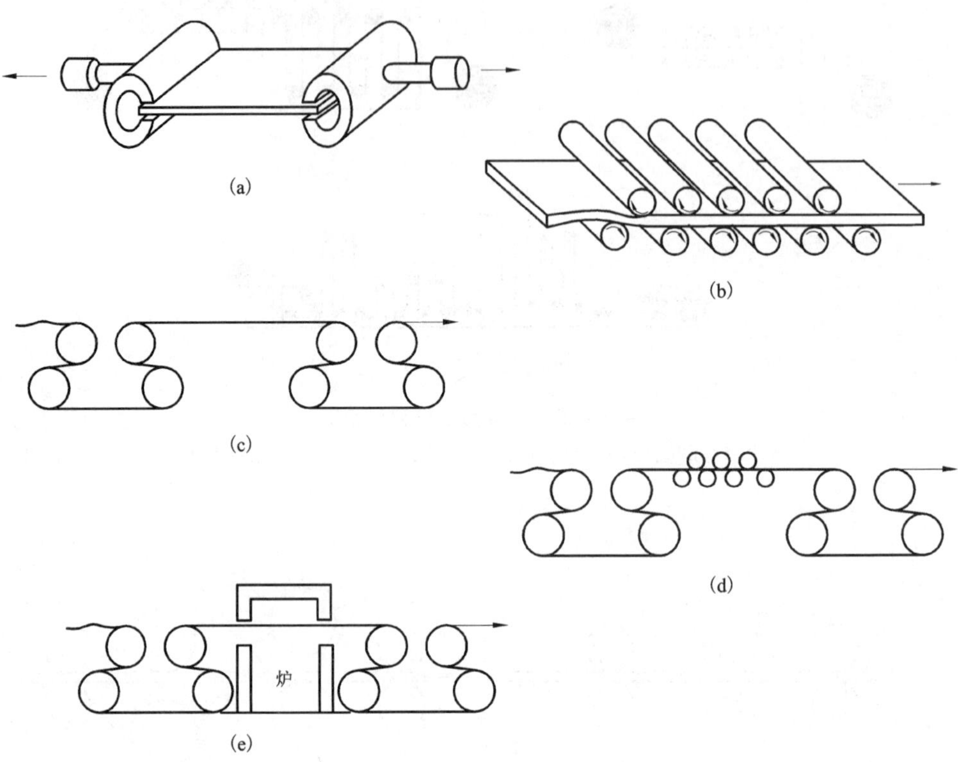

图 2－87 矫平机及类型示意图

(a)板材的拉伸矫平；(b)辊式矫平机；(c)辊式张力矫平机列；(d)拉伸弯曲矫平机列；(e)张力退火矫平机列

(1)辊式矫平

消除轻微波浪的板形矫平工序大多在辊式矫平机进行。矫平时，板材通过两列直径相等且节距相同，上、下相互交错安置的矫平辊，使板材产生反复弯曲变形。上、下两排矫平辊轴线的连接线形成的角度一般为1°左右，波浪大的板材则须适当增加倾斜角度。

板材矫平时入口间隙应小于板材厚度，出口间隙应大于板材厚度。生产中根据板材不平程度调整入口及出口间隙的大小，必要时可增加矫平次数。

热矫平时的板材温度不能太高，否则矫平后易产生弯曲变形；矫平温度太低也影响矫平效果，导致板材表面残余应力过大。

(2)拉伸矫平法

该法是向板材或带材两端施加拉伸力，超过材料的屈服极限产生微小变形，以消除引起不平的应力与变形。拉伸矫平有直接用工具夹住板的端头进行拉伸；有用“S”形张力辊形成拉伸力而进行矫平的，适于连续生产。

(3)拉伸弯曲矫平法

这种矫平方法是将辊式弯曲矫平和辊式拉伸矫平联合在一起的连续矫平方法。现已把整个退火、酸洗、清洗、烘干、表面处理矫平等工序结合在一起，生产效率高，矫平效果好。

2. 矫平机

以 BYJ－500 铜带材拉伸弯曲矫直机组为例，其主要技术参数如下：

①机组速度：0～150 m/min。

②张力范围：6～120 kN。

③张力控制精度：稳态：在最大张力值时为 ±1%，在最小张力值时为 ±5%；加减速：在最大张力值时为 ±3%，在最小张力值时为 ±10%。

④材料：不锈钢、铜及铜合金带材。

材料规格如表 2－99 所示。

表 2－99　材料规格

规格	参数
厚度/mm	0.08～0.8 mm
宽度/mm	300～450
卷材内径/mm	ϕ500
卷材外径(最大)/mm	ϕ600(未考虑衬纸)
卷重(最大)/t	6(套筒和衬纸另计)
套筒尺寸/(mm×mm)	ϕ497/ϕ567×500

2.10.7　剪切机

板材切头尾及中断、定尺剪切均采用斜刃剪，带材切边及分切采用圆盘剪。斜刃剪分上切式及下切式两种，上切式是上刀刃活动，下切式是下刀刃活动，上刀刃具有 1°～6°的倾角。常用斜刃剪的主要技术性能列于表 2－100。

表 2－100　常用斜刃剪切机的主要技术性能

类型	型号	剪切板材			上刀刃倾角	刀刃行程/mm	行程次数/(次·min^{-1})	电机功率/kW	最大剪切力/×10^{4}N
		厚度/mm	宽度/mm	σ_b/MPa					
上切式	3×1800	3	1800	500	1″20’	—	38	3.5	5
	6×2000	6	2000	400	2″25’	150	35	10	20
	6.3×2500	6.3	2500	450	2″	81	44	7	—
	13×2500	13	2400	400	3″10’	180	32	30	80
	16×3200	16	3200	500	2″30’	—	26	30	—
	20×2000	20	2000	500	2″15’	175	18	40	100
	25×4000	25	4000	500	3″	—	—	60	160
下切式	2.5×850	2.5	750	500	2″30	—	20	—	3
	10×1200	10	1000	500	2″	130	30	48	60
	20×1700	20	1400	320	3″	130	15	75	100

圆盘剪的种类较多，其结构主要取决于轴向调节刀片的方法。切边用圆盘剪使用的两对

刀盘固定在单独心轴上，分切用圆盘剪使用的多对刀盘固定在公用心轴上。常用圆盘剪的主要技术性能列于表 2－101。

表 2－101　圆盘剪切机的主要技术性能

编号	带材尺寸/mm		分切条数/个	刀盘尺寸/mm		剪切速度/($m·s^{-1}$)	传动电机/kW
	厚度	宽度		直径	深度		
1	5.0～9.5	640	5	400	40～60	0.75	110
2	6	1300	—	400～440	40～60	1～3	95
3	6	900	—	400～445	40	1～3	67
4	1.0～5.0	640	5	230～350	20～40	2.2	37
5	3	640	3	230～270	25	0.5～1	17
6	0.4～2.5	750	15	230～270	25	0.33～0.66	8.5
7	0.2～1.0	750	15	235～270	15～30	1～3	19
8	0.12～0.8	640	25	150～200	15～20	1.5～7	5～15
9	0.05～0.5	350	18	70～150	15～20	1～3	5～10

板、带材连轧生产线所用的纵剪机列具有裁边、剖条、重卷及剪切成品带材的功能。某厂所用的纵剪机列由上料小车、开卷机、三辊矫平机、测厚仪（接触式）、1 号轧辊、1 号活套、带分离板的圆盘剪、导向辊、牵引料头小车、2 号活套、分条台、2 号压辊、气动压板、调节张力的 S 辊（上设有长度计数器）、卷取机、卸料装置组成。其主要性能见表 2－102。

表 2－102　某厂所用的纵剪机列的主要性能

性能	指标	性能	指标
剪切材料	铜及铜合金	剪切厚度/mm	0.1～2
来料宽度（最大）/mm	635	剪切速度（最高）/($m·min^{-1}$)	400
成品宽度（最小）/mm	7（25 条）	每边剪切宽度/mm	3～50
卷重/t	3.48		

第 3 章

铜及铜合金管材的生产技术与装备

3.1　普通空调管

空调管(ACR 管)全称为空调与制冷用铜管，是专门用于空调器中蒸发器和冷凝器的热交换器用管。这种管材具有直径小、壁厚薄、尺寸精度高、表面清洁并且粗糙度小、散热性能良好等特点。目前，空调器正向小型化、高效节能、环保方向发展。空调管由光面铜管发展到内螺纹铜管、高效翅片管。内螺纹铜管的发展趋势是：薄壁、高齿、小克重、细径、高效传热；齿型的生产研究已由过去的等高齿、高低齿向交叉齿、瘦高齿、断续齿等方向发展。目前高性能的内螺纹管的传热效果比光管提高近 4 倍。

随着空调制造厂规模的扩大和制作技术的提高，规模较大的空调制造商采用高速自动放料装置，要求盘管的单重越大越好，这样不仅可以提高生产效率、降低生产成本，同时盘重越大，性能及尺寸精度的一致性就越好，目前国内外使用的最大盘重已达 1000 kg。

3.1.1　空调管的分类

1. 按材料成分分类

目前空调管按材料成分可以分为铜管和铝管。铝管虽然具有价格比铜管低的优点，但由于焊接加工工艺性差、换热性能差、胀管时螺纹易被金属胀头破坏等诸多缺点，目前除少数空调生产厂家进行探索性研究试用外，未被广泛使用。而铜管由于具有较高的热传导性、较强的耐腐蚀性、较好的延展性和加工性等诸多优点，被制冷空调行业广泛应用。

铜管又可细分为韧铜管、无氧铜管、脱氧铜管(主要是磷脱氧铜管)。由于磷脱氧铜管具有强度高、焊接性优、抗软化性好、不发生氢脆等优点，因而磷脱氧铜管的应用最广泛。

2. 按外形分类

空调管按外形可分为圆管和椭圆管。与圆管相比，椭圆管具有如下优点：①只要较小的换热面积和较小的风机能耗；②在相同的迎面风速下，空气侧换热系数大很多；③换热系数相同时，压降较小。

尽管目前椭圆管具有以上优点，但由于受到工艺水平限制等因素的影响，目前空调管普遍采用圆管，椭圆管仍停留在实验室研究阶段。

3. 按结构形状分类

空调管按结构形状可分为平滑管与非平滑管，其中平滑管一般称为光管；非平滑管一般为内表面带有形似螺纹的结构，通常称为内螺纹管。

在20世纪70年代，由于当时内螺纹加工方法较复杂，我国尚不能自行加工，一般空调生产企业都采用光管制作空调换热器。80年代以后，随着企业技术改造升级力度的不断增大和国外先进技术及设备的引进，开始应用内螺纹管制作空调换热器。

由于内螺纹管表面具有沟槽，它与同规格的光管相比增加了热交换面积，提高了制冷侧的热传导率，使得气-液界面的扰动大大增加，管底部与管顶部的制冷剂液体得到了有效的搅拌，同时由于表面张力使液膜变薄等原因，使得传热系数增大，改善了热交换条件，有效地提高了热交换效率。因此，尽管内螺纹管的制造工艺较为复杂，价格比光管高，但热交换效率比光管要好得多，已被越来越多的空调生产企业广泛应用，而光管目前已很少应用。

4. 按加工方法分类

空调管按加工方法可分为无缝管和有缝管。有缝管也就是通常所说的焊接管，它具有清洁度高、没有漏点、尺寸和组织结构均匀、齿形清晰、可加工复杂齿形、换热效率高等优点。

由于有缝管对原材料(即铜带)的要求较高，制作有缝管所用的设备与模具价格较高，即生产成本较高，以及一些空调企业存在对焊缝是否会泄露的顾虑(其实焊接良好的有缝管不仅不会泄露，而且能够避免无缝管每盘2个左右的漏点)，因而自2001年开始在国内应用以来，一直没有被大多数制冷空调企业所接受，国内空调企业应用得较多的仍然是普通的无缝拉制管。

5. 按供货状态分类

空调管按供货状态可分为直管和盘管。由于盘管的采购成本比直管低，制作换热器的生产效率很高，因此通常具有一定规模和条件的空调企业一般都选用盘管制作换热器的“U”形传热管。

直管仅为无全自动弯管机或弯管机行程规格达不到换热器要求的小型空调企业在进行小批量生产时选用。当然，一些换热器中的传热管不是全部设计成“U”形管，其中也有可能会设计成有极少量的直管，这时也必须使用直管。

综上所述，目前空调行业中应用最多的换热器传热管为圆形无缝内螺纹铜盘管，即内螺纹管。

3.1.2 空调管的规格及产品要求

1. 空调管的规格及用途

空调管的规格及用途列于表3-1。空调管的实例参见图3-1。

表3-1 空调管的规格及用途

特征	盘管	直管	纹香盘管
类别	光面管、内螺纹管	光面管、内螺纹管、高效翅片管	单层、双层、多层光面管
规格 /(mm×mm)	光面管： $\phi(3.8\sim22.22)\times(0.25\sim1.8)$ 内螺纹管： $\phi(5\sim15.88)\times(0.25\sim0.3)$	光面管： $\phi(9.52\sim28)\times(0.7\sim1.8)$	$\phi(6.35\sim28)\times(0.4\sim1.8)$
重量或长度	80~500 kg	≤7 m	15~50 m
用途	蒸发器、冷凝器、连接管	中央空调	连接管

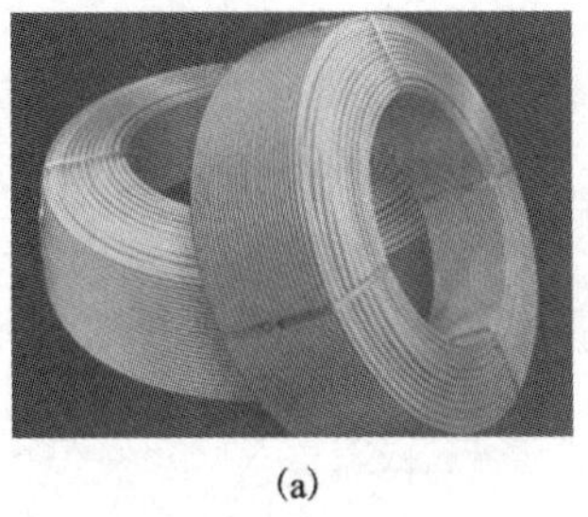
(a)

(b)

(c)

图3-1　盘管、蚊香盘管和直管

(a)盘管；(b)蚊香盘管；(c)直管

2. 典型空调管的生产规格

目前蒸发器用管逐步由 ϕ7 mm 向 ϕ6.35 mm 和 ϕ5 mm 的趋势发展，冷凝器用管由 ϕ9.52 mm 向 ϕ8 mm 或 ϕ7.94 mm 发展的趋势。光面空调铜管典型规格见表3-2。内螺纹铜管主要规格见表3-3。

表3-2　光面空调铜管典型规格

序号	产品规格/(mm×mm)	用途
1	ϕ(9~12.7)×(0.3~0.38)	房间空调冷凝器用管
2	ϕ7×(0.3~0.35)	房间空调蒸发器用管
3	ϕ(7~9.52)×(0.41~0.5)	房间空调冷凝、蒸发器小弯头连接管
4	ϕ(6.35~12.7)×(0.7~0.8)	房间空调连接管
5	ϕ(15.88~22.22)×(0.41~1.0)	中央空调冷凝、蒸发器用管及连接管

表3-3　内螺纹铜管典型规格

序号	产品规格							用途
	外径/mm	底壁厚/mm	齿高/mm	齿条数/条	齿顶角/(°)	螺旋角/(°)	米克重/($m·g^{-1}$)	
1	5	0.20	0.14	40	40	18	33	空调蒸发器用管
2	6.35	0.26	0.20	55	40	10	57.5	空调蒸发器用管
3	7	0.27	0.18	60	53	18	61	空调蒸发器用管
4	7	0.25	0.15	50	40	18	55	空调蒸发器用管
5	9.52	0.30	0.20	60	53	18	90	空调冷凝器用管
6	9.52	0.28	0.15	60	53	18	85	空调冷凝器用管
7	9.52	0.28	0.12	65	50	15	80	空调冷凝器用管
9	12.7	0.41	0.25	60	53	18		
10	15.88	0.52	0.30	74	53	18		

3. 产品要求

我国现行制冷空调用铜管的技术标准为 GB/T 17791—2007(空调与制冷设备用无缝铜

管)，其产品要求参照该标准执行。

经过缠绕包装的铜盘管在空调厂家使用，大多通过内、外抽头方式进行放线，经过矫直弯曲切割做成发卡管，把发卡管穿入密排的铝箔片中，放在胀管机上进行胀管和扩口，制作成蒸发器和冷凝器。两器铜管要求无内壁氧化，无扩口裂纹，弯管处不起皱，铜管内无残留物。为了适应新型环保空调制冷剂的需要，铜管内壁的清洁度已经可以达到低残油、低杂质、无氟化、无水分。

3.1.3　普通空调管生产方法及特点

普通空调管生产方式可以分为挤压—轧制供坯、水平连铸—行星轧制供坯和带坯—焊接法。图3－2为空调管挤压—轧制供坯、水平连铸—行星轧制供坯生产工艺流程图，从图中可以看出，二者除供坯方式不同外，后续加工工艺基本相同。

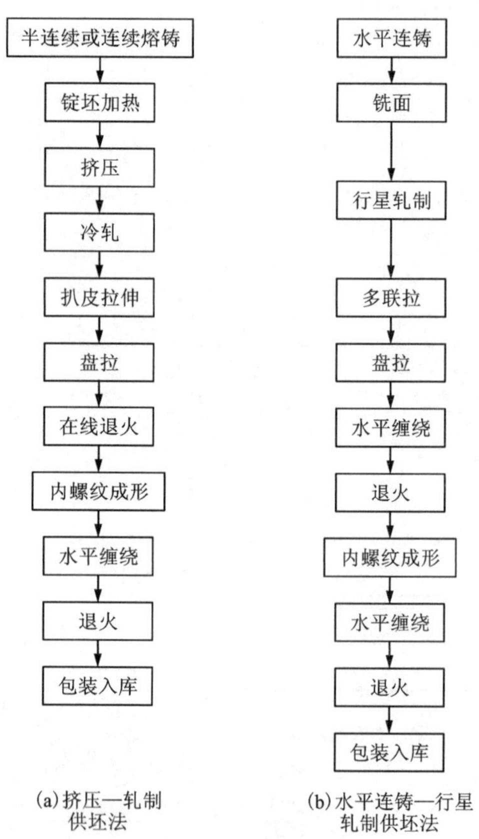

图3－2　空调管生产工艺流程图

1. 挤压—轧制法

这是国内外普遍采用的传统方式，铸锭大都采用垂直半连续浇铸方式，也有少数采用垂直连续铸锭。

其特点是：热状态下压缩变形，变形量高达95%以上，有利于铸锭内部缺陷的焊合，使组织更加致密；能满足最终产品各种状态下晶粒和工艺性能要求。采用水封挤压可以减少管坯的内外氧化，并细化晶粒。该工艺存在挤压管坯的偏心，使最终产品的精度受到影响；几何废料多，制约了成品率的提高。同时设备投资大、占地面积大、辅助设施多、维修费用高；工模具消耗和能耗很大；人员需求多，对操作和维护人员素质要求高。

2. 水平连铸—行星轧制法

该方法是20世纪80年代由芬兰奥托昆普公司与德国西玛格公司共同开发。90年代，国内由太仓铜材厂、河南金龙精密铜管股份有限公司等引进3条生产线，进行消化吸收，目前采用该法的生产线总计产能已达30万t。

铸轧法是20世纪80年代研制开发的精密铜管生产方式。其优点是：

①生产流程短，省去了铸锭加热、挤压等工序，直接由水平连铸机组生产出空心管坯，轧制后在线卷取成盘，盘卷单重可达1000 kg，有效地提高了生产效率和成品率，其综合成品率高达85%以上。

②三辊行星轧制变形迅速，加工率大(可超过90%)，其变形热可使管坯温度控制在700～750℃，使铸态组织破坏后实现完全再结晶，在内、外均有气体保护和快速冷却区的冷

淬作用下，得到表面光亮、内部组织为细小均匀等轴晶粒的管坯。根据实测资料，内部晶粒尺寸都在30 μm以下。

③铸轧法管材壁厚精度可控制在±5%以内，壁厚偏差小，不仅使拉伸过程减少，也满足了内螺纹成形以及空调制冷行业连续流水线作业对产品性能均一性的要求。

④电力安装容量小，节能效果好。设备投资相比挤压机少。占地面积小，操作人员少。在工模具消耗方面，一套轧辊寿命平均能轧3000 t铜管坯(含中间修磨若干次)，工模具费用较低。

铸轧工艺在生产实践过程中还存在一些不足之处：

①由于铸造工序采用的是石墨结晶器，故生产低氧的产品比较难。

②该方法是生产ACR管的DHP(TP2)铜管开发的专用生产线，它不适用于复杂铜合金管的供坯，因而一旦ACR管材市场处于饱和状态，这种供坯的方法有可能失去优势。

③轧机卡死现象。当轧制某些难变形、可轧温度范围窄的材料时，金属流动稳定性差，可控制性差，可能出现卡死、扭结现象。

④轧件质量控制较困难。行星轧制时会产生大量变形热，导致轧件变形区的温度急剧上升，这对轧件内部组织性能的影响很大，很难精确控制冷却条件使内部组织达到理想状态。此外，轧件表面易产生螺旋纹，影响表面质量。

⑤轧辊易磨损。由于轧辊呈锥形，精整段直径很小，因此，在实际轧制时轧辊很容易磨损。金属流动性的不可控制性和剧烈的升温也加剧了轧辊的磨损。

⑥轧机的强度和稳定性较差。为保证回转盘做行星旋转，只能将其悬挂在固定机座上，而行星轧制变形量大，轧制力也很大。因此，须加强轧机的强度和稳定性设计。

⑦要使轧件出口不转动，必须有熟练的操作工人和严格的操作协调制度，或者采用自动检测系统加以控制。

以上问题成为限制行星轧制技术进一步推广应用的瓶颈，同时也成为国内外众多学者研究的重点。随着国民经济对铜管的市场需求持续扩大，尤其是对大规格铜管、合金管需求的增加，进一步研发行星轧制技术及装备势在必行，其发展方向是扩大其产品的应用范围，向合金铜管、其他有色金属材料方向延伸，向高精度、大口径薄壁的方向发展。

3. 带坯—焊接工艺

带坯—焊接工艺是选用一定规格的铜带(也可以在铜带上刻齿)，再经焊接机组成形并焊接。主要工序包括铜带预成形→过渡→导向成形→焊接→去焊瘤→定径→探伤等，焊接方式一般采用氩弧焊(TIG)或高频焊(HF)，高频焊的速度可达150～200 m/min，新型的氩弧焊速度也可达100～150 m/min，采用先进的焊接技术，焊缝处的强度不低于基体强度，退火后金相组织同基体无差别，对ϕ7.92 mm×0.3 mm的产品其外径偏差仅为0.04 mm，壁厚偏差小于0.03 mm，延伸率大于40%。采用多道次轧制的带坯可有效提高铜管的传热效率。

带坯—焊接工艺不仅解决了管材壁厚不均的问题，还解决了ACR管行业急需的高难齿形管材，如人字齿、高低齿、交叉齿、菱形齿管材的生产问题。由于该工艺成形过程不须润滑，因此管材内外表面非常干净。采用高频焊接时，即使速度达到200 m/min，产品缺陷也只有0.02%，生产率非常高。该工艺使管材单重远远超过500 kg，非常适合空调厂的流水作业线，而且投资小，资金实力不强的生产厂家也可以采用。

3.1.4 水平连铸—行星轧制生产法

1. 工艺流程

水平连铸—行星轧制法具有工艺流程短、节能、成材率高、可生产大盘重等一系列优点，目前为空调管主流生产方式。图3-3为采用水平连铸-行星轧制生产空调管的工艺流程图。表3-4为铜盘管生产线的主要配置。

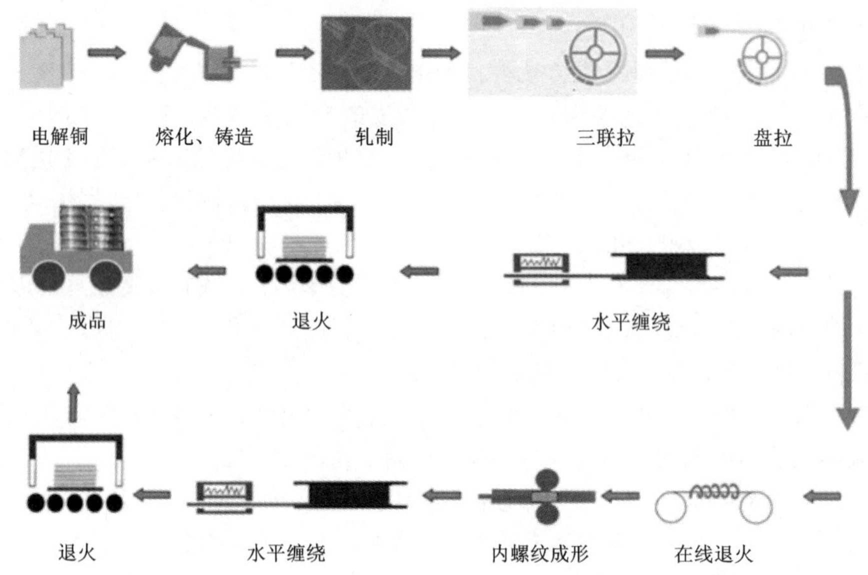

图3-3 水平连铸-行星轧制法生产空调管的工艺流程图

表3-4 铜盘管生产线的主要配置

设备名称	设备/台(套)	备注
水平连铸	2	铸坯直径80~90 mm，壁厚20~25 mm
铣面机	1	旋风铣面，一次铣
行星轧机	1	气体保护，恒力推进，卷重500~1000 kg
三连拉拔机	1	履带式拉拔机、联合拉拔机
倒立式拉拔机	3	盘径2200 mm，最高速度1000 m/min
水平缠绕机	4	双(单)工位
内螺纹铜管机组	5~6	履带式、正立式、倒立式
楼式退火炉	2	内吹扫，高清洁度
在线感应退火炉	1~2	盘到盘退火
定尺切断机	1	附蚊香盘

2. 工艺及设备要求

(1)熔炼—水平连铸

设备整体由炉体平台、熔炼炉、保温炉、结晶器、拉坯机、锯切机、出坯系统、电控系统、液压系统、水冷系统组成。其熔炼炉与保温炉采用联体炉、潜流型熔沟，铜溶液直接由熔炼炉进入保温炉，避免了铜水与空气接触，使含氧量很低，磷铜的加入量也相应减少，提高了铜锭的质量。铸造采用水平连铸机，铸锭单重现已达 1 t。

1)工艺要求

高纯阴极铜板和铜磷合金(CuP14)加入有芯工频熔化炉中加热熔化，达到 1150℃以上，通过注有氮气保护的流槽倾倒保温炉中进行铸造。熔化炉、保温炉用木炭或石墨覆盖保护。

铸造采用高纯石墨模具，目前模具内表面多采用涂层工艺，模具要求致密性、抗压性好，一般石墨模具寿命达到 30 ~ 60 h。

质量控制：铜管外表面无裂纹、气泡和沟槽；截面无气孔、缩孔；内表面无拉道、坑疤印。

2)设备主要性能参数

①原料：电解铜板或压实的废铜管。

②铸坯规格：ϕ(80 ~ 90) mm × (20 ~ 25) mm。

③拉出速度：260 ~ 320 mm/min。

④主机功率：520 kW。

⑤熔炼温度：1120 ~ 1200℃。

⑥保温炉温度：1150 ~ 1200℃。

⑦机体倾翻角度：0° ~ 20°。

⑧拉铸振频：20 ~ 50 次/min。

⑨冷却水质：软化水。

⑩冷却水温：不高于 40℃。

⑪冷却水量：0 ~ 10 m^3/h。

⑫定尺长度：14 m。

⑬最大熔化能力：1400 kg/h。

3)熔铸机组的构成及特点

①熔炼与保温炉由 3 个熔沟构成三连体炉，熔炉与保温炉用熔沟相连，熔炉的铜液由熔沟进入保温炉，避免铜液在转送过程中氧化或吸气。

②炉体可在 0° ~ 20°内实现转位，方便更换结晶器，其转位由位于炉体两侧的两只液压缸实现，在熔炉下方有固定的双铰链。

③熔炉和保温炉分别有自动控温装置，控温为两位式(开式、停式)。

④拉铸速度、振频、振幅由程序控制，可动态调整。

⑤锯切装置可根据需要的长度在线锯切铸坯。

⑥熔炉炉口按长方形设计，可以使整张电解铜板直接投入，无须剪切。

⑦出料系统可实现铸坯自动拨料，将铸坯翻料到铣面机的输入辊道上。

⑧装料一般配有悬臂吊进行投料。

⑨为保证结晶器正常工作和操作安全，要求入水口温度低于 40℃，供水由两台水泵完

成，一用一备。

⑩熔炉和保温炉的铜液面使用石墨鳞片或木炭覆盖，防止铜溶液吸气。

(2)铣面

1)工艺要求

拉出铸锭后要进行铣面，铣面机上、下铣刀将铸坯表面的氧化皮、微小裂纹铣掉，铣面厚度为0.3～0.5 mm，要求无楞、无氧化皮、无钝刀疤痕和压屑印。

2)铣面机的主要技术参数

原有铣面机的铣刀为上、下滚轮式，锭坯须旋转角度分别铣3次才能将整个圆周铣干净。而目前普遍采用旋风铣面机，铣刀是旋转的，只须铣一次即可将整个圆周铣净且铣痕很小，大大提高了铣面效率和铣面质量。设备结构紧凑，占地面积小。其典型设备的主要技术参数如下：①铸管管坯直径 ϕ80～90 mm(可变刀直径)。②铸管管坯厚度不小于8 mm。③铸管管坯长度2～15 m。④铣削厚度(0.5±0.2) mm。⑤主轴转速210 r/min。⑥刀杆转速1460 r/min。⑦刀具直径 ϕ150 mm(三面硬质合金铣刀)。⑧刀具铣削线速度11 m/s。⑨送进速度0.6～1.4 m/min。⑩铣头电机15 kW，1440 r/min。⑪送进电机7.5 kW，125～1250 r/min变频电机。⑫冷却水泵22 L/min。⑬排屑电机0.09 kW。⑭占地面积1.5 m×4 m。

3)设备的组成及特点

机组由主机、前输入辊道和翻料架、后输入辊道及翻料架构成。其中主机由送进矫直机、主机箱、排屑装置、冷却装置、拉出机构组成。该设备主要特点为：①采用普通锯片铣刀，采购及加工简便，刀具成本低。②铣削厚度由变换刀径调节。③具有自动排屑功能，乳化液与铜屑自动分离。④入口送进矫直可将水平方向稍弯的管坯矫直。⑤上料架采用斜面流入式，设有联动双止销，可依次上料。

典型铣面机组布置示意图如图3－4所示。这种布置方式有效地解决了铣削过程中影响产品质量的几个关键问题：①提高定位精度。为了铣削均匀，使铸坯经过铣面工序后得到较高的表面质量，必须尽量减小铸坯在铣削过程中的振动。铣面机组采用的是在铣刀前后设置前、后自定心夹送辊及中间定位装置，通过双重定心的方式，可以使铸造圆坯得到精确定位，有效地减少振动对铣削质量的影响，从而减少铸坯的切削量，降低材料消耗。②提高矫直精度。由于铸造圆坯的原始状态通常较差，为减少铣削量、降低材料消耗，必须尽量提高其圆度和直线度。通过采用多辊旋转框架式矫直机，解决了既可高精度矫直又不影响稳定铣削的难题。

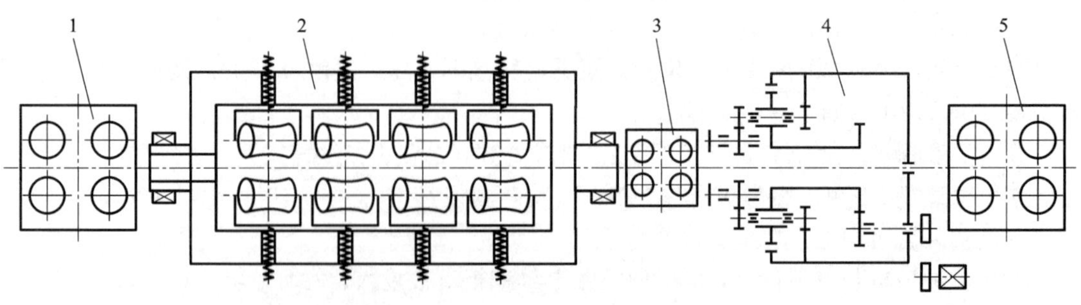

图3－4 典型铣面机组布置示意图

1—前自定心夹送辊；2—多辊框架式矫直机；3—中间定位装置；4—行星铣面机；5—后自定心夹送辊

4）铣面机的工作原理

①传动原理。由于普通车床对加工工件的长度是有一定限制的，对于特别长的连铸管、棒材，用普通车床是无法实现的，针对这一特点发明了行星铣面机，该机主要工作原理是加工工件做轴向运动，铣刀围绕工件作行星运动（一边公转，一边自转），从而达到铣削特长管、棒材外表面的目的。具体传动原理如图3－5所示。行星铣面机由齿轮1、2、3、4，铣刀、皮带轮及电机等组成。

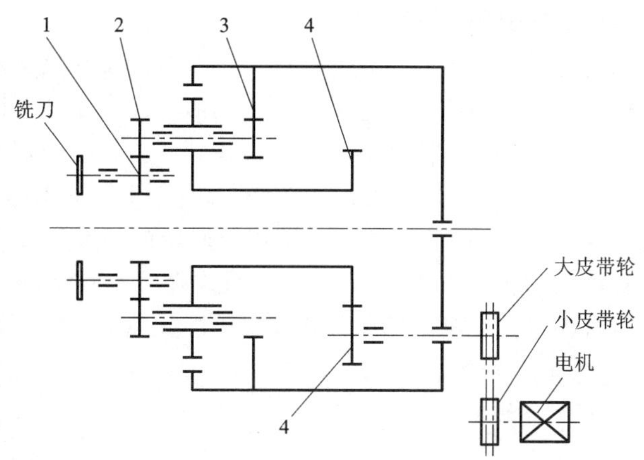

图3－5　行星铣面机的传动原理图

②铣刀调整原理。当用行星铣面机加工管、棒材外表面时，如果管、棒材的表面质量很差，要想达到将表面缺陷完全铣削干净的目的，就须增加铣削量，为了实现这一目的，该行星铣面机的铣刀位置是径向可调的，见图3－6。在公转的空心轴上固有丝杆，通过调整丝杆可实现铣刀径向位置的变动，这样就实现了仅用一种规格的圆盘铣刀、通过一个道次即可对铸坯表面任意厚度的铣面加工，提高了生产效率。

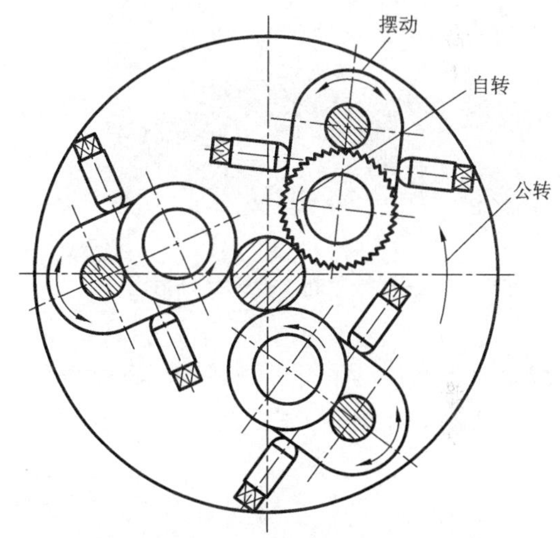

图3－6　行星铣面机的铣刀调整原理示意图

③精确定位原理。行星铣面机采用的是一把铣刀铣削的方式对管、棒材外表面进行加工，在铣削的过程中，由于铣削力对工件产生反作用力，如果在整个铣削过程中工件的定位不够精确，工件就会产生振动，这样就会直接影响产品的质量。在行星铣面机中可以采用双重精确定位方式，除在铣面机前后布置有自定心夹送辊、中间定位装置外，在铣刀的同一截面上还布置有两个支撑轮，随着铣刀一起作行星运动，保证了加工工件在整个铣削过程中定位精确，无振动，铣削出的工件精度高，表面质量好。

（3）行星轧制

1）三辊行星轧制的原理

三辊行星轧机是铜盘管生产的关键设备，最初是由德国施罗曼－西马克公司于1974年研制成功，用于轧制钢棒材，后应用到轧制钢管材。20世纪90年代初，芬兰奥托昆普公司将该型轧机应用到铜管材生产的铸轧法中，成功地轧制出完全再结晶的细晶铜管材，使水平连铸—行星轧制工艺成为现今典型的铜管铸轧生产线。它将水平连铸的空心铸坯进行连续轧制，变形量超过90%，轧制过程中，变形热可使铜管温度上升约800℃，实现完全再结晶。其变形区外形如图3－7所示。

三辊行星轧机是通过3个互成120°角、围绕轧件旋转的锥形轧辊来进行轧制的，在3个轧辊锥形表面之间形成一个带锥度的变形区。由于轧辊倾斜布置，所以从轧辊回转运动中分出一个喂入运动，使轧件通过变形区前进，轧辊工作面形状比较复杂，分为咬入减径、减径减壁、突变减壁、减径定径、定径均壁5个区段。轧辊由一台电机来传动行星齿轮机构的太阳轮作为叠加传动，它是用来消除由于轧辊调整或金属流动条件变化所产生的轧件任何微小的旋转运动。轧机调整简单、方便，只须在径向调整3个锥形轧辊就可获得范围很大的轧机断面。三辊行星轧机主机部分结构示意图如图3－8所示。

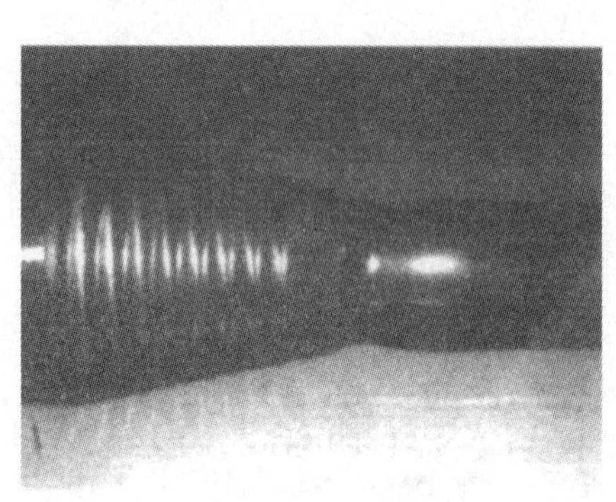

图3－7 三辊行星轧制变形区外形图

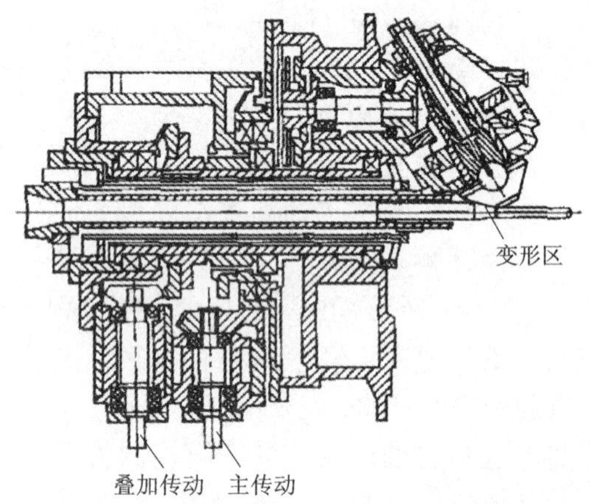

图3－8 三辊行星轧机主机部分结构示意图

经过有限元仿真模拟可观察到三辊行星轧机轧制铜管坯时，管坯从咬入、减壁到辗轧抛出的全过程中要经受一个由圆形、三角形、再归到圆形的变形过程，如图3－9所示。

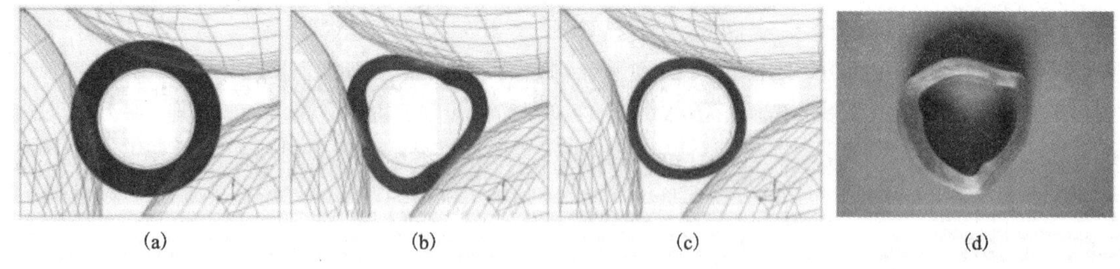

图3－9 坯料断面变形图

(a)初始坯料断面形状；(b)辊缝中坯料的变形状态；(c)变形后坯料的断面形状；(d)辊缝下坯料变形照片

管坯在轧辊入口锥被咬入后，首先径向受到压缩减径，使空心管坯的内表面逐渐贴紧芯棒，并初步形成一个接近三角形的断面形状，为经过轧辊的集中变形段聚集足够的轧制咬入力。管坯接近并达到辊缝最小的轧辊集中变形区后，受到集中段强制性的减径减壁，并出现最大的变形和三角形压扁。随后进入平整段后，由于轧辊母线平行于芯棒，此时管壁受到均匀辗轧。在轧辊的出口锥定型段，孔喉逐渐放大，铜管横向变形加剧，三角形压扁逐渐消失，直到铜管被归圆抛出轧辊。

2）三辊行星轧机的组成及特点

三辊行星轧机由上料架、推料床、主驱动、辅助驱动、回转大盘与底座、轧辊底座、芯杆及芯棒、齿轮传动、中心管、密封护罩及气体保护系统、一次和二次冷却系统、出管飞剪与扩口系统、收卷装置以及电气控制系统等组成。轧机如图 3－10 所示。

图 3－10　行星轧机生产设备

主电机通过传动装置驱动锥形齿轮，并通过锥齿轮直接驱动回转大盘。而辅助电机通过传动系统驱动安装在回转大盘内的太阳轮、行星轮，使三个轧辊座中的轧辊轴产生旋转运动，并带动轧辊运动，此时轧辊随回转大盘作圆周运动，同时又接受辅助电机驱动绕其自身轴线旋转。轧制管坯以螺旋运动的方式进入锥形轧制变形区后，通过调整轧辊公转速度，可以使管材出料时不产生旋转而只前进，从而实现管材的在线卷曲。

①上料架及推料床。通过铣面的坯料逐根翻至上料架上存放，轧制时再由另一个翻料机构将坯料送到推料床上待轧。推料床由推料小车、驱动装置、芯杆送进和返回装置等构成。推料小车用于将待轧坯料送入轧机（变形区）进行轧制。轧制过程中，坯料可在小车滚轮上自由滚动，而小车则可通过小车传动链条在推料床的导轨上作正、反向运动。

②主、辅驱动装置。主驱动装置由大功率电机提供动力，并由计算机控制，可以进行调速，用来驱动回转大盘旋转，正常工作时，主驱动装置只朝一个方向运动。该装置带有降温、自动监测、速度反馈以及中断保护系统。辅助驱动装置由辅助电机提供动力，通过中心轴和太阳轮来驱动行星轮，并带动轧辊座和轧辊旋转，在正常工作条件下，该装置只朝一个方向旋转，在主驱动系统锁住时，也可以进行慢速工作（检查轧辊时）。

③轧制芯杆和芯棒系统。轧机工作时，芯杆对处于轧制变形区的芯棒起定位作用。芯杆一端固定在推料床后端座上，并可随着轧制过程中的坯料一起自由旋转。芯杆前端带有螺纹与芯棒联接，芯杆是空心的，可从其尾端充入高纯氮气，保护轧制管坯在高温变形过程中不产生氧化。抽芯杆座安装在推料床尾端，并带有芯杆夹送装置，通过正、反转动的辊子传动，实现芯杆的前进与后退。

④回转大盘与轧辊底座。回转大盘上安装太阳轮、行星轮和三个轧辊座，轧辊安装在轧辊座上，由辅助电机传动实现高速自转。轧辊底座安装在回转大盘上，由太阳轮传动。轧辊绕轴线自转，其内部还带有调节装置，可使轧辊沿倾斜轴线上下移动，实现轧辊的微调。轧辊座与回转大盘的相对位置可通过调节螺栓对其倾斜角进行调节，保证三个轧辊的空间倾角。轧辊底座见图 3－11。

⑤密封护罩与气体保护系统。密封护罩是将回转大盘、轧辊座等运动部件和前支承封闭起来，使轧机的运动部件在高速运转时，油和水以及运转部件一旦发生故障不飞出来，保证安全和环境清洁。另外行星轧机正常生产过程中，是在高温下进行，为保护产品不被氧化，就必须对变形区内的管材进行气体保护。因此密封护罩与轧机底座一起形成一个密闭的空间，保证高温轧制管材不发生氧化。保护性气体一般为高纯氮气，由外部供给装置提供。轧机的外部轮廓如图 3－12 所示。

图 3-11 轧辊底座

图 3-12 行星轧机的外部轮廓

⑥水冷却系统。行星轧机有两个水冷却箱，分一次、二次冷却。含有润滑乳液的一次冷却水通过缝隙轴喷淋到轧制工作区，起到润滑和冷却轧制管坯的作用，二次冷却是为了防止高温管材氧化，使之温度降到接近室温，冷却水系统通过泵循环供给。

⑦收卷机构。收卷机构分为料筐式和垂直料架卷取式两种方式。由于行星轧机轧制后的管材较软，容易受到各接触装置与部件的擦伤和碰伤。因此，现场生产中多采用垂直料架卷曲方式收卷。轧制管材为在线收卷成盘，为防止产品表面损伤，其牵引、导向和弯曲成卷等所有与管材接触的部件都用橡胶或尼龙材料，更好地保护管材表面质量。收卷机构如图 3-13 所示。

图 3-13 收卷机构

⑧电气控制系统。行星轧机的各操作动作可以通过电气控制系统实现自动控制。电气系统可以对轧制过程中主辅机构的速度、推力以及收卷速度匹配等进行精确调节。另外，通过电气控制系统还可以对设备的各功能信号进行连锁控制，实现安全生产。

(4)盘(直)拉

采用直线联拉(有单拉、二联拉、三联拉)和倒立及正立式盘拉设备(图 3-14、图 3-15)，经过拉伸工艺道次模具设计，采用 YG6 或 YG8 材料制造的模具(目前国外有用聚晶模和陶瓷模)，选择不同黏度内、外用润滑油，将轧管拉制成不同规格，符合用户尺寸要求的铜管。目前，一根轧管经过拉伸重量可达 1 t 以上。最小规格为 $\phi 3.8$ mm × 0.35 mm，长度为 2×10^4 m 以上，壁厚尺寸公差可以控制在 ±0.02 mm。

轧制铜管坯须经过串连拉或三连拉进行一次盘管坯盘拉前的精整，这一过程是经过具有一定变形量的2~3 道次的直拉，使盘管坯的外径和壁厚产生相应减缩，提高精度并改善管坯的表面质量。由于直拉无附加应力，管坯变形时受力均匀。经串连拉或三连拉的盘管坯由于尺寸减少，从而减少了盘管表面擦伤，改善了制品的表面质量。由于减壁时采用游动芯头，可以消除一部分壁厚偏差，改善壁厚的均匀性。所以串连拉或三连拉是现代铜盘管生产中保证产品质量的关键工序，凡是新建的铜盘管均有这一工序。

图 3-14　直线联拉设备

图 3-15　倒立盘拉伸机

由于皮尔格冷轧管机价格昂贵，维修复杂，舒马格公司提出了在挤压后不采用冷轧，而采用串连拉伸的工艺技术。该技术是将舒马格联合拉拔机串连起来，并在每两台之间，增加 1 个长度补偿的活塞装置。在游动芯头直条拉伸中，管材不承受圆盘拉伸中生产的附加弯曲应力，受力条件好，管坯变形程度可达 90% 以上，可以有效地减轻上道工序留下来的管材偏心和壁厚不均，延伸系数可达 1.7 以上。串连拉伸工艺在挤压—轧管—拉伸工艺和水平连铸—行星轧管—拉伸工艺都有应用。采用大吨位挤压机，小挤压比方式挤出较大尺寸的管坯，通过大规格皮尔格冷轧机，然后串连拉伸，管坯可达到圆盘拉伸机所要求的进口尺寸，盘重可达 500 kg 以上。因冷轧管材品质好，尺寸精度高，这种圆盘拉伸坯料，可以用于对尺寸精度要求严格的空调管材生产。通过三辊行星轧管机加工出来的管坯通过串连拉伸，不仅提高了表面质量和尺寸精度，也有效地减轻了圆盘拉伸机的负荷，提高了圆盘拉伸机的效率。

采用挤压、轧管生产盘管坯的生产线大都采用两台串列布置联合拉拔机组成的连拉生产线，中间由活套连接。该设备典型技术参数如下：

①最大拉拔力：1 号拉伸机 15 t，2 号拉伸机 10 t。

②拉伸速度：1 号拉伸机 0 ~ 70 m/min（无级调速）；2 号拉伸机 0 ~ 100 m/min（无级调速）。

③最大管坯尺寸：挤压管坯 ϕ55 mm × 3 mm。

④行星轧制管坯 ϕ55 mm × 2.5 mm。

⑤成品规格：外径不大于 40 mm，壁厚 0.5 ~ 1.5 mm。

⑥最大卷重：450 kg。

⑦拉伸制品椭圆度：不大于 1.5%。

⑧拉伸制品的径厚比：不大于 30。

两台联合拉伸机中间加装补偿机构等辅助机构就可组成二串联联合拉伸机。三台联合拉伸机两两之间加装补偿机构等辅助机构就可组成三串联联合拉伸机。同样，多台联合拉伸机两两之间加装补偿机构等辅助机构就可组成多串联联合拉伸机。其典型结构包含：两台主机、制头机、打坑装置、清洗装置、弯曲矫直、切断等机构。二串联、三串联、多串联联合拉伸机的整体布局形式可根据用户需要而定，如图 3-16 所示。

二串联、三串联、多串联联合拉伸机在铜管、棒材拉伸工艺过程中具有明显的优势。它可以实现铜管、棒材多道次连续拉伸，从而节约了操作辅助时间、减少了操作人员。加上该机自动化程度高，故生产周期短，效率高。串联式联合拉伸机要求在铜管内放多个游动芯

三串联拉伸机直线布局图　　三串联拉伸机直线、U型结合布局图

三串联拉伸机U型布局图　　三串联拉伸机多角度布局图

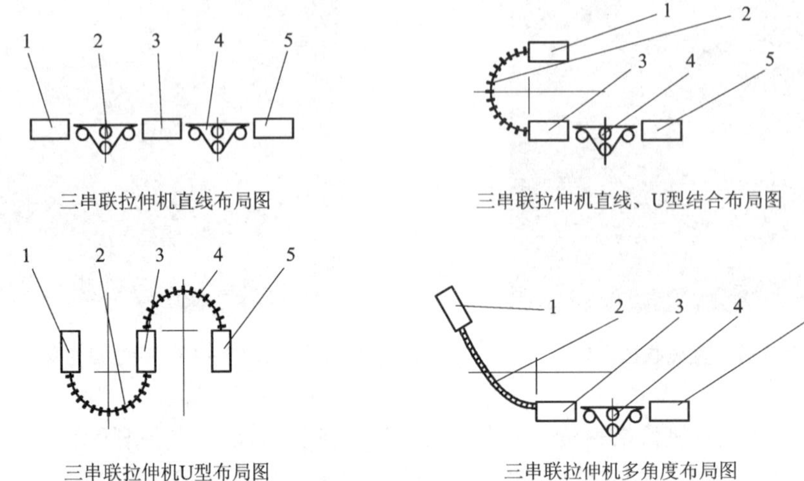

图 3－16　三串联联合拉伸机的几种典型结构布局图

1，3，5—拉伸主机；2，4—补偿机构

头，而只做一次拉伸夹头。因此要求在每个模具后面设计、安装一个自动打坑装置。拉伸多次而只进行一次制头，可减少材料损失，同时也降低了断管的危险性，显著地提高了成品率。

二串联、三串联、多串联联合拉伸机主要结构说明：

①主机，一台主机就可实现铜管一个道次的拉伸。制头机，一般制头机采用四缸液压制头机。其结构紧凑、使用可靠。制头的目的是利于铜管送料时穿过模具以及小车钳嘴钳住铜管实现小车第一循环的拉拔。

②打坑装置，打坑装置在棒材拉伸中不使用。其目的是控制游动芯头有效地达到下一主机，实现下一道次的拉伸工作。

③清洗装置，使用聚氨酯清洗擦块，采用循环水清洗掉铜管表面的污渍及油污。

④弯曲矫直机构主要由几个弯曲矫直轮呈错位排布通过油缸驱动而实现。

⑤切断机构，铜管切断方式很多，通常采用电动、液压、气动为动力源实现有削或无削切割。

⑥补偿机构，根据联合拉伸机工作原理，在两个拉伸小车都夹住铜管进行拉伸前，拉伸只能是间歇式的，管子在运行中有停顿。为了解决这个问题，在串联式联合拉伸机上必须设置补偿机构，起到中间储存作用。加工大规格管坯时，应使用半径为 3 ~ 10 m 的“U”形转弯，管子用旋转臂或小车在滑道上牵引。

(5)精整

通过水平精整缠绕机缠绕，速度可达 450 m/min，经矫直、清洗、涡流探伤（内螺纹管采用旋转探伤）、圆辊和弯辊调整，按用户要求确定可允许的伤点数目，单盘质量达到 100 ~ 320 kg。盘管椭圆度控制为外径的 2% ~3%。为了提高效率，水平精整缠绕机现在多采用双卷筒交替缠绕（见图 3－17）。空调卷盘卷的内外直径应符合表 3－5。

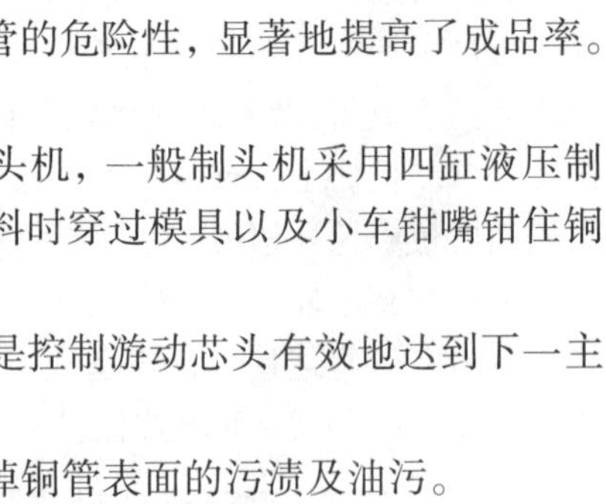

图 3－17　水平缠绕机双卷筒

表3－5　空调管盘卷的内外直径/mm

类型	最小内径	最大外径	卷宽	外径
水平盘管卷	610	≤1230	75～400	—
蚊香形管卷	—	—	—	ϕ300、ϕ400、ϕ500、ϕ600、ϕ800、ϕ900

(6)在线退火

成品退火均为保护性气体光亮退火。退火方式有井式、辊底连续式、辊底步进式。为了提高内表面清洁度，在退火处理时采用了连续吹扫工艺，确保铜管内腔清洁度符合用户要求。

国内很多厂采用在线退火工艺，即用盘拉成筐下料，经过在线退火感应器加热，冷却，晶粒度为0.01～0.04 mm，抗拉强度为206～260 MPa，$A\geqslant45\%$，然后下料成筐直接在内螺纹成形机上进行内螺纹成齿，在线退火速度可达450 m/min。图3－18为在线退火装置。

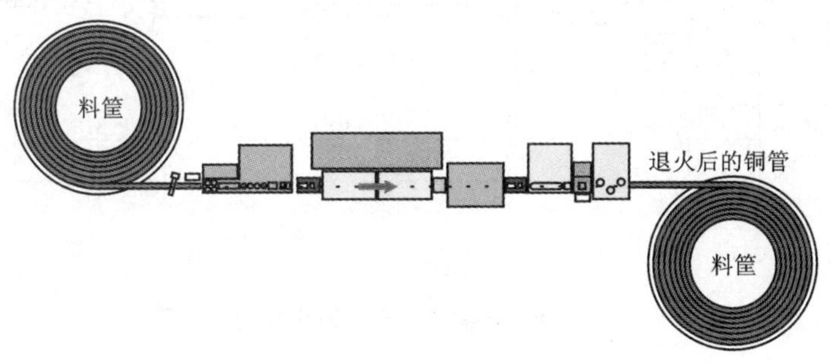

图3－18　在线退火装置

典型连续在线感应退火工艺参数列于表3－6。

表3－6　典型连续在线感应退火工艺参数

管材尺寸 /(mm×mm)	重量 /(kg·m^{-1})	速度 /(m·min^{-1})	退火温度 /℃	加热能力 /(kg·h^{-1})	能耗 /(kWh·t^{-1})	限制因素	感应器线圈
ϕ12.7×0.48	0.1648	300	700	2967	198	kW	一组
ϕ12.7×0.38	0.1316	300	700	2368	167	速度	一组
ϕ11.2×0.38	0.1155	300	700	2088	192	速度	一组
ϕ9.52×0.38	0.0976	300	700	1756	239	速度	一组

铜管感应加热方式与其他加热方式比较，其突出的优点是：

①感应加热是单根连续进行的，只要生产线上的工艺参数(如线速度、温度、冷却等)保持稳定，就可以保证整个盘管每一部分的组织和性能的一致性。此外，由于退火速度很快，加热、冷却均很快，所以退火后铜材晶粒度细小。

②可把精整、内螺纹旋压等工序与在线退火联合起来，省去部分开卷、卷取装置，也节省车间面积，相应减少了投资。图3－19为连续在线感应退火机组示意图。

③同一个感应线圈可以适应较宽的铜管直径范围。

④成材率高，操作人员少，保护气体消耗量少，生产成本低。

⑤节能显著，退火前无须缠绕，退火过程只有工作时才消耗能量，无待机。

⑥符合环保要求。

⑦PLC 程序自动控制，对不同直径、壁厚的盘管进行工艺参数（如退火功率、温度、速度、张力等）的自动控制，系统适应的线速度为 300～500 m/min。

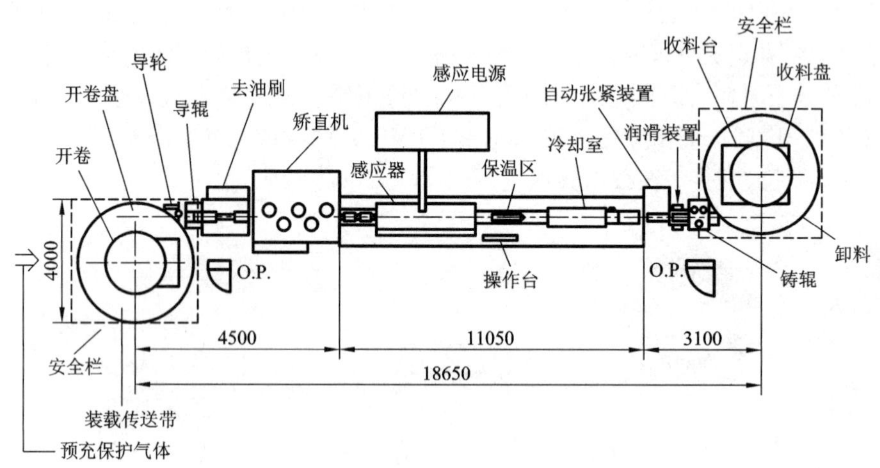

图 3－19　连续在线感应退火机组示意图

典型连续在线感应退火工艺参数列于表 3－7。

表 3－7　典型连续在线感应退火工艺参数

管材尺寸 /(mm×mm)	重量 /(kg·m^{-1})	速度 /(m·min^{-1})	退火温度 /℃	加热能力 /(kg·h^{-1})	能耗 /(kWh·t^{-1})	限制因素	感应器线圈
φ12.7×0.48	0.1648	300	700	2967	198	KW	一组
φ12.7×0.38	0.1316	300	700	2368	167	速度	一组
φ11.2×0.38	0.1155	300	700	2088	192	速度	一组
φ9.52×0.38	0.0976	300	700	1756	239	速度	一组

对于表中所列出的三种不同外径的管材只使用一种感应器线圈。与传统的炉子比较，值得注意的是，感应退火没有辅助能耗。

（7）在线吹扫技术

随着环保要求越来越高，制冷行业采用新型制冷剂为大势所趋。但使用较为广泛的无氟制冷剂如 R134a，在使用过程中因与管路内的残留物互溶性差，导致制冷剂性能劣化产生析出物，容易堵塞毛细管或膨胀阀，导致制冷设备不能正常运转。因此，要求制冷系统使用的铜管内表面含杂质量少，对铜管内表面清洁度提出了更高要求。关于铜管内表面清洁度的要求，美国标准为 38 mg/m^2，欧洲标准为 20 mg/m^2，日本标准为 10 mg/m^2 以下。因此，提高管材的外观质量，减少铜管内外表面残留物是铜管生产企业不断追求的目标。为此，近年来，退火炉设备中除增加了真空锁气室外，吹扫功能也越来越成为必备的手段。不仅包括楼式退火炉、井式退火炉和钟罩式退火炉，单层进料的辊底式退火炉也要求具有吹扫功能。真空锁气和吹扫技术的采用，不仅提高了管材表面质量，也达到了节能、节气的效果。

一般情况下，影响铜管内表面清洁度的最主要因素是在拉伸过程中残留的润滑油，其残留物若在退火时不能完全挥发并排出管外，则会严重影响管内表面清洁度。内螺纹盘管由于内表面有很多沟槽，清除残油就更加困难。

盘拉加工后，管材内表面残留的润滑油，在保护性气氛中加热到一定温度时开始蒸发，随着温度的上升及蒸发的持续，铜管内表面残留的润滑油会逐渐减少，最终会完全蒸发(见图 3 - 20)。但是，管内蒸发成气态的润滑油若没有被及时排出管外，气化了的润滑油在急速冷却时会再凝结而残留在铜管内表面，最终导致内表面清洁度达不到要求。因此，在铜管急速冷却之前(润滑油开始蒸发温度以上)，向管内通入纯净的保护气体，将管内已气化的润滑油排出管外，实现提高铜管内表面清洁度的目的。这一过程称为内吹扫。

根据大量的试验数据：在润滑油开始蒸发时(200 ~ 250℃)开始进行热吹扫，吹扫保护性气体以间断性脉冲式送入管内，并保持较高的吹扫气体压力，就能够使内吹扫取得最佳效果，可使铜盘管及内螺纹盘管的内表面清洁度稳定在 10 mg/m^2 以下。图 3 - 21 为退火炉连续吹扫设备。

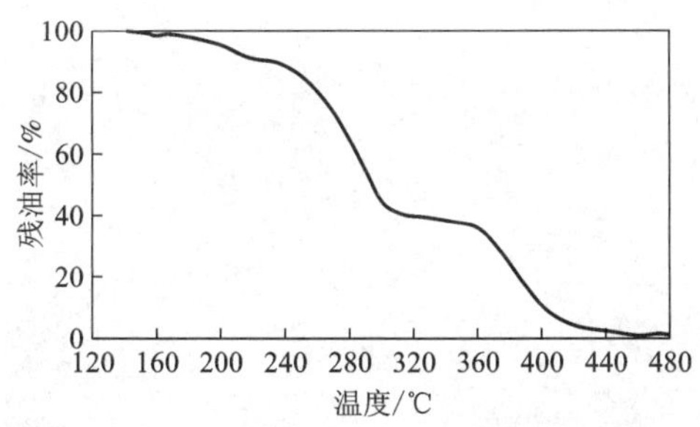

图 3 - 20　润滑油在铜管内热分解后的残油率
(保护性气氛下各个温度加热时间均为 50 min)

图 3 - 21　退火炉连续吹扫

3.1.5　挤压—轧制生产法

1. 感应加热

锭坯加热可采用三种加热方式：燃气(油)加热、感应加热和燃气(油)预热 + 感应加热。第三种加热方式为优化组合方式，可达到高效率、低成本(气体或燃油加热的成本仅为电加热成本的 1/3)的目的。目前国内的铜盘管生产厂大都采用感应加热锭坯的方法。

感应加热炉是以工频电流进行感应加热，与高频、中频相比，工频加热设备简单，费用低，电流透入深度大，可以进行深层加热，有利于缩短加热时间。感应加热炉分为周期式、连续式或步进式，一般挤压机配套用的感应加热炉多为步进式。感应加热炉主要特点是：①加热速度快，比煤气炉加热快 10 倍以上。②加热时间短，烧损小，与其他加热方式相比，金属损耗量明显减少。③加热炉体积小，容积可以缩小到仅装 3 ~ 5 根锭坯程度，即可满足挤压机生产需要，占地面积较小。④没有环境污染，锭坯在加热过程中，锭温可实现自动控制，锭坯加热质量良好。⑤便于实现机械化和自动化，劳动条件好，可以减少操作人员，另外可同时配置并排的两台感应加热炉（交换使用），避免加热炉出现故障时造成停产，提高生产效率。工频感应加热炉见图 3 – 22。

图 3 – 22　工频感应加热炉

感应炉加热锭坯温度达到设定温度后进入均热炉均热，此时均热炉的温度设定应该偏高于感应加热炉的温度设定。因为，在感应炉中加热锭坯时，根据感应原理，锭坯外层先加热，而且在整个锭坯表层上均匀加热到一定的厚度（即为表层厚度），而锭坯中心层主要是靠热传导受热，热量通过对流方式由锭坯表层向锭坯内部传递，这样实际加热时，锭坯表层与锭坯中心就容易形成一个温度差。一般在加热结束时，锭坯内外温度差异很小，实际生产中测量为 15 ~ 20℃。因此均热炉设定温度值应该偏高于感应加热炉的温度设定值，这样可以保证锭坯本身温度不散失，而且在均热期间锭坯表层温度更有效地向中心传递，保证锭坯整体温度达到一致。

2. 挤压机

空调管的盘重越大越好，要求铸锭要大，要相应使用大吨位挤压机，同时管材挤压要先穿孔，因此，挤制空调管坯的挤压设备均为大吨位双动挤压机。典型挤压机如图 3 – 23 所示。

图 3 – 23　40MN 正向卧式双动油压机

3. 周期式冷轧管机

挤压管坯须经周期式冷轧管机一道次轧制后成为盘管坯。周期式冷轧管机是 20 世纪 40 年代由联邦德国西马克公司研制的皮尔格轧机，现已发展到第四代。国内研制的铜管坯周期式冷轧管机，虽然总体技术水平上与德国西马克公司的设备尚有差距，但就生产铜盘管坯而言，轧机结构简单、操作、维护方便，功能完全能够满足要求。目前，几个主要轧机生产厂已研制出 ϕ110 mm 或更大的轧管机，以提高盘管坯的盘重。

3.1.6　铜带焊接生产法

铜管焊接在生产形式上有两种：一是用带坯焊接成管坯，然后进行盘拉、精整、退火；二是用成品带材直接焊接成所需的规格，再经精整、退火、检验、包装。在铜管的焊接方式上也有两种：一是氩弧焊接，二是高频焊接。

经过试验和大批的使用证明：焊接铜及铜合金管的焊口部分的金属组织与性能和基体的组织与性能完全一样，焊接铜管的用途与无缝管也没有什么区别。在俄罗斯，除在扩口检查方面对焊接管坯有单独要求外，其他要求均与无缝管一样。

焊管机组的工艺与设备为：开卷→横切头(尾)、对焊→活套→成形→焊接→冷却→涡流探伤→定径→盘卷，下线后再进行盘拉、精整、退火，也可以经联合拉拔机变成直条管。另外，还有定径后经3～5道次连续盘拉的焊接机组，用于小径管。

目前，国内在焊接法生产铜管方面几乎还是空白。主要原因是焊接铜管对原材料——铜带的质量要求非常高，要求大卷重、表面质量好，特别是对横、纵向公差的精度要求严，同时还要求平直度高，纵剪边部质量好、无毛刺。近年来，国内铜带生产的质量发生了质的飞跃，已完全能够满足焊接管对带材的要求了。而对铜板、带生产企业而言，建立焊管生产线则不仅是铜带项目的延伸，而且也扩大了产品品种，特别是在项目投资上比挤压、轧管与行星轧制法生产管坯的方式要小得多。

3.1.7 普通空调管的典型缺陷

空调管典型缺陷形貌、产生原因和解决措施见表3－8。

表3－8 空调管典型缺陷形貌、产生原因和解决措施

形貌	产生原因	解决措施
表面变色，产品呈红、褐、灰、蓝、黑等颜色变化	退火时，炉内氧含量偏高，使产品氧化	控制炉内氧含量；检查与铜管接头处是否漏气
内壁含油、变色	油品未完全挥发或炭化	选择易挥发、残油与残炭量小的内壁油作润滑剂；退火处理时，内壁充保护性气体吹气，并延长持续吹气时间
表面出现断续性似锯齿形状伤	生产各环节的碰伤、压入等造成	对各生产环节加强管理，防止磕碰；对轧制坯管进行联拉处理

3.2 内螺纹空调管

3.2.1 概述

内螺纹铜管是在光管的基础上经过旋压成形，在光盘管的内壁加工出一定数量、一定螺旋角度和一定齿形、齿高、齿顶角的螺纹沟槽。由于内螺纹空调管与普通空调管相比，内表面面积增加了2～3倍，加上形成的湍流作用，从而使热传导效率提高了1.3～1.5倍，可节能15%，这些优势使内螺纹铜管得到很快推广。在主要铜盘管企业，内螺纹盘管的比例一般大于50%。内螺纹空调管从齿型上可以分为等高齿、高低齿、交叉齿、瘦高齿、断续齿等，图3－24为常见的内螺纹铜管实物图片。

按照国标GB/T 20928—2007中的要求，内螺纹铜管产品按照产品名称、牌号、状态、外径、底壁厚、齿高加齿顶角、螺旋角、螺纹数和标准编号的顺序表示。

示例：用TP2制造的，供应状态为M2，外径为9.52 mm，底壁厚为0.30 mm，齿高为

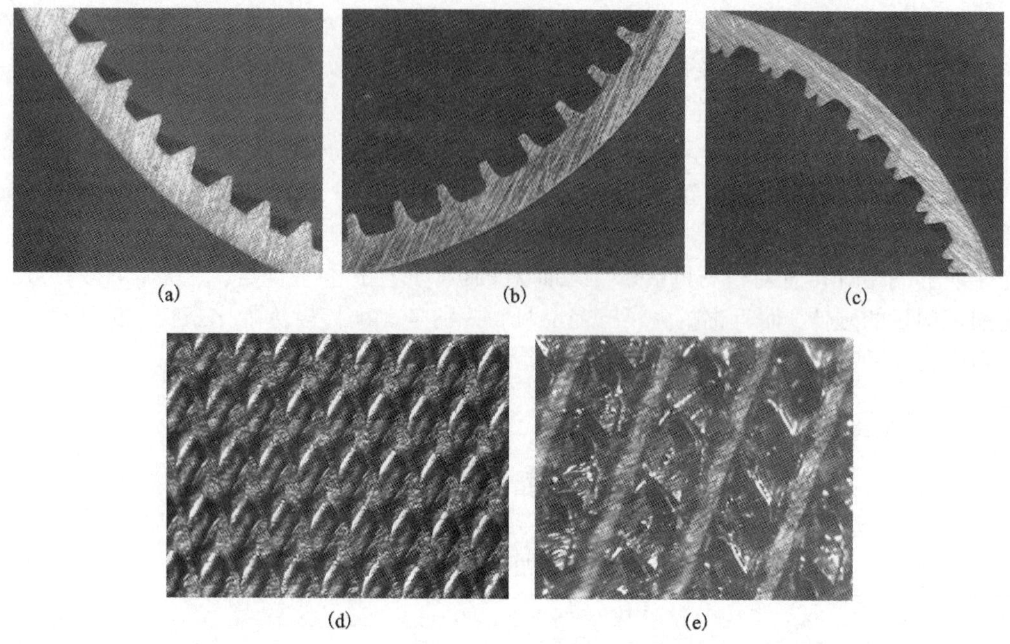

(a) (b) (c) (d) (e)

图 3-24 常见的内螺纹铜管实物图片

(a)等高齿内螺纹铜管；(b)瘦高齿内螺纹铜管；(c)M 型齿内螺纹铜管；(d)断续齿内螺纹铜管；(e)交叉齿内螺纹铜管

0.20 mm，齿顶角为 53°，螺旋角为 18°，螺纹数为 60 条的无缝内螺纹盘管标记为：无缝内螺纹盘管 TP2 M2 ϕ9.52 ×0.30 +0.20 -53 -18/60 GB/T 20928—2007。

3.2.2 内螺纹铜管的性能及质量指标

1. 内螺纹空调管尺寸参数及其对传热性能的影响

(1)内螺纹空调管齿形参数

常用规格几何参数见表 3-9，内螺纹空调管齿形图见图 3-25。

(2)内螺纹空调管尺寸参数及其对传热性能的影响

1)外径

早期空调换热器中使用较普遍的铜管直径为 9.52 mm 左右，进入 1990 年以后一些空调器生产企业已经将换热器的传热管管径细化成 7.0 mm，其中蒸发器管径细化的现象最为普遍。这种细管径的换热器，由于管与管之间距离缩小，使得肋片效率提高、传热有效面积增加、空气流过时的流动阻力减小，强化传热。1995 年以后，一些家用空调器生产企业又将传热管的管径进一步细化为 6 mm，甚至 5 mm，传热效率又进一步提高，尤其是在应用于替代制冷剂 R410A 的室内机时，由于 R410A 制冷剂系统的压力比 R22 的高 1.6 倍左右，使用细径管有利于提高安全可靠性。

表 3－9　内螺纹铜管齿形常用规格几何参数

序号	规格 /(mm×mm)	外径(±0.05) /mm	底壁厚(±0.03) /mm	齿高(±0.02) /mm	齿顶角(±5) /(°)	螺旋角(±2) /(°)	齿数 /条
1	5.00×0.25	5	0.20	0.14	40	16	40
2	6.35×0.34	6.35	0.26	0.20	40	18	45
3	7.00×0.25	7.00	0.25	0.18	40	18	50
4	7.00×0.27	7.00	0.27	0.15	53	18	60
5	7.00×0.28	7.00	0.25	0.10	40	15	65
6	7.00×0.31	7.00	0.25	0.15	56	18	60
7	7.94×0.25	7.94	0.25	0.18	40	18	60
8	7.94×0.28	7.94	0.28	0.15	53	18	60
8	9.52×0.27	9.52	0.27	0.16	30	18	70
10	9.52×0.31	9.52	0.28	0.12	50	15	65
11	9.52×0.34	9.52	0.28	0.20	40	18	60
12	9.52×0.35	9.52	0.28	0.15	53	18	60
13	9.52×0.36	9.52	0.30	0.20	53	18	60
14	9.52×0.41	9.52	0.35	0.15	53	18	60
15	12.7×0.41	12.7	0.41	0.25	53	18	60
16	15.88×0.40	15.88	0.40	0.20	53	18	60

目前国内的内螺纹管管径主要有 12.7 mm、9.52 mm、7.94 mm、7 mm、6.35 mm 和 5 mm 等几种规格，其中 9.52 mm 与 7 mm 应用最为普遍。并且随着铜等原材料价格上涨及国家对空调能效的要求，铜管正朝着细径薄壁的方向发展，但管径太小会造成冷媒阻力变大，薄壁会使工作中管子出现泄漏或者爆裂的可能性增加。

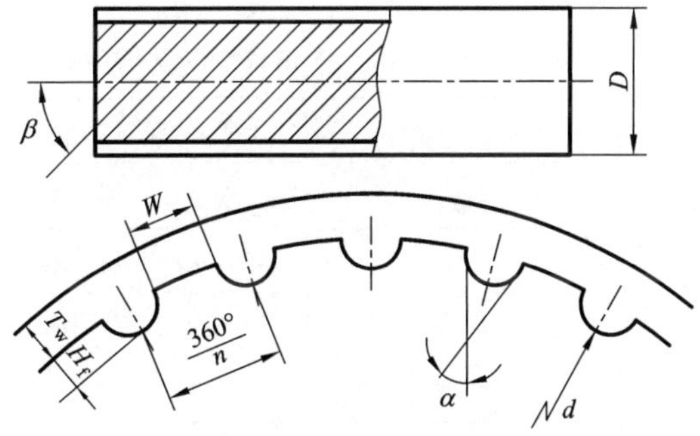

图 3－25　内螺纹铜管齿形图

D—外径；d—内径；T_w—底壁厚；H_f—齿高；W—槽底宽；α—齿顶角；β—螺旋角

2)底壁厚

目前内螺纹管底壁厚一般在 0.20～0.30 mm 范围内，底壁厚越薄传热效果越好，但底壁厚过薄会削弱管材的强度以及齿的稳定性，不仅不利于后道工序的“U”形弯管质量与焊接质量，而且同样也会因齿的稳定性差，影响传热效果。

3)齿高

齿高是影响传热的重要因素，增加齿高会使内表面换热面积和刺破液膜能力增加，内螺纹管传热效果增强，但齿高的增大受加工技术的限制。目前内螺纹管齿高一般在 0.10～0.25 mm 范围内。

4）螺旋角

螺旋角的存在是为了使流体旋转，使管道中流体产生与径向不同的二次流，增加湍流的强度，从而使对流换热得到加强，换热系数随之增加，所以螺旋角增大能增强换热系数。但随着螺旋角的增大，压力损失也随之增加，故螺旋角也不是越大越好，而是有一个合理的范围。

5）齿顶角

齿顶角小，有利于增加内表面换热面积，减薄冷凝传热的液膜厚度，增加蒸发传热的汽化核心，但齿顶角过小，则内螺纹管齿的抗胀管强度过小，齿高在胀管后被压低的程度及齿型的变形量增加会引起传热效率降低，因此在保证齿的抗胀管强度的前提下，内螺纹管的齿顶角尽可能小些。目前国内一些厂家做出的内螺纹瘦高齿齿顶角能达到20°左右。

6）齿数（螺纹数）

增加齿数即螺纹条数，能够增加汽化核心的数目，有利于沸腾换热，增加内表面换热面积。但是齿数增加过多，会使齿间距过小，反而减弱了管内流体的被搅拌强度，且加大了齿间液膜厚度，增大了热阻，而降低了换热能力，使得螺纹管的换热效率趋近于光管，故齿数应控制在一定的范围内。

7）槽底宽

槽底宽尺寸大有利于传热，但槽底宽尺寸过大，胀管后齿高被压低的程度及齿型的变形量增加，传热效率将降低，因此在保证抗胀管强度的前提下，槽底宽尽可能大。

8）润周长

增加润周长可以增加汽化核心数，使蒸发传热效率显著提高。因此，对于蒸发器用管，管内横截面润周长越大越好。润周长的增加，可以通过增加齿高和减少齿顶角来实现。

内螺纹铜管几何参数对蒸发器、冷凝器换热性能的影响见表3－10。

表3－10　内螺纹铜管几何参数对蒸发器、冷凝器换热性能的影响

项目		蒸发器	冷凝器
湿周	齿高	越大越好	有一最佳值
	内径	越小越好	越大越好
	齿条数	有一最佳值	另有一最佳值
	槽底宽	越大越好	越大越好
齿顶角		越小越好	越小越好
螺旋角		有最佳值	大些好

2．使用过程对传热性能的影响因素

空调制造企业制造换热器的各道工序正确地使用铜管，对提高与充分发挥内螺纹管的传热效率以及保证换热器的生产质量，降低材料报废率及产品的制造成本，有着极其重要的作用。

（1）“U”形弯管工序

首选，要选择直径大小合适的弯管芯头，芯头的直径一般要比内螺纹管的直径小

0.2～0.4 mm，其中大直径的铜管取大值，小直径的铜管取小值。如果芯头直径选取过大，则“U”形管的尾部外侧易开裂，选取过小则“U”形管的尾部内侧易起皱。

其次，要选择合适的弯管速度，例如弯曲长度为 800 mm 的铜管，每次弯管的速度选择在 10 s 左右为宜，过快会影响弯管质量，过慢则影响生产效率。

弯管机弯管芯头位置调整也比较重要，位置离“U”形管的尾部太近，则尾部外侧易开裂，离“U”形管的尾部太远，则“U”形管的尾部内侧易起皱。

另外，在弯管过程中要使用合适黏度、合适数量的润滑油来进行润滑。如果黏度过低或喷油量过少，则弯管后“U”形管的尾部外侧易造成开裂，尤其是在之后的胀管过程中，因润滑不足，倒齿程度会加大，影响传热效果；黏度过高或喷油量过大，则不仅弯管后“U”形管的尾部内侧易起皱，而且油脂不易被去除（即残留在换热器内），在影响传热效果的同时，也会影响焊接质量，使得泄露量增加。

内螺纹管在“U”形弯管后一般很难也没有必要做到绝对没有起皱现象，起皱高度一般控制在不大于 0.4 mm 就行。

（2）胀管工序

胀管的目的是消除传热管与传热片之间的缝隙，实现其相互之间的连接和传热。目前空调厂一般都采用机械胀管的方式，该方式具有操作简单、成本低等优点，值得注意的是机械胀管时胀头对内螺纹管的齿形及参数具有破坏作用，破坏的程度取决于胀接量的大小，而胀接量的大小又取决于胀头直径的大小。

根据试验结果，胀头直径一般胀管率在 1.7% ～2.3% 的范围内选取。当胀管率大于 2.3% 时为过胀，管子胀后会产生过大的塑性变形，加工硬化现象将变得严重，极易导致管子出现裂纹等缺陷，传热片孔也可能产生较大的塑性变形而使胀后的传热片不能有效地回弹，特别是会使倒齿程度加大，既对内螺纹管齿形造成较大的破坏而影响传热效率，同时其冷凝器折弯时也容易造成折管，尤其是双排冷凝器的内排铜管折管的可能性更高。当胀管率小于 1.7% 时为欠胀，铜管胀后未产生足够的塑性变形，从而会因传热管与传热片之间的接触热阻较大，而使传热效率降低。因此，选择合适的胀头直径，对传热效率的充分发挥尤为关键。

为确保胀头直径选择的正确性，一般铜管通过拉脱力试验和解剖检验进行验证。拉脱力试验是检验传热管与传热片之间脱离时所需力的大小的试验。根据实践试验：拉脱力应大于 15 kN。解剖检验是将传热管与传热片线切割分解后检查胀接处应无起皮、裂纹、皱纹、切口和偏斜等缺陷，传热片管孔部分无开裂现象，传热管与传热片之间应贴合良好，传热片片距均匀，通过仪器检测其内螺纹的齿高降低量应在 0.01～0.02 mm 为好。

另外，要选择合适的胀管速度。例如当换热器的胀管长度在 800 mm 时，每次胀管的速度选择在 15 s 左右为宜。过快则倒齿程度会加大，影响传热效率；过慢，则影响生产效率。

（3）脱脂工序

换热器脱脂工序及清除“U”形管与传热片上的挥发油时，应选择合适的工艺参数来进行。脱脂时间过短，油脂清除不净，会影响传热效率；脱脂时间过长，会加大生产成本。前道工序在选用挥发油时，最好在保证润滑性能的同时，尽可能选用高挥发性的挥发油，并尽量延长胀管与脱脂的间隔时间。这样有利于缩短脱脂时间，减少能源消耗，降低生产成本，提高脱脂质量。

内螺纹铜管在使用过程中对换热器质量及传热性能的影响因素还有很多，总之，须根据换热器用铜管的力学性能、胀管收缩率、管内外径、底壁厚、齿高等参数来设置换热器制造过程中"U"形铜管的下料长度、弯管机弯管芯头位置、胀管叠片尺寸等工艺参数。如铜管参数改变，则须根据情况调整加工过程中的工艺参数，但频繁调整工艺参数容易造成产品质量的波动和生产效率的降低。因此，铜管技术参数确定后，要求内螺纹铜管生产厂保持铜管技术参数的稳定性或将铜管的技术参数控制在较小的范围内。另外，同一规格的内螺纹铜管常因为各厂家提供的产品在尺寸、机械性能等方面的偏差，造成铜管胀管收缩率差异较大，进而在换热器生产过程中须针对不同厂家的产品调整工艺参数，同时严格控制整个生产过程，防止不同厂家的铜管混用。

3. 内螺纹铜管性能质量指标

为确保内螺纹铜管的传热效率及空调产品的性能，内螺纹铜管制造企业应该参照目前的一些国家标准以及用户的要求，制定严格的内螺纹铜管内控质量标准，为用户提供优质高效的产品。空调制造企业应该参照目前的一些国家标准、内螺纹铜管制造企业的内控质量标准、企业内部的工艺条件以及空调产品的实际需求等，制定合理的内螺纹铜管质量验收标准，对内螺纹铜管的表面质量、外形尺寸、齿形几何参数、化学成分、力学性能、清洁度等质量指标进行有效的控制。

(1)齿形几何参数尺寸公差

任何一个齿形几何参数的改变，都会对内螺纹铜管的传热性能产生影响。因此要对齿形几何参数尺寸公差进行严格的规定。在铜管进货检验时，要严格按照 GB/T 20928—2007《无缝内螺纹铜管》中的附录 A 规定对内螺纹铜管的齿形几何参数进行检测，检测周期(频次)：一般以内螺纹铜管制造企业同一台设备每生产 10 t 左右的铜管为一个检验周期。如发现接近或超出所要求的公差范围，则必须要求内螺纹铜管制造企业更换模具。

(2)室温力学性能

根据实践，当内螺纹铜管的抗拉强度 $R_m > 255$ MPa 且延伸率 $A < 43\%$ 时，铜管偏硬且韧性及可塑成形性差。"U"形管弯管后，其"U"形管尾部外侧易发生开裂现象，"U"形管扩口后，其扩口部位也易发生开裂现象。如果实际值与标准值相差较大，则胀管时也易使铜管发生开裂及内漏现象。

当铜管的抗拉强度 $R_m < 235$ MPa 时，铜管偏软，不仅在"U"形管弯管后尾部内侧易发生起皱现象，而且在胀管时会使齿形变形程度及倒齿现象加大，尤其是当抗拉强度实际值比标准值越低，其齿高变形降低量将加大，越会影响内螺纹铜管及换热器的传热效果。

(3)化学成分

企业内控标准一般将磷含量取上限，主要是因为磷具有以下优点：①起到合金元素的作用，对提高铜管的强度有利；②可以提高铜管的再结晶温度，减少在焊接时因高温而强度降低的倾向；③在焊接时可以起到自钎剂的作用，能够防止焊接时吸氢，提高焊接质量，减少换热器泄露的隐患。

(4)其他性能质量指标

铜管的其他性能质量指标还包括：晶粒度、表面质量、内壁清洁度、米克重以及扩口试验、探伤检验、氢脆试验、密封性能试验等，都应该制定严格的企业内控标准，以便控制内螺纹铜管的质量，确保空调产品性能的稳定与提高。

3.2.3 内螺纹成形加工方法

1. 焊接法

焊接法采用在铜带上直接轧制成纹再焊接的方法。其生产工艺流程为：高精度铜带→螺纹轧制→成形焊接→定径→精整卷取→退火→包装。

焊接管的主要原料为TP2材质的紫铜带。生产时，铜带头尾焊接保证生产线连续运转。铜带首先经过滚压螺纹工序，根据螺纹形状的不同，选择不同数量的压纹辊。压过螺纹的铜带经数道成形辊后进行高频焊接。为了保证管径的均匀和尺寸，焊接后首先用刮刀去除外毛刺，然后经过定径辊定径，以保证管材的外径和椭圆度符合技术要求。

目前在世界空调和制冷行业用铜管中，焊接管所占的比例还很小。除了对焊接管的传统认识存在障碍外，制约推广焊接管的重要原因之一是原材料铜带的成本较高，同时由于这种工艺技术难度大，目前还处在发展阶段。

焊接法内螺纹管成形工艺过程如图3-26所示。其最关键的两个工序为螺纹轧制和焊接。

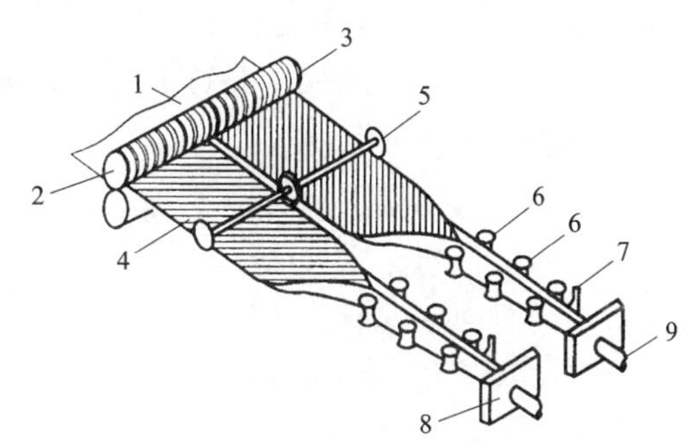

图3-26 焊接法生产内螺纹管的示意图

1—铜带；2、3—带槽的轧辊；
4—轧成沟槽的带材；5—圆盘剪；6—成形辊；
7—焊接装置；8—定径模座；9—焊管成品

(1)螺纹轧制

压纹辊的设计和制作是焊接成形的核心技术，设计不科学的压纹辊会导致铜带变形不均匀，造成周期性的焊接缺陷，同时缩短轧辊的使用寿命。

(2)高频焊接

高频焊接的线速度非常快，一般平均速度在150 m/min左右，如此快的加工速度，对挤压和导向轧辊的精度提出了更高的要求。

2. 拉伸法

拉伸法生产的内螺纹铜管为无缝内螺纹铜管，无缝内螺纹铜管是目前空调制冷行业普遍采用的传热管，其加工方法归纳起来主要有两种：一种是挤压拉伸法；一种是旋压拉伸法。

(1)挤压拉伸法

挤压拉伸法与光面管衬拉伸相似，在拉伸过程中，由于受到力的作用，螺纹芯头在变形区内产生旋转运动，而管子不转动，只做轴向直线运动，在拉伸外模及螺纹芯头的作用下，管子内壁被迫挤压出螺旋凸筋，从而成形内螺纹管，见图3-27。这种方法虽然装置简单，但不易使螺纹沟槽深度达到理想状态，因在挤压成形过程中，材料在被拉伸的轴向上，容易流动，而在成齿的径向上流动

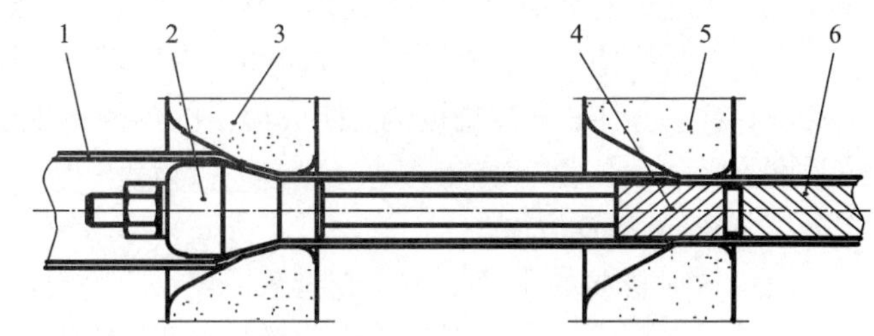

图3-27 挤压拉伸法示意图

1—管坯；2—游动芯头；3—减径外模；
4—螺纹芯头；5—拉伸外模；6—内螺纹管

困难，且螺纹起槽处处于滑动摩擦，应力大，温度高，更难加工小直径薄壁内螺纹管。

(2)旋压拉伸法

旋压拉伸法有两种方式：一种是行星滚轮旋压；一种是行星球模旋压。它的加工原理是用几个行星式回转的辊轮或滚球对管材外表面进行高速旋压，使材料产生塑性变形，使螺纹芯头上的螺旋齿映像到管材的内表面上，从而形成内表面上的螺纹。这种方法与挤压拉伸法相比，不但能变滑动摩擦为滚动摩擦，降低起槽应力，而且能加工较深的螺纹沟槽，管子经旋压加工也大大改善了其力学性能。

行星滚轮旋压是 20 世纪 70 年代日本发明的一种突破传统拉伸工艺的内螺纹管加工方法，如图 3 – 28 所示。但在实际生产中，辊轮的加工精度和安装精度很难达到理想状态，且磨损快，寿命短，加工成本高。经过铜管加工行业不断的技术创新与改进，目前，国内外绝大多数内螺纹管生产企业所采用的加工方法均为行星球模旋压法，此方法工艺先进，技术稳定，产品质量高。

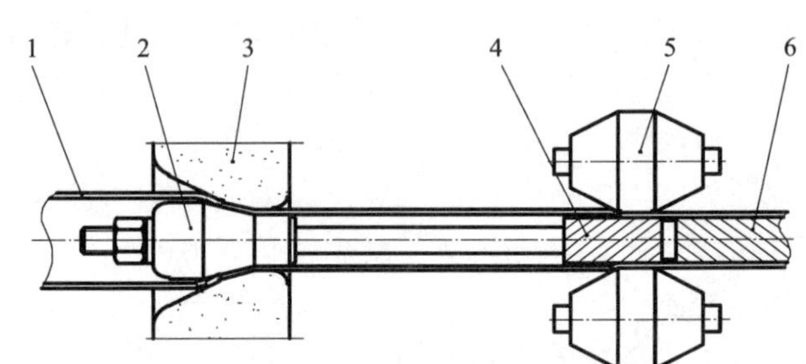

图 3 – 28 行星滚轮旋压法示意图

1—管坯；2—游动芯头；3—减径外模；4—螺纹芯头；5—行星滚轮；6—内螺纹管

3.2.4 行星球模旋压成形技术

1. 成形原理及条件

行星球模旋压成形技术是近 10 年来广泛运用于铜管加工行业的。其成形原理是：旋压钢球在软态铜管的表面旋压，使内表面与有一定规则的螺纹芯头碾压成与螺纹芯头完全吻合的连续螺纹，见图 3 – 29。

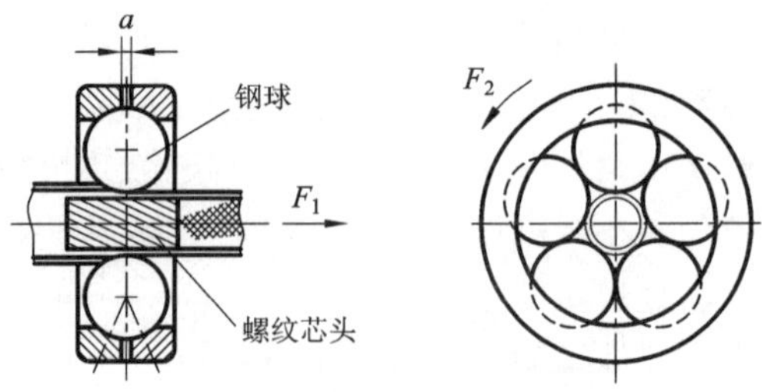

图 3 – 29 行星球模旋压成型原理图

行星球模旋压采用钢球进行内螺纹的旋压起槽，由于钢球与管材是点接触，且产生行星式转动，因此所须拉伸力降低，球的使用寿命长；同时钢球安装简单，整个旋模结构小，重量轻，转动惯量低，有利于提高球模的旋转速度，适于高速拉伸；再者钢球加工难度低，易生产，可降低生产成本；更重要的是钢球尺寸均匀性好，对中方便，安装精度高，使成形后的内螺纹铜管质量稳定，外表面粗糙度小，管内螺纹精度高。

2. 成形设备及方法

内螺纹成形前的所有工艺与光盘管一样，只是对原材料、管坯的尺寸公差、组织、性能、内外表面质量要求更严。对于内螺纹旋压成形拉伸所用的专门设备和加工方法，目前主要有三种：直拉式，倒立盘式，“V”形槽式。

(1)盘拉旋压法

此种方法目前用的最多，国内有近百台。它与光管拉伸方法基本相似，只是把原有的模座、模盒改为旋压头，由于拉伸速度要与旋压速度匹配，所以内螺纹成形盘拉机的线速度较低。此外内螺纹在成形时主要是把盘管内表面旋压出齿形，外径变形量很小，壁厚几乎不变，所以所须拉伸力也小，主机电机功率也大大减小。

(2)“V”形槽盘拉旋压法

此种方法采用的设备是“V”形槽盘拉内螺纹铜管成形机组，它与盘拉机在内螺纹旋压成形部分均一样，只是把复杂、庞大的盘拉机变成了一个简单的带有“V”形槽的一个盘，盘的下部有一驱动装置，它带动管坯通过旋压头(高速直线电机)，拉出的内螺纹铜管包在“V”形槽内一圈(包角 285°)并由一套两个压辊压紧，靠摩擦力与包角的作用拉着管子随“V”形槽盘旋转并与进口处呈直角方向出来，之后由收卷盘收卷。

(3)内螺纹铜管拉拔成形机组

该机组由江苏兴荣高新科技股份有限公司开发研制，其主传动由上、下两组履带式传送带，每节带上装有对称一致的夹块，几十对夹块靠摩擦力夹着管子向前运动，其最大特点是整个拉拔过程呈直线进行，不存在盘拉时的弯曲应力。

(4)轻型内螺纹旋压成形盘拉机

这种内螺纹盘管旋压机是由苏州冶金设备公司开发的，其结构基本上与内螺纹盘拉机一样，只是轻型化、主电机更小一些，为了防止拉拔力不够，在被拉盘管的外面有一段窄布带压着它。

(5)舒马格内螺纹联合拉拔机组

德国舒马格公司在原有舒马格联合拉拔机的前面加上内螺纹旋压设备就组成了舒马格内螺纹联合拉拔机组。整个拉拔过程在直线拉伸状态下完成，被拉管子无弯曲应力，是目前最好的内螺纹生产方式。但其制造成本和销售价格也相应较高。

3. 成形装置结构

常见的内螺纹成形装置结构主要包括：预拉伸系统、旋压装置、动力机构、精整装置、冷却及润滑装置、清洗装置及铜管收料、放料装置等。

内螺纹成形首先要求管坯的偏心度小及管壁均匀性高，以保证内螺纹成形稳定并准确。为了保证内螺纹成形的这一前提条件，内螺纹成形前必须进行一次预拉伸。预拉伸后的铜管尺寸必须考虑到有内螺纹成形所须的旋压余量及螺纹芯头灵活转动的间隙。

根据内螺纹成形机的拉拔方式，可分直线拉拔和盘式拉拔。直线拉拔可以使铜管产生良好的几何形状，但会对成品管材的外观质量造成一定的损伤，因此国内外应用很少。盘式拉拔在全球使用最广泛。

根据内螺纹成形旋压动力的不同需求可以配置不同的传动系统，一般使用电机功率配置为 9.0 ~ 15.0 kW。因内螺纹铜管表面质量要求清洁、光滑，不应有影响使用的有害缺陷，所以旋压速度要求很高，旋压速度越高，内表面越光洁。根据经验，拉伸速度与旋压速度符合 1∶0.4 的关系，即单位时间内螺纹铜管每前进 1 mm，旋压装置至少转动 0.4 转。

铜管在拉伸及旋压时，会产生大量的热量，若不及时消除，会影响内螺纹铜管的质量，如壁厚、椭圆度、米克重的变化等，严重时产生烧黑、断管等现象。

在许多铜管加工企业，为了保证最终铜管的外型尺寸符合标准要求，均在内螺纹成形后增加精整装置，保证尺寸公差符合要求。

内螺纹成形装置还必须具备铜管放料和收料机构，二者速度应匹配，否则会造成断管、放料紊乱等现象。

4. 成形工艺

行星球模旋压成形工艺由游动芯头预拉伸、行星钢球沿衬有螺纹芯头的管材外壁高速旋压、定径模空拉消除管材外表面上的钢球压痕三个连续步骤组成，也就是通常说的减径、旋压、定径的三级变形工艺，见图3－30。

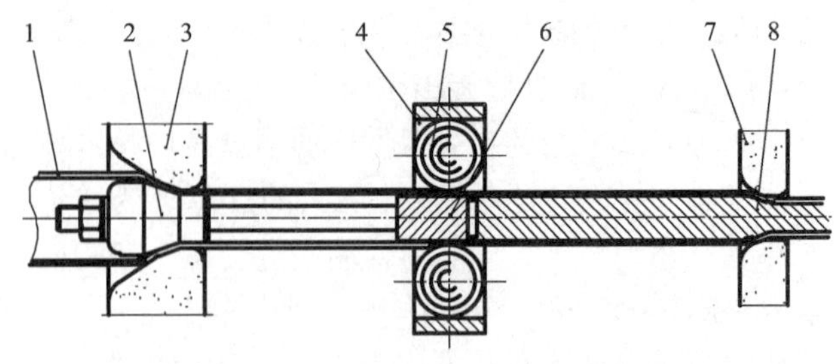

图3－30 行星球模旋压法示意图

1—管坯；2—游动芯头；3—减径外模；4—旋压环；5—钢球；6—螺纹芯头；7—定径外模；8—内螺纹管

(1)减径预拉伸

游动芯头预拉伸变形与普通光面铜管的拉伸变形相同，有减径、变壁和定径变形过程。设置游动芯头拉伸的目的是固定螺纹芯头。螺纹芯头在工作中，由于铜管内壁的金属在螺纹成形时产生流动，对芯头产生轴向推力，必须设法固定才能使螺纹芯头保持在钢球的工作区域内，用连杆将游动芯头与螺纹芯头连接，可使螺纹芯头随游动芯头一道稳定在工作位置上，螺纹芯头在工作时也能以连杆为轴转动。

(2)旋压成形

当行星钢球在衬有螺纹芯头的区段内，沿管坯外表面辗过时，压迫金属流动，使芯头的槽隙充满，在管材的内壁上形成沟槽状的螺纹。旋压内螺纹管的旋压装置的结构形式是经过不断改进而研制成功的，以现行使用的空心电动机传动方式最为先进合理，见图3－31。旋压装置被固定在电动机的空心轴上，通过调整电动机的电流频率来改变电动机的转速，使旋压与拉伸速度相匹配，拉伸速度与电动机的旋转速度的关系式如下：

$$v = n \cdot F_{\mathrm{d}}$$

式中：v 为拉伸速度，mm/min；n 为电动机的转速，r/min；F_{d} 为进给量，即电动机自转一周，管子在螺纹芯头上移动的距离，mm/r。

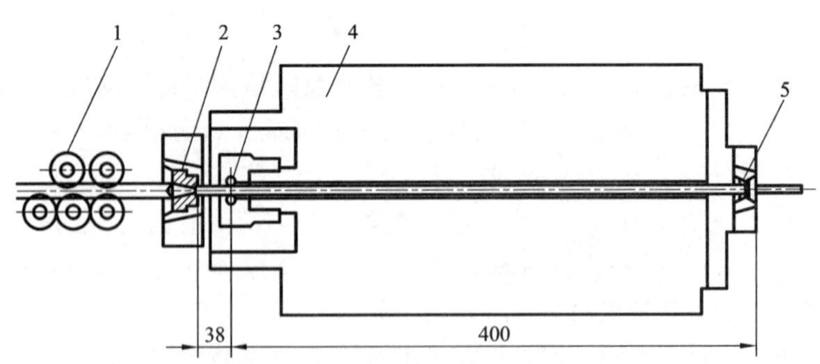

图3－31 内螺纹成形装置结构示意图

1—矫直辊；2—减径拉伸；3—滚珠旋轮；4—空心轴高速调频电机；5—定径拉伸

显然，拉伸速度的提高取决于电动机的转速。目前，国内外用于生产内螺纹管的成形设备，其空心电动机的转速一般在20000 r/min左右，拉伸速度仍维持在50 m/min左右。也有用35000 r/min电机的，其拉伸速度已达80 m/min左右。因此，要提高生产率，就必须解决电动机的高转速问题、相应的冷却问题、高速下模具的平衡问题。

旋压模具的设计是旋压成形的核心技术，其中行星钢球直径与数量的选择是极为重要的，钢球直径越大，旋压阻力越小，但势必造成旋压装置的重量加大，设备高转速动平衡难于控制；钢球直径过小，则旋压阻力增大，易造成打滑现象，也会影响管子的表面质量，而行星钢球的数量会直接影响加工量的大小，同时钢球的直径和数量决定了旋压环的尺寸，而旋压环的最佳尺寸必须确保球模在高速旋转工作状态时的稳定性，最大限度地减小摆震和成齿变形区的长度，充分实现最高的球模转速及管材与钢球之间的最小摩擦力。

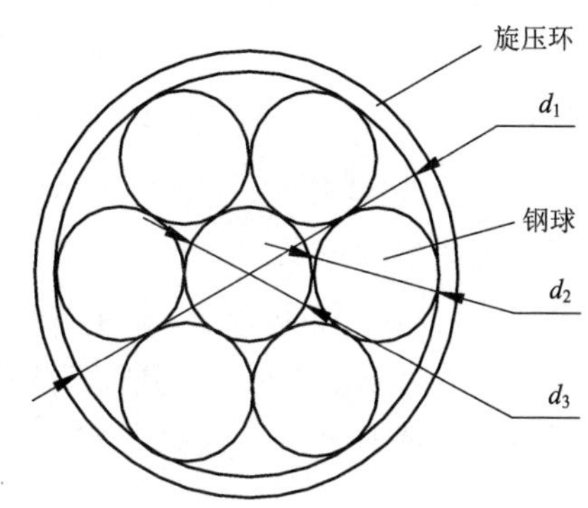

图 3－32　旋压几何模型(六球)

d_1—旋压环内径；d_2—钢球直径；d_3—行星钢球外切圆

旋压环是滚球运行的轨道，其圆度、光洁度和尺寸要求都很高，钢球直径和数量选择的原则是充分考虑旋压的顺利进行。目前一般有 4 球工艺、5 球工艺、6 球工艺(见图 3－32)，拉制不同参数的铜管也应采用最合适的工艺。实际操作中，钢球与钢球之间留有一定的间隙，保证钢球不跳动又能顺利自转，一般取 0.02 mm。

旋压变形的三个阶段各生产厂家选用参数有差异，但，一般来说减径变形量占 40% ~ 60%，旋压变形量占 25% 左右，定径变形量占约 10%。如以 ϕ9.52 mm×0.35 mm 成品内螺纹管为例，管坯规格一般选用 ϕ12.7 mm×0.43 mm，减径变形后尺寸为 ϕ11.52 mm×0.43 mm，旋压成形后为 ϕ11.11 mm×0.35 mm，定径后至成品为 ϕ9.52 mm×0.35 mm。

根据上述变形要求，来设计各个变形环节的模具、芯头，以 ϕ9.52 mm×0.35 mm、ϕ7.94 mm×0.32 mm、ϕ7 mm×0.32 mm 三个规格为例，齿形参数与模具参数列于表 3－11。

表 3－11　齿形参数与模具参数

项目		ϕ7×0.32	ϕ7.94×0.32	ϕ9.52×0.35
管坯	外径/mm	ϕ9.52±0.03	ϕ11±0.03	ϕ12.7±0.03
	壁厚/mm	0.37±0.02	0.38±0.02	0.42±0.02
模具	旋压环/mm	ϕ30.158	ϕ30.42	ϕ40.888
	螺纹芯头	ϕ7.31－0.16－60－18°	ϕ8.42－0.16－60－29°	ϕ10.06－0.16－60－18°
	游动模/mm	ϕ8.28	ϕ9.53	ϕ11.10
	定径模/mm	ϕ7	ϕ7.94	ϕ9.52
	钢球/mm	ϕ11.113/5	ϕ12.7/6	ϕ15.08/5
成品	外径/mm	ϕ7±0.03	ϕ7.94±0.03	ϕ9.52±0.03
	底壁厚/mm	0.27±0.02	0.28±0.02	0.35±0.02
	齿高/mm	0.15±0.02	0.15±0.02	0.2±0.02
	螺旋角	18°	18°	18°

模子要求基本与光管盘拉模一样，仅减径模的定径区要稍短些，定径模无明显的压缩区，定径区也稍长些。此外，定径后的成品外径尺寸要比定径模孔尺寸稍小些，所以在加工时定径模孔比名义成品外径稍大些。

内螺纹芯头材料为硬质合金，好的内螺纹芯头目前可生产内螺纹管 15 t。

(3)定径拉伸

管材在旋压后，外表面留有较深的钢球压痕，增加一道空拉，便可消除，提高铜管表面光洁度，进一步控制外形尺寸。注意在定径过程中，螺旋角度会随直径而变小，螺纹芯头设计时应充分考虑到这点。

空拉后，管材表面的粗糙度可降到 0.7 ~ 0.8 μm 以下。三级变形工艺既能使变形抗力减低到最小，又能保证内螺纹管的最终外形尺寸和增加外表面的光洁度。据实践，三级变形中拉力的分配一般是：第一级减径变形占 65%，第二级旋压变形占 25%，第三级定径变形占 10%。

(4)成形润滑

旋压成形中，由于钢球与管材是点接触，变形区接触面积很小且钢球是高速运转，因此钢球极易磨损并产生大量磨擦热，这不但会影响模具寿命，增大阻力，而且会直接影响产品的表面质量，所以在行星球模旋压成形内螺纹管过程中，必须确保旋压变形区具有充分的冷却和润滑，以保障产品质量的稳定性。

(5)精整与探伤

经过旋压成形后的内螺纹铜盘管是散盘，要进行精整复绕，所采用的复绕机和光盘管完全一样，仅在涡流探伤上有所区别，探头不是通过式而是旋转探头，当然探伤仪要与之匹配。

国内所有内螺纹盘管生产厂家所用的旋转探伤仪大都选用的是德国 FOERSTER 公司的产品，国内已有该公司产品近百台，除钢铁外，铜加工占了近一半，也有少数企业使用的是美国 MAC 公司产品。德国产品的信噪比≥3∶1，噪声 9.5 dB，旋转头的转数为 18000 r/min，而美国产品的转数为 6000 r/min，所以其灵敏度与精度更高。旋转探伤仪主要用来检测沿被测盘管表面沿管子长度方向的缺陷(通常称之为线性缺陷)。

3.2.5 常见内螺纹缺陷及排除方法

1. 齿高不够，形状不清

原因：旋压环外圈太大，尺寸不合适，相对内螺纹芯头来说球体直径小，母管壁厚太薄；内螺纹芯头外径太小。

解决办法：检查所有工模具和母管尺寸，发现问题就更换或修复工模具；检查工模具图纸，用正确的模具参数去更正。

2. 表面螺旋印记太深或粗糙，螺旋印记不均匀(节距不相等)

原因：钢球磨损严重或各球体磨损快慢不一；有钢屑而引起钢球不转；旋压环外圈太小；外圈太大而导致球体间的间隙不均匀；球体大小不均匀。

解决办法：更换钢球；清洗旋转头并更换整套模具；检查旋压环外圈尺寸和球体直径，

发现问题及时更换。

3. 拉伸开始和中间出现断管

原因：母管壁厚太厚，游动拉伸模处拉力太大导致油膜破裂，铜管内壁润滑油膜太薄或根本没有润滑，不能连续拉制；母管内壁有油污；母管的凹痕或压平太多，导致芯杆和铜管内壁贴在一起；由于芯杆弯曲或间隙太小导致芯杆、游动芯头和内螺纹芯头不能转动；母管质量太差；由于工模具不正确导致球体不转动；在旋压过程中减壁量太大导致壁厚太薄；润滑油流量太小，设备配置不对；内螺纹芯头外径和游动芯头外径相比太大，导致内螺纹芯头和铜管内壁贴在一起不能转动。

解决办法：保持游动芯头处的缩减量为8%～12%，保证壁厚和外径的公差范围(最好为±0.02 mm，最大为±0.03 mm)；把料框放上开卷机前，检查母管，如果上面油污太多则要放慢拉制；切掉有凹痕或扁平的部分，或拉制时遇到这些地方放慢拉制速度；在滑动部分抛光后，检查芯杆、游动芯头与内螺纹芯头的间隙；在购买或使用前，一定要确认母管的质量；使用前确认模具旋转状况良好；更换旋压环或内螺纹芯头；确认润滑设备运转良好，润滑油充足且干净；更换游动拉伸外模和游动拉伸芯头。

4. 铜管内外表面划痕

原因：内壁划痕可能是内螺纹芯头破裂或不均匀磨损；在定径模里有大块的铜屑或异物；润滑油或清洗装置中有金属屑或异物。

解决办法：圆整、抛光内螺纹芯头的边缘；抛光或更好定径模；抛光或更换清洗块；过滤或更换润滑油。

5. 同心度不好

原因：定径模不均匀磨损；定径模在模座中位置歪斜；缓冲辊压力太大。

解决办法：更换定径模；清理定径模座；确认缓冲辊压力并调整压力控制阀。

6. 表面质量太粗糙或不平整

原因：母管晶粒太大(超过了0.05 mm)；在旋压环里有异物或铜屑。

解决办法：减小退火温度或提高拉制速度；用高压空气吹旋压环内部。

3.3　高效翅片管(外翅片管)

3.3.1　概述

在20世纪50年代前苏联就开始进行翅片管生产技术、设备的研制，到80年代，这一技术已经完全成熟。在横向三辊螺旋轧机上轧制各种类型的翅片管以及铜铝、钢铝等复合管。翅片管外表面积与管坯表面积之比称为翅片系数，其值为10～20。翅片管大都用于要求高翅片系数的热交换设备中，使用翅片管与使用光管相比重量可减少1/2～1/3，能耗降低1/3～1/2。图3－33为外翅片铜管。

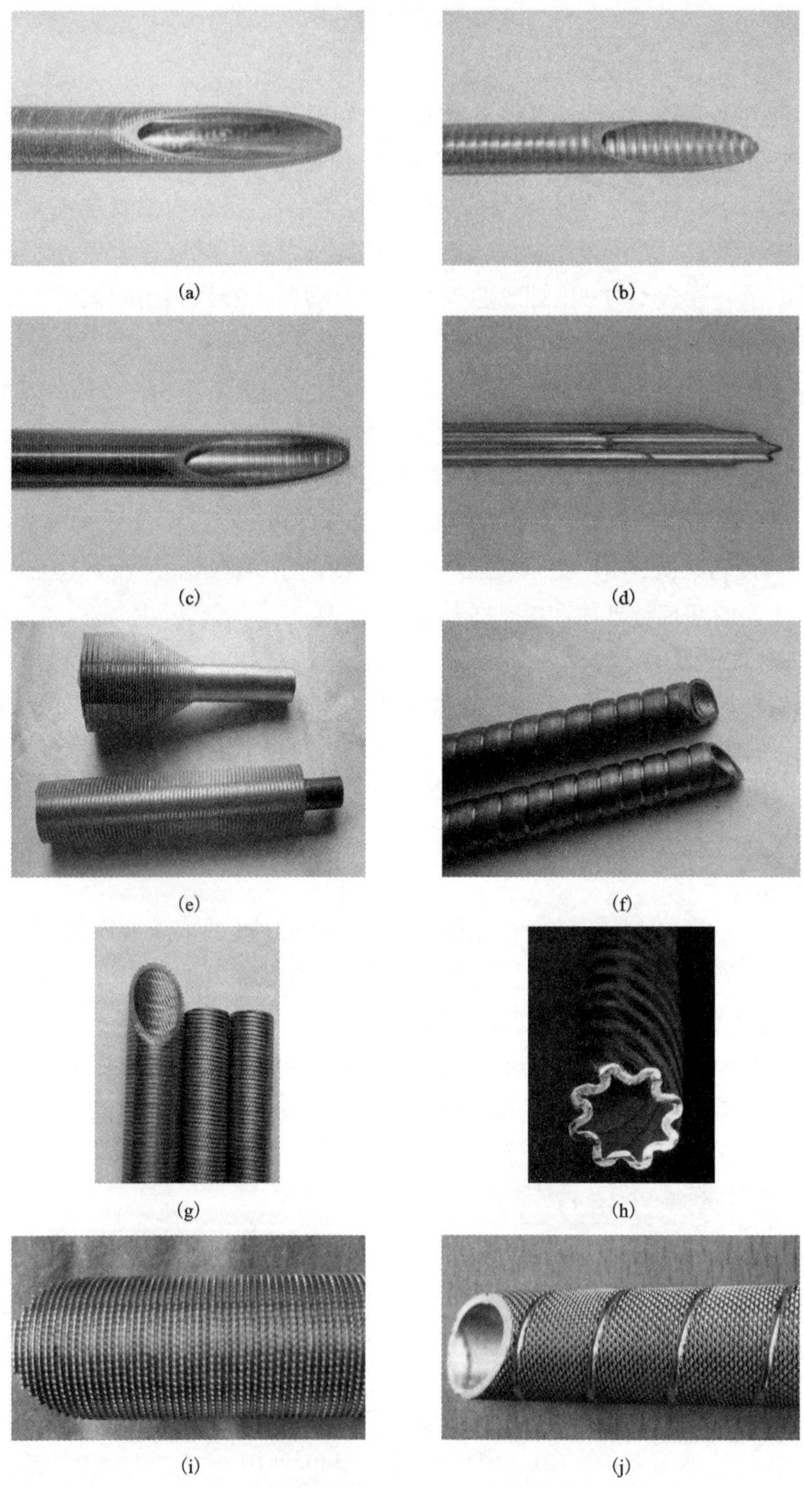

图 3-33　外翅片铜管

(a)Y 形麻面管；(b)波纹管；(c)翅片管；(d)花瓣管；(e)铜铝复合高翅管；
(f)外波纹管；(g)内螺旋外花纹管；(h)多头螺旋管；(i)细翅片花纹管；(j)外花波纹管

3.3.2　高效翅片传热管的基本管形及规格

1. 高效翅片传热管的基本管形

(1)高效冷凝传热管(thermoexcel－C 管)

“C”形冷凝管是把比低翅管更为细薄的翅片外缘，进一步加工成锯齿状，翅片的形状就好像圆锯片。这种三维的立体翅，近似于针状，其冷凝效果优于低翅管。翅尖表面上凝结的液膜很薄，强化了冷凝传热，然后冷凝液集中在沟槽内排出。其冷凝表面上的凝结换热系数可为光管的 8～12 倍，为环状低翅管的 1.5～2 倍。“C”形管可经二道工序滚轧而成，先滚轧出低翅，再沿 45°方向滚出锯齿。

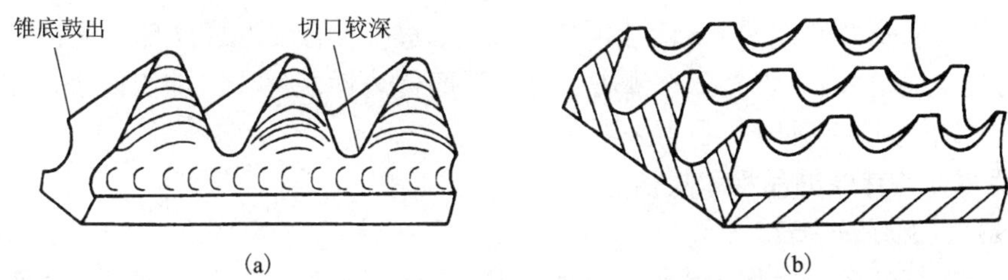

图 3－34　CCS－35 三维锥形齿冷凝管的表面

(a)thermoexcel－C 管的外表面；(b)CCS－35 锥形齿管表面

日本古河金属公司生产的 CCS－35 三维锥形齿管的表面如图 3－34 所示。它也具有三维的立体翅片，冷凝管的表面上密布着许多四方锥形的细翅。它和“C”形管的不同点在于：

①环形翅上的锯齿形切口较深，把每个单独小翅片切成四方锥形，锥形一面呈凹形。

②锥齿的底部鼓起，越出沟槽侧壁，环翅上的切口较深，使“格里谷里”效应更加显著，锥底鼓出槽壁，使冷凝液更容易集中于沟槽并迅速排走。实验证实这种管子表面的凝结换热系数为低翅管的两倍。

(2)高效沸腾传热管

这种管子外表面如图 3－35 所示。在翅顶开有许多更细小的沟槽，其方向与主沟槽相垂直或成 45°角，从而形成许多小方格状的翅顶表面。这种管的性能十分接近于金属烧结多孔层管，它的气泡核心多，与液体的接触表面积大，从而促使沸腾剧烈。

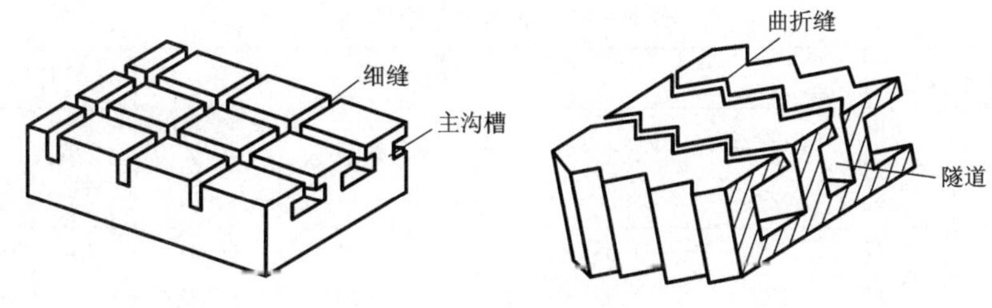

图 3－35　高效沸腾管示意图

(3)金属烧结管

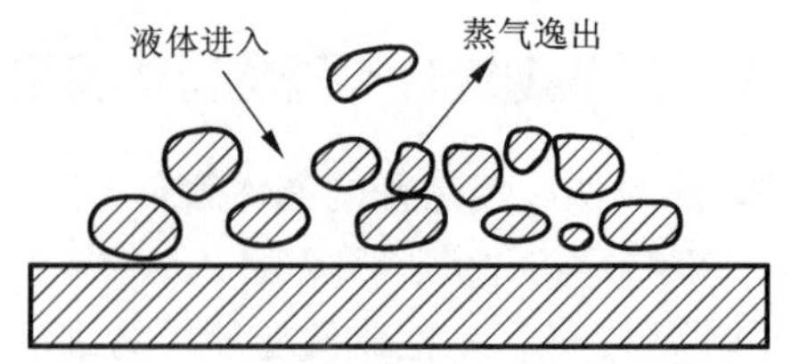

图3－36 金属烧结多孔层的沸腾机理

将金属颗粒烧结在管子表面上就形成了表面多孔层，多孔层厚度在0.25～0.50 mm，孔径范围0.01～0.1 mm。图3－36示出金属烧结多孔层的沸腾机理。多孔层由微小的金属球堆积而成，其间有很多空隙。热量从管壁传到金属球，再通过球周围的液膜传给气泡。金属多孔层能使沸腾表面传热系数提高一个数量级，其主要原因是：

①金属颗粒间隙中汽化核心数量多，即使过热度很小，气泡也能不断地成长。

②蒸气泡在间隙中成长、脱离，但汽化核心仍留在空隙内，成为下一个气泡的生成点。

③在液体表面张力的作用下，液体不断地补充，进入空隙，形成循环。这种管子可以在很小的沸腾温差(＜1℃)下保持沫态沸腾。烧结管的传热性能优于机加工的表面多孔管，但制造工艺较复杂，间隙率和平均孔径不易控制。

2. 常用高效传热管的品种和规格

(1)冷凝管(见图3－37)

特殊设计的管外翅片形状，增加了换热面积，减薄了翅片上液膜的厚度，从而增加了冷凝换热系数；同时管内具有螺旋槽道，强化管内换热；两面强化换热的综合效果可以大大提高总的换热系数，比普通光滑管的总换热系数提高了2～3倍。推荐规格见表3－12。

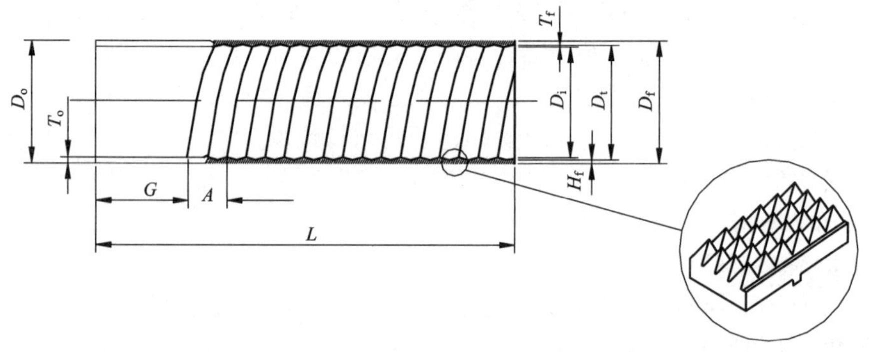

图3－37 冷凝管示意图

表3－12 推荐冷凝管规格

项次	管坯规格		翅片段尺寸规格					翅片段管内尺寸		
	外径(D_o)/mm	壁厚(T_o)/mm	外径(D_f)/mm	齿跟处壁厚/mm	内径(D_i)/mm	翅片数/in	外翅片高度/mm	内齿数	内齿高度/mm	螺旋角/(°)
1	15.88	1.22	15.6	0.65	17.70	26	0.90	20	0.33	40°
2	19.05	1.12	18.77	0.63	16.00	51	0.69	45	0.33	40°
3	19.05	1.32	18.80	0.70	17.00	26	0.90	10	0.33	40°
4	25.4	1.12	25.15	0.63	23.85	46	0.65	38	0.55	40°
5	25.4	1.25	25.30	0.71	23.80	46	0.75	45	0.48	40°

(2)蒸发管

满液式蒸发管表面密布微孔，微孔下面有槽道相连接(见图3－38)。这种结构提高了汽化核心密度和对空穴的补液速度，促进了沸腾的换热效果。它比普通光滑管的总换热系数提高了3倍左右。依据这种蒸发管的热工特性设计的蒸发器，可以减少蒸发器的体积，减少使用管子的数目，降低蒸发器的铜金属耗量与制造成本，并且在运行中降低能耗。推荐规格见表3－13。

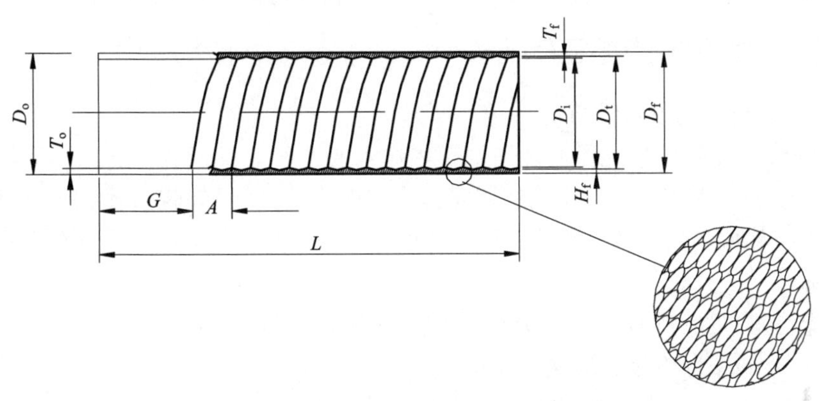

图3－38　满液式蒸发管示意图

表3－13　推荐蒸发管规格

项次	管坯规格		翅片段尺寸规格					翅片段管内尺寸		
	外径(D_o)/mm	壁厚(T_o)/mm	外径(D_f)/mm	齿跟处壁厚/mm	内径(D_i)/mm	翅片数/in	外翅片高度/mm	内齿数	内齿高度/mm	螺旋角/(°)
1	19.05	1.24	18.77	0.64	17.25	51	0.76	38	0.35	45°
2	19.05	1.32	18.77	0.70	17.39	51	0.69	38	0.35	45°
3	19.05	1.35	18.77	0.69	17.27	46	0.75	45	0.40	45°
4	19.05	1.13	18.85	0.57	17.59	46	0.63	45	0.40	45°
5	25.4	1.18	25.25	0.64	23.75	46	0.70	45	0.40	45°

(3)波纹管

波纹管表面具有沟槽(见图3－39)。其作用一方面增加管外的换热效果；另一方面，内部的凸起改善管内流场的分布，从而增加管内的换热，二者的结合提高了总的换热效果。波纹管可以应用在空调和其他换热器中。推荐规格见表3－14。

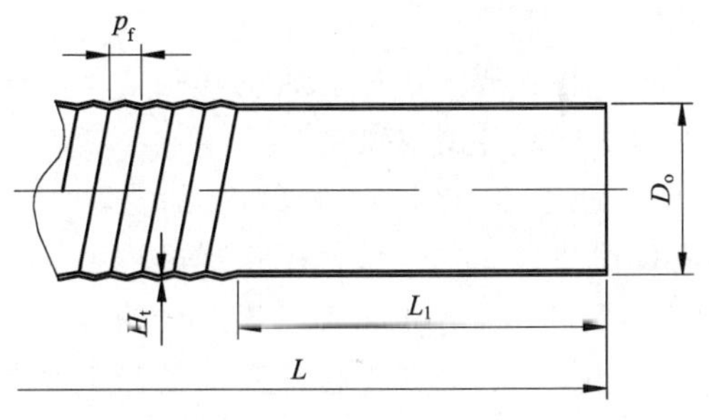

图3－39　波纹管示意图

表 3-14 推荐波纹管规格

项次	外径(D_o)/mm	壁厚(H_t)/mm	螺纹间距(p_f)/mm	螺纹深度/mm
1	12.70	0.7	5.0	0.5
2	15.88	0.8	6.0	0.5
3	19.05	1.0	7.0	0.5
4	22.00	1.0	7.0	0.5

3.3.3 外翅内螺纹管的加工及装备

1. 外翅内螺纹管的参数计算

外翅内螺纹管轧制工艺过程是首先将管坯送入 3 个轧辊的通孔中，在润滑条件下，3 个轧辊同时压下，使孔形缩小，管坯受到切向力作用而旋转，3 只轧辊刀片轧入管坯使其变形。3 只轧辊中心线都偏转同一大小角度，这个角度称为导程角，其值由下式计算可得：

$$\mathrm{tg}\alpha = S/\pi d_{平均}$$

式中：α 为导程角；S 为导程；$d_{平均}$为外翅内螺纹管的平均直径 $d_{平均}=(d_{外}+d_{根})/2$；$d_{外}$为外翅内螺纹管外径，$d_{根}$为外翅内螺纹管外径。

管坯在轧辊轧制力作用下作螺旋运动前进，并逐步轧成成品。

后处理工艺：成形后的外翅内螺纹管要达到成品状态还须经过表面残留润滑油的清洗、定尺锯切、涡流探伤或气压泄漏检查、烘干和包装等工艺过程。

2. 外翅内螺纹管轧制装备

通过烧结工艺或轧制工艺都可以制造高效传热管，然而，金属管表面通过烧结工艺形成的多孔介质薄层的技术复杂，表面多孔介质薄层的孔径不均匀，不易做成较大尺寸产品，而且复制性较差。所以采用此技术的厂家不是很多，而普遍采用的是三辊轧制法。

外翅内螺纹管三辊轧制设备结构见图 3-40 所示。设备动力由电动机供给，电动机经皮带轮和皮带将运动传给主轴，主轴通过主齿轮和 3 个刀轴上的分齿轮将运动传给 3 个刀轴，3 个刀轴上分别安装若干相等数量的刀片组成 3 个轧辊，待加工的管坯内孔衬有螺纹芯头，在 3 只互成 120°的轧辊的轧制下逐渐成形，轧成外翅内螺纹管。

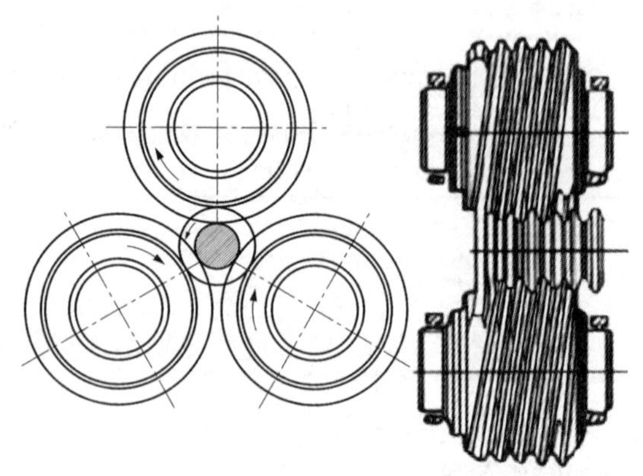

图 3-40 翅片管轧制示意图

刀片和芯头的几何形状分别见图 3-41 和图 3-42。因为在轧制过程中管子的变形是逐渐的，所以各刀片的几何形状不同。刀片是直接使管坯变形的工具，其材料选择和热处理对产品有极重要的影响。刀片与管坯是在受压下相互对滚，刀片上受的变载荷，其应力亦在时刻变化，故刀片材料应选择耐磨好、强度高、韧性好及疲劳强度高的产品。

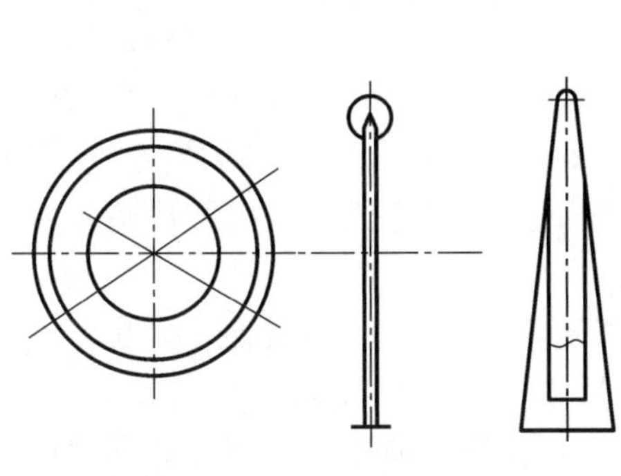
图3－41　刀片几何形状示意图

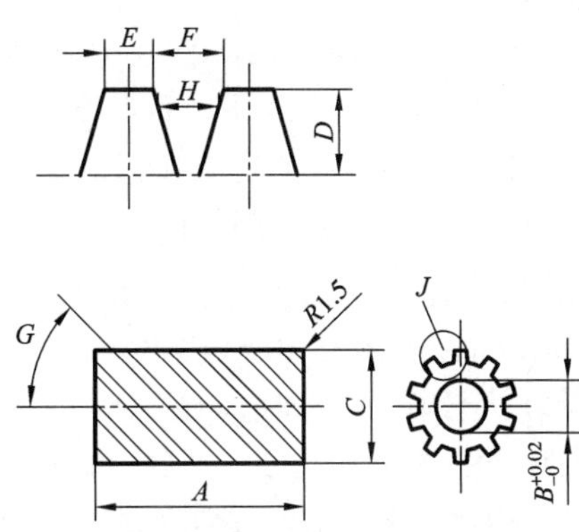

图3－42　芯头几何形状示意图

3.4　冷凝管

3.4.1　冷凝管的应用

冷凝管是热交换器用管材中所占比重较大的一种，是制作管式热交换器、油轮冷却系统的一种重要材料，常用合金包括HSn70－1和HAl77－2黄铜管、BFe10－1－1和BFe30－1－1白铜管，主要用于火电、核电、舰船、海水淡化以及机械制造、石油化工等领域。其中，海水淡化、船舶制造等行业的需求前景相对较好。

1. 海水淡化

目前世界上常用的海水淡化方法包括蒸馏法、反渗透法和电渗析法。在上述海水淡化技术方法中，日处理量在3000 t以上一般采用蒸馏法。海水淡化设备中须用铜合金管作为冷凝管，日处理量为1万t的淡化设备中须铜合金管300 t左右，规格多为φ19 mm、φ20 mm、φ25 mm、φ32 mm，管材壁厚在0.75～1.0 mm的铜合金管。其中，多效闪蒸法(MED)所用的冷凝管是长度在18 m左右的镍白铜管；多级闪蒸法(MSF)所用的冷凝管是长度在3～4 m和7～8 m的铝黄铜合金管。

2. 船舶制造

舰船及大型油轮用的冷凝器管材是铜合金管应用的又一重要领域。油轮作为原油运输的重要工具，其功能是将原油由产地运送到具有炼油能力的另一地，由于原油黏度较高，加上海上温度有时很低，须将原油加热以便于输出，所以热交换用管材就按照计算出的必要的换热面积敷设于油舱的底部及四壁。由于在海上实现热交换的介质多为海水，所以要求管材具有优异的耐海水腐蚀能力和较高的力学性能、工艺性能。此类管材大多采用铝黄铜管，规格较大，特别是用于连接部分的管材，如常用加热管规格为φ(42～44)mm×2 mm×6000 mm，连接管规格为φ(24～56)mm×6 mm×6000 mm。

另有一部分舰船用热交换器管材使用在主机空冷器、船用汽轮机、船用热交换器、润滑油冷却器、给水加热器等舰船的关键组件上。其合金牌号根据冷却介质有不同的选择，主要采用铁白铜，产品规格多为常用规格，其质量要求较高。

3. 电力行业

冷凝管是发电设备中凝汽器的关键部件之一，承担着全部热交换过程中的重要任务。通常管内通过海水或陆地淡水，而管外则是处于高温、高压状态的蒸汽，通过管内流动的冷却水将蒸汽冷凝成水实现热交换过程。国内用作火力发电厂凝汽器中的铜管主要有 H68、H68A、HSn70－1A、HSn70－1B、HSn70－1AB、铝黄铜管和白铜管等，一般情况下，火电装机容量每万千瓦需要冷凝管 5 t 左右。300×10^8 W 以上火力发电机组采用的规格多为外径 $\phi25$ mm 以上，长度在 10 m 以上。

火力发电机组用冷凝管的工作环境处于高温、高压状态，加之冷却水质的不断恶化，因而不仅对产品的化学成分、力学性能有着严格的要求，同时对产品工艺性能、内部组织等指标也要求很高，进而对产品在使用过程中的耐蚀性能和使用寿命也有着较高的期望值。但是，近年来，随着不锈钢管产量增加和管道焊接技术的成熟，不锈钢管与铜管在价格上的差距逐步缩小，并凭借量轻、壁薄、换热面积大、强度高等特点，而成为铜管用作火力发电厂凝汽器材料的主要竞争对手。目前，国内火力发电厂仍主要采用铜管和不锈钢管来作凝汽器的冷却水管。

4. 在海洋工程中的应用

海洋工程是指除舰船以外的海洋设施，主要有海水淡化、海盐生产、海水养殖、海上石油开采和海滨电站等。

海盐生产中海水加热器曾经使用过钢管，寿命只有 3～5 年，因加热管泄露而停机检修频繁，改用 BFe10－1－1 合金后寿命延长至 10 年以上，典型规格是 $\phi38$ mm×2 mm×8000 mm。

海水养殖业也开始选用铜合金，比如网箱养鱼使用铜镍合金编织的网箱，由于海洋生物不能附着，使网眼通畅，极大地增加了新鲜海水供应，使养殖业受益。

海上石油开采是极其重要的海洋工程，海上油田的受力构件如石油平台的钢柱，在防止腐蚀及海洋生物生长方面尤为重要，发达国家甚至使用贵重的蒙乃尔合金。海滨石油精炼厂中的加热器和冷凝器也广泛使用 HA177－2 合金和 BFe10－1－1 合金。

5. 其他应用领域

在石油精炼和相关的石油化学处理过程中，很多的冷凝器和热交换器单元也有大量的铜合金冷凝管在使用。此外，核能发电厂蒸汽分离器，火力发电厂供水用高压、低压加热器，大型设备的冷却器，燃气引擎用热交换器，制盐、制糖等行业也是冷凝管的应用范围。

3.4.2 冷凝管的质量要求

1. 常用产品标准

鉴于冷凝管应用领域的重要性和特殊性，各国对冷凝管的质量指标都制订有专用的标准，即使在管材通用的标准中，对冷凝管的各项技术指标也会单列出特殊的要求。常用铜合金冷凝管标准及代码见表 3－15。

2. 常用冷凝管化学成分、牌号、状态及规格

一些新开发的冷凝管材料在国家标准中尚未列出，表 3－16 中列出了目前国内经常使用的冷凝管材料的牌号、化学成分及含量。其中牌号最后的英文字母 B 表示该材料加有硼元素；而 AB 表示该材料除加有硼元素外还加有镍和锰元素。表 3－17 显示了管材常用的牌号、状态及规格。

表 3-15　常用铜合金冷凝管标准及代码

国家或组织	标准代码	标准名称	备注
中国	GB8890	热交换器用铜及铜合金无缝管	
美国	ASTM B 111	铜及铜合金无缝冷凝管和管口密封件	
	ANSI/ASTM B543	热交换器用铜及铜合金焊接管	
	ASTM B552	海水淡化工厂用无缝和焊接铜镍管	
日本	JIS H 3300	铜及铜合金无缝管	
英国	BS2871	热交换器管	第三部分
德国	DIN 1785	用于冷凝器、传热器的铜管和加工铜合金管材	产品标准
	DIN 17660	加工铜锌合金(黄铜、特殊黄铜)化学成分	化学成分标准
	DIN 17664	加工铜镍合金化学成分	
欧盟	EN 12451	铜及铜合金热交换器用无缝圆形管	
国际	ISO 1635.2	冷凝器和热交换器用管交货技术条件	标准第二部分

表 3-16　管材合金牌号及化学成分

合金牌号	化学成分及含量/%											
	Cu	Fe	Pb	Al	Mn	Sn	As	Si	Ni	B	Zn	杂质总和
H68A	67.0 ~ 70.0	0.10	0.03				0.03 ~ 0.06		0.5		余量	0.3
HSn70-1	69.0 ~ 71.0	0.10	0.05			0.8 ~ 1.3	0.03 ~ 0.06		0.5		余量	0.3
HAl77-2	76.0 ~ 79.0	0.06	0.07	1.8 ~ 2.5			0.03 ~ 0.06				余量	
HSn70-1B	69.0 ~ 71.0	0.10	0.05			0.8 ~ 1.3	0.03 ~ 0.06			0.0015 ~ 0.02	余量	0.3
HSn70-1AB	69.0 ~ 71.0	0.10	0.05		0.02 ~ 2.0	0.8 ~ 1.3	0.03 ~ 0.06		0.05 ~ 1.0	0.0015 ~ 0.02	余量	0.3
合金牌号	Ni + Co	Fe	Mn	Zn	Pb	Si	P	S	C	Sn	Cu	杂质总和
BFe10-1-1	9.0 ~ 11.0	1.0 ~ 1.5	0.5 ~ 1.0	0.3	0.02	0.15	0.006	0.01	0.05	0.03	余量	0.7
BFe30-1-1	29.0 ~ 32.0	0.5 ~ 1.0	0.5 ~ 1.2	0.3	0.02	0.15	0.006	0.01	0.05	0.03	余量	0.7

表 3-17　管材的牌号、状态及规格

牌号	状态	外径/mm	壁厚/mm
BFe30-1-1、BFe10-1-1	软(M) 半硬(Y_2)	10 ~ 35	0.75 ~ 3.0
H68A、HAl77-2、HSn70-1、HSn70-1B、HSn70-1AB		10 ~ 45	0.75 ~ 3.5

3. 铜合金冷凝管材料的性能

铜合金冷凝管常用材料的物理性能、室温力学性能、工艺性能分别列入表3-18、表3-19和表3-20。

表3-18 冷凝管用铜合金的物理性能

合金牌号	密度 /(g·cm^{-3})	液相线 /℃	固相线 /℃	比热容 /[J·(kg·k)$^{-1}$]	导热率 /[W·(m·k)$^{-1}$]	导电率 /%IACS	线膨胀系数 /[μm·(m·k)$^{-1}$]
H68A	8.50	939	910	376	121	27	19.9
H85A	8.75	1026.3	991	—	—	37	18.7
HSn70-1、HSn70-1B、HSn70-1AB	8.54	935	900	376	109	24	21.2
HAl77-2	8.6	971	931	376	100	22.4	18.5
BFe10-1-1	8.94	1150	1100	376	46	9.1	17.1
BFe30-1-1	8.94	1240	1170	376	46	4.6	16.2

注：密度、比热容、导热率为20℃；导电率为退火态，20℃；线膨胀系数为20~300℃。

表3-19 冷凝管用铜合金室温力学性能(不小于)

合金牌号	弹性模量 /MPa	抗拉强度 R_m/MPa		伸长率 A/%	
		M态	Y2态	M态	Y2态
H68A	106000	295	320	42	38
H85A	106000	245	295	28	22
HSn70-1、HSn70-1B、HSn70-1AB	105000	295	320	42	38
HAl77-2	102000	345	370	50	45
BFe10-1-1	125000	290	345(480)	30	10(—)
BFe30-1-1	154000	370	490	30	10

注：( )中数据为Y态性能。

表3-20 冷凝管用铜合金工艺性能

合金牌号	铸造温度 /℃	热加工温度 /℃	退火温度 /℃	去应力退火温度/℃	切削加工性 /%	液态流动性 /cm	线收缩 /%
H68A	1100~1160	750~830	520~650	260~270	30	63	1.92
H85A	1160~1180	830~900	650~720	160~200	30		
HSn70-1、HSn70-1B、HSn70-1AB	1150~1180	650~750	560~580	300~350	30	49	1.71

续表 3-20

合金牌号	铸造温度/℃	热加工温度/℃	退火温度/℃	去应力退火温度/℃	切削加工性/%	液态流动性/cm	线收缩/%
HAl77-2	1100~1150	720~770	600~650	300~350	30		
BFe10-1-1	1230~1280	900~980	650~700	250~350			
BFe30-1-1	1330~1350	950~1020	780~810	250~400	20		

4. 使用要求

为抑制黄铜冷凝管的脱锌腐蚀，其材料化学成分中必须含有微量砷元素。根据我国科技工作者的研究与实践，在化学成分中添加微量硼元素除能提高管材耐脱锌腐蚀外，还能够提高水质中水的浊度和溶解固形物指标。

不同用途的冷凝管对其性能的要求不尽相同。300 MW 以上大型火力发电机组由于其管材长度较长，管材的力学性能应适中，以保证产品的安装过程能够顺利地穿过多重管板；而对于用于高低压加热器、小型冷却器的管材，其力学性能指标应根据其制作工艺的不同来选择。

5. 发展方向

由于火力发电厂冷却水浓缩倍率的不断提高和大型临界、超临界机组的投入使用，对管材耐蚀性的要求更为苛刻。为使材料能够适应更广泛的水质范围，保证大型机组的正常运行周期，研发具有更好耐腐蚀性能的冷凝管材料是材料领域的重要课题。

高效、节能已成为当今社会的主流，为提高换热效率，冷凝管也在原光面管的基础上向翅片、波纹等高换热效率的管型方面发展，一些形状各异的高性能传热管已研发成功，并首先在小型设备上成功应用，火力发电机组用新型冷凝管产品也在试用中。

目前，新建火力发电机组选用不锈钢冷凝管的情况呈大幅上升趋势，不锈钢冷凝管的导热性能虽比铜管稍差但因其壁较薄可弥补导热性差的缺点，又因其具有良好耐腐蚀性能而受到青睐。

3.4.3　冷凝管生产方法及工艺流程

1. 冷凝管生产方法

铜合金冷凝管在国内主要采用挤压—轧制—拉伸的工艺方法。这种工艺方法适应范围广泛、能够生产的合金品种齐全、工艺成熟、质量稳定，但生产效率和成材率较低，且成本较高。

水平连铸—行星轧制法具有生产流程短、能耗低、占地面积少、工程投资费用低、成品率高、生产效率高的优势。通过对设备、工艺、工模具的创新和改造，能够生产出部分合金牌号的合格冷凝管。但工艺方法不成熟，没有进行大规模的批量生产。

水平连铸—冷轧法所生产的产品已经部分投放市场，但产品质量状况仍有待于改善和提高。这种方式的成品率可达 60%，比半连续铸造—挤压法高出 20%，比水平连铸—行星轧制也要高出 10%。

后两种生产方式一旦技术成熟，将会使提供大卷重的合金盘管成为可能。但这两种工艺方式所能生产的产品品种较为单一，大都局限于铁白铜 BFe10－1－1。而对于 BFe30－1－1，由于其变形温度高、变形抗力大；其他复杂黄铜合金也因硬化曲线上升过快、塑性加工难度较大，不易采用后两种方式生产。

采用铜合金带材通过焊接的方法生产热交换器用铜管在国外已有多年的应用，而国内焊接方法生产的有缝管材仅在钢材或不锈钢管中广泛使用，焊接铜管仅用于部分黄铜装饰管，而冷凝管极少采用。

2. 挤压—轧制法生产工艺流程

冷凝管的生产方法有多种，但目前在生产中被广泛采用且产品质量稳定的有：①水平连铸(空心锭)—反向挤压—轧管或拉伸；②半连续浇铸(实心锭)—脱皮挤压—轧管或拉伸。采用方式①的特点：管材尺寸公差小、几何损失少、成品率高；工具消耗少、生产成本低；产品的品种规格受到限制。采用方式②的特点：适合采用大铸锭，生产效率高；生产的合金品种多；操作方便灵活；设备投资大、成品率低、生产成本较高。图 3－43 为挤压—轧制法主要工艺流程图。

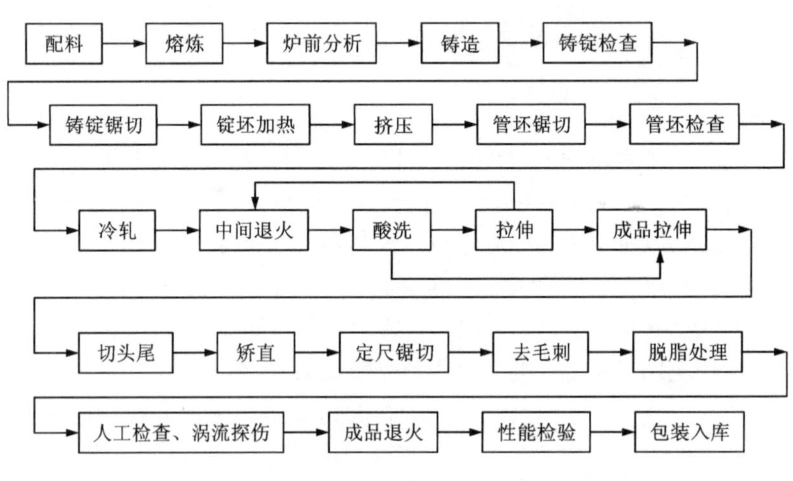

图 3－43 挤压—轧制法主要工艺流程图

3. 挤压—轧制法的生产特点

①由于管材产品质量要求较高，产品须经反复的冷热加工过程才能保证最终产品质量，因而，所须生产工序较长。

②挤压时采用低温、快速、脱皮挤压。

③黄铜对应力腐蚀较为敏感，拉伸后的管材必须及时进行退火，成品管材不宜空拉。

④成品退火前要认真进行脱脂处理，以减少最终产品的表面残碳。

⑤成品必须采用光亮退火，铜管表面要求形成均匀致密、耐腐蚀的原始氧化膜。

3.4.4 冷凝管传统生产工艺(挤压—轧制法)

1. 熔炼

冷凝管用黄铜合金的熔炼多采用工频有芯感应电炉，电炉容量以 0.6～5 t 居多。白铜合金的熔炼炉一般使用工频或中频无铁芯感应电炉。

(1)熔炼温度及熔炼技术

合金熔炼技术条件见表 3 - 21。

表 3 - 21　冷凝管用合金的熔炼技术条件

牌号	熔炉	炉衬材料	出炉温度/℃	脱氧剂	覆盖剂	操作顺序
H68A	低频电炉	硅砂	喷火 1100 ~ 1160	Cu - P 新料：0.006% 磷 旧料：0.003% 磷	木炭	[铜 + (旧料) + 木炭]→熔化→加锌→搅拌捞渣→升温喷火→加 Cu - As - P→搅拌→取样→浇铸
HSn70 - 1	低频电炉	硅砂	喷火 1100 ~ 1160	Cu - P 新料：0.006% 磷 旧料：0.003% 磷	木炭	[铜 + (旧料) + 木炭]→熔化→(加锡 + 锌)→加 Cu - As - P→搅拌捞渣→升温、喷火→Cu - P→搅拌→取样→浇铸
HAl77 - 2	低频电炉	硅砂	喷火 1100 ~ 1150		冰晶石	[铜 + (旧料) + 木炭]→熔化→加铝 + 锌→加 Cu - P - As→加冰晶石→升温、喷火→取样→浇铸
HSn70 - 1B	低频电炉	硅砂	喷火 1100 ~ 1160	Cu - P 新料：0.006% 磷 旧料：0.003% 磷	木炭	[铜 + (旧料) + 木炭]→熔化→(加锡 + 锌)→加 Cu - P - As→搅拌捞渣→升温喷火→加 NI、B→搅拌取样→浇铸→取样
HSn70 - 1AB	低频电炉	硅砂	喷火 1100 ~ 1160	Cu - P 新料：0.006% 磷 旧料：0.003% 磷	木炭	[铜 + (旧料) + 木炭]→熔化→(加锡 + 锌)→加 Cu - As + Cu - Mn→搅拌捞渣→升温喷火→加 Ni - B→搅拌、取样→浇铸→取样
BFe30 - 1 - 1	低 中	硅砂 镁砂	低 1300 ~ 1350 中 1330 ~ 1370	镁 新料：0.03% 旧料：0.02%	木炭	[镍 + 铁 + 铜 + (旧料) + 木炭]→熔化→加锰→搅拌→加 Cu - Mg→搅拌→取样→测温→浇铸
BFe10 - 1 - 1	低 中	硅砂 镁砂	低 1260 ~ 1310 中 1280 ~ 1330	镁 新料：0.03% 旧料：0.02%	木炭	[镍 + 铁 + 铜 + (旧料) + 木炭]→熔化→加锰→搅拌→加 Cu—Mg→搅拌→取样→测温→浇铸

注：水平连铸生产黄铜可以直接用硅酸棉覆盖炉顶，无须木炭覆盖。

(2)合金熔炼时的操作要点

黄铜熔炼的操作要点：①使用旧料时，冷凝管用黄铜锌的补偿量(按炉料计)为 1.2 ~ 2.0%，其他元素的补偿量(按炉料计)为：锡 0.05%；铝 0.1 ~ 0.15%；锰 0.1 ~ 0.3%；铍 0 ~ 0.01%；砷 0 ~ 0.01%；硼 0.02%。②锌的除气和脱氧性能很好，操作中加入脱氧剂 Cu - P 的目的，主要是改善合金的流动性，对于生产空调盘管的工厂，杂质含量合格盘管废料可以作为冷凝管的原料，熔炼时无须再加 P - Cu 脱氧。④冷凝管各牌号黄铜，均以喷火次数作为出炉依据。④以冰晶石作为熔剂的合金，冰晶石加入量约为炉料重量的 0.1%。⑤尽量低温加锌，高温捞渣，减少熔炼损耗。⑥熔炼 HSn70 - 1B、HSn70 - 1AB 料时，为减少硼的烧损和使硼在合金中成分均匀，如有条件，中间合金 Cu - B 或 Ni - B 可分 3 ~ 4 次加入，并将其迅速用勺子等压入到熔体内部，加中间合金前必须把炉内浮渣捞净，防止中间合金浮在液体表面。如采用水平连铸生产 HSn70 - 1B、HSn70 - 1AB，硼的中间合金可以直接加入到保温炉中，但必须注意在倒包前加入，利用倒包时间对硼的中间合金充分地熔化和扩散。⑦硼在熔化过程中极易氧化烧损，为减少硼和氧的接触，除严格搞好熔体覆盖、熔池保护外，半连铸生产时，应注意熔炼、浇铸的过程越快越好。

白铜熔炼时的操作要点：①使用旧料时，易损耗元素的补偿量按炉料计为：锰 0.1% ~ 0.3%；②BFe30 - 1 - 1，BFe10 - 1 - 1 熔炼时可用工频（有芯或无芯）感应电炉，也可用中频感应电炉，硅砂或镁砂炉衬。

2. 铸造

冷凝管用合金铸锭的生产，被广泛采用的铸造方式有半连续铸造和水平连续铸造两种。水平连续铸造主要生产直径较小的空心铸锭，采用挤压、拉伸的加工方法生产，而半连续铸造用于生产直径在 200 mm 以上的实心黄铜铸锭和所有的白铜铸锭。

冷凝管合金半连续铸造工艺见表 3 - 22。

表 3 - 22 冷凝管合金半连续铸造工艺

<table>
<tr><th>牌号</th><th>铸锭规格/mm</th><th>结晶器高度/mm</th><th>铸造温度/℃</th><th>铸造速度/100 mm</th><th>熔剂</th><th>脱氧剂</th><th>覆盖剂</th><th>浇注水压/MPa</th><th>浇注方式</th></tr>
<tr><td>H68</td><td>φ200</td><td>200</td><td>喷火 1100 ~ 1150</td><td>50 ~ 60</td><td rowspan="5">煅烧木炭</td><td rowspan="2">Cu - P（0.006 ~ 0.003）</td><td>氮气 + 变压器油</td><td>0.06 ~ 0.12</td><td rowspan="3">炉头（封闭）</td></tr>
<tr><td>HSn70 - 1
HSn70 - 1B
HSn70 - 1AB</td><td>φ200</td><td>200</td><td>喷火 1100 ~ 1160</td><td>60 ~ 70</td><td>氮气 + 变压器油 + 30% 机油</td><td>0.06 ~ 0.10</td></tr>
<tr><td>HAl77 - 2</td><td>φ200</td><td>200</td><td>喷火 1100 ~ 1150</td><td>60 ~ 70</td><td></td><td>熔盐</td><td>0.04 ~ 0.10</td></tr>
<tr><td>BFe30 - 1 - 1</td><td>φ145</td><td>155</td><td>低 1300 ~ 1335
中 1330 ~ 1370</td><td>中 85 ~ 100
低 100 ~ 120</td><td rowspan="2">Cu - Mg（0.04 ~ 0.03）</td><td rowspan="2">烤红烟灰
烤红烟灰</td><td>0.01 ~ 0.03
0.01 ~ 0.03</td><td rowspan="2">敞流</td></tr>
<tr><td>BFe10 - 1 - 1</td><td>φ145</td><td>155</td><td>1260 ~ 1310</td><td>80 ~ 100</td><td>0.02 ~ 0.05</td></tr>
</table>

3. 挤压工艺

（1）铸锭规格

冷凝管管坯挤压，一般采用圆形实心锭或空心锭。常用铸锭规格有 φ360 mm、φ245 mm、φ195 mm 等。

（2）挤压比

冷凝管管坯最小挤压比一般应大于 10，以防止制品中残留铸造组织，保证制品具有良好的组织性能。最大挤压比和常用挤压比见表 3 - 23。

表 3 - 23 冷凝管的最大挤压比与常用挤压比

合金	最大挤压比	常用挤压比
黄铜冷凝管	80 ~ 100	10 ~ 30
白铜冷凝管	30 ~ 50	10 ~ 20

（3）挤压温度

冷凝管用合金锭坯加热温度范围见表 3 - 24。

表3－24　冷凝管用合金锭坯加热温度范围

合金	加热温度/℃	合金	加热温度/℃
H68	740～800	BFe10－1－1	900～950
HAl77－2	750～820	BFe30－1－1	900～960
HSn70－1、HSn70－1B、HSn70－1AB	720～750		

(4)工具的润滑、预热和冷却

1)润滑剂

冷凝管挤压生产中，常用到的润滑剂有：磷片石墨＋高温钙基脂、无毒沥青、玻璃等。

2)工具的预热

为防止工具的急热，减少工具与铸锭间的温差，并避免铸锭降温太快，工具在使用前必须预热。穿孔针、挤压垫、挤压模等小型工具在小型电阻内预热，挤压筒在专门设置的挤压筒预热器上预热。各种工具的预热温度见表3－25。

表3－25　挤压工具预热温度范围

工具名称	挤压筒	穿孔针	挤压垫	挤压模
预热温度/℃	250～450	300～350	200～300	200～350

注：换内衬时可预热到450℃，穿孔直径大的取上限。

3)工具的冷却

挤压模：如有条件几个模子交替使用，最好是空冷；如无条件交替使用，可适当配备水冷；挤压垫可以用空冷，也可以用油冷或水冷，水冷时注意缓冷，防止急冷。冷却后还要使工具保持预热的温度。

穿孔针：一般是采用水冷，冷却方式可以是外冷，也可采用内冷。外冷是用一个特制的冷却水环，套进穿孔针前后移动进行冷却，冷却水环是用钢管弯成的一个圆环，圆环的内侧有许多小眼，冷却水从小眼喷向穿孔针，由于小眼沿周向分布均匀，穿孔针受冷便比较均匀。内冷，就是往带有空心的穿孔针中通入冷却液，冷却穿孔针，冷却液一般是水。这种内冷的方式效果最好，但空心穿孔针的制作比较困难，穿孔针的规格越小，制作的难度就越大。所有工具的冷却全凭经验掌握，最好冷却到工具预热温度为好。

4. 冷轧管工艺

(1)坯料

冷轧坯料，应根据孔形系列、合金性质、以及设计要求的范围而定。内外表面不允许有飞边、金属压入物、裂纹、起皮、凹坑、夹杂和划沟等；轻微的压坑、夹杂、划沟、擦伤等表面缺陷允许修理，修理后表面应平滑，深度不应超出外径壁厚的允许公差，端面应锯切齐，清除毛刺，吹净锯屑及其脏物；管坯应矫直，确保芯棒顺利穿入和轧制顺利进行。

(2)轧机的往复次数和送进量

冷凝管用铜合金轧制时的往复次数和送进量见表3－26。

表 3－26　冷凝管用铜合金轧制时的往复次数和送进量

轧机型号	孔形系列 /(mm × mm)	延伸系数	轧机允许次数	机架双行程次数 /(次·mm^{-1})	送进量 /mm
LG80	100 × 85 85 × 60 65 × 45 65 × 38	1.65 ~ 2.86 1.8 ~ 3.5 1.8 ~ 4 5 ~ 3	60 ~ 70	60 ~ 65	2 ~ 30 一般常用 3 ~ 10
LG55	65 × 45 65 × 38 55 × 32	1.86 ~ 6.08 5.24 ~ 3.13 2.34 ~ 5.46	68 ~ 90	75 ~ 85	2 ~ 30 一般常用 8 ~ 10
LG30	36 × 24 30 × 20	3.0 ~ 10	80 ~ 120	90 ~ 100	2 ~ 30 一般常用 8 ~ 10

5. 拉伸工艺

常用黄铜冷凝管规格拉伸工艺流程列于表 3－27，白铜冷凝管拉伸工艺流程列于表 3－28。

表 3－27　黄铜冷凝管拉伸工艺/mm

成品规格	挤压规程	拉伸工艺
19 × 1	46 × 2.15	38 × 1.75 － 32 × 1.38 － △ － ○ － 25 × 1.08 － 19 × 1
25 × 2.0	46 × 3.1	38 × 2.7(或 41 × 2.7) － 32 × 2.4 － △ － ○ － 25 × 2
25 × 1.5	46 × 2.5	38 × 2.2(或 40 × 2.2) － 32 × 1.9 － △ － ○ － 25 × 1.5
25 × 1.2	46 × 2.5	38 × 2.1(或 40 × 2.1) － 32 × 1.75 － △ － ○ － 25 × 1.2
28 × 1	46 × 2.15	41 × 1.75 － 35 × 1.45 － △ － × － 28 × 1
25 × 1	46 × 2.15	38 × 1.75 － 32 × 1.45 － △ － × － 25 × 1

注：“△”指刨皮，以下同；“○”指退火，以下同。

表 3－28　BFe30－1－1 拉伸工艺/mm

成品规格	挤压规格	拉伸工艺
25 × 1.5	47.8 × 3.1	41 × 2.5 － 38 × 2.0 － △ － 37.5 － 中修 － ○ － 32 × 1.65(或 30 × 1.65) － 25 × 1.5
25 × 1.2	47.8 × 3.1	44 × 2.5 － 41 × 2.1 － 38 × 1.75 － △ － 38.5 － 中修 － ○ － 32 × 1.35 － 25 × 1.2
28 × 1	47.8 × 3.1 47.5 × 2.9	44 × 2.5 － 41 × 2.1 － 38 × 1.75 － △ － 中修 － ○ － 35 × 1.15 － 28 × 1
25 × 1	47.8 × 3.14 47.5 × 2.9	44 × 2.5 － 41 × 2.1 － 38 × 1.75 － △ － 37.5 － 中修 － ○ － 35 × 1.4 － 32 × 1.15(或 30 × 1.15) － 25 × 1

6. 退火、酸洗及其他

(1)退火工艺参数选择

退火温度与保温时间的确定要根据合金的软化曲线和制品的技术性能要求，并结合退火设备的具体情况进行确定，表3-29、表3-30、表3-31列出了箱式退火炉和通过式退火炉冷凝管退火温度制度，仅供参考。

表3-29　箱式退火炉冷凝管退火制度

合金牌号	壁厚/mm	中间退火温度/℃	成品退火温度/℃		保温时间/min
			软制品	半硬制品	
H68A	1.0~4.0	560~700	480~540	400~450	40~60
HAl77-2	1.0~4.0	650~700	600~700	500~600	60
锡黄铜系	1~4.0	650~700	520~580	450~480	60
BFe30-1-1	1.0~3.0	760~840	740~780	580~600	100
BFe10-1-1	1.0~3.0	730~790	680~720	510~600	80

表3-30　通过式退火炉中间退火制度

牌号	炉温/℃			退火速度/(m·min⁻¹)
	壁厚≤1.0 mm	壁厚1.0~2.5 mm	壁厚>2.5 mm	
H68A	560~580	600~660	660~700	0.42
HAl77-2	580~600	600~690	680~700	0.42
HSn70-1、HSn70-1B、HSn70-1AB	580~600	600~680	660~700	0.45
BFe30-1-1	760~780	780~800	780~840	0.3
BFe10-1-1	730~750	750~770	760~790	0.32

表3-31　通过式退火炉成品退火制度

牌号	状态	炉温/℃		退火速度/(m·min⁻¹)
		壁厚0.75~1.0 mm	壁厚>1.0~2.0 mm	
H68A	Y2	520~540	530~560	0.4
	M	540~560	570~590	0.35
HAl77-2	Y2	600~620	620~630	0.4
	M	660~680	680~700	0.35
HSn70-1、HSn70-1B、HSn70-1AB	Y2	530~580	570~600	0.4
	M	580~600	600~640	0.35
BFe30-1-1	Y2	590~620	620~650	0.35
	M	740~750	740~790	0.28
BFe10-1-1	Y2	500~520	520~550	0.35
	M	680~700	720~750	0.28

(2)酸洗

酸、水洗的先后顺序为：酸洗→一次漂洗→二次漂洗→水冲洗。在热状态的单相黄铜和白铜，可以直接放入冷水水槽中冷却后再进行酸洗；对含锌高的黄铜必须自然冷却到70℃以下才能酸洗。酸洗液的成分与酸洗时间列于表3－32。

表3－32 酸洗液成分与酸洗时间

合金牌号	酸液成分/%			酸液温度/℃	酸洗时间/min
	硫酸	双氧水	水		
BFe30－1－1，BFe10－1－1	13～18	3～5	余量	室温	10～60
H68A，HAl77－2，HSn70－1，HSn70－1B，HSn70－1AB	3～15		余量	室温	5～30

(3)脱脂

冷凝管成品拉伸、矫直后，制品表面总会残留一些润滑剂，如不对其进行清除，油污经退火后会残留在制品表面，影响冷凝管的表面质量及使用寿命，因而应在成品退火前进行脱脂处理。

脱脂处理常用的方式有：使用铜管清洗设备采用有机溶剂进行清洗；使用脱脂剂在水槽中进行浸泡而后水清洗；采用人工擦洗方式对管材的内外进行清洗等。

3.5 大口径薄壁冷凝管

3.5.1 大口径薄壁冷凝管生产方法

大口径薄壁冷凝管生产规格范围 ϕ120～ϕ350 mm、壁厚1～10 mm，是铜管材加工产品中规格范围最宽的一类产品。目前，其生产方法大致有6种，即：挤压—轧制—拉伸法、挤压—拉伸法、挤压—长芯杆拉伸—拉伸法、挤压—扩径拉伸—拉伸法、斜轧穿孔—拉伸法、斜轧穿孔—扩径拉伸—拉伸法。

1. 挤压—轧制—拉伸

挤压—轧制—拉伸法，是常用的一种传统生产工艺。工艺流程、生产周期短，产品的尺寸精度、成品率高，管材壁厚均匀、表面质量好。挤压、轧制、拉伸是最佳的设备组合，但受轧管机的限制，目前该生产方法还不能生产外径大于120 mm的管材。

2. 挤压—拉伸法

挤压—拉伸法，是目前应用广泛的一种传统的生产工艺。设备投资少，更换模具方便、快捷、生产效率高，生产规格范围宽(外径 ϕ3～ϕ250 mm)。但由于挤压壁厚不均、拉伸纠正偏心率差，拉伸允许道次加工率较小，故拉伸道次、中间退火次数多、工艺流程长。

3. 挤压—长芯杆拉伸—拉伸法

挤压—长芯杆拉伸—拉伸法，是一种适合于大口径薄壁铜管生产的传统生产工艺。拉伸时长芯杆随同管坯通过模孔，管子内壁与长芯杆间摩擦力方向与拉伸方向相同，其摩擦力有助于减小拉伸应力，与短芯头拉伸相比，拉伸力相应减少 15% ~20%，道次延伸系数可达 1.8 ~2.0，可以实现大的道次减壁量。该生产方法具有工艺流程短、退火次数少，尤其适合大口径薄壁铜管的生产。但受长芯杆长度限制，难以生产长度大于 3 m 的管材。

4. 挤压—扩径拉伸—拉伸法

挤压—扩径拉伸—拉伸法有别于其他传统生产工艺。扩径拉伸的应力状态为轴向、径向为压缩应力，而周向为拉伸应力；变形状态为轴向、径向为压缩变形，周向为延伸变形，即扩径的管子的长度缩短、壁厚变薄、直径增大。采用该生产方法，可以为拉伸工序提供远大于正向挤压最大管坯直径的管坯，该工艺能生产较其他传统工艺大口径的薄壁铜管。

5. 斜轧穿孔—拉伸法

斜轧穿孔—拉伸法，是一种传统的、逐步被淘汰的加工方法。设备投资少、见效快，但生产管坯的内表面较差，在斜轧穿孔—拉伸法生产工艺中，加一至二道次扒皮，外表面质量可得到改观。斜轧穿孔的管坯的外径和壁厚沿轴向变化，内外表面呈周期性螺旋状缺陷。斜轧穿孔管坯经拉伸、扒皮、拉伸，可生产符合标准要求的铜水管和铜气管。

6. 斜轧穿孔—扩径拉伸—拉伸法

斜轧穿孔—扩径拉伸—拉伸法，设备投资少，应用扩径拉伸的加工原理，把斜轧穿孔的管材加工成大口径薄壁铜水管、铜气管的一种传统的生产方法，该生产方法生产管材的质量较挤压—扩径拉伸—拉伸法低。

3.5.2 大口径薄壁冷凝管的发展趋势

随着国际贸易市场化进程加快，我国造船业等行业及科学技术的飞速发展，国内外铜加工材市场对大口径薄壁管材的需求量将日益增加，尤其是造船业海水管道装置用耐腐蚀、承压大口径薄壁铜管将成为增长的新亮点。大口径薄壁管的合金牌号由目前单一的 H62，向满足产品适用功能拓展，如 HAl77 -2、BFe10 -1 -1、BFe30 -1 -1 等，实现合金牌号多元化。

大口径薄壁管的尺寸规格、产品精度，向扩大产品的直径（由目前的 ϕ300 mm 向 ϕ400 mm 以上扩展），减薄管材的壁厚，提高管材的长度，提高产品的尺寸精度尤其是壁厚尺寸精度方向发展。大口径薄壁黄铜管生产工艺改进的核心是减壁。冷加工工艺制订应遵循“少缩、多薄”即少减外径，多减壁厚的原则，使金属塑性充分利用在壁厚减薄上，从而有效地消除管坯表面的缺陷，改善内部组织，缩短工艺流程，提高生产效率。

在上述生产方式普遍使用的同时，其他几种生产方式为大口径薄壁管的生产开辟了新的途径，成为该产品的发展趋势。简述如下。

1. 挤压管坯—扩径旋压—中式芯头拉伸法

该工艺方法采用 ϕ410 mm ×(400 ~500)mm 铸锭，正向堵板挤压 ϕ240 mm ×(10 ~15)mm ×(5300 ~6800)mm 管坯，经扩径旋压(2 ~4 道次)加工成外径 ϕ(300 ~430)mm，壁厚 5 ~6 mm 的管子，接着进行光亮退火和中式芯头拉伸(2 ~3 道次)，生产出 ϕ420 mm ×(4 ~5)mm 规格以下，长度 4 ~6 m 的大口径薄壁管。

该生产工艺的显著特点是：

①采用正向堵板挤压可大大减小穿孔挤压残料的损失，管坯单重达 450 kg，挤压成品率可达 75%。

②图 3 - 44 所示为扩径旋压法，在管子实现扩径过程中，同时实现了管子壁厚的减薄和壁厚的均整，是集扩径、减壁、纠正管子壁厚不均匀的一种加工方法。该加工方法适用于大口径薄壁铜管的生产，已在国外的加工厂得到应用。

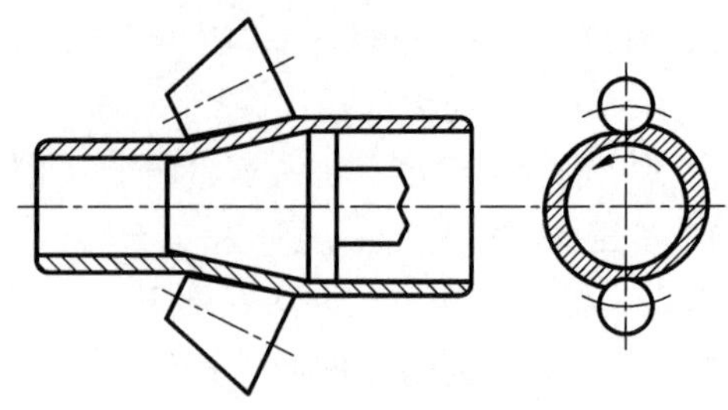
图 3 - 44 扩径旋压法

③单层摆放的通过式光亮退火，可最大极限地减小退火过程管子椭圆，为中式芯头拉伸“少缩、多薄”提供管坯尺寸精度的支持。

④中式芯头拉伸其主要特点是芯头与管坯内壁为线接触，故拉伸时摩擦力小，管子与芯头只需很小的间隙，芯头就可以顺畅地穿入管子。因而中式芯头拉伸可以实现“少缩、多薄”的原则，达到缩短工艺流程的目的。

2. 热轧板、氩弧焊焊接成圆管坯—中式芯头拉伸法

该方法是生产效率最高、管材壁厚尺寸精度最高、管材长度最长的一种最有发展前途的大口径薄壁管加工生产工艺。

该生产工艺的关键工序是氩弧焊焊接技术。须保证焊接缝完整、无裂纹、无夹渣及焊接突起部分小、光滑。该焊接管材在国外已广泛应用于船用海水管道装置。

该焊接后的管子经 1 ~ 2 道次中式芯头拉伸和光亮软化退火，可完全形成均一的组织，经金相检验管子焊接处的组织与管子基体组织无明显差异。

3. 焊接冷凝管

就冷凝管用铜合金来说，最适于焊接方法生产的是白铜合金，几乎所有的焊接技术都适用于铜 - 镍合金材料。这些方法包括钨极氩弧焊(GTAW 或 TIG)、高频感应焊接(HF)、气体保护金属极焊接法(GMA)、等离子弧焊接(PAW)和电条电弧焊(SMAW)。最常用的焊接方法有钨极氩弧焊和高频感应焊接。

含镍 10% ~ 30% 的铜 - 镍合金，它所具有的导热和导电性能与钢铁差不多，焊接时无须预热。铅、磷、硫等杂质元素存在于铜镍合金中，会对其焊接性能产生不利影响，使之对热裂十分敏感。为了确保焊接质量，一般应将铅、磷、硫在合金中的含量分别控制在 0.01%、0.02% 和 0.01% 左右。这些杂质元素含量过高有可能导致热效应区发生晶间裂纹。

焊接冷凝管使用的原料带材是用半连续铸造的扁锭经热轧、冷轧、中间退火，然后纵剪和卷取的方法制成。其带材的各项性能应满足相关的带材标准。

3.5.3 焊接冷凝管的加工工艺及装备

下面以发电机组凝汽器用高频焊接白铜管为例介绍铜合金冷凝管焊接工艺。

1. 加工材料及规格

合金牌号：BFe30 - 1 - 1。

产品规格：ϕ25 mm × 1 mm × 8500 mm。

状态：Y2。

使用设备：ϕ50 mm 高频直缝焊管机组。

焊管机组主要设备组成为：悬臂吊、开卷机、矫平机、剪切对焊机、水平式螺旋活套、成形机组、焊接机组、冷却水套、定径机组、涡流探伤装置、直流伺服控制装置的定尺飞锯、平头倒棱机组、矫直机、打包机、输送辊道、台架、拔管机等设备以及相应的液压系统、电控系统和润滑系统等。主要技术性能及设备参数列于表3－33。

表3－33　φ50 mm高频直缝焊管机组主要技术性能及设备参数

带材宽度/mm	60～160	开卷机卷筒规格/mm	最小546，最大650
带材厚度/mm	1.5～4	开卷机卷筒胀缩量/mm	104
带卷外径/mm	800～1500	矫平机矫平速度/($m \cdot mm^{-1}$)	15
带卷内径/mm	650	带卷剪切对焊形式	CO_2气体保护
成品外径/mm	20～50	焊接速度/($m \cdot mm^{-1}$)	30～100
定尺长度/mm	5000～7000	挤压辊数量/个	2
作业线长度/m	约90	冷却方式	20～120
成型机组传动电机功率/kW	55	外毛刺收集机卷取速度	水淋式
定径机组传动电机功率/kW	55	设备重量/t	约90

2. 焊接工艺

带坯采用半连续铸造—热轧—冷轧以及中间退火的生产方式至所需厚度，然后经纵切和卷取成110 mm×1.3 mm的带坯。带坯的化学成分、尺寸及其偏差、力学性能及工艺性能等技术指标满足GB/T 2059《铜及铜合金带》标准。

确定给定材料的加工工艺产生特性，在焊接过程中调节这些工艺参数以使焊接质量稳定。焊接过程中对管材进行连续涡流探伤检测。检测合格的管材进行焊缝内毛刺的去除处理，之后进行退火—拉伸至成品规格，最后精整和成品退火。成品管材按GB/T 8890标准进行出场检验，符合标准要求的为合格产品。

用光学显微镜对管材横截面焊缝的金相组织进行了全过程的跟踪观察，在经过一定的加工变形和二次退火后，其焊缝的组织基本与基体组织熔合。在成品扩口、压扁的工艺试验中，焊接区以及焊缝处未出现裂纹。管材焊接后不进行加工和热处理，进行压扁试验时则会出现开裂现象。

3. 带材弯曲成管

带材两侧边必须事先进行修整，使之具备正确的尺寸和形状。带材在机列上逐步卷曲呈具有小狭缝的管（见图3－45），这项工作由两类成型辊进行，几对卧辊先把带材边部弯曲，最后由竖辊完成管的形状。在感应线圈前有两对刀辊，它可以调节缝的宽度。

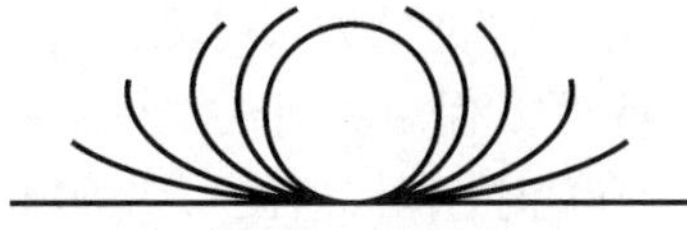

图3－45　带材弯曲成管示意图

4. 高频焊接

机组焊接部分由一套感应线圈和一对压力辊组成（见图3－46）。这个感应线圈产生管内二次电流，使边部加热到熔点，在压力辊的挤压下管内、外两面凸出焊接金属，同时将两边焊合在一起。外面的凸出金属通过两段整平工序来去除。第一段铲平是初步的，可消除大部分焊疤；第二段为整平工具，消除所有焊瘤。焊缝是通过装在两个外表面整平工具之间的检测器进行涡流探伤。管内侧焊瘤用组装在一起的粗精刮削工具去除。最后，焊合的管材在机列的末端被卷取机收卷成盘。机列末端还设有一飞剪，可在卷管重约 1200 kg 时将铜管切断，而后将卷管放入料框中输送到盘拉机。焊接管的规格为 ϕ37 mm × 1.7 mm。

焊接过程最低速度 70 m/min，焊接热影响区范围较小。焊接管表面质量比挤压管材好得多，这是因为在带材生产过程中消除了热加工的组织状态并经过铣面和冷加工得到优良的表面质量，而且均未发现挤压管常见的起皮、分层等缺陷。

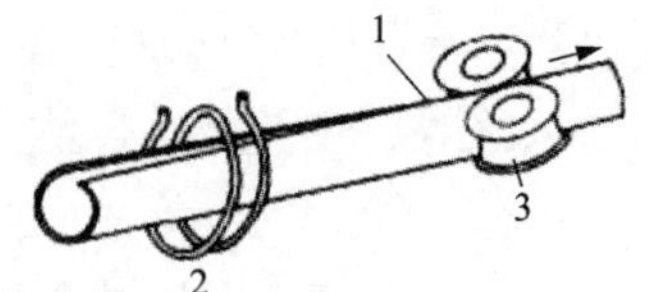

图 3-46　感应线圈焊接示意图
1—焊接点；2—感应线圈；3—压力辊

5. 拉伸和退火

圆盘拉伸在倒立式盘拉机上进行，使用硬质合金拉伸模和游动芯头，模子角度在 12.5° ~ 14° 之间，模子和芯头之间的角度差为 1.5° ~ 2°。道次加工率为 30%，总加工率 90%，一直拉伸到 ϕ8 mm × 1 mm，无需中间退火。

退火可采用两种方式：一是在炉子静态退火；二是使用通过式感应退火。两种方式都需要保持 750℃以上的温度和退火后快速冷却，防止缺陷沉淀。一次退火既不能达到焊接组织的均匀化，也不能得到产品所需的力学性能和晶粒度。因此焊接后的管材经冷加工到成品必须经过二次退火。首先是中间退火，以消除大部分组织上的差别，其次是拉伸至成品时的最终退火，消除残余应力和使管材具有所需要的性能。这种生产工艺的结果，是使制品整个断面的组织非常均匀，看不出焊接的痕迹。

3.5.4 铜合金冷凝管的安装及注意事项

1. 产品安装现场的检验与验收

冷凝管安装现场的验收除清点支数外，还要进行装机之前的质量验收，验收的依据是 DL5011《电力建设施工及验收技术规范(汽轮机机组篇)》的施工验收标准和 DL/T7152《火力发电厂凝汽器管选材导则》。

一般按要求抽取安装总数 5% 的铜管进行涡流探伤检测，检测中如不合格管材达到 1% 时，则应进行全数检验，检验方法按 DL/T561 标准进行。

抽查铜管安装总数的 0.1% 进行残余应力检验，检验方法按 DL/T561 标准进行，氨熏 24 h，铜管无裂纹；当样品出现不合格时，对不合格批的铜管，应在装机前全部进行消除应力处理。消除应力的方法可采用电厂汽轮机出口的蒸汽对铜管进行蒸汽退火，退火温度应为 300 ~ 350℃，保温时间根据材质和现场试验确定，一般为 4 ~ 6 h，如罐内蒸汽温度能够始终保持 350℃时，保温时间可为 60 min。

抽取管材总数的 0.05% ~ 0.1% 进行扩口、压扁工艺性能检验。扩口试验采用 45° 车光锥体，扩口率 30%；压扁至短径相当于原铜管直径的一半，试样无裂纹或其他损坏现象。如上述试验存在不符合时，可在铜管的胀口部位进行 400 ~ 450℃的退火处理。

铜合金管表面膜，特别是碳残膜，一般情况下要求供方在生产工艺过程中加以控制和清除。在安装使用前，对怀疑有残碳膜的管材，方可采用俄歇能谱分析法或 ESCA(化学分析光电子能谱法)进行鉴别。

其他的检验项目，如化学成分、尺寸及其偏差、表面状态、力学性能等，均按相应的国家或行业标准进行。

2. 安装注意事项

(1)凝汽管穿冷却管应符合下列要求:

①穿管工作应在无风沙、雨雪侵袭的条件下进行。

②穿管时应在两端管板和各道隔板处都设专人,使穿管对准各道管孔,避免冲撞。

③穿管时检查管子表面,无裂纹、砂眼、腐蚀、凹坑、毛刺和油垢等缺陷,管内无杂物和堵塞现象,管子弯曲度过大时应矫直。管内应清理毛边,无须全部打磨。

④穿管时应轻推、轻拉,不冲撞管孔,穿管受阻时,不得强力猛击,应使用导向器倒入。

(2)凝汽器冷却管穿管完成后,在正式胀接前,应先进行试胀工作,并应符合下列要求:

①胀口无欠胀或过胀现象,胀口处管壁胀薄 4% ~6% 。

②胀口翻边处应平滑光洁,无裂纹和显著的切痕。翻过角度一般为 15°左右。

③胀口的胀拉深度一般为管板厚度的 75% ~90% ,但扩胀部分应在管板壁内不少于 2 ~3 mm,不允许扩胀部分超过管板内壁。

④胀接工作应在整洁、干燥的环境下进行,气温应保持在 0℃以上,在厂外胀管时,四季都应搭建工作棚,避免风沙和气温剧变影响施工质量。

(3)凝汽器冷却管胀接应达到下列要求:

①凝汽器壳体应垫平、垫稳,无歪扭现象,若壳体组合后经过搬运,在穿胀管子前应先将壳体重新垫平,并使端板和隔板的管孔中心线达到原始组合状态。

②管子胀接前应在管板四角及中央各胀一根标准管,以检查两端管板距离有无不一致和管板中央个别部位有无凸起,造成管子长度不足等情况,管子胀接程序应根据管束分组情况妥善安排,不得因胀接程序不合理而造成管板变形。

③正式胀接应先胀出水侧,同时在进水侧设专人监视,防止冷却管从该端旋出损伤。

④正式胀接工作按试胀要求进行。

⑤胀接好的管子应露出管板 1 ~3 mm,管端光平无毛刺。

⑥管子翻边如无厂家规定时,一般在循环水入口端进行 15°翻边。

⑦冷却管尺寸不够长时,应更换足够尺寸的管子,禁止用加热或其他强力方法伸长管子。

3.6　异型管

异型管规格较多、范围较大,在核工业、电子工业、军工、仪器仪表、民用产品等各部门都会用到所需的各种形状规格的异型管。如:原子能加速器及发电机线圈用外方内圆长导线或外矩内圆长导线、雷达用波导管,电子元器件用异型插件管及日常我们所见的打火机壳、异型铜合金扶手管、异型铜合金灯饰管、异型铜合金装饰管等。

通常把非圆形管材或圆形但不等壁厚的管材称为异型管。异型管按壁厚可分为等壁厚异型管及不等壁厚异型管。

3.6.1　异型管的生产方法

几种主要生产方式比较见表 3 －34。

表 3-34 异型管主要生产方式特点比较

生产方式	生产特点	适用范围	产品质量
挤压法	由铸锭经挤压机直接挤压生产出所需产品的形状	尺寸规格大，壁厚或用拉伸法无法生产的场合，但长度受设备限制	表面质量稍差，尺寸偏差较大
挤压拉伸法	由铸锭经挤压机挤压成一定形状的异型管半制品，再经拉伸机若干道次拉伸得到所需产品的形状	适用范围较广，但要求异型挤压模及异型拉伸模生产成本高	表面质量较好，尺寸偏差小
拉伸法	由过渡圆(与成品异型管周长、壁厚近似相等的圆管坯)经拉伸机若干道次拉伸变形得到所需产品的形状	生产成本低、能生产批量小、尺寸规格小、壁薄及挤压法无法生产的产品，是异型管生产较普遍采用的方法。但其变形过渡模设计及制作较复杂	表面质量好，尺寸偏差小

3.6.2 等壁厚异型管

等壁厚异型管生产方式通常采用拉伸法生产，可分为成品衬拉和成品空拉两种。

对成品表面粗糙度、尺寸精度要求高、转角要求直挺(半径非常小)以及用空拉无法满足要求的异型管材，通常采用衬拉方式生产。如波导管、打火机外壳管、电刷管、异型扶手管、各种异型装饰管、异型插件管等。

对成品表面粗糙度、尺寸精度要求相对较低或变形相对较容易的异型管材，通常采用空拉方式生产。如椭圆管、普通异型管等。

由于异型管是从过渡圆经拉伸变形来的，所以其金属变形是不均匀的内层金属比外层金属变形量大；同时，变形的不均匀性随着管材的壁厚与直径比值(S/D)的增大而增加；外层金属受到附加拉应力，导致金属不能良好地充满模角。因此，在工艺计算时其过渡圆周长应比成品管周长大 3% ~15%(但有些产品会有例外，如薄壁异型管有时小于 1%，椭圆管有时大于 18% 以上)。

衬拉异型管在拉伸过程中其拉伸力、变形不均匀性及拉伸后产品的残余应力较同截面积圆管要大得多，若道次加工率大，在拉伸过程中容易产生拉断、模具磨损厉害甚至还会出现因残余应力大使制品出模孔后还在变形的现象，进而影响最终成品尺寸，因此其道次加工率不宜大(尤其对成品尺寸精度要求高的波导管更应注意)，一般控制在 25% 以下。另外成品衬拉异型管道次减壁量又不能过小，否则成品质量无法保证。在工艺及模具设计中通常采用的方法是：在成品内模能自由放入过渡变形管坯内的前提下，其间隙值 2Δ，尽量取 $\Delta = 0.07 \sim 0.15B$(B 为成品异型管短边尺寸)，Δ 随长宽比、S/D 增大而增大，且 $2\Delta_{短} \geqslant 2\Delta_{长}$($2\Delta_{短}$、$2\Delta_{长}$分别为短、长边间隙值)。

3.6.3 不等壁厚异型管

对于规格较大，单支长度较短的不等壁厚异型管，生产方式较多采用挤压法、挤压拉伸法或由过渡圆采用短芯头进行衬拉的拉伸法进行生产。此类产品生产只要满足设备能力相对规格较小；单支长度长的不等壁厚异型管如外方内圆长导线管要容易得多，因此此处主要介绍中小规格在圆盘拉伸机上采用游动芯头拉伸工艺的外方内圆长导线管生产方式。挤压异型管工艺见表3－35。

表3－35　挤压异型管工艺

合金	名称	制品规格/(mm×mm)	锭坯规格(直径×长度)/(mm×mm)	挤压系数λ	制品长度/m	备注
T2	偏心管 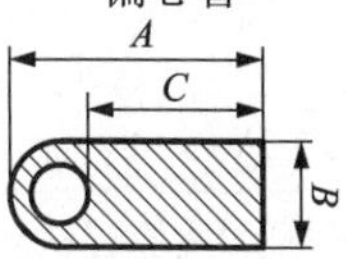	长×宽/内径×壁厚 42×25/ϕ19×3 (辅助孔ϕ28)	195/(ϕ33)×300	23.2	5.7	空心锭
		47×38/ϕ30×4 (辅助孔ϕ24)	295/(ϕ55)×550	49.9	23.5	空心锭
T2	双孔管 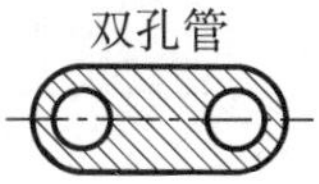	长×宽/内径×壁厚 32×86×18×7	245/(2×ϕ33)×250	9.3	1.9	2孔 空心锭
H62	内筋管 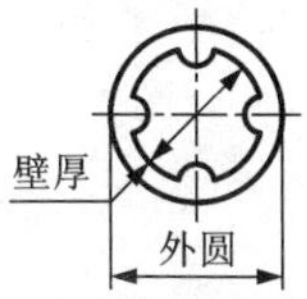	外圆×壁厚×R 95×9.5×9	245×400	14.6	4.9	
HPb59－1	外方内圆管 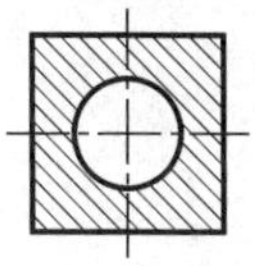	边长×边长×内径 36×36×ϕ26	145×250	22	4.1	
HPb59－1－1	外椭内圆管	长轴×短轴×内径 78×53×ϕ18	195/(ϕ33)×300	9.7	2.3	空心锭

注：本表中挤压异型管采用瓶式针固定挤压，适用于15 MN以上挤压机生产。

游动芯头拉伸外方内圆长导线管特点：由于是不等壁厚异型管生产所以不仅包含而且还远大于异型管生产所有的变形不利因素；由于采用的是游动芯头拉伸工艺，因此必须满足游动芯头拉伸所有工艺技术要求；由于是从等壁厚的圆管坯拉伸变形来的，所以其壁厚变形不均匀及道次减壁量、道次延伸系数(道次加工率)均较大，尤其是第一道次过渡变形拉伸阶段其道次延伸系数甚至达到1.8以上，加大了生产与设计难题。因此在可能的情况下，在第一道次过渡变形尽量采用短芯头衬拉或挤压异型管供坯。

例如拉制成品尺寸为20 mm×20 mm×ϕ12 mm，R－2 mm外方内圆长导线管。

因该规格相对尺寸较大可考虑过渡变形及成品拉伸前几道次采用短芯头衬拉或者采用挤压机挤压成异型管坯且成品拉伸前几道次采用短芯头衬拉，最终成品拉伸采用游动芯头衬拉工艺。其工艺如表3－36。

表 3-36 外方内圆长导线管工艺

工艺 1：拉伸法生产工艺						工艺 2：挤压拉伸法生产工艺					
1	由圆管坯拉伸至 ϕ50 mm×8.8 mm 退火					1	由挤压机挤压成外方内圆型材				
2	短芯头拉伸工艺及配模						$A=39.5$，$s=5.3$，$S=9.34$，$R=10$				
	A_N	s_N	S_N	R_N	λ_N	2	短芯头拉伸工艺及配模				
	38.5	5	8.62	10.5	1.519		A_N	s_N	S_N	R_N	λ_N
	32.5	4.6	7.95	8	1.324		32.5	4.6	7.95	8	1.44
	26.5	4.25	7.46	5.5	1.343		26.5	4.25	7.46	5.5	1.343
3	游动芯头拉伸工艺及配模					3	游动芯头拉伸工艺及配模				
	A_N	s_N	S_N	R_N	λ_N		A_N	s_N	S_N	R_N	λ_N
	20	4	7.31	2	1.488		20	4	7.31	2	1.488

第4章
铜及铜合金棒、线材的生产技术与装备

4.1　铅黄铜棒

4.1.1　概述

目前铅黄铜是最主要的易切削黄铜。铅几乎不固溶于Cu-Zn合金中，而存在于固溶体的晶界处。当铅黄铜材料被切削加工时，铅以游离的质点分布在固溶体内，弥散的铅颗粒易断裂而使切屑断裂，从而起着碎裂屑、减少黏结和焊合以及提高切削速度的作用。由于材料中的铅颗粒熔点较低，切削加工时，刀头与屑的接触局部受热而瞬间熔化，有助于改变切屑的形状，并起到润滑工具的作用。因此，铅黄铜都具有极高的切削性能，切屑易碎，工件表面光洁，适宜于自动高速车床加工零件。

目前市场中的铅黄铜棒广泛应用于气门嘴、气门芯、制笔、电子、空调、钟表、水暖、通信等行业，这些行业的自动化程度极高，数控加工、数控机床等先进设备被广泛运用，而此类设备的转速高达4000~5000 r/min，目前国内已拥有转速高达7000~8000 r/min甚至更高的进口数控机床，因此对棒材的直度、尺寸精度、金相组织、力学性能及切削加工性能的要求极高。传统的铜材加工方式已不能为现代化的生产提供合格的材料。因此，铜材的高切削化、精密化生产已成必然趋势。为了能够获得性能优良的铅黄铜棒，特制订了以下控制和改善铅黄铜性能的措施。

1. 控制铅含量

由铜含量约为59%的H59黄铜的可切削性与铅含量关系的实验研究结果表明：当铅含量为1.0%时(HPb59-1)可切削性约为75%；当铅含量为2.0%时(HPb59-2)可切削性约为92%；而铅含量为3.0%时，则可切削性约为100%；而当铅含量大于3.0%时，在一般情况下不会进一步改善合金的可切削性能，反而使合金的力学性能全面下降。

2. 添加合金元素

向铅黄铜中添加微量镁、钙、钠及铼可进一步提高其可切削性；向HPb63-3中添加铁0.15%~0.30%，镍0.15%~0.05%，锡0.05%~0.08%可提高其强度；含铝0.4%的HPb63-3可在720~750℃进行热轧，改变其原不可热轧性；少量铝也可扩大HPb59-1合金半连续铸造圆锭的热加工温度范围及提高其表面质量。

对易切削HPb58-2.5黄铜棒研究表明：添加(不大于)铁0.3%可细化晶粒，同时在热处理时可阻止铅及β相的富集与长大，大大改善了合金力学性能。

添加微量元素镍、铁及铼的HPb60－2，其切削性、耐磨性能良好。高温力学性能稳定，可作为不可热轧HPb63－3单相合金代用材料。

在研究硼元素影响中发现在HPb59－1中，当硼添加量为0.15%时，对于合金的组织细化效果最佳，过量时效果逐渐减弱。

由于铅黄铜中铅含量的增加，其切削性能提高，但其热加工时的热脆性也增大，故日本、美国等通过添加合金元素等方法，使铅黄铜中的铅含量高达4.25%，其特别适用于细小的深孔加工零件。而目前我国铅黄铜牌号中，铅含量均在3.0%以下，远不能满足生产发展的需要，因此开展添加元素方面的研究很有必要。

4.1.2 铅黄铜棒产品特点及技术要求

实际应用的易切削铅黄铜的合金牌号很多，针对客户需求并结合国外实际情况和我国易切削铜合金棒材面临的实际需要，根据国家标准GB/T 26306—2010和GB/T 5231—2012，常用的易切削铅黄铜棒的合金牌号、化学成分及含量见表4－1。

根据标准GB/T 26306—2010，常用的铅黄铜棒的力学性能见表4－2。棒材的尺寸精度及其他要求应满足国标GB/T 26306—2010规定的要求。

表4－1 铅黄铜棒合金牌号、化学成分(质量分数)

牌号	化学成分及含量/%						
	Cu	Pb	Fe	Sn	Ni	Zn	杂质总和
HPb57－4	56.0～58.0	3.5～4.5	0.50	0.5	—	余量	1.20
HPb58－2	57.0～59.0	1.5～2.5	0.50	0.5	—	余量	1.00
HPb58－3	57.0～59.0	2.5～3.5	0.50	0.5	—	余量	1.00
HPb59－1	57.0～60.0	0.8～1.9	0.50	—	—	余量	1.00
HPb59－2	57.0～60.0	1.5～2.5	0.50	0.5	1.0	余量	1.00
HPb59－3	57.5～59.5	2.0～3.0	0.50	—	—	余量	1.20
HPb60－2	58.0～61.0	1.5～2.5	0.30	—	—	余量	0.80
HPb60－3	58.0～61.0	2.5～3.5	0.30	0.3	—	余量	0.80
HPb62－3	60.0～63.0	2.5～3.7	0.35	—	—	余量	0.85
HPb63－3	62.0～65.0	2.4～3.0	0.10	—	—	余量	0.75

表4－2 铅黄铜棒的力学性能

牌号	状态	直径(或对边距)/mm	抗拉强度 R_m/(N·mm^{-2})	伸长率 A/%
			不小于	
HPb57－4 HPb58－2 HPb58－3	Y_2	3～20	350	10
		>20～40	350	15
		>40～80	315	20
	Y	3～20	380	8
		>20～40	350	12
		>40～80	320	15

续表 4-2

牌号	状态	直径(或对边距)/mm	抗拉强度 R_m/(N·mm^{-2})	伸长率 A/%
			不小于	
HPb59-1 HPb59-2 HPb60-2	Y_2	3～20	420	12
		>20～40	390	14
		>40～80	370	19
	Y	3～20	480	5
		>20～40	460	7
		>40～80	440	10
HPb59-3 HPb60-3 HPb62-3 HPb63-3	Y_2	3～20	390	12
		>20～40	360	15
		>40～80	330	20
	Y	3～20	490	6
		>20～40	450	9
		>40～80	410	12

4.1.3　铅黄铜棒生产工艺及生产设备

棒材是铜加工材中重要的一类，在铜及铜合金棒材中，黄铜棒约占棒材总量的90%，而黄铜棒中铅黄铜棒又占绝大多数(占80%～85%)，其中包括易切削、耐腐蚀、热锻、异型棒等，主要供货形式有圆棒和型棒，型棒包括方形棒、矩形棒、六角棒、异型棒等。主要用于航空航天、兵器、仪器仪表、通信、船舶工业、电力电气、民用建筑、机械零件、水暖管件、汽车附件、日用五金、卫生洁具、锁具等。

我国习惯上按加工方法将棒材分为挤制和拉制两大类，分别规定了相应的规格范围，小规格的棒材与线材在规格上有所交叉，时常难以划分。而美国、日本等国家在棒、线材规格交叉部分，则不以产品的尺寸而以交货形态划分，直条状交货的称为棒材，盘状交货的称为线材。根据标准 GB/T 4423—2007 和 GB/T 21652—2008，通常棒材直径下限为 ϕ3 mm，线材上限为 ϕ13 mm。

一般大规格黄铜棒材主要采用热挤压或热型轧—直线式拉伸来完成，供坯方式主要采用水平连铸供坯或垂直半连铸供坯。其生产工艺流程如图 4-1 所示。

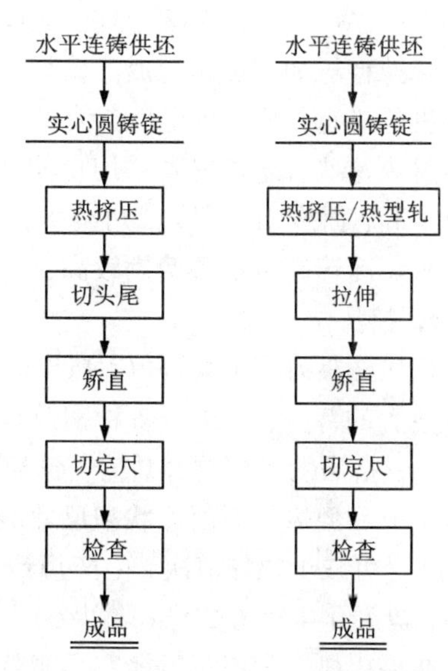

图 4-1　大规格黄铜棒材生产工艺流程

中小规格黄铜棒材生产方法主要有：热挤压成盘—圆盘拉伸—直线拉伸；水平连铸卷坯—圆盘拉伸—直线式拉伸；上引连铸坯料—直线式拉伸；孔形轧制—盘拉—直线式拉伸，参见图 4-2。

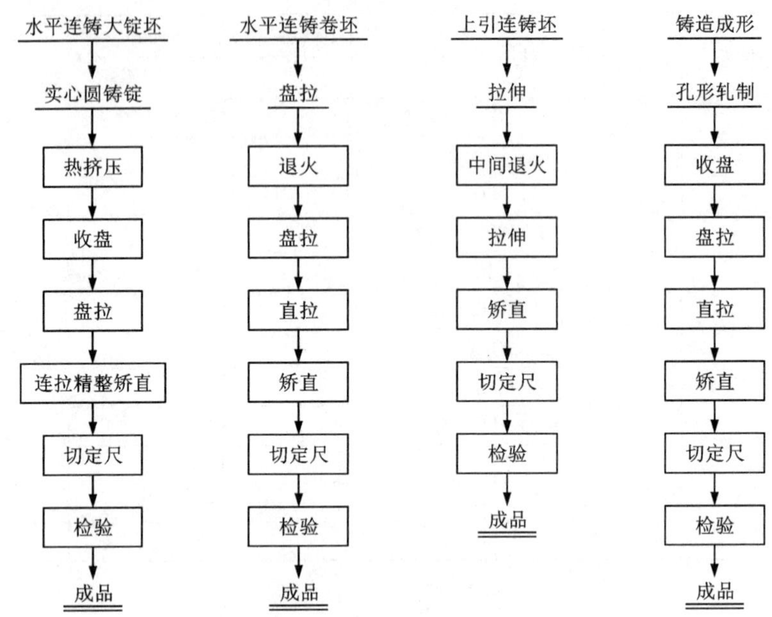

图4-2　中小规格黄铜棒材生产工艺流程

黄铜棒生产过程中，拉伸是棒材生产最常用的冷加工方法，对于挤压棒坯，多数情况下只须进行一道次拉伸冷加工，只是在生产难挤压合金小断面棒材时，拉伸次数才大大增加。拉伸有直拉和盘拉，多采用直拉，盘拉仅用于需多道次拉伸的小棒生产。直拉有间断式和连续式拉伸，间断式在链式拉伸机上进行，每一根拉伸坯料都须预先制头，几何废料多、生产效率低。连续式拉伸在集拉伸、矫直、锯切、抛光、倒角、打捆等工序为一体，挤压盘卷棒坯经联合拉伸机加工后即为成品棒材，挤压—联合拉伸是当前最先进的棒材生产方法。盘拉在盘拉机上进行，最后在联合拉伸机或矫直切断机上进行精整。冷轧多用于加工塑性差的合金小棒材。这些合金棒材若采用拉伸法生产，须经过反复拉伸、退火，生产流程长、能耗高、生产成本高；而冷加工率大，可减少拉伸道次、减少中间退火。冷轧多采用平立辊或三辊Y形连轧机。冷连轧机设备费用较高，一般用于批量较大的合金小棒生产。

1. 挤压法

挤压法具有变形条件好，挤出的制品尺寸精确、表面质量好且有细化的晶粒组织、生产灵活性大的特点，适用于各种铜及铜合金型棒材，是应用最广的棒坯生产方法。该法可直接出产品，挤出的型棒材经矫直、锯切等精整后即为挤压型棒材产品。挤压法可以得到断面最近似于成品型棒材断面形状和尺寸的坯料。对于拉制圆棒，一般在挤压后只须进行一道次拉伸，型材可减少拉伸道次，生产短流程。为提高经济效益，棒材生产向连续化、盘卷化方向发展，盘卷化生产方式已在铜及铜合金中小棒材生产中广泛应用。

在挤压机上生产黄铜棒产品规格范围，主要取决于挤压机吨位、收线装置及控制水平。我国铜加工厂的挤压机多在10 MN以上，不同吨位的挤压机都有自己特定的挤压规格范围。如15~40 MN挤压机生产黄铜棒材产品规格范围见表4-3。

表 4－3　黄铜棒挤压产品规格

15 MN	25 MN	35 MN	40 MN
外径/mm	外径/mm	外径/mm	外径/mm
φ9 ~ φ50	φ30 ~ φ70	φ40 ~ φ260	φ40 ~ φ300

很多工业发达国家可提供 φ32 mm 以上棒坯的盘料，盘卷的棒坯直径最大可达 φ50 mm，卷重达 1500 kg。挤压有正向挤压和反向挤压，正向挤压因其设备结构较反向挤压机简单、价格便宜、操作简便，在棒材生产中广泛应用。反向挤压由于锭坯表面与挤压筒壁无相对滑动，挤压能耗低，因此在同样挤压条件下，所须的挤压力比正向挤压低 30% ~40%。反向挤压较正向挤压变形均匀，制品尺寸精度高。目前反向挤压已大量应用于易切削黄铜棒的生产中，随着经济的发展和科技进步，对产品质量的要求越来越高，将促进反向挤压技术的发展和应用。图 4－3 为意大利产 55MN 正向挤压机和 45MN 双动反向挤压机。

(a)

(b)

图 4－3　55MN 正向挤压机(a)和 45MN 双向反向挤压机(b)

因铅黄铜工艺性能差异较大，根据高温变形抗力和塑性可分为：高温变形抗力大、塑性差的铅黄铜 HPb63－3；高温变形抗力小，塑性好的铅黄铜 HPb59－1。单相黄铜的高温塑性温度范围是 700 ~850℃，而两相 $\alpha+\beta$ 黄铜的高温塑性温度范围则较宽，为 500 ~850℃。因此，α 黄铜可以在 700 ~825℃内挤压，而 $\alpha+\beta$ 黄铜一般在 600 ~850℃内挤压。如 HPb59－1 的挤压温度为 650 ~700℃，这种合金在较高的温度下挤压时缩尾较长，压余增加。挤压黄铜时温度也不能太低，容易在挤制品尾端形成条状组织，引起性能不均。在高温变形抗力大，塑性差的黄铜中，如 HPb63－3，挤压这类合金必须严格控制锭坯温度和挤压速度，否则会产生制品表面裂纹废品。

2. 孔形轧制法

孔形轧制是将锭坯在横列式轧机上进行热轧，轧制是在有环形轧槽的轧辊中进行。坯料通过多个轧辊孔形，断面逐步缩小，从而获得预定的形状和尺寸。不同合金、不同规格、不同形状的型棒材所采用的孔形不同，小批量生产时须准备大量的轧辊，频繁更换轧辊不经济且效率低。此法设备投资比挤压法少，曾在铜及铜合金型棒材生产中起主要作用，但由于该法生产的品种少，产品质量较差，随着挤压技术的发展，绝大多数铜及铜合金型棒材已不再采用孔形轧制法供坯生产。

3. 连铸法

连铸供坯有水平连铸和上引连铸供坯，坯料直径一般为$\phi8\sim\phi60$ mm，盘重可任意选定，受收卷取装置能力的限制。由于供坯为铸状晶组织，须经过反复拉伸、退火，不宜用来生产冷状态下塑性差的合金。目前该法主要用于小棒和对力学性能要求不高的棒材生产上。因黄铜棒产品规格小($\phi8\sim\phi60$ mm)，且品种多、小批量，若采用单面多流紧密排列牵引，则只能适宜单一规格批量生产。存在换模具、工艺参数随机调整等操作不方便，严重影响产品效率。国内已有多家厂家通过升级改造，将水平连铸炉由最初的单面双流发展到三面六流，五面十流，甚至到现在的七面十六流，错开牵引机布置，每流操作互不干扰，每流规格可各不相同，引锭速度根据工艺要求调整，实现了一台炉子可同时生产多种规格，极大地提高了劳动效率和生产安排的灵活性，见图4－4。

图4－4 多面多流水平连铸炉

黄铜棒超多头水平连续铸造技术，成功地解决了连续加料、熔体密封、成分控制和多头牵引等问题，不但生产效率高，也很好地根治了黄铜熔铸过程氧化锌对环境的污染。潜流转炉和连体炉技术，是将原来的熔炼炉铜液通过流槽转注到保温炉或铸造炉升级为连体炉通过导管实现潜流转炉，图4－5为潜流转炉原理图。无机械阀门控流技术是利用某种装置，在高温液体潜流转炉导管中，利用金属凝固堵塞通道和金属熔化通道的原理，在导流管外设置一个可以迅速冷却和急速加热的装置，从而取代机械阀门，实现熔体由熔炼炉向保温炉的传送和闭合。避免了机械阀门长期在高温下的变形乃至熔蚀的问题，而且开启闭合便捷、安全可靠，利于实现自动化。

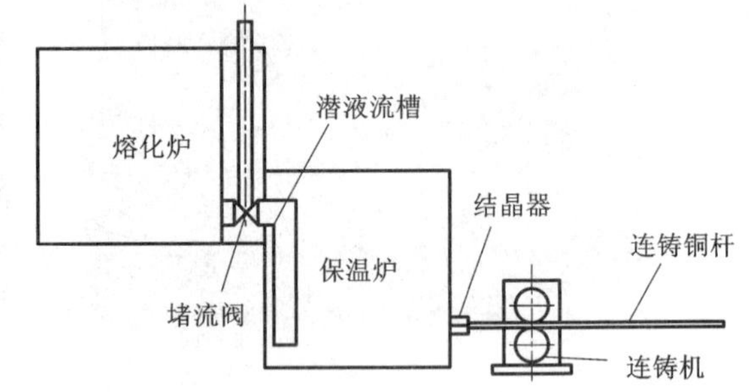

图4－5 潜流转炉原理图

4. 连续挤压制坯

连续挤压是1972年在国际上提出的塑性加工新方法，被誉为有色金属加工技术的一次革命。该技术从提出到工业化应用经历了不断的完善、提高和扩展的过程。我国自1984年开始从国外引进连续挤压设备，当时主要用于电冰箱铝管的生产。大连交通大学成立了连续挤压工程研究中心，成为当时我国唯一专门从事连续挤压和连续包覆技术的研究机构和制造基地。

连续挤压技术的创新之处在于将传统挤压加工中作无用功的摩擦力转变为变形的驱动力和加热源，从而成为一种高效节能的加工新技术。与传统挤压相比，连续挤压具有如下特点：由于挤压腔与坯料之间的摩擦得到有效的利用，挤压变形的能耗大大降低。根据计算与统计，在其他条件基本相同的情况下，连续挤压比传统挤压的能量消耗可降低30%。依靠本身的摩擦生热机理，取消了传统挤压过程中的加热工序，节省加热设备投资及电能费用，但仍然保留了热加工的各种优点。实现了无间断的连续生产，可获得数千米乃至数万米的成卷制品。只要卷取设备允许，理论上可生产出无限长的产品。由于连续生产，设备的自动化程度高，操作人员少，同时大幅度地减少了传统挤压中的挤压压余、切头尾等几何废料，材料利用率可高达97%以上；设备紧凑，占地面积小，设备及厂房建设的总投资低。图4－6为TLJ系列的铜合金连续挤压机。

图4－6 TLJ系列铜合金连续挤压机

铜棒材连续挤压的工艺流程如图4－7所示。

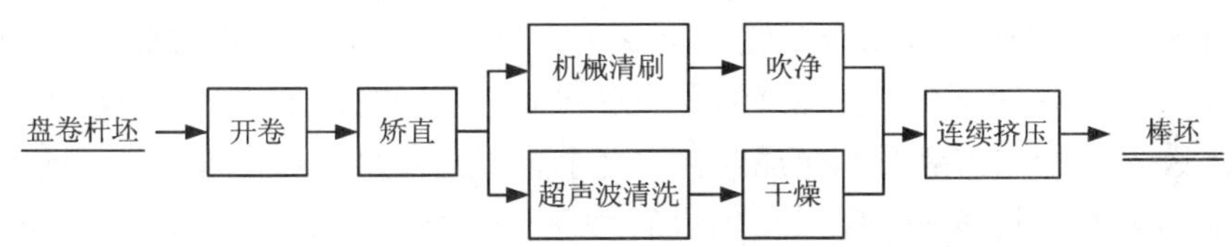

图4－7 铜棒材连续挤压的工艺流程

4.2 无铅黄铜棒

4.2.1 无铅黄铜棒简介

卫浴五金作为卫浴产品的重要组成部分，其所用的传统合金材料为含铅黄铜，尤以HPb59－1用量最大。添加铅可提高黄铜的切削性能，使黄铜零件获得高的光洁度，并具有很好的气密性。但是，铅黄铜废弃后铅极易进入土壤，如被焚烧还会进入大气，污染环境。特别是当铅黄铜用作水龙头、管接头等饮用水管道配件时，在饮用水中的杂质及有机酸等作用下，含铅铜合金中的铅会缓慢析出，严重危害人体健康。所以，美国、欧盟、日本等发达经济体已立法，对饮用水系统、管道配件、玩具、家用电器等产品中的铅含量提出了严格的限制。如2010年开始实施的美国加州《AB1953法案》限制对于公共饮用水设施或为大众供应饮用水的设施及管配件过水表面产品中的铅含量加权平均值不得超过0.25%（质量分数）。欧盟的RoHS指令明确规定从2006年7月1日起，出口到欧盟国家和地区的电子、电器产品和水暖、五金器材均须符合其规定的铅最大允许含量0.1%。同时铅黄铜在熔铸和切削加工中，铅蒸汽和粉尘对环境和人身的危害越来越引起人们的重视。因此，铅黄铜被无铅环保黄铜取代，是一个必然的趋势。

由铅黄铜的切削机理可知，基体中有均匀分布且起断屑作用的质点，是实现易切削加工性能的前提条件。假设在黄铜基体中存在类似于铅的微小弥散质点，如果这种质点能够均匀分布且起到断屑作用，那么这种新型黄铜的可切削性就与铅黄铜类似。根据铅黄铜的易切削机理，有益于改善铜合金切削性能的元素，按其在铜中存在的形式主要分为3类：第一类是微量固溶于铜，但与铜形成共晶的元素，如铅、铋、铈和碲等；第二类是不固溶于铜，但与铜形成化合物的元素，如硫和氧分别形成Cu_2S和CuO；第三类是部分固溶于铜，也与铜形成化合物的元素，如磷和硅等。目前国内外均开展了相应的工作。

德国某公司早在1994年就申请了一项铋黄铜专利，成分主要为：铜59.78%，铋1.0%，铝0.6%，铅0.02%，铁0.02%，锡0.01%，锑0.01%，硼0.0013%，锌余量。该合金切削性能优异，且具有良好的耐蚀性能、晶粒细小(30 μm)、力学性能优良。美国某公司于1996年申请了一项低铅含铋黄铜专利，主要成分为铜55%～70%，锌30%～45%，铋0.2%～1.5%，铝0.2%～1.5%，铅0～1.0%，和至少两种选用硼，铟，银，钛，钴，锆，钛和钼的晶粒细化剂，具有良好的耐蚀性能和抛光性。日本某公司拥有两相黄铜专利，主要成分为：铜60%～63%，铋0.5%～2.5%，锡0.5%～3.0%，铝0.01%～0.1%，锑0.02%～0.1%，硼0.04%～0.15%，锡0.05%～0.3%，锌余量和杂质。该黄铜合金不仅具有良好的切削性能，并且具有良好的热锻性能，热锻后不需要热处理即可拥有良好的耐蚀性能。日本株式会社也开发了一种铋黄铜，主要成分为：铜59%～63.2%，铋0.7%～2.5%，锡0.3%～2.0%，锑0.02%～0.1%，硼0.05%～0.15%，铁0.05%～0.3%，硒0.03%～0.25%，锌余量和杂质。其中，铁、硒作为晶粒细化剂，改善铋的分布形式和析出形态，能以细小颗粒状分布于晶界处，使切削性能优良。日本新日东金属与住友轻金属研究开发中心共同研制出低铅和无铅黄铜合金NB系列易切削铋黄铜，针对铅的有害性质，使用铋替代铅，该产品已经批量生产。在其开发的铋系无铅黄铜中不添加其他任何合金元素，仅仅通过高度控制金属组织形成，使铋粒子能以细小颗粒状均匀分布于晶界上，与铅黄铜具有相同的切削性能和力学性能，主要应用于电子器械、家电、汽车零件等领域。

国内某集团申请了一项铋黄铜专利，主要成分为：铜57%～63%，铋0.1%～0.4%，铁≤0.5%，锡≤0.5%，锌余量，杂质≤0.05%。试验结果显示，该铋黄铜的切削性与最常用的传统铅黄铜HPb59－1相近，抗脱锌性能也较好。江西理工大学研发了一种含铋无铅易切削稀土黄铜JLCu－2，实验结果表明，该合金具有良好的机加工性能，断屑细小，切削性能优异，同时具有良好的力学性能和工艺性能。江西理工大学也研发了一种无铅易切削铋黄铜，发现添加稀土元素能起到细化晶粒、增大晶界面的作用，抑制了锌的扩散，从而提高了合金的耐腐蚀性能。四川某公司与四川大学共同开发了一种铋黄铜，该铋黄铜合金是在传统两相黄铜的基础上，加入铋取代铅而制成的，并成功地生产出无铅易切削黄铜热轧材、挤压材和拉拔线材，其切削性能、机械性能都达到或者超过了传统铅黄铜，同时研究了冷变形、加工工艺、铋含量等对无铅黄铜耐腐蚀性能的影响。虽然国内外对于铋黄铜做了很多研究，但是由于出现添加贵重元素导致成本较高、性能相比铅黄铜较差、实际生产具有很多问题等各种各样的问题，导致铋黄铜尚不能被广泛应用。

4.2.2　无铅黄铜棒产品特点及技术要求

1. 硅黄铜

硅黄铜是我国较早提出的无铅易切削黄铜，硅在铜基体中的固溶度很小，晶界间的结合力相对较弱，形成了易切削的基本条件。目前市场上应用硅黄铜较多的是HSi80－3和HSi75－3，主要用于制作水暖、卫浴行业的阀门和管接头等管道零件，也用于需要较高强度的汽配等结构体。硅黄铜具有良好的热加工性能、热锻性能、铸造性能和焊接性能，常用于制备复杂锻件。此外，硅黄铜还具有接近黄金的金属光泽，具有更美丽的外观。

在$\beta+\gamma$双相黄铜中，以硅元素作为变质剂，能使γ相变得细小且分布均匀，能起到类似于铅黄铜中游离铅质点的断屑作用。并且由于在结晶过程中 β 相与 γ 相的收缩率不同，导致在 β 相与 γ 相之间存在一些很小的空洞，这些微小的空洞也能起到断屑作用。但是由于 γ 相比铅元素要硬很多，润滑和断屑作用相比于铅较弱，以硅代铅的黄铜的切削性能相比于传统铅黄铜较弱，还有待于进一步改进。当黄铜中硅的含量增加到 4% 以后，会出现具有密排六方晶格的 γ 相，具有较强的高温塑性，并在 545℃ 发生共析转变，分解为 $\alpha+\beta$ 相。黄铜中的 γ 相硬而脆，在铸态下以星花状分布于基体中，严重影响了黄铜的压力加工性能，对机加工性能和使用性能都带来不利影响。国内将含硅易切削黄铜合金的铜、硅含量进行优化，让适量的硅成为变质剂，使得 γ 相变得细小而均匀；在以 β 相为基的黄铜中，细小均匀的 γ 相起到了类似 HPb59－1 中的游离铅质点的断屑作用，从而改善其切削性能。同时，由于加入了硅，制得的黄铜还具有较好的耐海水腐蚀性能。

海亮集团拥有一项硅黄铜专利，该专利中硅黄铜的成分为：铜 80%～84%，硅 2.5%～5.0%，砷 0.02%～0.10%，锌余量，杂质小于 0.05%。该硅黄铜的力学性能较好，切削性能优异，并且具有一定的导电性，可替代传统铅黄铜应用于水暖卫浴、电子器件、结构件以及其他要求较高强度的产品。

与铋黄铜相比，硅在黄铜基体中有一定固溶度，且随温度的提高固溶度增大。硅黄铜不存在热脆区。因此硅黄铜具有良好的热加工性能，其热锻性、铸造性以及焊接性能相对铋黄铜都具有较大的优势。此外，由于其铜含量高，塑性较好，铸造和加工过程中的残余应力低，因此其抗脱锌、抗应力腐蚀性能均较理想，比铋黄铜更接近铅黄铜。

然而，硅黄铜也有其不足之处，由于硅在黄铜中存在一定的固溶度，因此其最大的缺点在于其切削性能较差，其切削加工效率低、切削刀具的磨损较为严重，对于切削性能要求高的行业，如汽配的气门芯、电子行业零件、首饰零件等，硅黄铜便不适用。此外，硅在铜基体中有一定的固溶度导致硅黄铜的导电率较低，不宜用于制作电器接插件，这在很大程度上限制了其应用。硅黄铜难以大量推广的另一个原因是原材料成本太高，硅黄铜中的铜含量在 73%～81% 之间，随着铜价的不断攀升，硅黄铜的销售价格亦不断走高。为了降低硅黄铜的成本，国内不少企业开发了铜含量较低的硅黄铜和硅磷黄铜，但切削性能仍然不及铅黄铜和铋黄铜。

根据标准 GB/T 26306—2010，市场上应用较多的硅黄铜化学成分及含量见表 4－4。

表 4－4　硅黄铜棒化学成分及含量（质量分数）

牌号	化学成分及含量/%										
	Cu	Pb	Fe	Sn	Ni	Mn	P	Si	Cd	Zn	杂质总和
HSi75－3	73.0～77.0	0.1	0.1	0.2	0.1	0.1	0.04～0.15	2.7～3.4	0.01	余量	0.5
HSi80－3	79.0～81.0	0.1	0.6	—	0.5	—	—	2.5～4.0	0.01	余量	1.5

根据标准 GB/T 26306—2010，常用的硅黄铜棒的力学性能见表 4－5。棒材的尺寸精度及其他要求应满足国标 GB/T 26306—2010 规定的要求。

表 4-5 硅黄铜棒的力学性能

牌号	状态	直径(或对边距)/mm	抗拉强度 R_m/(N·mm^{-2})	伸长率 A/%
			不小于	
HSi75-3	Y_2	3~20	350	10
		>20	330	12
		>40	320	15
HSi80-3	Y_2	4~80	295	28

2. 锑黄铜

锑的熔点为630℃，熔点较低，同时根据Cu-Sb二元合金相图，作为无毒成分的锑元素少量固溶于铜中，易在基体上形成弥散质点，能与铜形成金属间化合物，且这种铜锑金属间化合物硬度不高，达到脆而不硬的特点。这些金属间化合物弥散分布于铜合金中，可以显著改善铜合金的切削加工性能，使合金具备有铅黄铜的切削性能，并实现无铅化环保。且锑资源丰富，价格便宜，成为铅的理想替代元素。锑的特性类似于铅，但锑部分固溶于铜，与铜形成金属间化合物。国内通过采用一些手段，使这种金属间化合物像铅一样能弥散分布在黄铜合金中，从而在不影响黄铜加工成形性的前提下，使黄铜具有良好的切削性能。在锑黄铜中加入硼、钙等添加元素，可以提高 α 相锑黄铜的抗脱锌腐蚀性能。而镁与锑性质相似，同样能固溶于铜，形成不硬的金属间化合物，这些金属间化合物同样可弥散分布于铜合金，也能使黄铜合金获得良好的切削性能。宁波博威集团与中南大学共同拥有3项锑黄铜专利，其成分主要为：铜55%~65%，锑0.05%~1.0%，硼0.002%~0.05%，锌余量和其他元素，添加铋、锰、钙和稀土等元素，已得到不同性能要求的黄铜合金。在熔炼过程中，通过采用合金化处理和覆盖保护法，使硼、锑在黄铜中能快速固溶，形成金属间化合物，并使铋在晶界和晶内均匀分布，使合金具有优异的切削性能、耐蚀性能和力学性能。通过热挤压方法制备出一种镁锑黄铜，并进行了淬火和时效处理。试验表明，该黄铜力学性能与HPb59-1黄铜相当，耐腐蚀性能略优，切削性能与德国制造的无铅易切削黄铜接近。

根据国标标准 GB/T 26306—2010，市场上应用较多的锑黄铜棒化学成分及含量见表4-6。

表 4-6 锑黄铜棒化学成分(质量分数)

牌号	化学成分及含量/%							
	Cu	Pb	Fe	Si	Cd	Sb	Zn	杂质总和
HSb60-0.9	58.0~62.0	0.2	0.05~0.90		0.01	0.3~1.5	余量	0.2
HSb61-0.8-0.5	59.0~63.0	0.2	—	0.3~1.0	0.01	0.4~1.2	余量	0.2

根据标准 GB/T 26306—2010，常用的锑黄铜棒的力学性能见表4-7。棒材的尺寸精度及其他要求应满足国标 GB/T 26306—2010 规定的要求。

表4-7　锑黄铜棒的力学性能

牌号	状态	直径(或对边距)/mm	抗拉强度 R_m/(N·mm^{-2})	伸长率 A/%
			不小于	
HSb60-0.9 HSb61-0.8-0.5	Y_2	4~12	390	8
		>12	370	10
		>25	300	18
	Y	4~12	480	4
		>12	450	6
		>25	420	10

3. 铋黄铜

发达国家对无铅易切削黄铜的研究较早，现已取得不少研究成果和专利，其中以铋代铅的无铅铋黄铜研究最多。这是因为铋与铅性质相似，在黄铜中能起到相同的作用，得到良好的切削性能。且铋是一种绿色金属，是重金属中对人体危害很小的少数几种金属之一，常用作消化药、外用药等医药品以及口红、眼影等化妆品的添加剂。日本于2000年开始实施的有害化学物质管理办法《PRTR》中，共列举437种物质，其中不包括铋，可见铋有很高的安全性。

铋黄铜目前应用比较多的是电子零件、汽车配件气门芯、玩具零件、首饰零件、水暖卫浴的铸造件和热锻零件。这是因为铋黄铜与铅黄铜溶于铜，均以独立相存在。铋在合金中以薄片状存在于晶界处。铋脆且熔点较低，在合金中形成脆、软且弥散的小质点。无铅易切削铋黄铜的切削机理为：随着颗粒状的铋含量增加，切口效应明显增加，在切削时更易形成细小的切屑，螺旋状的切屑减少，且切削力较小，切削面光洁度较高，切削性能提高。铋脆且熔点较低，在合金中形成脆、软且弥散的小质点。因此，铋的存在可以视为合金基体中产生的微小空间，从而割断了基体的连续性，成为集中应力源，产生切口效应，切屑容易在此断裂。这类材料在切削加工时，由于在刀刃的接触线上有大量脆而硬度低的铋颗粒存在，这些铋颗粒分割基体后，促使剪切滑移变得容易，故剪切角增大，切削力降低，被加工表面粗糙度也减小，切屑呈短小的螺旋状，刀屑接触长度减小。铋黄铜的切削性能与铜、铋的含量、铋的分布以及合金组织、晶粒大小密切相关，可以通过加入少量的铝、锰、磷、硼来改善其切削性能。添加少量的铝能使铋黄铜的切屑更细小，切削表面光洁度更高。加入一定量的锰，会影响铋在合金中的分布，从而提高合金的切削性能，同时抑制脱锌，提高其耐蚀性，但会影响合金浇铸的流动性。加入微量的硼，可以细化晶粒，改善切削性能和抗脱锌性能。加入少量磷，磷与铜形成脆性的共晶组织分布在晶界上，切削时，这种脆而硬度低的铜磷共晶组织特别容易断屑。磷可提高材料的抗脱锌性能和铸造的流动性，但会降低切削性能和力学性能。

但在实际应用中还存在一些问题：一是铋黄铜对应力腐蚀有较高的敏感性。加工应力如得不到有效消除，材料在使用中会产生应力开裂。这是因为铋的原子半径(约为0.156 nm)比铜的原子半径(0.127 nm)大，在熔铸凝固过程中铋质点扩张会在合金中形成很高的残余应力，所以对应力腐蚀具有很高的敏感性。二是铋黄铜在300～450℃存在热脆区，当铋黄铜中的锡、磷、铅含量控制不当，热脆区温度会下移至300℃以下，这是因为锡、磷、铅和铋会形成熔点比铋、铅更低的化合物。如锡可形成含铋原子比43%、熔点为139℃的低熔点化合物；铋与铅形成含铋原子比55%、熔点为125℃的低熔点化合物。这些低熔点化合物往往在晶界处形成，在热加工中容易引起热裂、热脆。因此，铋黄铜在冷加工时如冷却不当，材料会产生热裂现象。同样的原因，会影响铋黄铜钎焊时焊接接头的可靠性。三是铋相对铅而言价格更高，原材料成本比铅黄铜高，同时由于铋黄铜对铅有严格限制，因此对原材料的要求亦比铅黄铜高，从而增加了铋黄铜的原料成本。

同时，铋性脆，熔点比铅低（铋熔点271.3℃，铅熔点327.5℃），表面张力比铅小，在黄铜晶界处的存在形式一般以薄膜状为主，使黄铜容易产生冷脆和热脆现象。在普通黄铜中若仅仅只加入铋元素的话，会降低黄铜的冷热加工性能和塑性。此外，铋也会导致黄铜合金的热锻温度范围变窄。添加硒、锡和稀土等元素以后，铋在黄铜基体中的分布形式和析出状态得以改善，使铋团聚在一起，以块状或者球状存在于晶界处，消除单独添加铋对于加工性能和塑性的恶化。硒、锡能提高铋的表面张力，使铋不再以薄膜状形式存在，转而以块状或球状形式存在；稀土元素和铋能形成高熔点化合物，如BiCe（熔点为1525℃），该化合物多以块状分布于晶界和晶内，同样消除了单独添加铋元素的负面影响，且能一定程度上提高铋黄铜的切削性能。

根据国标标准GB/T 26306—2010，市场上应用较多的铋黄铜棒化学成分及含量见表4－8。

表4－8 铋黄铜棒化学成分（质量分数）

牌号	化学成分及含量/%										
	Cu	Pb	Fe	Sn	Ni	Bi	Te	Cd	AS	Zn	杂质总和
HBi59－1	58.0～60.0	0.1	0.2	0.2	0.3	0.80～2.00		0.01	—	余量	0.3
HBi60－1.3	59.0～62.0	0.1	0.1	—	—	0.30～2.30		0.01	—	余量	0.5
HBi60－2	59.0～62.0	0.1	0.2	0.3	0.3	2.00～3.50		0.01	—	余量	0.5
HBi60－0.5－0.01	58.5～61.5	0.1	—	—	—	0.45～0.65	0.01～0.015	0.01	0.01	余量	0.5
HBi60－0.8－0.01	58.5～61.5	0.1	—	—	—	0.70～0.95	0.01～0.015	0.01	0.01	余量	0.5
HBi60－1.1－0.01	58.5～61.5	0.1	—	—	—	1.00～1.25	0.01～0.015	0.01	0.01	余量	0.5

根据标准GB/T 26306—2010，常用的锑黄铜棒的力学性能见表4－9。棒材的尺寸精度及其他要求应满足国标GB/T 26306—2010规定的要求。

表4－9 锑黄铜棒的力学性能

牌号	状态	直径（或对边距）/mm	抗拉强度 R_m/（N·mm^{-2}）	伸长率 A/%
			不小于	
HBi59－1 HBi60－1.3 HBi60－2	Y_2	3～20	350	10
		＞20	330	12
		＞40	330	15

续表 4 – 9

牌号	状态	直径(或对边距)/mm	抗拉强度 R_m/(N·mm^{-2})	伸长率 A/%
			不小于	
HBi60 – 0.5 – 0.01 HBi60 – 0.8 – 0.01 HBi60 – 1.1 – 0.01	Y_2	4 ~ 20	400	20
		> 20	390	22
		> 40	380	25

4. 碲黄铜

碲不溶于铜合金基体，以第二相形式弥散分布于晶内和晶间，这种第二相与铅性质相似，同样很软，能起到断屑作用，从而使材料的切削性能优异。某企业申请了 3 项不同用途的碲黄铜专利，主要成分为：铜 57% ~62%，锌 37% ~42%，碲 0.01% ~0.03%，稀有元素余量和杂质。该碲黄铜的强度、抗拉强度较高，且塑性较好，可替代传统铅黄铜，用于水管接头或电子电气、机械等领域中的零部件。某集团拥有的一项稀土碲无铅易切削黄铜合金专利，主要成分为：铜 58% ~80%，锌 20% ~45%，锡 0.01% ~1.0%，铝 0.01% ~1.0%，镍 0.01% ~1.0%，磷 0.05% ~0.15%，碲 0.1% ~3.0%，铋 0.1% ~3.0%，铼 0.01% ~0.05%(稀土元素铈、镧中的一种或者两种)，此黄铜合金的力学性能、切削性能良好，且成本较低。

4.2.3　无铅黄铜棒生产工艺及生产设备

无铅黄铜棒的生产工艺及设备均与铅黄铜棒的生产工艺和设备相似，具体生产工艺及生产设备可参见 4.1.3 章节。

4.3　电线电缆用紫铜杆线

4.3.1　电线电缆用紫铜杆线简介

国标 GB/T 2900.10—2001 中对电线的定义为：用以传输电(磁)能、信息和实现电磁能转换的线材产品。所谓电线，通常指的是单导体，有裸线和绝缘线两种；所谓电缆，通常指的是绝缘导体或一组以对纹和平衡结构方式构成的、分别绝缘的导体。电线或电缆的基本电功能是把信号或电能传到电子设备内的各个元件或者把子系统和(或)系统互连起来，供电子设备内传输电信号。电线电缆有五大类产品：电力电缆、裸线、通信电缆与光缆、绕组线、电气装备用电线电缆。它们是输送电能、传递信息和制造各种电机、电器、仪表所不可缺少的基础器材，是未来电气化、信息化社会中必要的基础产品。

紫铜线是电线电缆行业的重要原料，铜作为电线电缆导体有如下特点：

①导电性好，铜的导电性仅次于银居第二位。

②导热性好，铜的导热性仅次于银和金居第三位，导热率为银的 73%。

③塑性好，可进行冷、热大变形量的加工，在热加工时，首次压力加工量可达 30% ~40%。

④耐蚀性好，它与盐酸或稀硫酸作用甚微；铜在干燥空气中具有较好的耐腐蚀性，但在

潮湿的空气中表面易生成有毒的铜绿。

⑤易于焊接。

⑥力学性能好，具备足够的抗拉强度和伸长率。

4.3.2 紫铜电线电缆产品的规格与要求

电线电缆用铜主要以高纯阴极铜、标准阴极铜和纯度较高的紫杂铜为原料进行生产。常用电线电缆用紫铜线坯牌号有 T1、TU1、T2、T3 和 TU2 等，其化学成分及含量见表 4－10、表 4－11 和表 4－12，主要性能与要求见表 4－13，铜加工成线材后的主要力学性能见表 4－14。

表 4－10 T1、TU1 牌号电工用铜线坯的化学成分及含量(质量分数)

<table>
<tr><th>元素组</th><th>杂质元素</th><th>含量(不大于)/%</th><th colspan="2">元素总质量分数(不大于)/%</th></tr>
<tr><td rowspan="3">1</td><td>Se</td><td>0.0002</td><td rowspan="2">0.0003</td><td rowspan="3">0.0003</td></tr>
<tr><td>Te</td><td>0.0002</td></tr>
<tr><td>Bi</td><td>0.0002</td><td></td></tr>
<tr><td rowspan="6">2</td><td>Cr</td><td>—</td><td colspan="2" rowspan="6">0.0015</td></tr>
<tr><td>Mn</td><td>—</td></tr>
<tr><td>Sb</td><td>0.0004</td></tr>
<tr><td>Cd</td><td>—</td></tr>
<tr><td>As</td><td>0.0005</td></tr>
<tr><td>P</td><td>—</td></tr>
<tr><td>3</td><td>Pb</td><td>0.0005</td><td colspan="2">0.0005</td></tr>
<tr><td>4</td><td>S</td><td>0.0015</td><td colspan="2">0.0015</td></tr>
<tr><td rowspan="6">5</td><td>Sn</td><td>—</td><td colspan="2" rowspan="6">0.0020</td></tr>
<tr><td>Ni</td><td>—</td></tr>
<tr><td>Fe</td><td>0.0010</td></tr>
<tr><td>Si</td><td>—</td></tr>
<tr><td>Zn</td><td>—</td></tr>
<tr><td>Co</td><td>—</td></tr>
<tr><td>6</td><td>Ag</td><td>0.0025</td><td colspan="2">0.0025</td></tr>
<tr><td colspan="2">杂质元素总质量分数/%</td><td colspan="3">0.0065</td></tr>
</table>

注：T1 的氧含量应不大于 0.040%；TU1 的氧含量应不大于 0.0010%。

表 4－11 T2、TU2 牌号电工用铜线坯的化学成分及含量(质量分数)

Cu + Ag 不小于	杂质元素(不大于)/%									
	As	Sb	Bi	Fe	Pb	Sn	Ni	Zn	S	P
99.95	0.0015	0.0015	0.0006	0.0025	0.0020	0.0010	0.0020	0.0020	0.0025	0.0010

注：T2 的氧含量应不大于 0.045%；TU2 的氧含量应不大于 0.002%。

表4－12　T3牌号电工用铜线坯的化学成分及含量

Cu + Ag 不小于	杂质元素(不大于)/%												
	As	Sb	Bi	Fe	Pb	Sn	Ni	Zn	S	P	Cd	Mn	杂质总和
99.90	—	—	0.0025	—	0.0050	—	—	—	—	—	—	—	0.0500

注：T3的氧含量应不大于0.05%；杂质总量为表中所列杂质元素实测值之和。

表4－13　电线电缆用铜线的主要性能与要求

牌号	状态	直径/mm	抗拉强度/MPa，≥	伸长率/%，≤	20℃电阻率/($\Omega \cdot mm^2 \cdot m^{-1}$)	氧含量/%	备注
T1	R热	6.0~35.0		40.0	0.017070	≤0.040	高纯阴极铜生产
TU1						≤0.001	
T2				37.0		≤0.045	标准阴极铜生产
TU2						≤0.002	
T3				35.0	0.017241	≤0.050	
TU1，TU2	Y硬	6.0~7.0	370	2.0	TU1：0.01755 TU2：0.01777		
		>7.0~8.0	345	2.2			
		>8.0~9.0	335	2.4			
		>9.0~10.0	325	2.8			
		>10.0~11.0	315	3.2			
		>11.0~12.0	290	3.6			

表4－14　铜加工成线材后的主要力学性能

项目	状态	数值	项目	状态	数值
线膨胀系数(20℃)/℃		17×10^{-6}	疲劳极限/($N \cdot mm^{-2}$)		70~120
电阻率(20℃)/($\Omega \cdot mm^2 \cdot m^{-1}$)		0.017241~0.01777	蠕变极限/($N \cdot mm^{-2}$)		
电阻温度系数(20℃)/℃	硬态	0.00377~0.00381	20℃时		70
	软态	0.00393	200℃时		50
弹性系数(20℃)/($N \cdot mm^{-2}$)	硬态	12000	400℃时		140
屈服极限/($N \cdot mm^{-2}$)	硬态	300~350	伸长率，%	硬态	0.7~1.4
	软态	70		软态	10~35
抗拉强度/($N \cdot mm^{-2}$)	硬态	271~421	硬度，HB	硬态	65~105
	软态	206~275			

4.3.3 紫铜电线电缆线坯的生产方式

电线电缆用紫铜线，从生产方式与产品质量上区分，主要分为3大类：连铸连轧低氧铜线、上引连铸无氧铜线和废杂铜直接再生低氧铜线。

连铸连轧低氧铜线坯的制造方法较多，常见的有意大利的Properzi系统（简称CCR系统）、美国的SouthWire系统（缩称SCR系统）、联邦德国的Krupp/Hazelett系统（缩称Contirod系统）以及法国的SECIM系统等。连铸连轧方式生产低氧铜线坯的特点是金属在竖炉中（个别采用感应电炉）熔化后，铜液通过保温炉、流槽、中间包，从浇管进入以铸轮和钢带（或双钢带）形成的封闭金属模腔，采用较大的冷却强度，连续地形成铸坯之后再进行多道次轧制，生产的铜线杆为加工态组织，含氧量一般在200～500 ppm之间。

无氧铜线坯的生产方式，在国内基本全部为上引连铸法生产。金属在感应电炉中熔化后通过石墨模进行上引连续铸造，之后进行冷轧或冷拉加工。生产的无氧铜线坯多为铸造态或冷加工态组织，含氧量一般在0.2 ppm以下。由于连铸连轧与上引法两种制造工艺的不同引起铜杆在组织结构、氧含量及分布、杂质的形式及分布等诸多方面有较大差异，这其中氧含量起着重要作用。

利用高品位的紫杂铜直接生产的低氧铜线，是指不经电解，使再生铜基本达到电工用铜线坯标准而生产的紫铜线坯，生产过程主要包括废杂铜火法精炼和连铸连轧两部分。与通过矿物冶炼、电解的方式生产精铜相比，该工艺节省能耗最高可达80%。国内废杂铜的制杆技术的主要设备（熔化炉）是在国内传统的固定式反射炉基础上改造形成的，连铸连轧机是消化移植美国南线和意大利普罗佩茨的技术。在国外，普罗佩茨－拉法格紫杂铜直接制杆工艺技术及装备是最早投入使用的，也是应用情况最好的紫杂铜直接制杆工艺技术及装备。使用该技术及装备生产的光亮铜杆不仅可以满足欧洲等地严格的产品质量要求，而且还可以满足欧洲等地严格的环保要求。

4.3.4 连铸连轧低氧铜线

1. 连铸连轧低氧铜线产品特点

连铸连轧技术利用了铸造余热轧制成材，不需要中断、开收卷和加热，具有高效、节能、低成本、质量稳定、性能均匀、表面光亮等特点。成品尺寸通常在ϕ8～22 mm之间，它不仅质量良好，而且在技术经济上也比其他方法更具有优势，故当今世界上用连铸连轧法生产铜线坯已成为主流，90%以上的铜线坯是用此法来生产的。

2. 连铸连轧低氧铜线生产工艺

连铸连轧过程一般分为四个步骤：熔化→铸锭（坯）→轧制→绕杆。具体来说连铸连轧工艺流程为：电解铜→加料机→竖炉→上流槽→保温炉→下流槽→浇包→铸造机→夹送辊→剪切机→坯锭预处理设备→轧机→清洗冷却管道→涂蜡→成圈机→包装机→成品运输。

拉线机分为单头拉线机与连续拉线机，常用的拉线工艺流程为：线坯→轧头→拉伸→剥皮→拉伸→退火→对焊→拉伸→（成品退火）→成品线材。线材拉伸具有如下特点：①拉伸线材的尺寸精确、表面光洁、断面形状可以多样；②多模、连续拉伸，能拉伸各种直径的线材，生产效率高；③以冷加工为主的拉伸工艺，工具、设备简单。

3. 连铸连轧低氧铜线生产设备

连铸连轧技术生产铜线坯是 20 世纪 60 年代开发出来的一种工艺技术，它给世界的铜工业发展带来了一次伟大的变革。连铸连轧技术利用了铸造时的热量立即进行轧制成材，而不经中断和加热，具有生产效率高、能耗成本低、质量稳定、性能均匀、表面光亮等显著特点。

(1)连铸连轧系统

Properzi 系统沿用铝连铸连轧的双轮铸机和三角轧机形式连铸连轧铜杆。最初铜铸锭截面 1300 mm^2，目前最大可达 2300 mm^2，理论能力 18 t/h，轧制孔形系三角－圆系统。当锭子截面太大时，原轧机前面增加两道平－立辊机架，采用箱式孔形开坯，箱式孔形道次减缩率在 40% 左右。

1965 年美国南方线材公司联合摩根公司和西屋电气公司开发建成了世界上第一条铜杆连铸连轧生产线(SCR 法)。铸机由双轮改为五轮(一大四小)，轧机则改为平－立辊式连轧机，孔形改为箱－椭－圆系统，前两道箱式孔形同样起开坯作用。SCR 五轮铸机可铸铜锭截面 6845 mm^2，理论生产能力为 2518 t/h，实际产能远未达到该指标。

1973 年德国克虏伯公司在比利时霍博特奥费尔特冶金厂开发成功新型连铸连轧光亮铜杆生产方法：哈兹列特－虏伯法，即 Contirod 法，现在该技术属德国西马克梅尔公司。Contirod 系统工艺和生产规模与 SCR 工艺类似，只是铸机改用了无轮双钢带式，即 Hazelett 式。

SECIM 系统，采用四轮式连铸机(一大三小)，最大铸锭截面 4050 mm^2，11 机架，孔形前三道为箱－扁－圆系统。生产铜杆规格 ϕ7～16 mm，重量达到 5 t，生产能力 30 t/h。

(2)连铸连轧生产线排布

连铸连轧生产线的排列通常为：电解铜→加料机→竖炉→上流槽→保温炉→下流槽→浇堡→铸造机→夹送辊→剪切机→坯锭预处理设备→轧机→清洗冷却管道→涂蜡→成圈机→包装机→成品运输。

(3)竖炉

竖炉熔铜炉是由美国熔炼公司研究设计的，用于连续熔化电解铜，也可以加入一些清洁的废铜屑，这种竖炉简称 ASARCO，参见图 4－8 所示。在技术、经济上的优越性是反射熔铜或电炉熔铜不能相比的，其主要特点归纳如下：

①生产工艺简单，不需要“吹氧去硫”及“插木还原”。

②产品质量高，由于炉内保持微还原性气氛，铜液含氧量可以控制在很低的范围内。

③生产效率高。

④占地面积小。

⑤控制方便，容易开、停炉。

⑥劳动条件好、无公害、金属回收率高。

⑦炉子热效率高，燃料消耗少，还可节约大量木材。

⑧采用小车式提升加料机或叉车加料。要求燃料无硫或含硫量很低，目前使用的燃料有天然气、甲烷、丙烷、丁烷、石油、液化气和石脑油等。

近年来许多工厂对 ASARCO 竖炉又作了某些改进和完善，如电解铜或铜屑的输送和装入炉的自动控制，含氧量的连续测定，空气与燃气的预混合系统，测氢系统的连续监测，比例自动调正，包括用真空导管取样至控制室进行快速气体分析等。

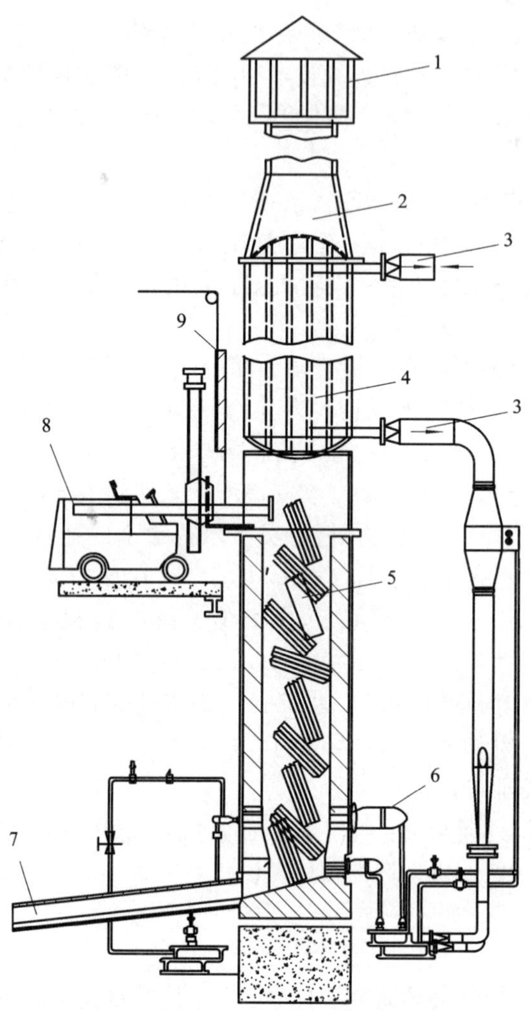

图4-8　竖炉结构示意图

1—烟罩；2—烟囱；3—冷热风管；4—炉筒；5—炉膛；
6—热风烧嘴；7—流槽；8—装料小车；9—装料门

(4)连铸连轧铸造机系统

连铸连轧设备主要有熔炼炉、铸造机、轧机三种。在产能规模上，熔炼炉和轧机均很容易扩大生产能力，制约生产规模发展的主要是铸造机，常用的四种铸造机如图4-9所示。

四种铸造机特点比较如下：

①PROPERZI法为两轮式铸机，由一个导向轮、一个铸造轮和一条环形钢带组成。它的优点是组成结构简单，更换钢带容易。不足之处在于铸坯从铸轮引出后，须偏转一定的角度来避开钢带进入轧机，使铸坯在高温下易产生裂纹，影响产品质量，同时也限制了铸坯断面的扩大。

②SCR法一般是五轮一钢带式的结构，铸坯断面为梯形。铸坯从铸轮出来后虽无钢带阻挡，但进轧机前仍有一定的弯曲弧度，须由弯变直，造成高温下应力增大，表面可能会产生

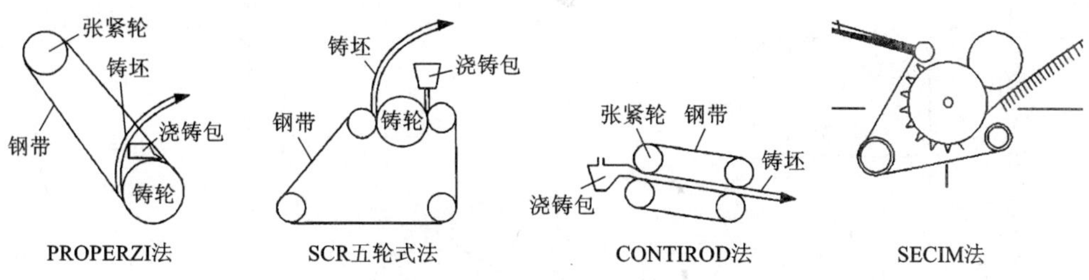

图 4－9　四种铸造机对比

裂纹，故铸坯断面积也不能无限制的增大。

③CONTIROD 法是双钢带式铸机，铸坯由铸模走出的方向与轧制方向成 15°角，已向一条直线接近，在生产大断面铸坯上很有优势。

④SECIM 系统，采用四轮式连铸机，一大三小，大轮为结晶轮，三小轮为张紧轮。结构简洁紧凑，布局合理，操作方便。

(5) 连轧机列系统

连轧机列采用二辊悬臂式或 Y 形机架，也可以混合使用，将铸机连续铸造的方形连续铸坯轧制成 ϕ8 ~ 22 mm 线坯。轧制时使用乳液润滑和冷却，开轧温度为 850℃左右，终轧温度为 600℃左右，终轧后线杆用水冷却至 80℃以下，使用乙醇水溶液清洗并使氧化亚铜还原成光亮铜杆，最后经自动收线、捆扎包装成线杆卷，重量可达 2 ~ 5 t。德国 Contirod 连铸连轧机架有 8 ~ 12 架，轧辊孔形为椭圆－圆系列，其中 8C10 型连铸连轧机列技术性能见表 4－15，孔形系列见图 4－10。

表 4－15　8C10 型连铸连轧机列技术性能

竖炉生产率/($t \cdot h^{-1}$)	最大 12	终轧温度/℃	580 ~ 620
保温炉容量/t	8	出口速度/($m \cdot s^{-1}$)	4.97
铸模腔长度/mm	2238	小时产量/h	8
铸坯尺寸/(mm × mm)	60 × 35 (2100 mm^2)	冷却清洗管长度	16% 乙醇还原
冷却水流量/($L \cdot min^{-1}$)	4540	最终温度/℃	80
轧机	3 架 ϕ360 mm × 100 mm + 6 架 ϕ220 mm × 95 mm	卷捆尺寸	ϕ1.35 ~ 1.65/0.7 ~ 1.0 × 1.25 ~ 1.30 m
主电机/kW	400	卷捆质量/t	3.5 ~ 5.0
开轧温度/℃	860 ~ 890	线杆尺寸/mm	ϕ8.0；ϕ10.2；ϕ14.4；ϕ20.0；ϕ17.2；ϕ22.0

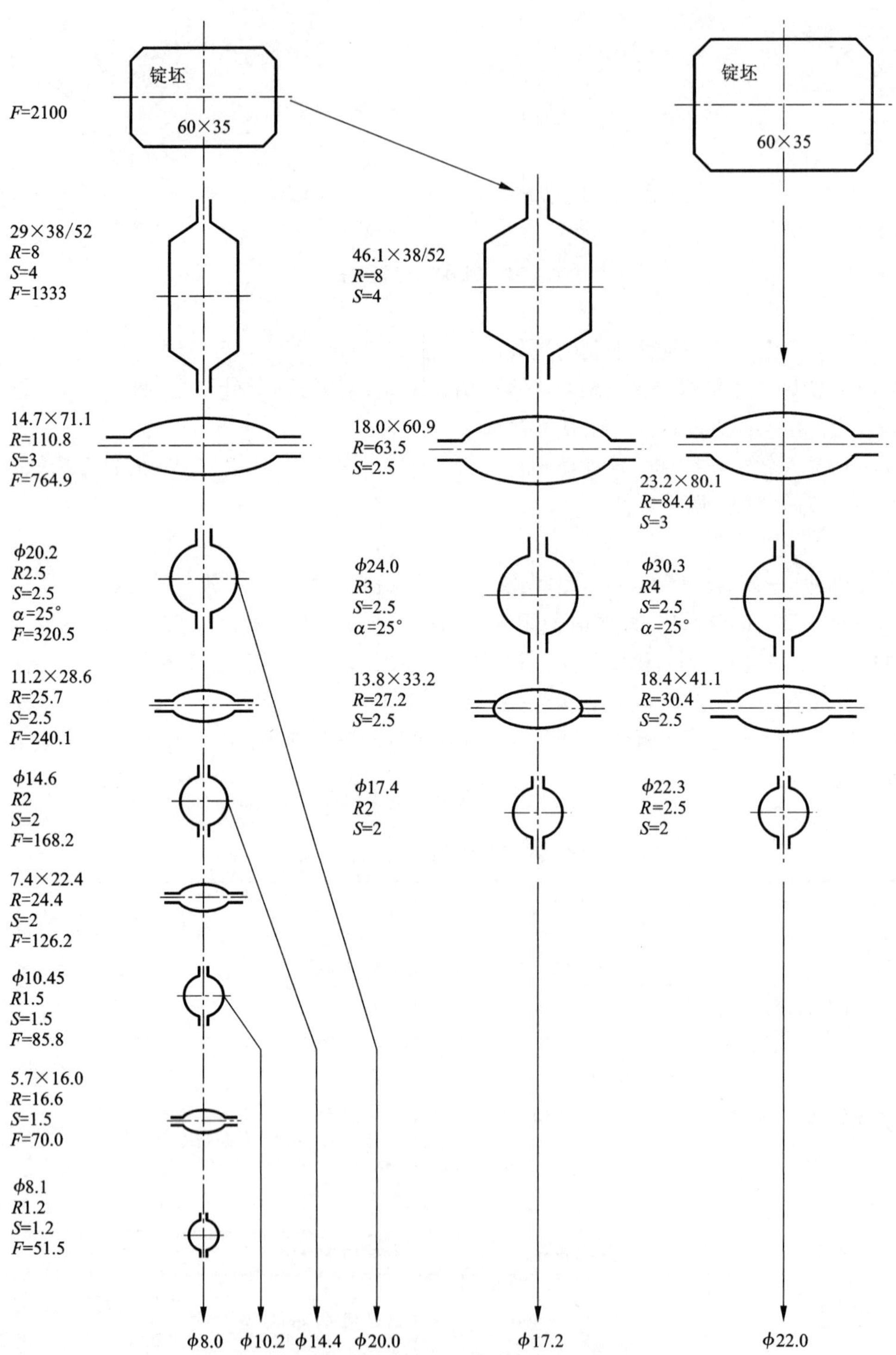

图 4－10　8C10 型连铸连轧机列的线孔形图

4.3.5　上引法无氧铜线

1. 上引无氧铜线产品特点

上引铜线坯在中国已得到广泛应用，因上引铜线坯多采用电解铜为原料，铜含量大于99.95%，含氧量不超过10 ppm，所以可以用于生产超细漆包线(直径小于 ϕ0.04 mm)。

上引法生产紫铜杆规格为 ϕ6～32 mm，上引头数为6～30。紫铜杆系列常见规格为 ϕ8 mm、ϕ14.4 mm、ϕ17 mm、ϕ20 mm 和 ϕ25 mm。

2. 上引无氧铜杆线产品生产工艺

在电线电缆行业中，ϕ8 mm 铜杆是大拉机的标准进杆，是铜杆规格的分水岭。对于紫铜而言，上引连铸 ϕ8 mm 铜杆坯时直接用拉线机拉伸至 ϕ2～3.5 mm，上引连铸 ϕ8 mm 以上的铜杆坯时则使用轧机轧制或巨拉机拉伸，加工成 ϕ8 mm 的铜杆坯，再用拉线机进行拉伸。

国内采用上引法生产铜杆的厂家，其主要产品规格为 ϕ14.4 mm、ϕ17 mm、ϕ20 mm 和 ϕ25 mm。用轧机或巨拉机将上引出的大直径铜杆加工成 ϕ8 mm 铜杆，少部分厂家则用轧机将铜杆轧制到 ϕ6.7 mm。生产能力主要集中在2000～2500 t/(a·台)。生产电线电缆的工艺流程见图4－11。

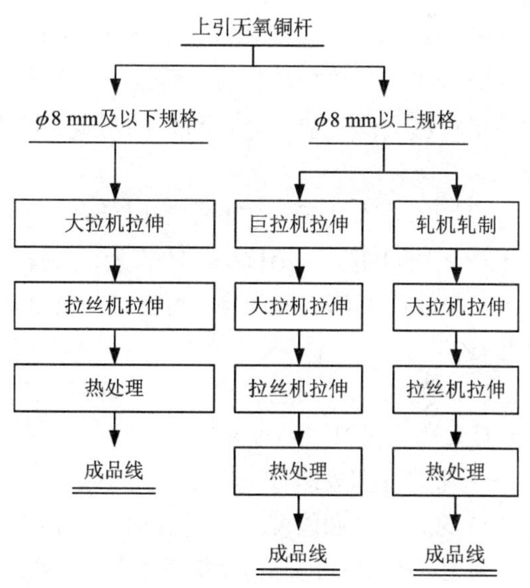

图4－11　上引法生产无氧铜杆线产品生产工艺

对生产一般电线电缆行业用裸圆铜线而言，上引→(轧制)→拉伸这一工序虽可满足上引所要求的规模产量，但生产成本偏高。尤其是首先要上引大直径铜杆，再用轧机将铜杆轧至 ϕ8 mm。这一工序的突出问题在于轧机的运行维护费用太高，导致 ϕ8 mm 铜杆的生产成本居高不下。一般厂家的“Y”形三辊铜杆冷轧机一年的运行维护费用少则几十万元，多则近百万元。

国内铜杆冷轧机以“Y”形三辊铜杆冷轧机为主。由上引法生产无氧铜杆坯经铜杆冷轧机轧制成坯料，这对于生产较大截面的电车用扇形线和变压器用扁线是个很好的方法，但这一形式的冷轧机受结构及加工装配精度限制，牌坊内轴承的密封、润滑冷却效果不好，轴承易于损坏；加上国内轧辊材质尚不过关，轧辊寿命也偏低。虽可选用进口轴承及密封件，并使用H13钢制轧辊来提高生产效率，但要真正降低轧机的运行维护费用仍十分困难。对于这部分上引法生产厂家而言，要真正降低轧机的运行维护费用，应调整上引产品结构，直接上引 ϕ8 mm 铜杆。上海电缆研究所自1992年开始出口上引法设备后，就已发现这一趋势，于是有针对性地在1993年成功开发直接上引 ϕ8 mm 铜杆。事实证明，这一趋势已越来越明显。自1995年后，上海电缆研究所出口的上引法设备就几乎全是用于直接上引 ϕ8 mm 铜杆的。可以预测，在国际市场上今后直接上引 ϕ8 mm 铜杆的上引法设备将占越来越大的比例。在国内，已有部分上引法生产厂家主动要求上海电缆研究所改造原有的上引法设备，以便直接上引生产 ϕ8 mm 的铜杆。

直接上引生产 ϕ8 mm 铜杆，去掉轧机轧制工序，大大降低 ϕ8 mm 铜杆生产成本；同时上引生产出的 ϕ8 mm 铜杆是软态，易于加工及降低工人的劳动强度。但是，上引法设备必须达到一定的规模产量才能产生效益。因此，上引生产 ϕ8 mm 铜杆的关键在于保证原有的生产能力。要做到这一点，可以提高上引牵引速度和增加引杆根数，不过增加引杆根数不是理想之举。因为上引杆根数的增加受保温炉膛大小所限；如果扩大保温炉膛，会增加保温炉膛的散热面积，降低炉子的热效率，而且从上引 ϕ8 mm 铜杆的经验看，上引 ϕ8 mm 铜杆时，在高速下牵引反而有利于提高铜杆质量。国内以往的上引牵引机构，受到结构限制，无法达到上引 ϕ8 mm 铜杆所要求的高速度。要提高上引牵引速度，就必须寻求新的上引牵引机构，因而出现了伺服电机牵引机构。伺服电机牵引机构可使上引牵引速度达到 3 m/min。但这一系统的投资偏高，不适合国内的中小生产厂家。针对国内众多的生产厂家，比较适中的选择是高速步进机构。其牵引速度最高可达 3 m/min，正常引杆速度为 1.75 ~ 2.5 m/min。其投资远低于伺服电机牵引机构的投资，而且生产及维护十分简单。易于在旧有的上引机上进行改造是这一机构最大的优势。这一机构的出现，扫清了上引 ϕ8 mm 铜杆的技术障碍，值得进行推广应用。

上引法连铸冷轧新工艺和熔铜压延老工艺比较，有一系列优点：

①产品质量好。上引法生产的无氧铜杆，其导电率不低于 101% IACS，氧含量低于 10 ppm，冷轧后铜杆表面光亮，可直接拉制漆包线芯和电缆线芯。质量可与剥皮韧铜杆生产的产品媲美。

②工序简化。上引法将老工艺的熔铜、铸锭、再热压延等工序简化为连铸、冷轧两道工序，而且可省去酸洗、剥皮和退火工序。老工艺一般分在两个厂、几个车间进行，而新工艺在一个车间进行完成即可。

③节约原材料和能源。上引法取消了熔铜时的氧化 - 还原工艺和再加热、酸洗、剥皮等工序，大大减少了氧化损耗和能源消耗，节约大量铜和木材。

上引法生产铜杆这一生产工艺已相当成熟，改进余地不大，而上引生产设备，尚不十全十美，还有改进潜力。现今生产状况较好的厂家，无一不是在产品结构及降低能耗上有所发展，这一现象也突出表明了“调整产品结构，降低能耗”是目前上引法的发展方向。

4. 上引无氧铜杆线产品生产设备

(1)上引式连铸原理及特点

上引法是利用真空将铜液吸入结晶器，通过结晶器及其一次冷却后铜液在结晶器内凝固成坯，同时通过牵引机构将铸坯从结晶器内不断拉出的一种连续铸造方法。

上引连续铸造设计先进、结构紧凑、布局合理、占地面积小、生产效益高、操作方便、劳动强度低。同时，还简化了工艺流程、缩短了加工周期、降低了能源消耗、提高了产品的成材率。除此之外，对环境污染小，生产配置灵活，适应性强，对不同规格和不同成分的产品生产工艺适应性强，如 Cu - Ag、Cu - Sn、Cu - Fe - P、Cu - Mg - Ag 等合金都能按生产需要进行更换，除了可生产圆铜杆、棒外，还可生产管坯及型材等；规格直径可从几毫米到几十毫米，上引头数多，年产量单炉可生产上千吨；另一特点是可以实现连续生产，且性能稳定，如电气化用导线，大型双水内冷发电机用空心导线等。

由于在结晶器中铜液的冷却和凝固所散发出的热量都是通过间接方式进行的，而且铸坯发生收缩时已经离开模壁，加上模内又处于真空状态，铸坯的冷却强度受到一定限制，生产效率比较低。因此，上引连铸通常都是采取多头同时进行生产。

(2) 上引连铸装置及生产线

一套完整的上引连铸设备包含有熔炼炉、保温铸造炉、牵引系统和收线机 4 个部分。

熔炼炉、保温炉通常采用工频感应电炉，也有的采用电阻炉。结晶器装载在牵引机的悬挂装置上。通过对电源的控制，伺服电机具备在规定的时间内完成转动、停歇、反转等多项功能，具有运行稳定、维护简单等特点。收线系统由一套铜杆杆长控制限位器和牵引、盘卷及托盘组成。收取 ϕ10 mm 以下收线系统中，铜杆托盘须配置旋转动力。图 4 - 12 为上引连铸生产线示意图。

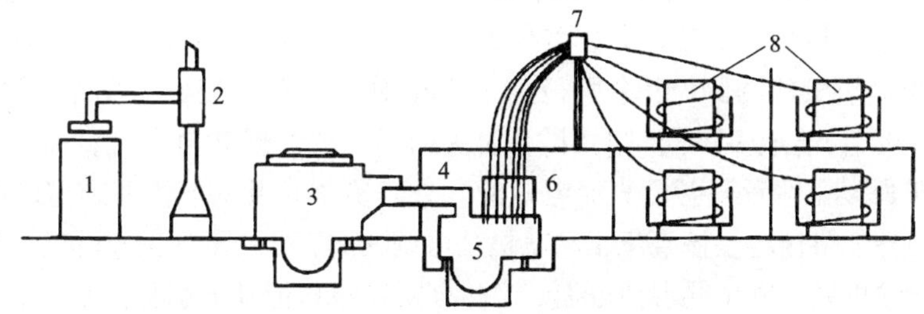

图 4 - 12　上引连铸生产线示意图

1—料筒；2—加料机；3—感应熔化电炉；4—流槽；5—感应保温炉；6—结晶器；7—夹持辊；8—卷线机

(3) 上引连铸结晶器构造原理

图 4 - 13 为上引连铸结晶器装置示意图，主要由铜质水冷套、石墨质内衬管及其真空室等组成。起铸时，结晶器的石墨内衬管垂直插入熔融铜液中，根据虹吸原理，铜液在抽成真空的石墨管内上升至一定高度，当铜液进入石墨管外侧冷却水套内部位后，铜液被冷却和凝固，与此同时牵引装置也在不断地将已凝固的铜杆从上面引出。铸杆离开石墨管及结晶器后，由于辐射传热而进行二次冷却。铸杆离开二次冷却区的温度一般低于 160℃。

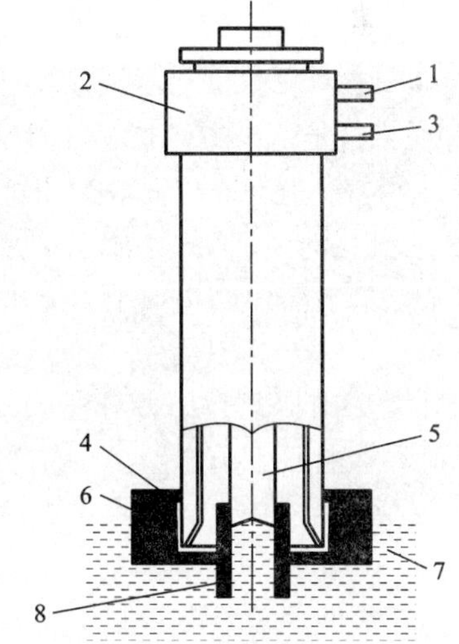

图 4 - 13　上引结晶器原理与结构图

1—出水口；2—结晶器头部；3—进水口；4—硅酸铝纤维；5—结晶后铜坯；6—保护套；7—金属液；8—石墨模

上引连铸结晶器采用的是双层水冷套的结构构成。冷却水自结晶器进水口沿内套自上而下流入底部，经过底部的环状缝隙进入外套，然后沿着外套向上流动至结晶器上部的出水口而导出。由于水冷套内对流的换热系数很大，能使结晶器内套的壁温接近于结晶器内部冷却水的温度，所以冷却水能把铸坯传给内套壁的热量全部带走。石墨管与结晶器下部的黄铜套以螺纹的形式紧密相连，石墨管与结晶器连接的部分称为铜液凝固结晶的一次冷却区，该区随同石墨管插入到铜液内部，石墨模的下部铜液进口处是做成漏网式的，有效地进行排渣作用，进入石墨模的铜液为纯净的铜液。因结晶器的一次冷却区有循环冷却水冷却，所以铜液在石墨模内能迅速凝固，在牵引力的作用下，先凝固成的铜坯被均匀地牵引上升，在不断被牵引上升的过程中，高温的铸坯表面与冷的内套壁之间不断进行热交换，循环冷却水则不断地将交换的热量带走，使得上升至结晶器上端出口的铸杆温度降至100℃左右，防止了铸杆表面的高温氧化，实现了无氧铜合金杆坯的上引连续铸造。

(4)上引连铸设备

牵引连铸机安装于熔炼炉保温区的正上方，老式的连铸机安装固定于主柱的套筒上，套筒与丝杆螺母联接，丝杆在电机减速机的带动下转动，套筒则随丝杆转动而呈上、下往复运动，即牵引连铸机就随着上升和下降。牵引连铸机是由牵引板、牵引夹轮、结晶器座架和液位自动跟踪装置组合而成的。牵引连铸机如图4-14所示。牵引夹轮以两对辊轮为一组，需要同时上引多少根头铜杆，就需要安装多少组牵引夹轮(一组牵引夹轮上引单根铜杆)。牵引夹轮分别安装于牵引板的两侧，以牵引板为中心呈对称分布安装，一般为6根头或8根头，即单边3~4根头，目前最多可同时上引24根头铜杆。牵引辊轮由一台直流电机驱动，也可为两侧各自单独驱动，后者用两台直流电机的好处是更加优化了产品的结构，可以方便同时上引同成分的两种规格杆坯。该直流驱动电机是可调速的，可随意地按实际需要调整坯料的上引速度。牵引板还可用于固定测温热电偶，这样方便检测和记录上引保温炉内铜液的质量，使铜液温差相对控制在很小的范围内，避免影响上引坯料的力学性能。牵引板上安装有液位跟踪装置，装置是由碳化硅浮子、细长不锈钢光纤和静触头组成，随着熔炉内液面的升降，碳化硅浮子连着不锈钢钎和静触头进行跟踪控制，使整个牵引机构随着液面的上升和降落，严格控制了上引结晶器插入铜液熔体内部的深度尺寸不会变化，从而控制了上引坯料质量。

图4-14 牵引连铸机

(5)上引连铸熔化炉与保温炉

上引连铸炉通常包含有熔炼炉、保温铸造炉。早期熔化炉与保温炉分开，或由两台熔化炉带一台保温炉组成的形式，熔化完全后由流槽转入保温炉，此过程吸气氧化严重。随着铜丝成品品质的不断提高，熔化炉与保温炉一体、通过潜流方式转移熔化炉熔体的方式逐渐增多。

多数为双体式结构，一侧为熔化炉，另一侧为保温炉，两炉通过过桥流道连接（见图 4－15）。各炉体内有一个熔沟，炉底和熔沟部位用石英砂打结。炉壁用酸性耐火砖构筑，砖缝用石英砂填实。正常生产中，由熔化炉进行原料的熔化，熔化后的铜液通过过桥流入保温炉，实现保温、静置和上引成形。

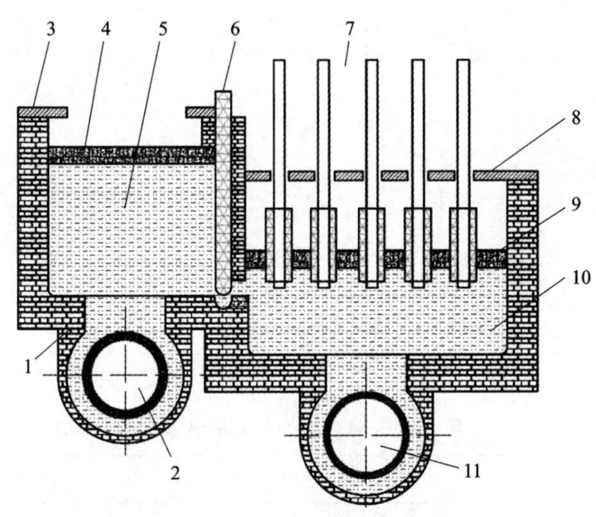

图 4－15　双体式结构炉体示意图

1—炉体；2—熔炼炉感应器；3—熔炼炉炉盖；4—熔炼炉覆盖层；5—熔炼炉部分；6—挡板；7—上引系统；8—保温炉炉盖；9—保温炉覆盖层；10—保温炉部分；11—保温炉感应器

4.3.6　废杂铜直接再生低氧铜线

1. 废杂铜再生低氧铜产品特点

利用高品位的紫杂铜直接生产的低氧铜线，是指不经电解，使再生铜基本达到电工铜杆标准而生产的紫铜线，生产过程主要包括废杂铜火法精炼和连铸连轧两部分。目前世界上使用最成熟的是普罗佩茨－拉法格紫杂铜直接制杆工艺技术：FRHC 杂铜精炼工艺，即火法精炼高导电铜生产工艺，是由西班牙拉法格公司和巴塞罗拉大学的专家学者，在 20 世纪 80 年代中期开发成功的一项专利技术。该技术与装备是最早投入使用，也是应用情况最好的紫杂铜直接制杆工艺技术及装备。

FRHC 火法精炼生产光亮铜杆的产品除杂质的含量比 ETP 铜杆高，其余相差不大。因此可知，杂铜通过 FRHC 火法精炼后，实际生产出一类微化合物铜合金。它具有很高的导电率（接近于纯净电解铜），而且其再结晶软化温度、抗拉强度、扭曲次数等力学性能优异，在长期导电状态和超常温状态下均能使用，适合于代替电解铜生产光亮铜杆，用于电线电缆行业。

意大利 Continuus-Properzi 公司和西班牙 La Farga Lacambra 公司提供的火法精炼去除杂质的能力见表 4－16、表 4－17。火法精炼去除杂质的能力，最大可达铜含量 95.3%，即废杂铜中含铅、锌、镍、锡等杂质含量为（质量分数）7.2×10^{-3} 的 3 类紫杂铜，通过火法精炼，废杂铜中的杂质的含量（质量分数）可以降到 3.4×10^{-4}。

表 4－16　各种方式生产铜杆坯特性对比

序号	名称	杆的类型		
		火法精炼铜杆 FRHC	电工铜杆 ETP	无氧铜杆 OFE
1	Cu + Ag(质量分数)/%	99.93	99.95	99.9
2	杂质最大质量分数/ $\times10^{-6}$	400	30	50
3	氧的含量(质量分数)/ $\times10^{-6}$	150 ~ 250	150 ~ 300	< 5
4	延伸率 A_{100}/%	45 ~ 51	45 ~ 50	45 ~ 50
5	延伸率 A_{200}/%	38 ~ 43	40 ~ 45	40 ~ 45
6	抗拉强度/(kg·mm^{-2})	23 ~ 24	21 ~ 23	23 ~ 24
7	导电率/% IACS	> 100.8	101 ~ 102	101 ~ 102
8	扭转次数/次	45 ~ 55	45 ~ 55	45 ~ 55
9	直径允许偏差/mm	0.25	0.15 ~ 0.10	0.05
10	再结晶软化温度/℃	225 ~ 250	250 ~ 275	200 ~ 250

表 4－17　废杂铜去除杂质的化学成分及含量/ $\times10^{-6}$

主要杂质元素	初始含量(质量分数)	最终含量(质量分数)
Zn	800 ~ 2000	10
Pb	80 ~ 3000	70 ~ 90
Sn	30 ~ 1100	20 ~ 90
Ni	90 ~ 500	80 ~ 110
Fe	150 ~ 500	10
Sb	25 ~ 100	15 ~ 30

FRHC 杂铜火法精炼生产光亮铜杆的优势：

①FRHC 火法精炼高导电铜技术是世界再生铜领域中综合能效很高的一项绿色环保工艺。通过强化冶炼，使紫杂铜的直接利用成为可能，有效地解决了生产过程中的污染问题，生产中的废渣完全回收利用，所有烟气有效控制。

②在火法精炼实际生产过程中，没有采用电解，而使再生铜基本达到电解铜标准，与通过电解的方式生产电解铜相比，大大节省了能耗。

2. 废杂铜再生低氧铜产品生产工艺

(1)火法精炼生产光亮铜杆的发展历程和现状

FRHC 杂铜精炼工艺，即火法精炼高导电铜生产工艺，是意大利 Continuus-Properzi 公司和西班牙 La Farga Lacambra 公司，于 20 世纪 80 年代中期联合开发成功的一项专利技术。经过 20 多年的不断更新和实际运用，此项技术日趋完善，在世界很多国家的废杂铜再生利用领域得到应用，已经在西班牙、欧盟、美国注册了 9 项相关专利。

西班牙拉法格公司，在过去的 20 多年里一直在废铜的精炼领域里不断地创新技术，1986 年，首创采用废铜为原料，通过连铸连轧技术生产出高导电铜和适合在多头拉丝机上直接拉丝的铜杆的技术，铜杆经拉拔最细可到 0.2 mm，公司同时也为该项独有技术申请了专利保护，称该项再生废铜精炼技术为 COS - MELT。1987 年西班牙拉法格 - 拉康巴公司与意大利著名的制造商康特纽斯 - 普洛佩兹公司合资经营，向全世界销售用再生废铜为原料进行连铸连轧生产火法精炼低氧光亮铜杆的工艺技术和设备。新的 COS - MELT 工艺是合资企业在 1999 年和2000 年间共同开发的，由废铜经过熔融，火法精炼，连铸连轧生产出 FRHC 铜杆的工艺，其铜杆品质符合欧洲废杂铜火法精炼标准 CW005A。该技术已达到较完美的环保生态要求，到目前为止，全球已有 29 家企业相继采用了该项技术。

现在，拉法格 - 拉康巴公司不仅仅是用废铜生产铜杆，而且还可以制造铜管、火车接触导线、焊接用铜线和各种铜线缆。更重要的，这种独有的生产工艺最贴近生态化系统，没有任何废物。该公司成为拥有 3 家公司的集团公司，即拉法格 - 拉康巴火法精炼生产光亮铜杆及下游产品的公司，拉法格 - 拉康巴火法精炼生产铜管公司，一个以电解铜为原料的每小时生产 25 t 光亮铜杆的公司。

(2) COS - MELT 炉组

拉法格 - 拉康巴公司在火法精炼车间现配有一套 COS - MELT 组合炉和 1 台 110 t 倾动炉。COSMELT 组合炉(由 1 台竖炉、2 台倾动炉和 1 台保温炉组成)消化 96% 以上铜含量的废铜，倾动炉可以消化 92% 以上铜含量的废铜。组合炉和倾动炉中间用流槽连接，可以交叉换向，供连铸连轧机和半连续立式圆锭浇铸机生产所需的铜液。110 t 倾动炉根据氧化还原周期，间断生产，年生产 3 万 t 合格铜液，组合炉可以连续生产，年生产能力 9 万 t(实际生产 7 万 t)，普洛佩茨连铸连轧生产线从原来每小时 7 t 扩产到每小时 15 t。该厂实际年产量 10 万 t，其中 7.5 万 t 铜杆、2.5 万 t 圆铸坯。铜杆自销 4.5 万 t 用来生产铜镁接触线，同时拉 30 根铜丝，绞缆后做汽车线，外销 3 万 t。拉丝最细可到 0.2 mm，断头率控制在 50 t 铜杆之外，即拉制 0.2 mm 的铜丝平均 50 t 一个断头，世界著名厂家埃克森也是它的客户。它们使用废杂铜生产的铜杆品质可达到 EN1997(1998) CW005A 欧洲铜杆使用标准，铜的质量分数大于 99.93%，导电率大于 100% IACS，最高可达 100.9% IACS。

该项工艺可用作原料的废杂铜有：铜粒，1# 废杂铜，2# 废杂铜，电磁线，铜块及加工废屑。炉型是可倾动式反射炉，有 40 t、55 t 和 80 t 三种型号，每炉熔化周期为 24 h。为保证供应 16 h 连续生产，可同时开两台炉，交替出铜。生产周期中，加料熔化，氧化还原，及出铜各需 8 h。可调强力的火焰喷嘴来完成熔化、氧化、还原等操作。氧化、还原时均须添加辅助材料。

在杂铜中主要杂质是：铅、锡、锌、铁、镍、砷、锑和硫。有时含有少量铋、铬和碲。其中，通常含有大量的铅、锡杂质，以及有害于导电率的镍，必须除尽，所以有时要进行二次精炼。过程中加特种添加剂，帮助完成此任务。最终精炼的任务则是除去炉渣，调整含氧量及专项清除某种杂质。通常精炼后铜液的杂质含量(不包括氧)一般小于 0.025%，铜的含量可达 99.95%。

3. 废杂铜再生低氧铜产品生产设备

根据西班亚拉法格 - 拉康巴公司 FRHC 光亮铜杆生产的实际情况和他们提供给各地的设备使用情况，目前世界上采用火法精炼的工艺，主要有 COS - MELT 倾动炉生产工艺和 COS - MELT 组合炉生产工艺两类。

(1) COS - MELT 倾动炉

倾动炉最早是由德国马尔茨公司设计制造的，它是国际上生产制造倾动炉最早、业绩最多的厂家，但是它的设备均用在阳极板生产线上，它的原料虽然也是废杂铜，但它的成品却是含铜为99.3%的阳极板，通过电解生成99.95%以上的阴极板。它处理废杂铜的技术和国内所有厂家基本一样。

拉法格－普洛佩茨公司生产的倾动炉，是在马尔茨公司设计炉子的基础上，通过多年在火法精炼过程中摸索改进而得来的。从2002年开始拉法格公司生产的倾动炉和德国马尔茨的炉子相比，有较大的改进。

COS－MELT倾动炉工艺的组成为：倾动炉炉子本体、渣沉淀室、加料装置、燃烧系统、氧化还原精炼系统、液压系统、检测控制系统。150 t的倾动炉，总长约20 m，总宽约6 m，总高约7.5 m，见图4－16。

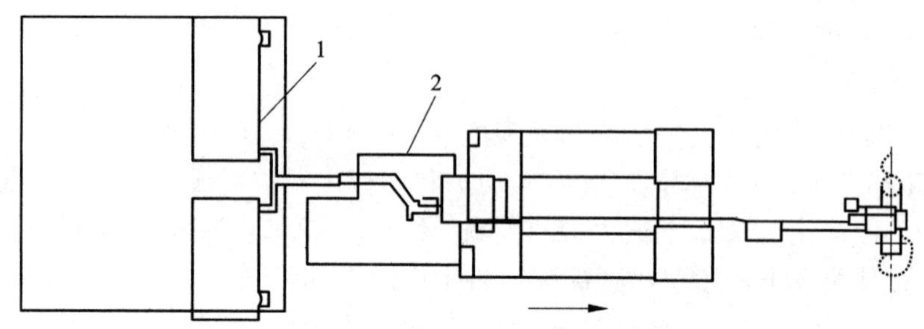

图4－16　COS－MELT倾动炉工艺设备示意图

1—倾动炉；2—连铸连轧生产线

工艺设备的操作和功能：炉子加料用移动式加料机或改进式前装机从1个或2个加料口加入（有少量像硅石和石灰这样的助熔剂和铜一起放进炉子），在冶炼过程中加料门是关闭的，熔化后再加料。在装料口旁边有1个出渣口，由人工扒渣。炉门用水冷却，用液压缸驱动。燃烧系统有两个或多个烧嘴，燃料为重油或天然气，燃烧介质为空气。烧嘴位于前炉墙，朝向炉膛中心。炉子是焊接在可倾动的框架结构中。炉子的转轴位于燃烧室上部，出炉烟气口位于前墙另一侧，烟气的排出接口在转轴上。

生产工艺过程：整个炉内的金属完全熔融后，铜液被由炉侧壁鼓风口吹入的压缩空气氧化。为帮助进行反应在铜液中加入某些反应剂，然后进行扒渣，扒渣后将进入最终还原和精炼操作，从熔融的炉体中去除最后的炉渣和添加剂，炉子将再次倾动，以便使还原燃料喷入熔融金属中，进行激烈的化学反应，减少氧含量。150 t的倾动炉完整的工作周期包括：装料、熔化、氧化、扒渣、还原和浇铸，精炼周期可在16 h之内完成。铜液温度达1120℃，炉子倾转到浸没氧枪管时，压缩空气从风眼喷入，进行氧化；当铜液温度达1250℃时进行还原和精炼，从加料口加入添加溶剂进行精炼，当溶液中氧气的质量分数达到$(1\sim2)\times10^{-4}$时，炉子倾转，打开出铜口进行浇铸，浇铸温度一般为1150～1170℃，均略大于电解铜的熔铸和浇铸温度。倾倒铜液浇注角最大28.5°，氧化还原时最大15°，正反方向扒渣最大倾转角10°。

（2）COS－MELT组合炉

COS－MELT组合炉由1台竖炉、2台倾动炉和1台保温炉组成（见图4－17）。

竖炉由加料装置和1台特殊的改进性竖炉组成，可连续加料和熔融铜废料和电铜，该竖炉专为处理铜废料设计，竖炉底部形状设计为有利于输送液态铜至一个特殊的绝热炉体内。

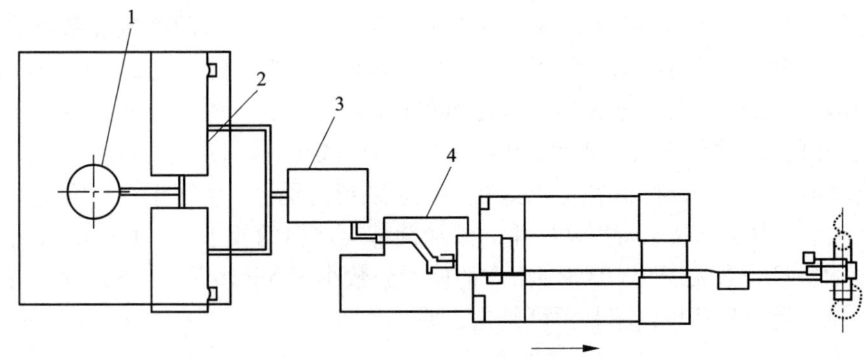

图 4－17　COS－MELT 组合炉工艺设备示意图

1—竖炉；2—倾动炉；3—倾动式保温炉；4—连铸连轧生产线

在这里，非金属的杂质将从液态铜中分离。根据竖炉的熔化速率和倾动式精炼炉生产周期，分别将竖炉中合格铜液转流入倾动炉。两台倾动炉，主要起氧化还原和精炼作用，它的生产和工艺过程与倾动炉生产工艺类似。根据熔化和精炼周期两台炉子交替向倾动式保温炉提供合格铜液。倾动式保温炉，主要起平衡铜液的作用，保证连续地给连铸连轧机提供铜液，同时可以精确控制液态金属铜的流量和温度。

COS－MELT 组合炉生产工艺流程：竖炉→倾动炉→倾动式保温炉→连铸连轧浇铸机。每小时生产 20 t 的 COS－MELT 组合炉，它的改进型竖炉，外径为 2700 mm，内径为 1700 mm，总高为 14000 mm，预热炉膛长度约为 5000 mm。配套的 50 t 倾动式反射炉，总长为 8500 mm，总宽为 5000 mm，总高为 6000 mm，倾动式保温炉容量为 25 t。

(3)倾动炉和组合炉生产工艺的比较

COS－MELT 组合炉消化铜含量 96% 以上的废铜，COS－MELT 倾动炉消化 92% 以上的废铜。铜的质量分数低于 96% 的废铜，熔化后流动性不好，是限制 COS－MELT 组合炉发展的主要原因。

在 COS－MELT 组合炉中，竖炉能够连续熔炼废杂铜，非金属的杂质将在竖炉中从液态铜中分离。加快废铜的熔化速率是竖炉优势所在，但是仍将受到下一道工序，倾动炉周期性生产的制约。

COS－MELT 组合炉技术是连续生产，竖炉一次精炼后，须根据铜液化验结果，在倾动炉二次精炼中加入不同的添加剂进行二次精炼；而 COS－MET 倾动炉是间断生产，有利于对杂质的控制。

综上所述，COS－MELT 倾动炉生产工艺无论在原料要求，还是在生产过程控制上，都要优于 COSMELT 组合炉生产工艺。

(4)FRHC 火法精炼除杂技术

废杂铜中的杂质主要包括铅、锡、锌、铁、镍、氧、硫等成分。其中锌在氧化过程中容易蒸发，铁与氧的亲和力较铜强而容易形成氧化物，因此在氧化过程中铁一般也能脱除，而铅、锡、镍则难于脱除。国内一直认为火法精炼杂铜很难达到高导电铜的标准，特别在上述几种杂质大量存在，并且变化无常时。普洛佩茨－拉法格公司 FRHC 火法精炼技术在此领域实现了突破。该项成果通过计算机辅助设计确定工艺参数，特种添加剂及选择性二次精炼等技术。它的精髓和核心是调整杂质成分和氧的质量分数，而不是最大限度地去除杂质。该公司与巴塞罗拉大学和米兰大学合作，利用计算机辅助设计，对废杂铜中主要的15种杂质元素进行了分析研究，通过对各种元素长期的研究和实验，找到各种元素相互化合后的平衡点，对导电性不起下降作用的平衡点。如元素中有银可以有一定的锌和镍；氧和铅的作用会相互抵消，对导电率不产生影响。因此在生产过程中，对原料的混合、铜液中各种元素的比例、铜液的温度、压缩空气的压力，特别是使用的添加剂都有严格的要求，在FRHC火法精炼生产的铜杆中铜的质量分数大于99.93%，杂质的质量分数小于5×10^{-4}时，导电率大于100.4% IACS，主要技术是化学精炼而不是深度氧化还原。

4.4 黄铜线

4.4.1 黄铜线简介

黄铜包括铜锌二元合金的简单黄铜和铜锌中加有其他组元的多元复杂黄铜。国家标准GB/T 5231—2012中黄铜牌号有78个，其中普通黄铜11个，复杂黄铜67个。主要用于黄铜线材产品的黄铜牌号有20个，其中普通黄铜9个，复杂黄铜11个。黄铜有良好的力学性能、工艺性能和耐蚀性能，有的还有较高的导电性能或切削性能、耐磨性能，它是铜合金中用途最广泛的材料。由于黄铜具有优良的冷加工塑性、弹性、强度高。因此用于生产黄铜线的产品广泛适用于紧固件、电池芯杆、导螺杆、眼镜配件、电子元件/接插件、弹性元件、服饰拉链、工艺饰品、电极丝等方面。如适合连续冲压生产的黄铜，可制作扁线插头；用于材料再次连续拉伸的黄铜，可用于生产切割线；多工位冷墩加工的黄铜，可用于制作深孔零件；冷墩加工后的黄铜，可再车削加工零件；适合连续化生产的黄铜，可制作圆形插头等。

简单黄铜通常有α和β两种相，按组织分，简单黄铜有α单相黄铜和$\alpha+\beta$两相黄铜和β相黄铜。由于β相黄铜锌含量较高，塑性很低只做焊料使用，故在黄铜线生产中不提及。简单黄铜塑性好，可冷热压力加工，其室温伸长率随着锌含量的增加而增加，至锌含量30%~32%时，达到极大值。所有黄铜在200~700℃之间的某一温度范围内，均出现脆性区。黄铜存在脆性区，其原因很多，其中之一，是受微量杂质的影响。一般黄铜的冷态加工性能和黄铜的成分、组织有关。α黄铜具有很高的室温塑性，两次退火之间线材的加工率可达90%。二相黄铜易于加工硬化，且随着β相的增加，塑性剧烈下降。冷加工时要严格控制加工率，防止材料表面开裂。在工业生产中α黄铜两次退火之间的加工率一般控制在65%左右；二相黄铜一般控制在55%左右。简单黄铜中常见的微量杂质元素有铁、铅、铋、锑、磷和砷等，这几种杂质对黄铜生产中的影响如下所述。

①铁：作为杂质存在，对力学性能没有显著影响。铁在黄铜中的溶解度极小，它常以富铁相杂质点分布在基体中，具有细化晶粒的作用。做抗磁用黄铜零件时，铁含量小于0.03%。

②铅、铋：铅在简单黄铜中是有害杂质，它以颗粒状分布在晶界或易熔共晶上，当α黄铜的铅含量大于0.03%时，使黄铜在热加工时出现热脆性，但对冷加工性能无明显影响，铋亦一样。

③锑：随着温度的降低，锑在 α 黄铜中的溶解度急剧减少，析出脆性化合物 CuSb，呈网状，严重损害黄铜的冷加工性能。

④磷：很少固溶于 CuZn 合金，在 α 黄铜中磷若超过 0.05% ~0.06%，就会出现脆性相 CuP，降低黄铜塑性。

⑤砷：室温时砷在黄铜中的溶解度小于 0.1%，过量则产生脆性化合物 CuAs，分布在晶界上，降低黄铜塑性。砷含量 0.02% ~0.05%，可防止黄铜脱锌，提高耐蚀性。

4.4.2　黄铜线产品特点及技术要求

实际应用的黄铜的合金牌号很多，针对客户需求并结合国外实际情况和我国黄铜线材面临的实际需要，根据国家标准 GB/T 21652—2008 和 GB/T 5231—2012，常用的黄铜线的化学成分及含量见表4 -18。

表4 -18　常用的黄铜线的化学成分(质量分数)

牌号	化学成分及含量/%								
	Cu	Fe	Pb	Si	Ni	B	As	Zn	杂质总和
H62	60.5 ~63.5	0.15	0.08	—	—	—	—	余量	0.5
H63	62.0 ~65.0	0.15	0.08	—	—	—	—	余量	0.5
H65	63.0 ~68.5	0.07	0.09	—	—	—	—	余量	0.45
H68	67.0 ~70.0	0.10	0.03	—	—	—	—	余量	0.3
H70	68.5 ~71.5	0.10	0.03	—	—	—	—	余量	0.3
H80	78.5 ~81.5	0.05	0.05	—	—	—	—	余量	0.3
H85	84.0 ~86.0	0.05	0.05	—	—	—	—	余量	0.3
H90	89.0 ~91.0	0.05	0.05	—	—	—	—	余量	0.3
H95	94.0 ~96.0	0.05	0.05	—	—	—	—	余量	0.3
HSn60 -1	59.0 ~61.0	0.10	0.30				Sn：1.0 ~1.5	余量	1.0
HSn62 -1	61.0 ~63.0	0.10	0.10				Sn：0.7 ~1.1	余量	0.3
HPb59 -1	57.0 ~60.0	0.5	0.8 ~1.9	—	—	—	—	余量	1.0
HPb59 -3	57.5 ~59.5	0.5	2.0 ~3.0	—	—	—	—	余量	1.2
HPb61 -1	58.0 ~62.0	0.15	0.6 ~1.2	—	—	—	—	余量	0.55
HPb62 -0.8	60.0 ~63.0	0.2	0.5 ~1.2	—	—	—	—	余量	0.75
HPb63 -3	62.0 ~65.0	0.10	2.4 ~3.0	—	—	—	—	余量	0.75
HSb60 -0.9	58.0 ~62.0	—	0.2	—	0.05 ~0.9	Cd：0.01	Sb：0.3 ~1.5	余量	0.3
HSb61 -0.8 -0.5	59.0 ~63.0	0.2	0.2	0.3 ~1.0	0.05 ~1.2	Cd：0.01	Sb：0.4 ~1.2	余量	0.5
HBi60 -1.3	58.0 ~62.0	0.1	0.2	—	Bi：0.3 ~2.3	Cd：0.01	Sn：0.05 ~1.2	余量	0.3
HMn62 -13	59.0 ~65.0	0.05	0.03	0.05	0.05 ~0.5	Mn：10 ~15	Al：0.5 ~2.5	余量	0.15

各黄铜线产品的牌号、状态、规格见表4 -19。

表 4-19 黄铜线产品的牌号、状态、规格

类别	牌号	状态	直径(对边距)/mm
黄铜线	H62、H63、H65	软(M), 1/8 硬(Y_8), 1/4 硬(Y_4), 半硬(Y_2), 3/4 硬(Y_1), 硬(Y)	0.05~13.0
		特硬(T)	0.05~4.0
	H68、H70	软(M), 1/8 硬(Y_8), 1/4 硬(Y_4), 半硬(Y_2), 3/4 硬(Y_1), 硬(Y)	0.05~8.5
		特硬(T)	0.1~6.0
	H80、H85、H90、H95	软(M), 半硬(Y_2), 硬(Y)	0.05~12.0
	HSn60-1、HSn62-1	软(M), 硬(Y)	0.5~6.0
	HPb63-3、HPb59-1	软(M), 半硬(Y_2), 硬(Y)	
	HPb59-3	半硬(Y_2), 硬(Y)	1.0~8.5
	HPb61-1	半硬(Y_2), 硬(Y)	0.5~8.5
	HPb62-0.8	半硬(Y_2), 硬(Y)	0.5~6.0
	HSb60-0.9、HSb61-0.8-0.5、HBi60-1.3	半硬(Y_2), 硬(Y)	0.8~12.0
	HMn62-13	软(M), 1/4 硬(Y_4), 半硬(Y_2), 3/4 硬(Y_1), 硬(Y)	0.5~6.0

4.4.3 黄铜线材生产工艺及方式

线材是细长且盘绕成盘交货的制品，通常黄铜线直径在 6 mm 以下，但也有粗的，粗细不是衡量线材的唯一标准。线材的断面以圆断面最为广泛，也有非圆断面的，如扁的、方的、异型的等。线材生产可以分为线坯料制备和线材冷加工。一般线坯直径为 6~10 mm，以可以柔软盘绕起来为原则，但也应为成品线留有足够的冷变形量，以保证成品线的质量。线坯越长越好，卷重越大越好，可减少拉伸时的对焊工作量，提高拉伸效率，提高有电性能要求的线材的性能。

黄铜线材的拉伸过程实质上是其加工硬化的过程，其硬化的过程由黄铜的成分和加工率所决定。目前线材成品的加工一般是用加工率来控制其最终性能，不同的牌号、不同的状态，选择不同的加工率。而线坯的拉伸则要依据设备和金属塑性等条件，尽量采用较大的加工率，以减少退火次数，缩短生产周期。黄铜线两次退火间的总加工率和成品加工率的推荐见表 4-20。若用退火来控制成品最终的力学性能，则先控制好成品前的总加工率，最后用退火温度和保温时间来达到力学性能的目的。

黄铜线材的拉伸离不开拉线模，拉线模是电线电缆行业生产线材的重要工具，它是实现正常的连续拉伸，保证拉伸制品质量的关键。要使拉线模达到最佳的使用寿命，获得高质量的拉伸黄铜线，不仅取决于拉线模本身的材质，还决定于模子的孔形设计和使用时的其他配合条件。拉线模本身质量是影响其使用寿命的一个重要因素。拉线模的质量与模芯材料、孔形设计及加工工艺有关。改善模芯材质，设计合理的孔形结构及改进加工技术，均有利于提高模子的使用寿命和线材质量。

表4-20　黄铜线两次退火间的总加工率和成品加工率的推荐

牌号	两次退火间总加工率/%	成品直径/mm	成品加工率/%		
			软态	半硬	硬态
H62	25~29	0.05~0.25	25~29		62~90
		>0.25		17~19	60~80
		>1.0		18~21	50~60
		>2.0		17~21	50~55
		>4.0		20~22	45~50
H65	25~29	0.05~0.25	25~95		35~75
		>0.25		17~20	55~75
		>1.0		18~20	50~55
		>2.0		19~24	40~50
		>4.0		22~24	40~45
H68	25~29	0.05~0.25	25~95		46~75
		>0.25		10~25	50~75
		>1.0		15~20	45~50
		>2.0		15~25	45~50
		>4.0		20~25	40~45
HPb59-1	20~80	0.5~6.0	20~80	15~20	25~45
HPb62-0.8	20~80	3.8~6.0		13~16	
HPb63-1	20~70	0.5~6.0	20~70	17~22	40~50
HSn60-1	20~70	0.5~6.0	20~80		25~55
HSn62-1					

目前，国内生产铜线所使用的拉线模的模芯材料以硬质合金、天然金刚石和人造聚晶金刚石为主。硬质合金是硬度很高的碳化钨和金属钴的粉末烧结体。它具有高的硬度、很好的耐磨性及较强的抗冲击性，价格低廉，是一种极佳的拉线模制作材料，广泛应用于拉拔粗、中线材。目前，国外采用热等静压(HIP)处理、超细晶工艺来降低孔隙度，提高合金的硬度，以及加入稀有金属，发展表面涂层工艺，提高合金表面强度。天然金刚石具有硬度高、耐磨性好的特点，拉制的线材表面光洁度很高。由于天然金刚石在结构上具有各向异性，导致其硬度也呈各向异性，使模孔的磨损不均匀，制品不圆整。加上价格昂贵、稀少，一般用作表面质量要求高的细线拉线模或成品拉线模。人造聚晶金刚石是无定向的多晶体。它具有硬度高，耐磨性好，抗冲击能力强的优点。在硬度上不存在各向异性，磨损均匀，模具使用寿命

长，适用于高速拉拔。由于国产聚晶模坯存在晶粒粗大、抛光性能差等质量问题，目前国内厂家多使用聚晶模作为过渡模，而不用作成品模。但随着聚晶模内在质量和加工水平的提高，有取代昂贵的天然金刚石作成品模使用的趋势。

在相同材质条件下采用不同的孔形设计，拉线模使用寿命相差甚远。因此，模孔孔形设计是提高模具使用寿命的一个重要手段。拉丝模孔形一般分为曲线形(即“R”形系列)和直线形(即锥形系列)。目前国内生产黄铜线生产企业基本使用直线形模孔孔形。模孔一般可分为进口区、工作区、定径区和出口区4个部分。工作区又称为变形区，它使铜线在此进行塑性变形，以获得所需的尺寸和形状。工作区圆锥角度的大小可根据以下原则进行选择：拉伸材料越硬，角度就越小；加工率大，角度也要大；拉伸线坯直径小时，角度一般也较小。

为了消除成品表面的起皮、毛刺、凹坑等缺陷，一般黄铜线坯表面要用扒皮模扒去一层。为了确保扒皮质量，在扒皮之前须经过一道加工率20%左右的拉伸，然后经过可调的导位装置，进入扒皮模。因为线坯料的椭圆度较大，且材质较软，经拉一道后，线坯变圆，且已加工硬化，这样能保证线坯四周均匀的扒去一层。如不能完全消除线坯表面缺陷，还要重复扒皮。普通黄铜和铅黄铜扒皮模技术参数见表4－21。

表4－21 普通黄铜和铅黄铜扒皮模技术参数

材质	图形	材料	定径区长/mm	刃口角度/(°)	加工顺序
黄铜	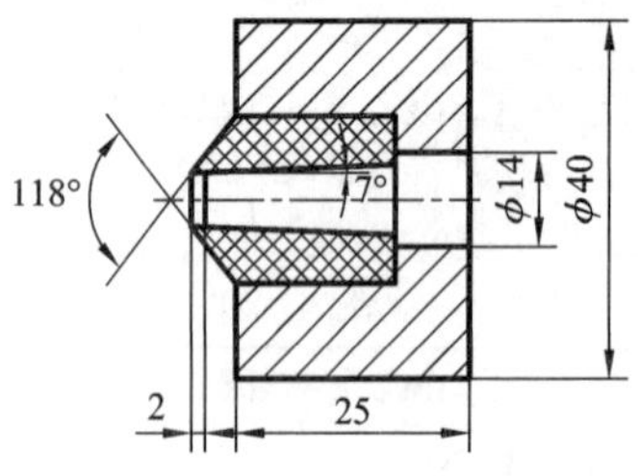 118°；7°；ϕ14；ϕ40；2；25	YG6 YG8	1.5～2.0	88±2	①磨刃口圆锥； ②磨定径区、出口圆锥、出口区； ③精磨定径区、刃口圆锥
铅黄铜	86.5°；7°；ϕ15；ϕ40；25	YG6 YG8		88±2	①磨刃口工作面； ②出口圆锥、出口区； ③精磨刃口工作面、出口圆锥

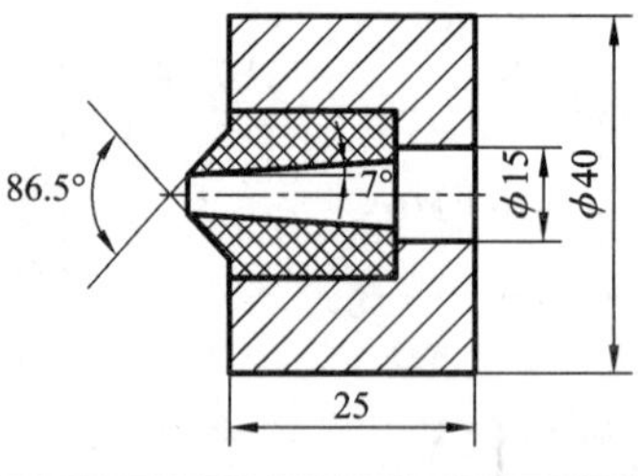

为了消除黄铜线在拉伸变形时产生的加工硬化，恢复塑性，以利于进一步加工，通常将黄铜线加热到再结晶温度以上退火，该退火称为黄铜的中间退火。退火温度的选择主要根据黄铜合金成分而定。

此外当黄铜线材加工至规定的尺寸后，为了消除成品在冷加工时产生的内应力，并达到成品的力学性能所进行的退火，该退火称为成品退火，去应力退火通常在再结晶温度以下，退火后的成品仍保持原有的力学性能。表4－22为成品退火工艺参数推荐值。为了保持软态成品表面色泽、减少金属损失，同时为了减少酸洗对环境的污染，可以采用光亮退火技术。

表4－22 黄铜线材成品退火工艺参数推荐值

牌号	状态	退火温度/℃	保温时间/min
H62、H65、H68	硬	160～180	90～120
	半硬	260～370	
	软	390～490	
HPb59－1、HPb63－3	硬	160～180	90～120
	半硬	160～180	
	软	390～430	
HSn60－1、HSn62－1	硬	160～180	90～120
	软	390～430	

线材拉伸中配模工作是生产工艺的核心，配模就是确定每道次拉伸后的线材尺寸和形状，其实质是确定总变形量、拉伸次数和道次变形量。配模原则是确保线材拉伸的连续性、不发生断线、提高线材品质，在此基础之上应尽量减少拉伸道次，通常逐阶段减少，大拉时20%～30%，中拉时20%左右，小拉为百分之十几，微拉时百分之几，这是因为工件越细，断线的敏感性就越大。一个拉伸中的道次变形量有两种情况：逐道次减小；逐道次基本相同。前者大都用于变形抗力较大，冷硬较为严重的线坯，而后者则用于易拉的变形抗力不大且冷硬不是很快的线坯，然而界线也不十分严格。

表4－23为黄铜线材拉制过程中的配模推荐值，因线坯来源和尺寸不同，各厂家相应的配模工艺都不尽相同，仅供参考。

表4－23 黄铜线材配模推荐值

牌号	线坯来源与尺寸/mm	线径/mm	道次尺寸/mm
H90、H95	ϕ12 挤	0.5	12→10.5→8.5△6.8→5.2→4.2→3.5△3.0→2.7→2.4→2.2→2.0△1.7→1.5→1.3→1.15→1.05→0.9→0.83→0.80△0.72→0.65→0.59→0.54→0.50
H80	ϕ12 铸	0.5	12→9.0△7.0→5.5→4.4→3.4△2.9→2.5→2.2→2.0△1.8→1.65→1.5→1.4→1.3→1.22→1.15△1.06→0.97→0.84→0.79→0.74→0.70△0.62→0.56→0.52→0.50
H68	ϕ11 轧	0.5	11→8.6▼8.0△6.7△5.2→4.3→3.8△3.2→2.8→2.5→2.2△2.0→1.85→1.7→1.6△1.4→1.3→1.2△1.07→0.97→0.91→0.85→0.80→0.75△0.68→0.6→0.55→0.52→0.5
H62	ϕ12 铸	0.5	12→9.5△7.6△7.0▼5.7△4.3△3.2→3.0△2.5→2.2→2.0→1.8△1.6→1.4→1.27→1.2△1.07→0.97→0.9→0.85△0.76→0.67→0.59→0.54→0.52→0.5

续表 4 – 23

牌号	线坯来源与尺寸/mm	线径/mm	道次尺寸/mm
HPb59 – 1	φ14 挤	0.5	14→12△10.5△9.2△8.2△7.1△5.5→5.0△4.4→4.1→3.8△3.3→3.0△2.5→2.2△2.0→1.8→1.65→1.6△1.4→1.25→1.15→1.05△0.92→0.85→0.8△0.72→0.67△0.61→0.56→0.52→0.5
HPb59 – 2	φ11 挤	1	11△9.6△8.1△7.1△6.5△5.0△4.4→3.4△2.8→2.3→2.16→2△1.8→1.6→1.45→1.4△1.25→1.1→1
HPb63 – 3	φ14 挤		14→12△10.5△9.2△8.2△7.1△5.5→5.0△4.4→4.1→3.8△3.3→3.0△2.5→2.2△2.0→1.8→1.65→1.6△1.4→1.25→1.15→1.05△0.92→0.85→0.8△0.72→0.67△0.61→0.56→0.52→0.5
HSn60 – 1 HSn62 – 1	φ11 挤	1	11→10△8.5△7△6△5.1△4.2△3.7→3.5△3.0→2.7→2.5→2.3△2.1→1.9→1.75→1.6△1.45→1.3△1.1→1.03→1

备注：△—退火；▼—扒皮

一般黄铜线坯制备有两大类，一类是非连续生产方式，即先铸成铸锭，再采用热挤压、孔形轧制等方法加工成线坯；另一类是连续生产式，即通过水平连铸或上引连铸铸成线坯。冷加工采用冷轧或拉伸的方法。黄铜线材生产工艺流程是从线坯到成品线材用的生产工序，生产工艺流程是根据设备条件和产品技术条件来制定的，并从提高产品质量和产量的角度综合考虑。生产黄铜线常用的生产工艺流程见图 4 – 18。

1. 挤压制线坯

挤压法是将圆锭在挤压机上挤成线坯，并在线卷取成盘卷，盘卷经水冷或控制冷却后收入集成架。挤压能保证得到极好的坯料组织，有利于后续拉伸加工。挤压生产灵活性大，适合于合金牌号多、批量小的铜合金线材生产，是生产优质线材的主要制坯方法。挤压线坯的规格、盘卷单重，取决于变形金属的性能、挤压机吨位、收线装置及控制水平。随着挤压技术的发展，大吨位挤压机的采用，挤压线坯的盘重已达 500 kg 以上。优质大卷重线坯有利于提高拉伸机效率，有利于改善产品质量的均一性。但若铜合金线材的生产规模较小，采用大吨位挤压机势必造成投资过大，经济效益较低。随着中小棒材生产向连续化盘卷化方向发展，许多生产厂家采用大吨位挤压机，既生产盘卷棒坯，又生产线坯，充分发挥了挤压机的生产能力。

2. 孔形轧制制线坯

孔形轧制法是指在横列式轧机上进行轧制。该法生产的线坯精度低、表面质量差、质量不均一、卷重小、劳动强度大、生产效率低、能耗高，在铜线杆生产中该法已被连铸法所取代。黄铜的牌号多，批量小，材料软硬差异大，孔形的共用性较差，要适应小批量铜合金线坯的生产须准备大量的轧辊，频繁更换轧辊不经济且效率低。黄铜等合金的塑性较低，用轧制法生产时，线坯上易形成裂纹。目前绝大多数铜合金线材已不采用孔形轧制法制线坯。

3. 连铸制线坯

连铸法是通过铸造直接制成线坯，可免去轧制或挤压及其相关工序，这样缩短了生产流程，减少了生产设备和场地，降低了投资和生产费用。连铸法主要有上引连铸和水平连铸。

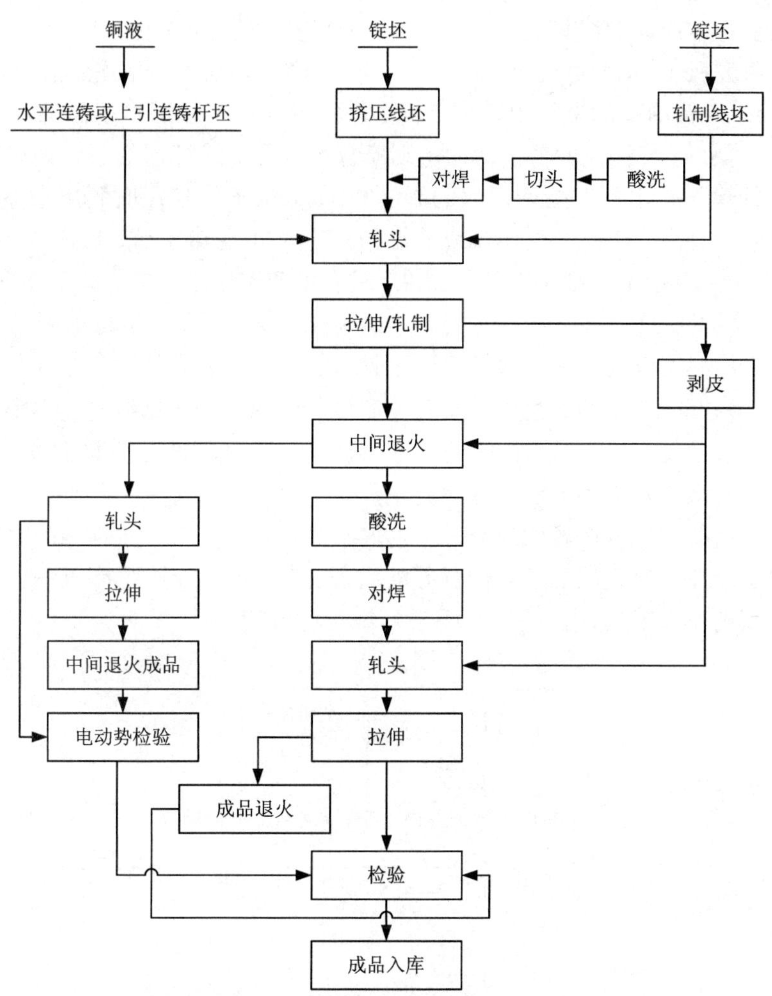

图 4－18　黄铜线材生产工艺流程图

在上引连铸中，石墨结晶器的下端插入铜水中，上端与冷却水套相连，铜水从其底部进入结晶器，经水套冷却后为固体线杆，引出的铜杆温度低于 100℃，铜杆表面光亮，不用酸洗即可进行后续加工。上引坯料直径一般为 $\phi 8 \sim 20$ mm，盘重 2 t 左右，$\phi 8$ mm 的线坯直接供大拉机拉伸，大规格线杆须经巨拉机或冷轧机加工后才能得到 $\phi 8$ mm 左右的线坯。上引机列的生产能力为 3000 ~ 30000 t/a，采用多头铸造，可通过改变上引杆的头数灵活增减上引机的产量。上引法的设备结构简单，容易掌握、生产灵活、生产成本低，适宜中小规模的生产企业，目前该生产方法已在我国普遍采用。上引黄铜杆一般是采用拉丝机拉伸加工，为保证成品线的表面质量和物理性能，上引线坯料的总加工率必须达到 70% 以上。

水平连铸法与上引法同样采用多头连铸，可提供大盘重线坯。目前该法在国内多家铜加工企业通用于生产多种规格黄铜线坯，线坯直径 $\phi 8 \sim 12$ mm。对于冷加工塑性差的合金，由于后续拉伸及退火次数多，生产流程长，生产成本高，不宜采用水平连铸线坯，水平连铸法的生产规模较低，常作为挤压法的补充。

4. 连续挤压制线坯

连续挤压法是生产异型线材的新方法，Conform 连续挤压机是由英国原子能局(UKAEA)斯普林菲尔德研究所于 1971 年提出来的。Conform 连续挤压是由挤压轮(槽轮)、挤压模、挤压靴构成 1/4 ~ 1/5 圆周长的半封闭环形空间，以实现常规挤压法挤压筒的功能。随着挤压轮的不断旋转，借助于挤压轮凹槽表面的主动摩擦力作用，线杆连续不断地被送入，通过安装在挤压靴上的模子挤出所需断面形状的制品。Conform 连续挤压时利用摩擦热、塑性变形热使挤压坯料温度升高，坯料不须加热或低温预热即可实现热挤压，从而大大地节省能耗。Conform 连续挤压可直接生产细小断面的制品，具有生产周期短、成品率高、产品性能好等特点，已成功地应用于铝及软铝合金、铜及部分铜合金管材、线材、型材等制品生产。由于铜及铜合金的热挤压温度较高，受模具强度和寿命的影响，对于铜及铜合金制品，连续挤压法对于各种焊丝、ϕ5 mm 以下的线材以及小尺寸简单断面形状的异型线材具有很大优势。

随着国民经济的发展，黄铜线材的使用量不断增加，对其产品质量的要求也不断提高，与此同时人们在其生产效率和节能环保方面也提出了更加严格和具体的要求。因此，加工企业迫切希望引入新的加工方法替代或改进目前的生产工艺，以满足高效环保生产的需要。而连续挤压技术由于在有色金属加工方面具有的显著优势，因此，连续挤压法在黄铜线材加工领域方面的应用则越来越多，图 4 - 19 为连续挤压生产流程图。

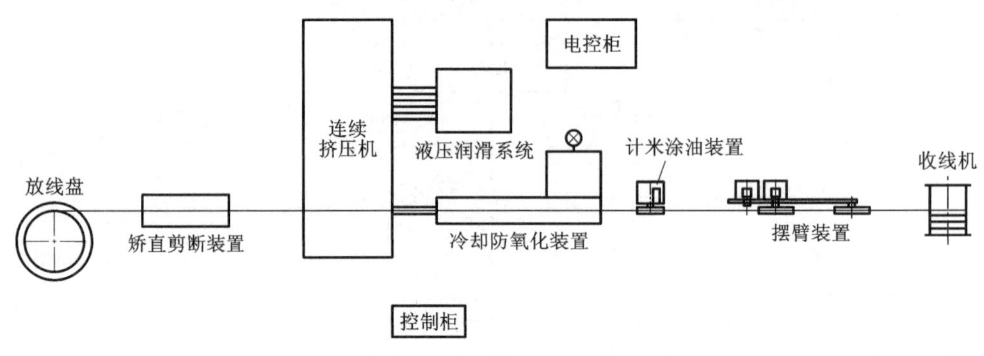

图 4 - 19 连续挤压生产流程图

5. 线材冷加工

几乎所有的线材都是拉制而成，以获得高精度尺寸。线材拉伸均采用盘拉，分为单道次和多道次拉伸。单道次拉伸用于铜合金线材粗拉和扒皮拉伸，多道次拉伸用于塑性好的黄铜线材的小拉和细拉。先进的铜线材拉丝采用多模多线、连续拉伸连续退火。大拉为 2 根，中拉 4 ~ 8 根，小拉和细拉为 8 ~ 16 根，多根细线退火材料成束退火。多线拉丝不仅生产率较单线拉丝高，而且线材伸长率、直径的一致性较单线拉伸高。不同形状的线材采用不同的拉模。拉模有整体模、组合模和辊式模拉制。圆线、方线及六角线采用整体模拉制，扁线及异型线多采用组合模和辊式模。一套组合模和辊式模可做多种规格的扁线，节省大量的工装费用。冷轧多用于加工塑性差的合金线的开坯、扁线或异型线的生产。冷轧加工率大，可减少拉伸道次、减少中间退火。在扁线或异型线实际生产中，常将一台或多台轧机和拉线机与放线机和收线机组成连续生产的作业线。

4.4.4　黄铜线材生产装备

1. 黄铜线材拉伸设备

黄铜线材拉线设备，从类型上分有单模(头)拉线机和连续拉线机；而连续拉线机又有积蓄式连续拉线机、滑动式连续拉线机和非滑动式连续拉线机。从进出线粗细的角度，铜线拉线机分为粗拉机、大拉机、中拉机、小拉机、微拉机。从拉制的根数可分为单线拉线机和多线拉线机。从绞盘放置方向分为卧式拉线机和立式拉线机等。为使拉伸过程顺利进行，拉线机应具有它的放线机构和收线机构，还配备有自己的对焊机和轧头穿模机，以及模具和绞盘的冷却与润滑系统。

单线拉丝机特点是结构简单，容易制造；拉伸速度慢，一般在 0.1 ~3 m/s 的范围内；设备占地面积较大，多用于粗拉大直径的圆线、型线以及短料的拉伸；生产效率低，用于退火次数多，总加工率不大的线材拉伸，但道次加工率可比多次拉伸机大，同时该设备改装容易，添加辅助设施也较为方便。

带滑动的连续式多次拉伸机的绞盘有两种形状：圆筒形和阶梯形状。其模具数目粗拉常为 5 个、7 个、11 个、13 个和 15 个，中拉和细拉的模具数为 9 ~21 个。在拉伸过程中，线材在绞盘上绕的圈数应适当，过少会使下一道反拉力增大，过多会产生压线而造成断线，或使绞盘有滑动的可能。一般绞盘上圈数随其线径而定，大致范围是：粗拉 3 ~4 圈、中拉 2 ~3 圈、细拉 1 ~2 圈、特细拉 1 圈。带滑动的连续式多次拉伸机总体特点是总的延伸率大，适合拉伸塑性好的黄铜；拉伸速度快，适合圆断面线材拉伸；生产效率高，能承受较大的拉力，适于拉伸表面耐磨、强度低的合金；易于实现机械化、自动化，同时和无滑动多次连续式比较起来，电气控制要求不甚严格；但是由于线材于绞盘间存在有滑动，故使绞盘受到磨损。

无滑动连续式多次拉伸机绞盘速比随时能自动调整以与每道的加工率相适应。无滑动连续式多次拉伸机分为活套连续式和直线连续式。活套连续式在拉伸过程中牵引绞盘的速度可借助张力轮自动调整，直线连续式则在拉伸过程中牵引绞盘的速度是借助作用在牵引绞盘上的力进行调整。该设备特点是：拉伸速度自动调整范围很大，延伸系数允许在 1.26 ~1.73 范围内变动；存在相反拉力，这样可以大大减少模具的磨损和升温，因而能采用高速拉伸；由于线材离开绞盘时，不必通过绞盘上部，因此消除了当拉伸速度很大时乱线的可能；拉伸时无滑动，线材表面质量较好，绞盘磨损小；无滑动活套连续式拉伸机的电器比较复杂；无滑动直线连续式拉伸机绞盘旋转速度能准确的自动调整，有利于采用反拉力。

无滑动积蓄式多次拉伸机能保证线材与绞盘之间不产生滑动现象只须在绞盘上至少绕 10 圈，一般为 20 ~25 圈，在拉伸中绞盘允许积蓄更多的线圈，以防止由于延伸系数和绞盘转数可能发生变化引起的各绞盘间秒流量不相适应的情况，防止可能造成的活套或张力过大。该拉伸机特点是：由于线材行程复杂，不能采用高速拉伸，一般速度不应大于 10 m/s；在拉伸中，常产生张力和活套，所以不适于拉细线和特细线；由于线材和绞盘之间无滑动，所以它适于拉伸强度低、抗磨性差的线材；此种拉伸机结构可保证几个绞盘同时拉伸，亦可单独拉伸；因有扭转，不适宜拉伸型线。

2. 黄铜线材拉伸配套设备

为了能够提高黄铜线材在拉伸过程中的效率，须在黄铜线材拉伸过程中配置对焊机、放线和收线装置以及线材碾头机。图 4 -20 为对焊机的示意图，电极夹钳夹着焊接的线材，一个电极固定，另一个电极可移动，使两线端压紧，当通电后线端局部熔化，在压力作用下线材对焊起来。图4－21为二辊碾头机，碾头机主要由两个带孔槽及支持它们的框架构成。碾头机有两种形式：轧辊单方向连续转动式和轧辊往返摆动式，目前轧辊往返摆动式应用较少，两种结构不同，但同样可以碾头。碾头机轧辊的孔形横断面在两个轧辊同时转动时，由大逐渐变小，突然变大，然后又由大逐渐变小，这样周期地变化。轧辊旋转方向与进料操作方向相反。但轧辊转到孔形最大的时候，把线材端头送入孔形内，随着孔形横断面逐渐变小，线端逐渐被轧细，同时线材也被轧辊旋转而轧出。为了不致线材被轧扁，每一次进料量不应过大。为了使线材端头轧成一个圆锥形，须每轧一个线材转90°，再送入孔形内，连续在每个孔形内轧制数次，线端也就被轧细，同时也伸长。轧辊上刻有数个截面变化的尺寸不同孔形，这样能把不同直径的线材轧细，供拉伸需要。

图4－20　对焊机示意图

图4－21　二辊碾头机示意图

3. 黄铜线材生产配套设备

黄铜线材在加工过程中会根据产品特性和产品要求进行中间退火和成品退火等。因此需要退火炉。退火炉一般分为周期性作业和连续性作业两类。在选择设备时，须考虑热处理工艺、炉体结构、能源、炉温控制与分布、防止氧化或吸收气体的措施、装卸料的机械化和自动化等。常用的退火炉有室状(箱式)和井式(竖式)，还有管式和水封式等。

目前国内黄铜线生产厂家所用的黄铜线中间退火和成品退火设备主要用罩式炉、井式炉和在线连续退火炉，如图4－22所示。

(a)

(b)

图4－22　退火炉

(a)井式炉；(b)罩式炉

4.5　接触线

4.5.1　接触线简介

接触线是高速电气化铁路接触网中的关键材料之一，在机车运行过程中，它不仅承担着电流的输送任务，而且承受着拉应力的作用，并经受着通过的电流和集电时的横向电流引起的发热，以及将电流由接触线引到电动列车的集电元件的热作用。因此，随着列车向高速、重载方向发展，对接触线的性能也提出了更为苛刻的要求。如何保持高的强度和高的导电率，减少接触线的磨损，延长使用寿命，提高技术经济效益，一直是科研、制造和使用单位十分关心的问题。铜的导电性极好，仅次于银，又具有较强的耐蚀性能，特别是加入少量的合金元素后，其强度、耐磨性、耐热性又有大幅度的提高，所以电气化铁路主要使用纯铜或铜合金的接触线。

目前，应用最广泛的铜合金接触线，无论上引法还是连铸连轧法制备的铜合金接触线，主要是利用加工硬化（变形率一般不小于 75%），同时辅之以固溶强化、析出强化、过剩相弥散强化、细晶强化等强化手段。采用挤压、轧制、锻造和多道拉拔等塑性变形方法造成大变形量，形成高密度位错、孪晶、空位，阻碍晶粒的滑移，从而使合金得到强化。但是，提高强度的同时必然对接触线的导电率带来负面影响。根据 Matthiessen 假设：声子、杂质、溶质原子、空位、位错和晶界对电子的散射作用的综合效应，使铜合金的导电率降低。随着电气化铁路的高速发展，其辅助的设施、材料的研制及开发也相应地得到促进与推动。在此背景下，接触线不仅大量应用于电气化铁路，而且也广泛应用于城市轨道交通，工矿电气化运输起重设备，法国、日本、德国等国对用于高速电气化铁路接触线的研究、试验都进行了大量的工作。

4.5.2　接触线对材料的要求及分类

1. 接触线对材料的要求

接触网是与电力机车运行速度及运输安全直接相关的核心设备之一，其在受电弓和自然界风、霜、雨、雪、冰等因素作用下，一直处于动态变化之中。因接触网无备用性，故障停电将中断行车，因此在整个牵引供电系统中处于最薄弱环节。作为接触网中最重要的组成部分，接触线是保证电气化铁路正常运营的关键构件，它通过与电力机车受电弓滑板直接接触，利用滑动摩擦将电能从牵引变电所传输给电力机车。在受电弓和接触网接触压力作用下，接触线产生振动及磨耗，由此导致强度降低、应力增加，缩短其使用寿命。

同时，接触导线在工作时，传输电流所产生的焦耳热效应以及受电弓高速滑动摩擦均可导致导线温度升高。由于离线产生电火花、拉弧、事故性大电流等也会使接触导线的温度急剧升高，甚至使磨耗工作面处于局部过热状态而发生软化，造成强度和表面硬度下降以及高温软化，发生断线（拉断或熔断）弓网事故，严重影响接触线使用寿命。为提高电气化列车的可靠性，实现高速列车的高速性，必须使受电弓沿接触线高速滑行的过程中达到稳定的受流状态，尽可能降低磨耗（包括机械磨耗和电气磨耗）。

受电弓滑板和接触线电弧烧损是高速列车磨耗的一种。其中，离线率是高速铁路判定体系的重要参数，一般要求最长离线时间 $t_{max} \leqslant 200$ ms，离线率 $S \leqslant 5\%$。受电弓与接触线在大气中脱离接触即离线的瞬间，如果被断开的电流超过0.25 A，断开后加在滑板与接触线上的电压超过12 V，离线间隙通常会产生一团温度极高、发出强光和能够导电的近似圆柱形的气体即电弧；产生电弧的最小电流如果小于一定数值，则断开时只能产生为时极短的弧光放电，通常称为电火花。大多数情况下，受电弓与接触线离线时的间隙电压和开断电流都大于生弧电压和生弧电流，因此电弧的产生不可避免。当滑板和接触线分离到一定程度时，此时产生的能量集中加热导电斑点，使其温度迅速上升，直到接触面材料熔化，甚至达到材料沸点而引起爆炸式的气化。在接触间隙充满高温金属蒸气的条件下，会在 10^{-3} s 以内形成电火花，大量的电火花汇集成电弧。电弧弧柱具有6000 K 以上的温度，将烧损滑板和接触线。因而要求接触线具有较高的抗软化温度，以提高其高温强度和抗蠕变能力。

电力机车受电弓沿接触线高速滑动时，会引起接触面出现上下振动的横波，如图4-23所示。其中，β 是列车最高运行速度与接触线的波动传播速度的比值，R 是接触线的机械可靠性。当 $\beta < 0.7$ 时，R 基本不随 β 增加而变化；当 $0.7 \leqslant \beta \leqslant 0.8$ 时，R 随 β 增加而逐渐降低；当 $\beta > 0.8$ 时，R 降低速度非常快。当 $\beta \approx 1$ 时，R 几乎为0，此时非常容易产生疲劳断裂。

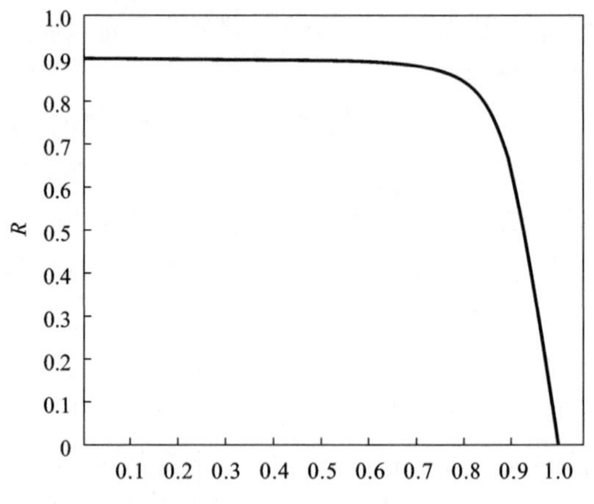

图4-23 β 与 R 变化趋势图

也就是说，当列车的运行速度超过波动传播的70%时，接触线会产生上、下振动的横波，当列车运行速度接近波动传播速度时，将会产生类似共振的现象，接触线的振幅增大，发生离线的几率也就越大。为了保证高速列车高速、安全、稳定的运行，必须提高接触线的波动传播速度，而接触线波动传播速度与接触线的架线张力和线密度(单位长度的质量)有关，即：

$$V_j = 3.6 \times \sqrt{T/\rho_L}$$

式中：V_j 为波动传播速度；T 为接触线的悬挂张力，N；ρ_L 为接触线的质量密度，kg/m。要提高接触线的波动传播速度，一个重要的方法就是加大接触线的架线张力，以保接触线与受电弓接触时不晃动。而要获得大张力，就要求接触线材料有足够的强度，必须增大接触线材料的抗拉强度。150 mm^2 铜合金接触导线的线密度为0.98 kg/m，如果列车运行速度为360 km/h，波动传播速度必须大于515 km/h，可以求得导线的张力应该为20.1 kN。当150 mm^2 截面积磨损到100 mm^2 且强度安全系数为2.5时，铜合金的抗拉强度应大于505 MPa。

通常情况下，应用在高速电力机车上的接触导线有以下几个性能要求：

①有较高的相对导电率和优异的受电性，从而尽量降低电力损耗。

②良好的力学性能(主要指抗拉强度)，整体抗拉力至少为40 kN。

③耐高温性能好(即软化温度高)，合金经过加热处理(300℃下保温1 h)后其常温显微硬度不低于加热前硬度的85%。

④抗摩擦磨损性强，一般来说接触导线的服役时间大于20年为宜。

⑤导线热膨胀率小，使得整个接触网的稳固性加强。

⑥具有良好的耐气体腐蚀性。这在潮湿多雨、大气污染严重的东南滨海城市特别是化工冶炼区非常重要。

2. 铜及铜合金接触线的分类

目前国内外具有代表性的电气化铁路接触网用接触线的类型有多种。已经投入使用的接触线种类有纯铜接触线(CT)、镁铜接触线(CTM)、银铜接触线(CTA)、锡铜合金接触线(CTS)、铜包钢接触线(CS)等。各国高速电气化铁路接触网主要使用的接触线形号与性能见表4-24。

表4-24 高速电气化铁路接触网用接触线的性能

速度/(km·h^{-1})	国别	接触线类型及截面/mm^2	常温抗拉强度/MPa	拉断力/kN	300℃抗拉强度/MPa	导电率/%IACS	线密度/(kg·m^{-1})	架线张力/kN
240	日	铜/170	340	57.82	212.9	97.0	1.51	14.7
350	日	铬锆铜/110	560	61.1	—	78.8	0.98	20
300	法	铜/150	358	53.7	224.2	97.0	1.33	20
250	德	银铜/120	395	47.4	377	96.5	1.07	15
140	中、京郑	银铜/120	365	43.8	348.2	96.5	1.073	15
180	中、环行	锡银铜/120	367.5	44.1	351.0	90.0	1.073	15
	中	锡铜/120	360.8	43.3	340.7	70	1.082	—
350	法	锡铜/120	537.5	64.5	483.8	76	1.07	24
270	法	镉铜/120	—	—	—	—	1.07	14
330	德	镁铜/120	503	60.4	465	68.1	1.08	20

4.5.3 接触线生产工艺

目前接触线的生产工艺主要有铜锭轧制法、上引连铸冷轧法、连铸连轧法、连续挤压和热浸镀上引法等。纯铜接触导线的生产工艺主要采用上引连铸—冷轧(冷拉)法与连铸连轧—连续拉拔法，铜银、铜锡接触导线主要采用上引连铸—冷轧法与连铸连轧—连续拉拔法，铜镁合金接触导线采用连续挤压—冷轧(冷拉)法生产，而铜包钢接触导线除采用连续挤压技术中的包覆挤压法生产外，还大量采用浸镀上引法进行制备。主要接触导线生产工艺如图4-24所示。

1. 铜锭轧制法

铜锭轧制法是铜合金锭→铜锭加热→轧制→对接、拉拔的方法。铜锭轧制法中加热与轧制设备密闭性差，经热轧后，成为表面氧化严重的黑铜杆，须经酸洗，并焊接接长，故不能制造无焊接接头、长度大于1500 m(重1500 kg)的接触线。采用这种工艺生产的接触线的缺陷，随着使用年限的延长逐渐暴露出来，造成断线事故屡屡发生，无法满足高速电气化铁路

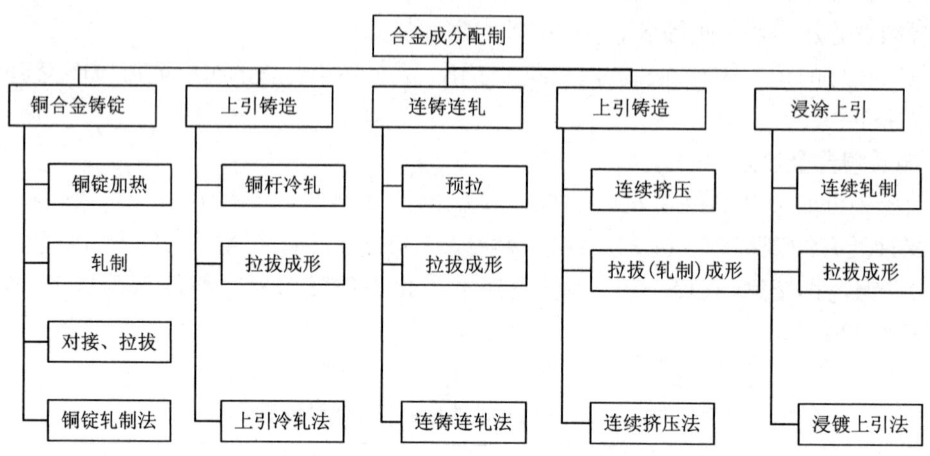

图4－24 主要接触导线生产工艺

的运行要求，已经被淘汰。

2. 上引连铸冷轧法

上引连铸冷轧法工艺流程：上引铸造→铜杆冷轧→必要时须退火→拉拔成形，是由 $\phi30$ mm 的上引杆冷轧成 $\phi16.4$ mm 圆杆，再通过 3～5 道次拉拔成 120 mm^2 的接触线。这种铸造方法的优点是熔炼的金属直接结晶成杆坯，熔炼和连续铸造过程不经过流槽、中间包和浇包，都是在隔绝空气的条件下进行的，生产的铸杆品质纯净，夹杂物极少，含氧量极低，一般少于 20 ppm。炉容小，拆炉、洗炉成本低，变换生产铜合金品种灵活，特别适合于各种铜合金的熔炼。该方法存在的主要问题是：上引杆在常温下轧制时，不能改善内部组织，拉拔后产品断面组织为晶粒粗大、未完全破碎的铸造组织。由于这种组织造成的残余应力，使接触线架设后沿其长度方向有许多不规则的微小波浪弯，高速电力机车通过时会产生连续细碎的离线火花，降低了机车的取流质量，同时也缩短了接触线自身的寿命。

3. 连铸连轧法

连铸连轧法工艺流程是：连铸连轧→预拉→必要时需退火→拉拔成形。采用连铸连轧设备，连铸坯由连轧机轧成 $\phi20$ mm 杆坯，用 3%～5% 酒精高压水去除氧化皮，然后经涂蜡保护，最后通过冷拔加工方法制出成品。其优点是连铸连轧坯经过热加工，内部为细小等轴晶粒的再结晶组织，克服了传统技术生产的铸态组织的缺点，用这种杆坯制造的接触线，其横向晶粒尺寸小于 0.03 mm，力学性能高，机车取流性能好，离线火花程度小。

国外制造接触线普遍采用连铸连轧法，但采用这种方法制造的接触线含氧量高，易在晶界上形成脆性的氧化亚铜，造成接触线抗弯折性能不良。抗疲劳性能差，在施工过程中容易出现折断，高速运行条件下容易发生疲劳断裂事故，在我国电气化铁路运用中曾多次发生。另外，连铸连轧设备庞大、投资大，是为满足年产量在 30000 t 以上产量的纯铜杆生产要求而设计的，生产设备的日产量至少在 100 t 以上，而我国的铜合金接触线需求总量通常为每年 50000 t 左右。显然，这种方法不适合于小批量、间断性生产的铜合金接触线产品的生产。

4. 连续挤压法

连续挤压的基本原理是利用摩擦力作为动力，将杆坯压缩至模腔内，金属在压力的作用下按照模具的孔形连续流出而形成所需产品形状与长度的技术，连续挤压产品可不受长度的限制。连续挤压法分为两种：连铸挤压杆坯和包覆挤压。

(1)连续挤压杆坯

连续挤压杆坯是采用上引铸造铸杆→连续挤压→轧制→拉拔成形。根据多年的连续挤压理论研究和实际试验，如果将连续挤压技术应用到接触线生产工艺，通过对金属变形机理的研究，能制造出晶粒细小的铜合金接触线，提高其抗拉强度以增加拉断力，从而大大提高列车运行速度。

连铸挤压杆坯生产工艺的优点是坯料无须加热，而且能够实现接触线产品的无间断连续生产。上引连铸杆坯经过 TLJ400/250 型挤压机的挤压成形后，坯料与进料导板的摩擦生热来控制金属的形变温度，铜合金在变形时的温度可达 500℃甚至更高，因此无须加热，能量消耗可降低 30% 以上。通过挤压实现了再结晶过程，原来铸杆的铸态组织被破碎、再结晶，最终获得了晶粒细小、均匀致密的金相组织，其力学性能指标(强度、塑性、韧性等)得到明显提高，为全面提高接触线成品的各项综合性能和平直度奠定了基础。同种直径的上引连铸杆坯既可以生产更小截面的产品，也可以通过扩张模生产比杆坯截面还大的产品，从而满足不同规格线径接触线产品的需要。

其缺点是生产效率低，不适合供货量大、大规模连续生产；增加了挤压生产工序，提高了接触线的生产成本；连续挤压的接触线产品表面容易产生气泡。上引连铸坯杆在连续挤压时，腔体内变形区大部分金属处于三向压应力状态，且其应力从中心向边缘逐渐减小。挤压时腔体内的温度可高达 500～600℃，上引连铸坯杆铸态的树枝晶组织被破碎的同时，合金发生再结晶，最终也使得连续挤压后合金的晶粒变得均匀、细小，改善了铸态内部组织也提高了材料的性能，为后续成形工艺奠定基础。由此可见，连续挤压环节各项工艺参数的控制，直接关系到最终成品接触线的组织及性能。为了获得良好的合金组织并且提高接触线产品的最终性能，必须严格控制连续挤压过程中的各项参数。

(2)包覆挤压

在连续挤压工艺方法的基础上，将靴座置于挤压轮的上部，允许芯线穿过型腔，从而使金属直接或间接地包覆在芯线上，与芯线同时从模口挤出，形成包覆产品。金属处于热塑性三向压应力状态，组织致密，缺陷少，依靠模具成形，尺寸精度高。包覆挤压主要用于生产复合型的导线，如铜包钢接触导线。

铜包钢线材生产的基本工艺流程为：原料的前处理→包覆挤压→坯线拉拔→热处理→成品。钢丝通过矫直装置矫直后，用碱液对铜杆和钢丝进行表面处理。铜杆在压轮的牵引下进入模腔，铜包覆在钢芯周围，形成复合线坯。经过多次拉拔和热处理得到所需力学和电学性质的线材。

5. 浸镀上引法

热浸镀法生产铜包钢线材的生产工艺是由美国通用电气公司和日本滕仓电线公司对现有的热浸镀法生产无氧铜杆的技术和设备进行改进，而形成的一种制造铜包钢线材的新工艺模式。此方法亦可用来生产其他复合材料，是目前国际上通常采用的一种生产工艺。

热浸镀法生产铜包钢线材的生产工艺是利用热浸镀原理，将金属线材浸入到熔融的铜液中，从而在金属表面获得铜镀层。芯线首先要通过扒皮模，主要是去除氧化皮外皮，随后进入保温炉进行升温保温，再通过真空室(这个真空地带一直延续到熔槽的底部)进入盛有熔融铜液的熔槽实施浸镀，浸镀后的坯线将进入熔槽上方的冷却塔冷却，最后进入热轧机组轧制成线。常用的生产工艺为：热浸镀包覆→轧制→拉制。

在镀覆过程中存在两个步骤：一是在很短的接触时间内通过比较浅的熔体，可获得最大厚度的镀层，此阶段为凝固期；二是在其后较长的接触时间内通过比较深的熔体，镀层厚度减少，甚至完全重熔，此阶段称为重熔期。在凝固期间，由于母线的温度低，金属受到热渗透作用被加热到高温，界面处的温度梯度随之下降。当固－液界面的热流达到平衡时，便可获得最大厚度的镀层。在重熔期间，热流平衡反向，固－液界面处的温度梯度接近于零。完全重熔的时间主要取决于界面传热系数。

铜的冷凝包覆率取决于铜液与钢线的热交换。通过控制钢丝预热温度，铜液温度和浸镀时间，可得到不同厚度的铜层。铜的附着比随钢丝预热温度的升高而降低。这是由于经过预热芯体与熔融铜之间的温度差减小，凝固周期缩短，则镀层厚度减小。但钢芯经过预热，铜镀层与钢芯间将结合得更紧密。预热温度和钢芯速度不变时，可以有两种方法改变镀层的厚度。一种方式是调节熔槽水平面以获得所需厚度。另一种方式是定时补充熔槽，让熔槽本身调节其水平面、液态金属的消耗率与供给率相一致。在这种情况下，必须在第1阶段（凝固阶段）的稳定平衡点进行操作。

4.5.4　纯铜接触导线

1. 纯铜接触线产品及应用要求

纯铜接触线是由导电率为100% IACS的软铜经冷加工硬化后得到的。纯铜接触线制作工艺简单，一般是由 ϕ25 mm的无氧铜杆拉拔成形，冷加工变形量达到75%以上。经冷加工的铜由于晶格点阵发生畸变，强度提高，导电率下降，经冷加工强化的纯铜接触线的导电率约为97.5% IACS，然而其力学性能较低，抗拉强度约350 MPa。在300℃下保温2 h，其抗拉强度只有未进行软化处理前的60%。纯铜接触导线耐蚀性好，适合应用于酸雨严重的地区。纯铜接触导线的应用要求见表4－25。

表4－25　纯铜接触导线应用要求

纯铜 CT	标称截面 /mm²	拉断力，最小值 /kN	高温残存拉断力，最小值/kN	伸长率拉 /% 最小值	扭转圈数（至断开）最小值	反复弯曲（至断开）		电阻率（20℃），最大值 /（Ωnmm²·m⁻¹）
						弯曲半径 /mm	次数 最小值	
CT65	65	24.2	—	3.0	5	30	4	
CT85	85	29.75	—	3.0	5	30	4	
CT85（T）	85	32.25	—	3.0	5	30	4	
CT100	100	34.61	—	3.0	5	30	4	0.01768
CT110	110	39.96	—	3.0	5	30	4	
CT120	120	43.56	—	3.0	5	30	4	
CT150	150	54.36	—	3.0	5	30	4	

纯铜接触线是铜直接进行冷拉拔后得到的，单纯采用加工硬化来提高强度。单一的冷加工强化使纯铜接触线存在两个问题：一是其表面和内部硬化程度不一致，表面硬度大于内部硬度，在使用时内、外磨损不一样。二是随纯铜接触线冷加工率的提高强度增加，其抗高温软化性能却随之降低，强度衰减很大，如冷加工率为10%时，软化温度约为250℃；冷加工率达到93%时，软化温度则降至100℃左右；对于纯铜接触线其软化温度一般为180℃。纯铜接触线的整体软化会使接触线整体机械强度下降，接触线的抗事故能力大大降低，所以极大影响了其载流量(电流越大，电阻热越大)。受电弓滑板高速通过接触线时产生机械摩擦生热，机车通过受电弓滑板取流，接触电阻产生焦耳热、火花等因素都将使接触线的工作表面处于局部过热状态而产生软化，造成强度和表面硬度下降、磨耗加快等问题。此外，纯铜接触导线的耐磨性较差，将大大缩短电力机车的使用寿命，因为在高速重载线路上随着牵引电力机车功率增大，电气磨耗也将随之增大，耐磨性差将成为致命的缺点。因此，纯铜接触线不能应用于中、高速电气化铁路中，只适合在速度低于200 km/h的低速铁路上使用。

2. 纯铜接触导线生产工艺

纯铜接触导线的生产工艺主要采用上引连铸—冷轧(冷拉)法与连铸连轧—连续拉拔法，其中上引连铸—冷拉法生产最为居多。上引连铸—冷轧(冷拉)法为：上引铸造→铜杆冷轧→必要时须退火→拉拔成形，由ϕ30 mm的上引杆冷轧成ϕ16.4 mm圆杆，再通过3～5道次拉拔成120 mm^{2}的接触线；而连铸连轧—连续拉拔法是连铸连轧→预拉→必要时须退火→拉拔成形。纯铜采用上引所制备的杆坯品质纯净、夹杂物极少、含氧量极低，同时采用上引法制备的设备在生产上有许多优势，设备投入与运行成本上较少，因此国内纯铜接触导线采用上引连铸—冷轧(冷拉)法制备的较多。

纯铜接触导线熔铸所用的原料主要有两种；一种是阴极铜板；一种是高品位紫杂铜。上引连铸法所用原料大多为阴极铜板，而连铸连轧法能够利用高品位的紫杂铜直接生产低氧铜线坯，满足纯铜接触导线用线坯的要求。

3. 纯铜接触导线生产设备

(1)上引连铸

纯铜接触线上引连铸生产设备与上引无氧铜杆线产品的生产设备相同(参见4.3.5章节)，它们的区别在于上引杆料产品的规格不同。

(2)连续轧制

1)二辊悬臂式轧机

二辊悬臂式轧机是由两个带槽的轧辊组成不同孔形的机架，由多个机架组成机组将铜轧制形成不同形状、尺寸的设备。

孔形的形状有许多种，生产实践中轧制型材坯、线坯常用的孔形见图4－25。

孔形分为开口式孔形和闭口式孔形，见图4－26。若一个轧辊的辊体不进入另一个轧辊的辊体中，所构成的孔形即称为开口式孔形；反之则称为闭口式孔形。轧制线坯和棒坯时，常用的是开口式孔形。

按照孔形在轧制过程中所起的作用，可将其分为4类：粗轧或延伸孔形、中轧孔形、预精轧或成品前孔形和精轧或成品孔形。常用的孔形系及特点见表4－26。

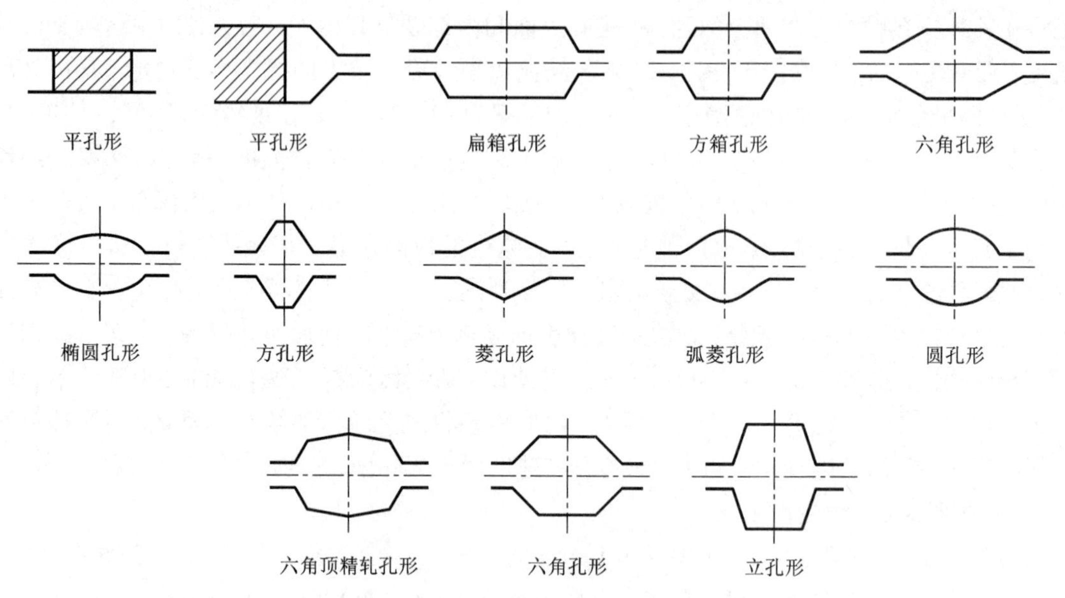

图 4－25　二辊轧机常见孔形的种类

2）三辊“Y”形轧机

三辊“Y”形轧机适用于轧制铜及铜合金线材、镍及镍合金线材的连轧机组。三辊“Y”形轧机是由 3 个辊径相等且互成 120°夹角的轧辊组成，各机架的轧制速度都预先调好，并根据线坯压缩率按比例增加。其孔形是由 3 个互成 20°夹角的轧辊轧槽构成，轧辊从 3 个对称方向同时压缩轧件，而下一道的三个轧辊位置与上一道的位置相对转 180°角，这样轧件受到了六角方向的压缩变形，由于“Y”形轧机几个机架组成传动，可实现无扭转、单线、微张力高速轧制。轧制后出杆的最小直径为 ϕ6.7 mm，在轧制过程中须对轧制的速度、冷却液的流量以及冷却液的温度进行严格控制。尤其是轧制速度的控制是提高生产效率的关键，也关系着连续轧制产品的质量。若轧制温度过高则产生很高的热量而影响轧制杆的内部组织，若轧制速度过低则会降低生产效率。因此，在设计连续轧制工艺时应合理的选择轧制的速度。

三辊“Y”形轧机的常用孔形系见图 4－27，常用的孔形有平三角孔形、弧三角孔形和圆三角孔形。

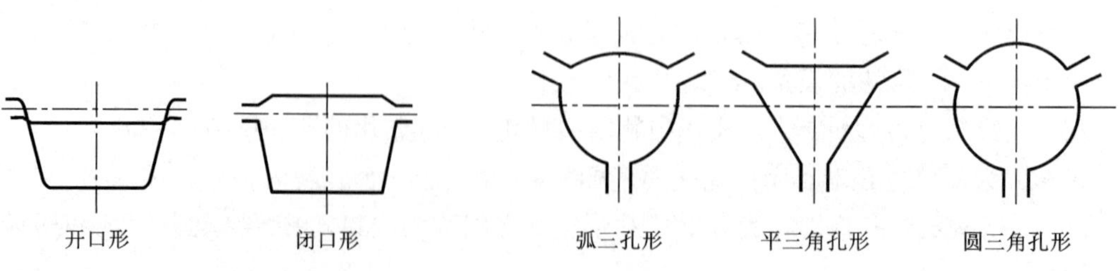

图 4－26　闭口孔形与开口孔形

图 4－27　三辊“Y”形轧机常见孔形的种类

表4-26　常用的孔形系及特点

	矩形孔形	菱形孔形	弧菱形孔形	方形孔形	椭圆孔形	圆形孔形
图示	扁箱孔形　近方箱孔形	菱孔形	弧菱孔形	方孔形	椭圆孔形	圆孔形
特点	又称箱形孔形，由于存在侧壁斜度，实际上是呈六角形的： ①轧槽浅，能保证轧辊强度，轧制时允许有较大的压下量，通常轧件的道次压缩率可达50%～60%； ②在同一孔形中需调整上轧辊便能轧出断面尺寸不同的轧机，延伸系数可在较大范围内变动； ③在轧机宽度上变形较均匀； ④孔形侧壁有较大的斜度，可允许较多的重车次数； ⑤延伸矩形孔形的凹下部分，可避免在下一道轧制中产生耳子	由直线围成的开口式孔形，长对角处于水平位置并与轧辊分离线相重合，短对角线垂直于轧辊的中心线： ①在同一个孔形中轧制两次，便得到近似方形的不规则八角形制品； ②调节辊缝大小就得到许多尺寸不同的方坯； ③孔形的顶角可夹持轧件，稳定性较好； ④与面积相等的其他孔形相比，其轧槽凹入深度大，降低了轧辊速度，限制了轧件的道次压下量，一般道次压缩率为15%～25%，最大不超过30%； ⑤由于菱角处冷却较快，轧件冷却不均匀，将引起应力集中或产生局部裂纹	又称箭形孔形，菱形孔形的直边被以菱形孔形的长对角线为半径所作的圆弧来代替，与菱形孔形相比有以下特点： ①在轧辊直径相同的情况下，弧菱形孔形可轧出断面积比菱形孔形较大的轧件； ②同时除了具有菱形孔形的缺点外，还由于其长短轴线之比要比菱形的小些，导致轧出的轧件翻转后很不稳定	这是水平对角线与轧辊分离线相重合的方形断面孔形： ①不能自成一组孔形系统，因为轧件由大的孔形进入到下一道较小的孔形中没有宽展的余地； ②轧件在方形与其他孔形组成的孔形系统中轧制时变形都不均匀，易使轧件产生内应力而破裂； ③轧槽较深，会降低轧辊强度，其压缩率一般为30%～50%，最大达50%	①轧槽较浅，保证了轧辊的强度； ②轧件的道次压缩率较大，一般可达55%； ③轧件的冷却较均匀，不易产生裂纹； ④方形轧件进入椭圆孔形中比较稳定，可采用围盘，但方轧件在椭圆孔形中变形不均匀	①由于没有菱形角，故轧件冷却均匀； ②对过充满十分敏感； ③轧件不能采取大道次的压缩量，一般控制在7%～12%
用途	主要用在粗轧机的头几道开坯，以及轧制大型和中型断面的型辊	通常可作为轧制尺寸准确的方形轧辊的预精轧孔形，也可轧制六角型材以及铜排的方坯	在有色金属轧制中弧菱形孔形仅应用于轧制低塑形金属的型辊	一般用于轧制塑形较好的金属及合金。通常组成椭圆－方形孔形系统，轧制下截面盘条、圆坯以及方坯。轧制方坯时可以作精轧孔形，而轧制圆轧件时可做预精轧孔形	可用作圆形轧件的预精轧孔形。常组成椭圆－方孔形系或椭圆－圆孔形系作为中轧孔形	通常只用作圆轧件的精轧孔形，也可作为中轧孔形

4.5.5 铜银接触导线

1. 铜银接触导线产品及应用要求

铜银合金接触线是为了改善纯铜接触线高温耐软化强度不足而开发的一种线缆，相对纯铜接触线，其导电性好，载流量有了很大改善。铜银合金接触线包含铜银和铜锡银两种。早在20世纪80年代初，德国便研制成功铜银合金接触线，并应用在Re－250型接触网络中，所服务的电力机车速度达到250 km/h。而我国也在90年代中期顺利开发出了能够满足铁路正常运转的铜锡银合金和铜银合金，并且他们的力学性能不亚于德国制造的铜银合金线，唯一需要改进的是进一步提升合金线的平滑度，使得受电弓和接触导线时刻保持闭合状态，以保证稳定的电力供应。

铜银合金接触线中的银是属于固溶性的合金元素，具有固溶度低、熔点高、硬度高等特点，将银引入铜基体后形成固溶体从而使基体材料得到强化，但这将导致铜基材料的导电率不同程度的降低。研究表明：银元素对铜的导电率影响不大，而且具有较好的加工性能与耐热性。与纯铜接触线相比，铜锡银接触线的抗高温软化温度提高到320℃之上，且材料的抗拉强度因为银锡的添加也得到加强。因此，铜银合金接触线被广泛应用于各国的电气化铁路接触线材料中。但是，银锡对接触线的强化效果不明显，因此，不能用于中、高速电气化铁路。该合金接触线国内制备已较为成熟，这种接触线在国内现有的电气化铁路中使用较多。近年来国内新建和新改造的电气化铁路上多使用此类接触线。因其中的银属于贵金属，铜银合金接触线不得不面对造价太高的问题。铜银接触导线应用要求见表4－27。

表4－27 铜银接触导线应用要求

铜银 CTA	标称截面 /mm²	拉断力，最小值 /kN	高温残存拉断力，最小值/kN	伸长率，最小值 /%	扭转圈数（至断开）最小值	反复弯曲（至断开）		电阻率(20℃) /(Ω·nmm²·m⁻¹) 最大值
						弯曲半径 /mm	次数最小值	
CTA85	85	32.25	28.25	3.0	5	30	4	0.01777
CTA110	110	39.96	34.96	3.0	5	30	4	
CTA120	120	43.56	38.12	3.0	5	30	4	
CTA150	150	54.36	47.56	3.0	5	30	4	

2. 铜银接触导线生产工艺

铜银接触导线的生产工艺主要采用上引连铸—冷轧法与连铸连轧—连续拉拔法，其中连铸连轧—连续拉拔法生产最为居多，连铸坯由连轧机轧成ϕ20 mm杆坯，用3%～5%酒精高压水去除氧化，然后经涂蜡保护，最后通过冷拔加工方法制出成品。铜银合金杆生产工艺流程：（电解铜＋银）→竖炉熔炼→流槽→保温炉→流槽→中间包→连铸机→铸锭预处理设备→连轧机→表面喷涂保护层→ϕ20 mm铜银合金杆。

连铸连轧法—连续拉拔产品有以下特点：

①铸坯在再结晶温度以上，经过多道次轧制加工，组织呈细小均匀的等轴晶组织，晶粒直径可达到0.01 mm以下，组织致密。连铸连轧杆综合性能高，有利于后续加工。

②铸坯组织为热加工组织、塑性好，易进行冷加工成形，成品不易产生裂纹、塑性变形大，由 1600 mm^2 加工成 120 mm^2 等，变形率达 92.5%。

③产品基本没有残余应力，线杆平直度好，金相组织细小均匀，无缺陷，耐磨性好，耐腐蚀性好，安全系数高，使用寿命长。

生产铜银合金杆用原料为符合 GB/T 467—2010 的 1 号高纯阴极铜及银 0.08% ~0.12%（质量分数）；熔炼温度为 1130 ±8℃；浇注温度为 1115 ±5℃（在此温度条件下铜银合金 CuAg0.1% 具有很好的流动性、铸造性，可以获得良好的铸造组织和铸坯质量），浇铸速度为 900 rpm；铸坯进轧温度为 820 ±10℃，出轧温度为 580 ±10%（在此温度下进行轧制可以获得良好的热加工性能和组织性能，内部组织结构致密、均匀），轧制速度为 0.8 ~0.9 m/s。

3. 铜银接触导线生产设备

(1) 连铸连轧

铜银接触线连铸连轧生产设备与低氧铜杆连铸连轧的生产设备相同(参见 4.3.4 章节)。

(2) 连续拉拔

铜及铜合金线材的生产大多是在室温下拉制而成的，属于冷变形。在室温下拉制时，材料会发生加工硬化。拉制过程如图 4 –28 所示，工件穿过具有喇叭形模孔的模子，在出口侧施加拉力，将工件拉过模子，使其发生截面积减小、长度增大的塑性变形。

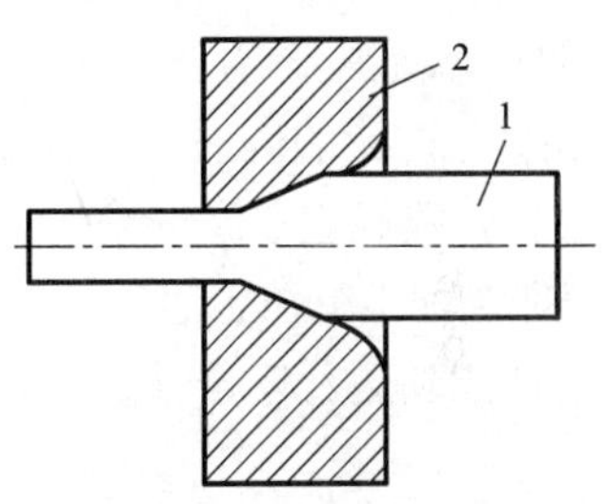

图 4 –28　铜合金拉拔示意图

1—拉制杆；2—模具

铜合金接触线的成形是采用四模连续拉伸的巨拉机组连续拉制成形。这一工序是控制接触线成品尺寸、角度、表面质量以及其他各项性能的关键。主要对模具精度、拉伸速度、收线张力等进行有效的控制和调整。同时对成品进行在线探伤，以确保项目产品的高质量、零缺陷。四模连续拉伸克服了常规单道拉制的缺陷，如不能实现连续不间断的生产、拉拔至下一道次时须频繁地更换模具、生产效率低下。而四模连续拉伸能够实现进杆到出杆一次成形拉制过程中无需更换模具，而且能够实现不间断的连续生产，从而在提高了生产效率的同时降低了生产成本，可以适应大规模的批量供货。

4.5.6　铜锡接触导线

1. 铜锡接触导线产品及应用要求

铜锡合金接触线中锡是 Cu –Sn 固溶性的合金元素，锡的加入对提高材料的强度和耐磨性具有非常好的效果，但会不同程度降低合金的导电率，这一点与银相似。同等合金含量的 Cu –Sn 合金接触线的使用寿命是铜银合金接触线的 1.2 倍，Cu –Sn 合金的导电率与抗拉强度见表 4 –28。目前，我国采用 SCR 连铸连轧 + 拉拔工艺生产的铜锡合金接触线已经较为成熟，并得到业界的认可。Cu –Sn 合金接触线良好的性能优势将有在高速电气化铁路建设中大批量使用的趋势。就其综合性能看，Cu –Sn 合金是一种良好的接触线材料，还可以通过某些工艺手段来优化各种物理性能，例如：添加变质剂，改变加工工艺来提高强度，降低电阻。日本是较早使用电气化铁路、并在合金化技术研究方面处于世界前沿的国家之一。在日本已经出现了多种高强铜锡接触线，用于速度 300 km/h 的多条新干线上，安全可靠，获得良好的运用业绩。

表 4-28　Cu-Sn 合金的导电率与抗拉强度

Cu-Sn 合金	电阻率 /(Ω·mm²·m⁻¹)	导电率/% IACS	抗拉强度 /MPa	120 mm² 拉断力/kN	备注
Cu-Sn0.2	—	—	420	48.9	标准值
Cu-Sn0.3	0.021026	82	439	52.4	实测值
Cu-Sn0.4	—	—	450	51.8	标准值
Cu-Sn 高强 1	0.022104	78	480	52.4	实测值
Cu-Sn 高强 2	0.022686	76	468	—	实测值

日本在使用铜锡接触线方面积累了丰富的经验。1992 年日本开发出了 GT-SN 型特种铜锡接触线，测试结果表明：新型铜锡接触导线在与普通铜锡接触导线具有同一水平的电导或者耐疲劳性能的同时，具有更高的强度、耐高温强度、延展性以及耐磨性，以此来适应日本电气化铁路高速、高寿命的要求。该新型接触线增加了锡元素含量，并在合金成分的设计、管理及加工方法上进行了改进。经过使用证明，在 300 km/h 的高速铁路运行中具有良好的集电性能和运行安全性。铜锡接触导线应用要求见表 4-29。

表 4-29　铜锡接触导线应用要求

铜锡 CTS	标称截面 /mm²	拉断力，最小值 /kN	高温残存拉断力，最小值 /kN	伸长率拉，最小值 /%	扭转圈数（至断开）最小值	反复弯曲（至断开）		电阻率(20℃)，最大值 /(Ω·nmm²·m⁻¹)
						弯曲半径 /mm	次数 最小值	
CTS110	110	47.73	42.96	3.0	5	30	4	
CTS120	120	50.82	45.74	3.0	5	30	4	0.02395
CTS150	150	63.42	57.08	3.0	5	30	4	

2. 铜锡接触导线生产工艺

铜锡接触导线生产工艺与铜银接触导线生产工艺相近，主要采用上引连铸—冷轧法和连铸连轧—连续拉拔法，且以连铸连轧—连续拉拔法居多。

3. 铜锡接触导线生产设备

生产设备分别参见纯铜与铜银接触导线生产设备。

4.5.7　铜镁接触导线

1. 铜镁接触导线产品及应用要求

铜镁接触线由德国首先研制成功，具有强度高（达 500 MPa）的优点。它是能满足列车高速行驶要求的接触线，主要应用在高速铁路线上。德国在开发时速达 330 km 的 Re-330 型接触网中研制的铜镁-120 接触线已能够成熟运用。但是这种接触线的导电性不够好，导电率只有 62.1% IACS。

目前，铜镁接触线据报导的主要有镁质量 0.4%、0.5% 和 0.6% 三种，镁的含量越高强度越高，但导电率降低。由于镁是强氧化元素，熔点低（650℃），密度小（1.74 g/cm³），无法采用连铸（热）连轧方法生产铜镁合金杆坯。因为在连铸生产过程中铜液中的氧含量在

0.0200% 以上，镁即使加入其中，也很快被氧化，损失殆尽，氧化形成的渣也无法清理。因此，只能采用与空气隔绝的水平连铸或上引连铸连续挤压方法生产 Cu - Mg 合金杆坯，再经冷加工制成接触线。这两种方式生产接触线的优点是含氧量为无氧铜级，品质纯净，金属组织晶粒细小。由此表现为接触线的强度高、韧性好、性能均匀性好，平直度好、有利于提高机车取流质量。铜镁及高强铜镁接触导线应用要求见表 4 - 30。

表 4 - 30　铜镁及高强铜镁接触导线应用要求

铜镁 CTM(H)	标称截面 /mm^2	拉断力，最小值 /kN	高温残存拉断力，最小值/kN	伸长率，最小值 /%	扭转圈数(至断开)最小值	反复弯曲(至断开)		电阻率(20℃)，最大值 /($\Omega\cdot nmm^2\cdot m^{-1}$)
						弯曲半径 /mm	次数最小值	
CTM110	110	48.84	43.96	3.0	5	30	4	0.02240
CTM120	120	52.03	46.83	3.0	5	30	4	
CTM150	150	63.42	57.08	3.0	5	30	4	
CTMH110	110	55.50	49.95	3.0	5	30	4	0.02778
CTMH120	120	59.29	53.36	3.0	5	30	4	
CTMH150	150	70.97	63.87	3.0	5	30	4	

铜镁接触线以镁为固溶性合金元素，镁性质很活泼，合金难以熔炼和铸造。在 Cu - Mg 合金的熔炼、加工和成形过程中，对装备技术水平要求是非常高的。在铜镁接触线生产中，镁含量的控制是极其重要的环节。如果镁含量过高，会使铜镁合金接触线铸造质量和冷加工的可能性降低；而如果镁含量过低，则使接触线的强度达不到所需强度要求。目前，制约铜镁合金接触线大规模连续化生产的难点在于其对加工工艺要求极为苛刻，在生产过程中容易出现波浪弯现象，使产品报废。随着连续挤压技术的不断发展，镁含量为 0.4% 的铜镁接触导线生产工艺逐渐转向连续挤压技术，采用工艺为：连铸(水平或上引)→连续挤压→连续拉伸。我国目前主要采用的生产工艺为：采用与空气隔绝的水平连铸或上引连铸—连续挤压方法生产铜镁合金杆坯，再经冷加工制成接触线。

2. 铜镁接触导线生产工艺

铜镁合金接触导线采用上引连铸—连续挤压—拉拔法生产工艺，是采用 ϕ16 mm 的上引铜镁合金线坯，经连续挤压扩张模加工成 ϕ22/ϕ24 mm 的杆坯，再经过轧制或冷拔成形，制成接触线。

该工艺的优点是坯料无需加热，实现无间断的连续生产，变形金属受力状态好，组织致密。同种直径的杆坯既可以生产更小截面的产品，又可以通过扩张模生产比杆坯截面还大的产品，从而满足不同线径产品的需要。其缺点是生产率低，不适合供货量大、大规模连续生产；增加了挤压生产工序，提高了接触线的生产成本。

3. 铜镁接触导线生产设备

(1)连续挤压设备

连续挤压机主要由 4 大部件构成：

①第一个部件是轮缘设有凹形沟槽的挤压轮，它由驱动轴带动旋转。

②第二个部件是挤压靴，它是固定的，与挤压轮相接触的部分为一个弓形的槽封块，该槽封块与挤压轮的包角一般为90°，起到封闭挤压轮凹形沟槽的作用，构成一个方形的挤压型腔，相当于常规挤压筒。不过这一方形挤压筒的三面为旋转挤压轮凹槽的槽壁，第四面才是固定的槽封块。

③第三个部件是固定在挤压型腔出口端的堵头，其作用是在把挤压型腔出口端封住，迫使金属只能从挤压模孔流出。

④第四个部件是挤压模，它或安装在堵头上，实行切向挤压，或安装在靴块上实行径向挤压。当从挤压型腔的入口端连续喂入挤压坯料时，由于它的三面是向前运动的可动边，在摩擦力的作用下，轮槽咬着坯料，并牵引着金属向模孔移动，当咬合长度足够长时，摩擦力的作用足以在模孔附近产生很大的挤压应力，迫使金属从模孔流出。可见连续挤压原理上十分巧妙地利用了挤压轮凹槽槽壁与坯料之间的机械摩擦作用作为挤压力，而且只要挤压型腔的入口端能连续地喂入坯料，便可达到连续挤压出无限长制品的目的。挤压轮在摩擦力作用下咬合挤压杆。

（2）连续挤压特点

根据上述原理以及通过与传统的常规挤压的对比可以总结出连续挤压法具有以下的工艺特点：

①由于挤压型腔与坯料间的机械摩擦大部分得到有效利用，因此仅挤压过程本身的能耗就可比常规挤压降低30%以上，因为常规挤压过程中30%以上的能量消耗于克服挤压筒壁上的有害摩擦。

②上述机械摩擦作用不仅为连续挤压提供所须的挤压力，而且由于摩擦生热，加上塑性变形热，二者的共同作用可使挤压坯料的温度达到很高的值。例如可使室温下喂入的铝及铝合金坯料在模孔附近的温度高达400～500℃，铜及铜合金坯料的温度高达500℃或更高些。连续挤压过程摩擦热和变形热的共同作用，可使铜材挤压前无须预热，直接喂入冷坯而挤压出热态的制品。因此对铜及铜合金的连续挤压可以省去坯料加热装置，大大降低电耗，据估计，这比常规挤压可节省3/4左右的热电费用。

③连续挤压法只要连续喂料，便可连续挤压出长度达数千米，乃至万米的成卷制品，如薄壁铝及铝合金的盘管。这不仅大大缩短了工序和减少了非生产时间，提高了劳动生产率，而且由于无挤压压余，切头切尾量很少，因而材料的利用率也很高，一般可高达95%～98.5%。此外，由于挤压过程稳定，制品的组织性能的均匀性也好。

④连续挤压坯料的适应性很强。它既可以用实心盘杆作坯料，也可以使用金属颗粒或粉末为坯料直接挤压成材。

⑤设备紧凑、轻型化、占地小，设备造价及基建费用较低。连续挤压技术在铝、铜等有色金属加工和电线电缆行业上的成功应用，是挤压技术上的一项重大的革新和一个很大的技术进步，是一种很有发展潜力的金属成形技术。关于轮靴式连续挤压的经济效果，与传统生产工艺比较，在产能基本相同的情况下，设备费用减少约60%，产品设备投资减少约50%，产品的挤压费用也减少了50%以上。对生产成本起决定作用的因素之一是维修费，主要是连续挤压设备的腔体、模具等成形部件，由于磨损较大须定期对其进行更换，如果寿命偏低即将增加维修成本。因此如何改善金属的流动，从而减少成形部件的磨损，提高其机械寿命成为一个迫切需要解决的问题。

4.5.8　铜包钢接触导线

1. 铜包钢接触导线产品

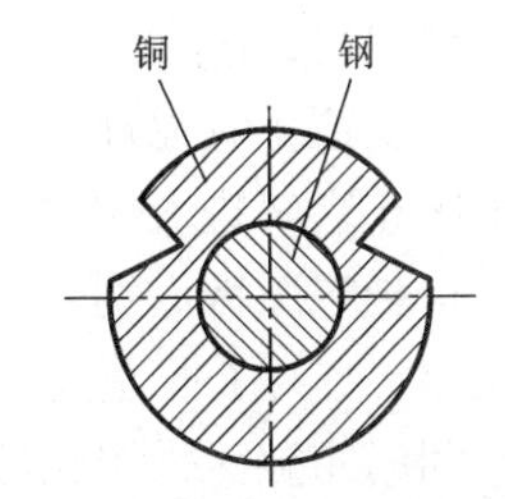

图4-29　铜包钢接触线示意图

铜包钢接触线是利用包覆技术，在钢线外包覆紫铜而制备成的一种高强度、高导电性、耐软化、耐磨损的异型线材。相对铝包钢接触线而言，铜包钢强度和导电率都高，但是在小截面时优势不明显，而大截面接触线密度大，使加大悬挂张力以提高波动传播速度的效果受到了限制。铜包钢接触线的加工较为困难，成形工艺较为复杂，对技术要求很高，成本很高，对它的大范围应用的条件还不够成熟。目前仅日本在其铁路线上应用此类接触线。国内，随着连续挤压技术的不断发展，开展了大量采用包覆挤压技术制备铜包钢接触导线的研究与开发。图4-29为铜包钢接触线示意图。

2. 铜包钢接触导线生产工艺

铜包钢接触导线是复合线材，铜包钢线材的生产方法主要有铸造热压法、电镀法、浸镀上引法以及连续挤压包覆法等。由于铸造热压法工艺落后，设备投资大，材料利用率低，成本高，尤其是产品的长度有限，已处于被淘汰的地位。电镀法是采用牵引方式使钢丝通过电镀槽，在钢丝表面镀上规定厚度的铜镀层形成铜包钢线。工艺流程为：钢丝校直拉伸→酸洗→清洗→多次通过电解槽进行电镀铜→清洗→拉丝。为取得厚包覆铜层，须反复进行电镀—拉伸，使镀层结合紧密。这种生产方法为冷加工，设备体积小，投资少，产品长度较长，但只能生产薄层铜包钢细线，难达到大截面火车接触线的要求，并且还会造成环境污染。因此铜包钢接触导线主要采用除采用浸镀上引法和连续挤压技术外的包覆挤压法生产。

日本在2005年研制开发出的JGTCS120和JGTCSD120铜钢芯复合导线，主要是通过浸涂完成铜钢之间的复合。其相对抗拉强度和导电率分别达到490 MPa、650 MPa和81%IACS，61%IACS，目前这两种复合线已在速度300 $km \cdot h^{-1}$的铁路线上正式运行多年，实际服役表现很不错。我国在浸涂制造高纯铜杆方面的技术是非常成熟的，有相关的先进设备和成熟的生产工艺。然而研发拓宽接触线的种类，采用浸涂法制备铜质钢芯复合导线，目前仅有初步的探索，后续仍要在设备改进、工艺改善上下功夫。

近年来，随着连续挤压技术的不断发展，采用连续挤压包覆法生产铜包钢接触线坯的技术也越来越成熟。连续挤压的基本原理是利用摩擦力作为动力进行挤压。在连续挤压工艺方法的基础上，将靴座置于挤压轮的上部，允许芯线穿过型腔，从而使金属直接或间接地包覆在芯线上，与芯线同时从模口挤出，形成包覆产品。金属处于热塑性三向压应力状态，组织致密，缺陷少，依靠模具成形，尺寸精度高。

3. 铜包钢接触导线生产设备

(1)连续包覆挤压

1)连续包覆挤压原理及特点

连续包覆(continuous cladding)技术是20世纪80年代在连续挤压原理的基础上发展而成的一项新技术。其新颖之处是将模腔置于挤压轮的上方，作为芯线的材料从模腔中穿过，而包覆材料以杆料的形式送入挤压轮的轮槽内，随挤压轮的转动，包覆材料在槽壁摩擦力的作用下被拽引到模腔内，在摩擦力产生的高压和高温作用下，包覆材料通过挤压成形而包覆在芯线外表，形成双金属包覆材，它的出现使双金属包覆材生产技术发生了重大变革。其原理图见图4－30。

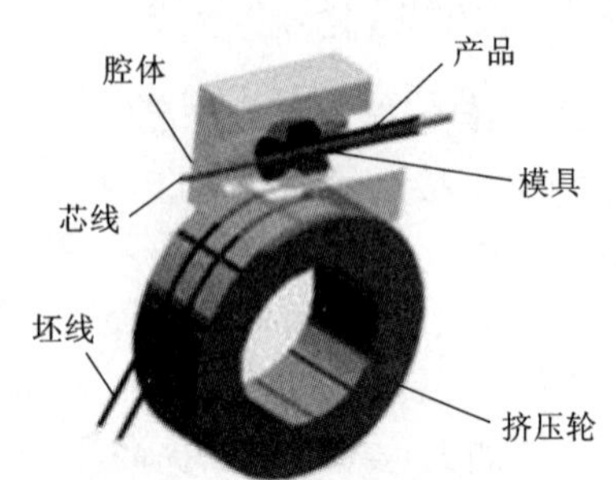

图4－30　连续包覆原理图

为了防止空气进入铜层和钢芯之间，所以要使用惰性气体保护包覆区。铜层较软而钢芯硬度较高，变形能力相差大，为了防止变形不均匀，应尽量减少线材和模具间的摩擦。采用包覆法生产铜包钢线材具有同心度好，产量高的优点。但这种方法采用无氧铜带生产，成本高，加工费用昂贵，而且铜与钢芯的结合力不强。目前国内的生产厂家对此方法进行了改进，研制了连续挤压包覆法，得到均匀厚度、无露点、无焊缝的铜包覆层，但工艺较复杂。

当金属被直接挤压包覆在芯线上时，称为直接包覆。铜包钢的生产就是采用直接包覆工艺，其具有如下优越性：包覆挤压层厚度可在较大范围内任意调节，一般允许铜占总截面的13%～86.7%；产品断面可以设计成复杂形状，特别适合具有复杂截面的铜包钢接触线的生产；包覆层厚度均匀，无露点，无焊缝。

2)包覆挤压生产线(见图4－31)

钢丝和铜杆经预处理后，进入连续挤压包覆机中完成包覆成形过程。在挤压包覆过程中，下面的几个工艺问题非常重要：

①铜变形温度。铜在750～900℃时的塑性最好，因此，在此温度范围内既能使铜易于成形，又能减小变形力。为了保证在型腔中达到这一温度，就要设计合适的有效摩擦长度。

②挤压轮转速。挤压轮转速决定着包覆速度，即生产速度。但转速过高会增加不均匀变形程度和变形热量，从而降低模具寿命。

③钢丝预热温度。钢丝预热可以防止型腔中铜的温降太快而增加挤压扭矩。如果预热温度过高，会使钢丝组织发生转变而降低强度。

④模具强度。铜在变形时温度很高，变形抗力也很大，并且挤压包覆过程是连续进行的，模具冷却比较困难，因此，对模具的高温强度提出了很高的要求。能保证生产合格而又耐用的模具是成功的关键，也是需要重点研究解决的问题。

铜镁接触导线与铜包钢接触导线采用连续挤压法生产，铜包钢等复合接触导线还大量采用热浸镀上引法进行制备。

(2)浸镀上引

1)浸镀原理及设备

热浸镀法生产铜包钢线材的生产工艺是利用热浸镀原理，将金属线材浸入到熔融的铜液中，从而在金属表面获得铜镀层。芯线首先要通过扒皮模处理，主要是去除氧化皮外皮，随后进入保温炉进行升温保温，再通过真空室(这个真空地带一直延续到熔槽的底部)，进入盛有熔融铜液的熔槽实施浸镀，浸镀后的坯线将进入熔槽上方的冷却塔冷却，最后进入热轧机组轧制成线，参见图4－32。

2)浸镀上引的特点

热浸镀上引法可生产高质量的无氧铜镀层钢线材及铜合金镀层钢线材，铜层和钢芯间界

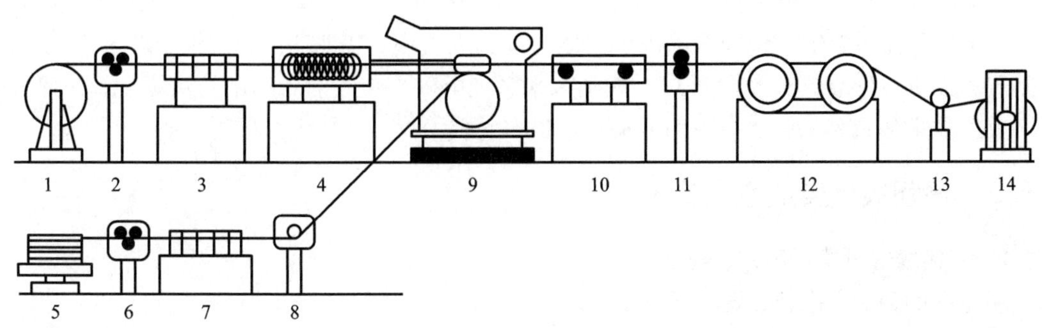

图4-31　铜包钢接触线连续挤压包覆生产线示意图

1—张力放线；2—钢丝校直；3—钢丝清洗；4—钢丝预热；5—钢杆放线；6—铜杆校直；7—铜杆洗；8—导向架；9—挤压包覆机；10—产品冷却；11—计米装置；12—牵引装置；13、14—收排线机

面结合强度高，可塑性良好，生产的铜包钢线材的铜附着比范围较大，产品长度不限。另外，此工艺无污染、无公害、成本低、有利于大规模生产。因此，目前成为铜包钢线材制造中比较先进和具有良好发展前景的工艺。此方法生产的铜包钢线材已被广泛应用于接触线（电车线）电极引线、接地棒、电气装备用电缆等。但这种方法生产的铜包钢线工艺复杂，设备庞大，技术难度较大，并且一次浸镀的铜层太薄，还要进行第二次、第三次浸镀，生产效率较低。又由于上引铜的组织是铸态组织，必须有较大的拉拔变形以保证导线的性能。

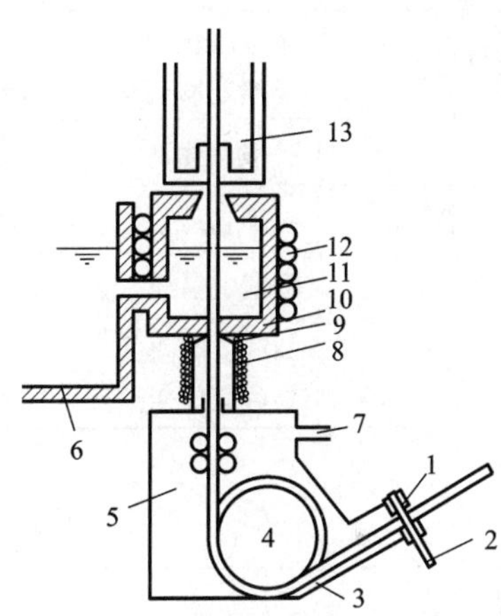

图4-32　热浸镀法生产示意图

1—剥皮模；2—冷却装置；3—钢芯；4—牵引轮；5—夹送轮；6—保温炉；7—惰性气体入口；8—感应加热器；9—插入嘴；10—熔槽；11—感应加热器；12—铜液；13—包覆线

4.6　漆包线

4.6.1　漆包线简介

漆包线是绕组线的一个主要品种，由裸线经退火软化后经过多次涂漆、烘焙而成，如图4-33。漆包线是电机、电器、电讯、电子仪表电磁绕组的主要、关键原料。

图4-33　漆包线

随着我国加入WTO，国内工业电器、家用电器、电讯、电子产品等迅速发展，给漆包线带来了广阔应用领域及市场。目前，我国已成为世界漆包线制造中心和加工基地，是世界漆包线生产和销售第一大国，漆包线生产量在近20多年时间内，以每年超过10%的速度递增，

预计到2015年将提高50%左右，达到160万t/a。然而，由于国内在工艺、技术和设备方面与国际上的差距，微细漆包线在国内生产能力远远无法满足需求，仅有大约30%的用量由国内制造商满足，其余70%依靠进口。我国未来微细电磁漆包线需求的增长量可观，一部分来源于市场需求的自然增长，另一部分来自于进口替代。

4.6.2 漆包线分类及性能要求

1. 漆包线的分类、用途、规格

漆包线的分类、用途、规格分别列于表4－31、表4－32、表4－33。

表4－31 漆包线分类

分类依据	种类
绝缘材料	缩醛漆包线、聚酯漆包线、改性聚酯漆包线、聚氨酯漆包线、聚酯亚胺漆包线、聚酯亚胺漆包线、聚酰胺酰亚胺漆包线、聚酰亚胺漆包线等
用途	一般用途的漆包线、耐热漆包线、特殊用途漆包线
导体材料	铜漆包线、铝漆包线、合金漆包线
形状	圆线、扁线、空心线
绝缘厚度	圆线：薄漆膜－1、厚漆膜－2、加厚漆膜－3 扁线：普通漆膜－1、加厚漆膜－2

表4－32 漆包线用途

种类	热级	特点	用途
聚酯及改性聚酯漆包线	普通：B 改性：F	机械强度高，良好的弹性、附着性、电气性能和耐溶剂性能，耐热冲击性能差，耐潮性能低，约占我国漆包线产量的2/3	各种电机、电器、仪表、电讯器材及家电产品
缩醛漆包线	A/E	良好的机械强度、附着性、耐变压器油及耐冷媒性能，耐潮性能差，热软化击穿温度低，耐用苯－醇混合溶剂性能弱	油浸变压器、充油电机绕组
聚氨酯漆包线	B/F/H/C	直焊性，耐高频性能性好、易着色、耐潮性能好，机械强度稍差，耐热性能不高，且生产大规格线的柔韧性和附着性较差，以中小及微细线为多	电子家电和精密仪器、电讯、仪表
聚酯亚胺/聚酰胺复合漆包线	H	耐热冲击性能好，耐软化击穿温度高，机械强度优良，耐溶剂及耐冷冻剂性能较好，在封闭条件下易水解	耐热要求高的电机、电器、仪表、电动工具电力干式压器等
聚酯亚胺/聚酰胺酰亚胺复合层漆包线	C	耐热性高，耐冷冻剂、严寒、辐射，机械强度高，电气性能稳定，耐化学性能好，耐冷冻剂性能好，超负荷能力强	冰箱压缩机，空调压缩机，电动工具，防爆电动机，高温、高寒、耐辐射、超负荷等条件下使用的电机、电器

注：Y－90℃，A－105℃，E－120℃，B－130℃，F－155℃，H－180℃，C >180℃

表 4-33　漆包线国标线规与英、美线规对照表

中国(C. W. G)		英规(S. W. G)		美规(S. W. G)		中国(C. W. G)		英规(S. W. G)		美规(S. W. G)	
线径/mm	截面/mm²	线号	线径/mm	线号	线径/mm	线径/mm	截面/mm²	线号	线径/mm	线号	线径/mm
0.05	0.002	48	0.0406	44	0.0502	0.8	0.5	21	0.813	20	0.812
0.056	0.0025	47	0.0508	43	0.0564	0.9	0.63	20	0.914	19	0.912
0.063	0.0032	46	0.061	42	0.0633	1	0.8	19	1.016	18	1.024
0.071	0.004	45	0.0711	41	0.0711	1.12	1	18	1.219	17	1.15
0.08	0.005	44	0.0813	40	0.0787	1.25	1.25	—	—	16	1.291
0.09	0.0063	43	0.0914	39	0.0889	1.4	1.6	17	1.422	15	1.45
0.1	0.008	42	0.102	38	0.101	1.6	2	16	1.626	14	1.628
0.112	0.01	41	0.112	37	0.113	1.8	2.5	15	1.829	13	1.828
0.125	0.012	40	0.122	36	0.127	2	3.15	14	2.032	12	2.053
0.14	0.016	39	0.132	35	0.143	2.24	4	13	2.337	11	2.305
0.16	0.02	38	0.152	34	0.16	2.5	5	12	2.642	10	2.588
0.18	0.025	36	0.193	33	0.18	2.8	6.3	11	2.946	9	2.906
0.2	0.033	35	0.213	32	0.202	3.15	8	10	3.251	8	3.264
0.224	0.04	34	0.234	31	0.227	3.55	10	9	3.658	7	3.665
0.25	0.05	33	0.254	30	0.255	4	12.5	8	4.064	6	4.115
0.28	0.063	32	0.274	29	0.286	4.5	16	7	4.47	5	4.621
0.315	0.08	30	0.315	28	0.321	5	20	6	4.877	4	5.189
0.355	0.1	29	0.345	27	0.361	5.6	25	4	5.893	3	5.827
0.4	0.125	27	0.417	26	0.405	6.3	31.5	3	6.401	2	6.544
0.45	0.16	26	0.457	25	0.455	7.1	40	2	7.01	1	7.348
0.5	0.2	25	0.508	24	0.511	8	50	1/0	8.23	1/0	8.251
0.56	0.25	24	0.559	23	0.573	9	63	2/0	8.839	2/0	9.266
0.63	0.315	23	0.61	22	0.644	10	80	3/0	10.16	3/0	10.4
0.71	0.4	22	0.712	21	0.723	11.2	100	4/0	10.97	4/0	11.68

2. 漆包线的性能要求

漆包线的性能要求主要包括如下方面：

①外观：外观光洁、色泽均匀，无粒子、氧化、发毛、阴阳面、黑斑点、脱漆等缺陷，平整紧密地绕在线盘上，不压线，收放自如。外观的影响因素包括原材料、设备、工艺、环境等；

②尺寸：包括漆包线外径 D(导体涂上一层绝缘漆膜后所测得的直径)、导体直径 d(金属导体直径)、导体偏差 Δd(导体直径实测值与标称值之差)、导体不圆度 f(导体每个截面上测量的最大读数和最小读数的最大差值)、漆膜厚度 t(外径 D 与导体直径 d 之差)；

③性能：包括机械性能、热性能、电性能和化学性能等，列于表 4-34。

表 4-34 漆包线机械性能、热性能、电性能和化学性能

类别	性能	说明	标准
机械性能	伸长率、抗张强度	强度、延展性	GB/T 4074.3—2008
	回弹性	柔软度	
	附着性及柔韧性	经受拉伸、卷绕、弯曲、扭绞等外作用力时，绝缘层不发生开裂或失去附着力的能力	
	耐刮	漆膜抗机械刮伤的能力	
	热黏合	线圈绕组在热作用下黏合在一起的能力	
热性能	热冲击	绝缘层在机械应力作用下对热的承受能力	GB/T 4074.6—2008
	软化击穿	绝缘层分解的温度	
	温度指数	—	
	失重	固化度	
电性能	电阻	产品电阻	GB/T 4074.5—2008
	击穿电压	漆膜承受电压负荷的能力	
	漆膜连续性(针孔实验)	单位长度产品上的针孔数	
	介质损耗因数 tgδ	单位长度电阻值	
	针孔试验	经盐水处理后，绝缘层的缺陷	
化学性能	耐溶剂	漆膜经溶剂处理后硬度变化	GB/T 4074.4—2008
	耐冷冻剂	漆膜在冷冻剂中的萃取物数量、击穿电压	
	直焊性	在焊锡缸中除去漆膜并镀上锡层所需时间	
	耐水解	试样置于高温和压力下的含水变压器油中，外观和附着性的变化	
	耐变压器油	试样置于高温和压力下的变压器油中，击穿电压和柔韧性变化	

4.6.3 漆包线生产工艺

漆包线生产基本工艺流程如图 4-34 所示，本书重点介绍其中主要工序。

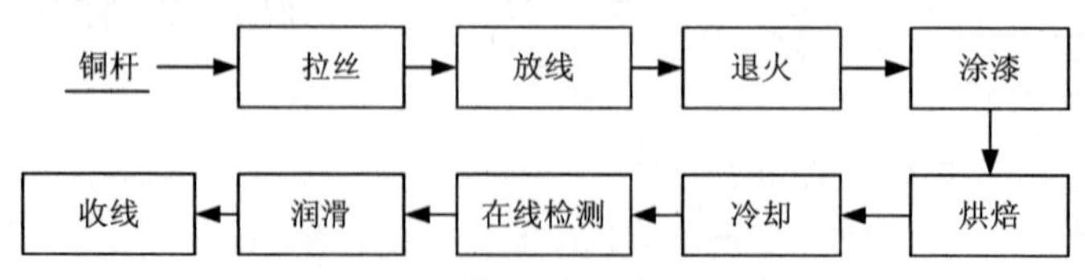

图 4-34 漆包线生产基本流程图

(1)拉丝

1)漆包线用铜杆选择

铜杆是漆包线的核心材料之一，其质量对漆包线质量的影响程度超过 60%，主要表现在

以下几个方面：

①断线率。断线是生产中最常出现、影响最大的问题。每次断线后均须重新装机、重新穿模，不但降低生产效率，产生大量废线，增加生产成本，还影响质量稳定性。在设备正常的情况下，拉制过程中的断线主要由铜杆引起，突出表现为夹杂(氧化铜、其他金属及其氧化物、非金属物质)、微观裂缝、氢脆等。

②粒子。粒子是漆包线生产最难解决的问题之一，且无法杜绝，如何避免大粒子、成串粒子出厂，保持漆包线质量的一致性，是生产厂家每年质量控制的重点项目。控制粒子，铜杆质量是关键因素，铜杆的铜粉量、毛刺都是产生粒子的主要因素。

因此，漆包线拉丝所用铜杆原料选择、表面质量控制等，对于最终漆包线产品质量具有举足轻重的作用，要求铜杆具有高的纯度、良好的机械性能，尤其是退火后特性。目前，漆包线用铜材为无氧铜杆和低氧铜杆并举，呈二分天下之势。

在无氧铜杆中，其杂质往往以固溶状态存在于铜基体中，提高了再结晶温度，使用这种铜杆拉制成铜线并制成的漆包线柔软度很差；另一方面，无氧铜杆一般采用上引法生产，含氧量在 10 ppm 以下，虽然由氧化物颗粒产生的断裂几率较小，然而其杂质无细化过程，由此引起的断线问题较低氧铜杆突出。

在低氧铜杆中，氧主要以 Cu_2O 的形式存在于基体中，Cu_2O 粒子增加了晶界界面，有利于杂质的偏析，从而降低了再结晶温度。此外，低氧铜杆采用连铸连轧工艺，在热轧过程中，铸造组织已经破碎，细小杂质颗粒可以细化到微米级别，处于这样尺寸的杂质可以细化晶粒，在制备 $\phi8$ mm 铜杆时已有再结晶的形式出现，具有较好的加工性能。因此，为了得到拉制性能相同的铜杆，无论铸造条件还是原材料杂质含量，无氧铜杆都比低氧铜杆要求苛刻得多。

使用低氧铜杆时，须对其含氧量进行严格控制。由图 4－35 可以看出，铜导体氧含量对断线率影响重大。经验数据表明，当氧含量控制在 200～400 ppm 范围内时，漆包线柔软度、回弹角、绕线性能优越，特别是生产 $\phi0.5$ mm 以上规格时，低氧铜杆具备明显优势。

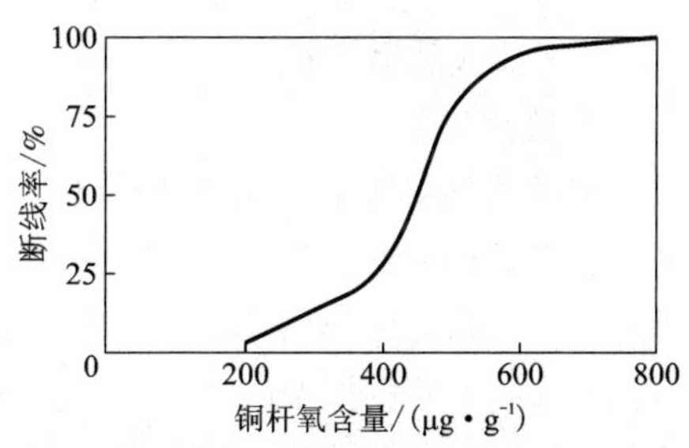

图 4－35　铜导体氧含量对漆包线断线率的影响

但是，无氧铜杆比低氧铜杆更易拉制 $\phi0.5$ mm 以下规格细丝，且无氧铜电阻率小，用于电机时发热量小，因此也获得了广泛应用。目前，在不考虑电性能的情况下，拉制直径大于 1 mm 的铜线时，低氧铜杆比较经济实惠，而要拉制直径小于 0.5 mm 的铜线时，无氧铜杆优越性明显。用户可根据自己的生产实际，综合考虑性能、价格、产品用途等因素进行选择。

2)铜杆表面质量控制

铜杆表面质量对漆包线性能有较大的影响，影响最大的是高压针孔。

而铜杆表面裂缝、杂质等，在拉制过程中不易清除，从而形成缺陷，增加形成高压针孔的几率。此外，表面质量对高温漆包线漆膜的附着性及热冲击性有较大影响。因此，铜杆及铜线表面质量的控制，对于生产高质量漆包线具有非常重要的意义。

目前，我国漆包线用铜杆基本为电解铜熔铸后轧制而成，须进行酸洗或者扒皮处理，纯度低、断头率高、工艺性能差。而奥地利MAG公司使用的高吨位、大长度无氧铜杆或低氧铜杆，采用连铸连轧工艺生产，导电率高、工艺性能好、断头率低，无需表面酸洗或扒皮处理，节省工序和人力，具有如下优点：含氧量低，无氧化层；影响拉制的杂质元素含量极少；铜杆内部组织结构均匀一致；铜杆表面比较光滑圆整；机械、物理性能稳定，断裂点大大减少；重量可达3~8 t/圈。

此外，可以通过扭绞使铜杆内部缺陷完全暴露，达到提前控制的目的。例如，检测扭绞后铜杆的铜粉含量，铜粉含量高将会直接导致第一道涂漆模堵模断线、形成成串粒子等。经过分等挑选，可以将铜杆的优劣做排查、排序，同时可以实时对拉丝生产工序进行调整。生产过程中一旦发现低等铜杆，立即停产调整，避免不良产品流到漆包工序，在很大程度上减少了漆包工序出现毛刺、空心的问题，从而减少了断线和粒子。

3）改善铜线适用性

随着绕线速度的提高，设备很容易擦伤线表面，影响漆包线的绝缘性。为减少嵌线过程中的损伤，要求漆包线对绕线装置具有很好的适用性，而漆包线的适用性很大程度上取决于铜杆的适用性。改善铜杆适用性，可以采取如下措施。

①控制预先变形度：当达到临界变形程度时，由于只有部分晶粒变形，变形极不均匀，再结晶晶粒相差悬殊，易互相吞并和长大，再结晶后晶粒特别粗大。这种状态下的铜杆，回弹角很小，漆包线的服帖性特别好，能很好满足自动高速绕线和嵌线的要求，适用性得到极大提高。

②调整导轮：在导线行进路径上尽可能减少导轮数量，对于行线弯角大的导轮，在空间允许的情况下应尽量大、尽量轻。

③改善半成品退火工艺：注重半成品退火工艺的改善，可使导线具备合适的延伸率及柔软性，保证成品适用性。

4）拉丝工艺

拉丝条件对断线率有明显影响，尤其是在铜杆质量较差的情况下。在实际生产中，要注意拉丝工艺的合理选择，中间退火半成品与用其拉制的成品规格之比应控制在1.5~3.5范围内为宜，如若想得到ϕ0.17~0.4 mm的铜线，可使用ϕ0.6 mm的软铜线为原料；另一方面，注重模具的选择及管理，提高拉丝过程的稳定性。如选择合适模具，与生产设备做到最佳配合；采用套模管理方式，整套使用、整套更换、定时维护，不同规格、不同的模具品种采取不同的吨位管理等，减少因为模具原因造成的断线及对铜杆的不良影响。

（2）放线

放线过程的关键是控制张力。放线张力过大，不仅导致铜线拉细，表面失去光亮，且涂制出的漆包线光泽差，伸长率、回弹性、柔韧性、热冲击均受到不利影响；而若放线张力太小，则铜线容易跳动造成并线、碰炉口等。故放线时应保持张力适中、均匀，否则会使导线松乱、折断，并引起其在烘炉内的大幅度跳动，导致并线、碰线故障。

在正常涂制过程中，漆包线收线及放线张力分别控制在最大不延伸张力的50%、20%左右为宜。软铜线在不同温度下的最大不延伸张力如表4-35。

表4-35　软铜线在不同温度下的最大不延伸张力

温度/℃	室温	400	460	500
最大不延伸张力/(kg·mm^{-2})	15	7	4	2

实际生产过程中，一般采用大容量放线。大规格导线采用径向旋转式放线器，中等规格导线采用越端式或毛刷式放线器，微细规格导线采用毛刷式或双锥套式放线器。放线对线轴结构和质量有严格要求，具体如下：

①表面光洁度高，以保证线材不被擦伤。

②轴芯两侧及侧板内外有2~4 mm半径的转角以保证线能均衡放出。

③线轴加工完成后，在使用前必须做动、静平衡试验。

(3)退火

退火的目的是使导线达到工艺要求的柔软度、伸长率、导电率，同时除去拉伸过程中导体表面残留的润滑剂、油污等，使导线易于涂漆。

铜线退火有三种方式：成盘退火、拉丝机上连续退火、漆包机上连续退火。成盘退火只能使铜线软化，但去油不彻底，且由于导线软化，会导致放线时增加弯曲；拉丝机上连续退火，能够达到铜线软化及去除表面油脂的目的，但同样存在放线过程中的弯曲问题，增加了涂漆难度。目前广泛采用的是在漆包机上连续退火，在涂漆前进行，不但能够达到软化、去油的目的，而且退火后导线保持直条，可直接进入涂漆装置进行涂漆。退火过程须注意如下要点：

①退火温度。根据退火炉长度、铜线规格、行线速度确定退火温度，一般要求最高温度控制在500℃左右。炉温太高，不仅影响炉子的使用寿命，增加能源消耗，而且停车整理、断线穿线时易烧断线。退火炉可采用二段控温形式，在静态和动态温度近似位置选择控温点。

②炉内气氛。铜在高温下易氧化，表面形成疏松氧化铜，导致漆膜不能牢固附着于铜线，且对漆膜老化有催化作用，对漆包线柔韧性、热冲击性等有不良影响，故退火过程要严格控制炉内气氛。大部分退火炉一头敞开，另一头水封，水槽中的水起封闭炉口、冷却导线、发生蒸汽为保护气体的作用。

③退火水槽水质。水中的杂质会使导线不清洁而影响涂漆，无法形成光滑的漆膜。一般要求水的导电率小于50 μΩ/cm，含氯量小于5 mg/L，且须定期清洗水槽。

④退火水槽水温。水温较高时，有利于发生水蒸汽对退火中的铜线进行保护，且离开水箱的导线不易带水，但对导线的冷却不利；水温较低时，冷却效果好，但导线上带有大量的水，不易干燥，对后续涂漆不利。一般生产粗线时水温为50~60℃，中线为60~70℃，细线为70~80℃。此外，细线因速度快，带水问题严重，出水后须增加热风烘干工序。

(4)涂漆

涂漆是将漆涂覆在金属导体上，形成一定厚度的均匀漆层的过程，在漆包机上完成。涂漆工艺受多种物理现象影响，包括漆的黏度、表面张力、湿润现象、毛细现象等。

1)黏度

不同的涂漆方法、导线规格对漆的黏度要求不同。树脂分子量大的漆黏度大，用于涂制粗线，漆膜的机械性能好；小黏度漆用于涂制细线，易于涂均匀，且漆膜光滑。

2）表面张力

在表面张力作用下，厚处的漆液向薄处流动，使漆液趋于均匀。但在高黏度漆中，有时表面张力不能克服漆液内摩擦力，易造成漆层不均匀，故每道次的涂漆厚度不能太大，尤其是涂覆细线时。如涂漆厚度过大，漆液在表面张力作用下收缩，易形成波浪状或竹节形的毛线，若一旦导线上有极细的毛刺，则既不容易上漆，又容易流失变薄，造成漆包线针孔。

此外，漆液中应严格避免产生气泡。汽泡是在搅动和加料过程中裹进漆液的空气，无法突破漆液表面张力，只能保留于漆液中，涂覆的导线进入烘焙炉受热后，气泡急剧膨胀冲出表面，易造成漆包线表面不光滑。

3）湿润现象

如果铜导线表面沾有油污，则影响导线与漆液两个界面间的接触，漆液对导线由湿润变为不湿润，难以涂漆。另一方面，如果铜线太硬，由于表面分子晶格排列不规整，对漆的引力太小，也不利于漆液对铜线的湿润，难以涂漆。

4）毛细现象

湿润管壁的液体在管中升高，不湿润管壁的液体在管中下降的现象叫毛细现象，由湿润现象和表面张力共同作用形成，毛毡涂漆法就是利用该现象。

漆包线涂制时多采用薄漆多涂原则，即降低每道次涂漆厚度，增加涂漆道次。涂漆次数要根据漆的特性、漆膜厚度、漆的固体含量综合衡量。第一道涂漆厚度略薄于平均值，对光洁度有利，但如果过薄，会使漆膜产生一定的透气性，使铜导体氧化，最后造成漆包线表面发花；最后一道漆膜也要薄于平均值，使外层漆膜固化更加充分，提高漆膜机械强度。除第一道及最后一道外的其他道次则要求厚度平均。

涂漆有多种方式，但目前较先进且能适应漆包线大规模工业化生产的有毛毡涂漆法、模具涂漆法。而早期使用过的自流法、灯芯法、滚轮法，现已基本不用，曾经研究试验过的电泳法、熔融法、硫化床涂漆法，现在已极少使用。

A. 毛毡涂漆法

毛毡涂漆法结构简单、操作方便，基本原理如图4－36，是目前我国生产漆包线应用最广泛的方法，国外涂制细规格漆包线也绝大多数采用此法。

用毛毡夹板将毛毡平整的夹在导线两侧，利用毛毡松、软、有弹性、多毛孔的特点，使其形成模孔，刮去导线上多余的漆，通过毛细现象吸收、储存、输送、弥补漆液，从而在导线表面涂上均匀漆液。使用毛毡涂漆法必须注意以下方面：

①毛毡夹具与烘焙炉进口的距离。一般认为，卧式漆包机毛毡夹具与炉口距离以 200 ~ 250 mm 为宜。

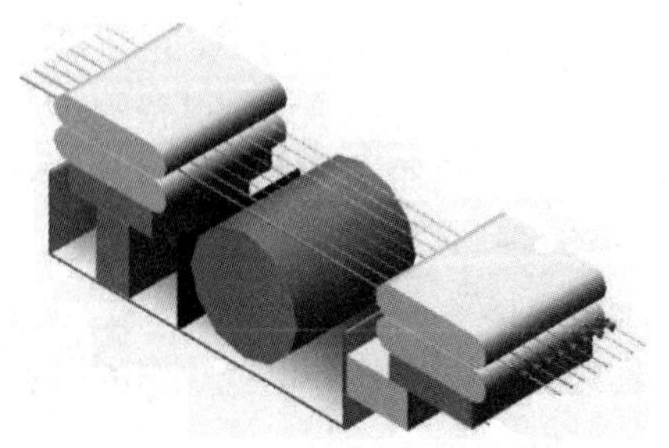

图4－36　毛毡涂漆法原理

②毛毡规格。涂制粗规格铜线时要求毛毡阔、厚、松软、弹性大、毛细孔多，在涂漆中易形成比较大的模孔，储漆量多、输漆快；涂细线时要求毛毡窄、薄、细密、毛细孔细小，可用棉毛布或汗衫布包住毛毡，形成细密柔软的表面，使涂漆量少而均匀。涂覆不同规格漆包线产品所使用毛毡的尺寸、密度要求如表4－36 所示。

表4－36　涂漆毛毡尺寸、密度要求

产品直径/mm	宽×厚/(mm×mm)	密度/($g\cdot cm^{-3}$)
0.05以下	20×3	0.35～0.40
0.05～0.10	25×4	0.30～0.35
0.1～0.2	30×6	0.25～0.30
0.2～0.4	40×8	0.20～0.25
0.4～0.8	40×12	0.16～0.20
0.8～2.5	50×16	0.14～0.16

③毛毡质量。质量均匀，国外已开始采用耐热性及耐磨性优良的全合成纤维。

④毛毡夹板。夹板须精刨加工，与毛毡保持平整的接触面，无弯曲、变形、生锈。随线径的不同，须制备不同重量的夹板，尽量靠其自重力控制毛的松紧度，以利于各根线漆层一致。应避免用松紧螺丝或弹簧等部件压紧。

⑤毛毡与供漆的配合。为保证漆包线的漆膜厚度和光洁度，宜采用小循环供漆，即漆液抽入大漆箱，再由大漆箱抽入小漆槽，随着漆的耗用，大漆箱内漆不断补充至小漆槽，使小漆槽内的漆保持均匀的黏度和固体含量。在漆料不变的情况下，通过调节输漆辊筒的转数，控制供漆量；保证模孔与导线在同一水平位置，以保持毛毡对导线的压力均匀；漆辊顶部和毛毡夹层中心高度位置必须在同一水平线上，高于卧式漆包机导轮水平位置。

⑥定期更换毛毡。经过一段时间的使用后，毛毡毛细孔会被铜丝上的铜粉或漆中杂质堵塞，生产中的断线、黏线、接头也会使毛毡表面受到划伤破坏，炉口处温度辐射会使毛毡变硬，上述因素都会造成导线表面损伤。因此，涂漆毛毡须定期更换。

毛毡涂漆法调换线规、排除断线及并线故障较方便，尤其是生产细线时，断线机会比较多，该方法具有较大优势。然而，毛毡法涂漆也有一些缺点，例如，须经常更换毛毡，致使工时利用率低、废品增加、毛毡损耗量大；线与线之间的漆膜厚度不易达到一致；易造成漆膜偏心；线速不能过快，否则导线与毛毡间的摩擦会产生大量热量，从而改变漆的黏度，甚至烧焦毛毡；毛毡丝易混入漆膜中，对耐高温漆包线产生不良影响；黏度过大或溶剂挥发过快的漆，会堵塞毛孔使之失去弹性及毛细管虹吸能力等。

B. 模具涂漆法

模具涂漆是目前广泛应用的涂漆方法之一，尤其是涂制粗规格漆包线，在国外已被大规模采用，在我国的应用也在逐渐增加。具体做法是，带漆的导线穿过孔形及尺寸特定的模具，将涂在导线上多余的漆液刮去，依靠导线与模芯孔之间的间隙使漆液保持厚度均匀，当逐次经过逐渐扩大孔径的模具后，即可达到所要求的漆膜厚度。

模具可按不同方式分类。按漆包机的不同，可分为卧式漆包机用涂漆模具、立式漆包机用涂漆模具，分别如图4－37和图4－38所示。按产品不同，分为圆线模具、扁线模具，其中圆线模具有整体模具、合并模具、三角形模具，扁线模具有整体扁线模、活动扁线模等。以圆线模具为例，模心由碳化钨等硬质合金组成，使用寿命长，模套由普通钢、黄钢或不锈钢组成，模心与模套之间精密结合，绝对不能渗漏漆液。

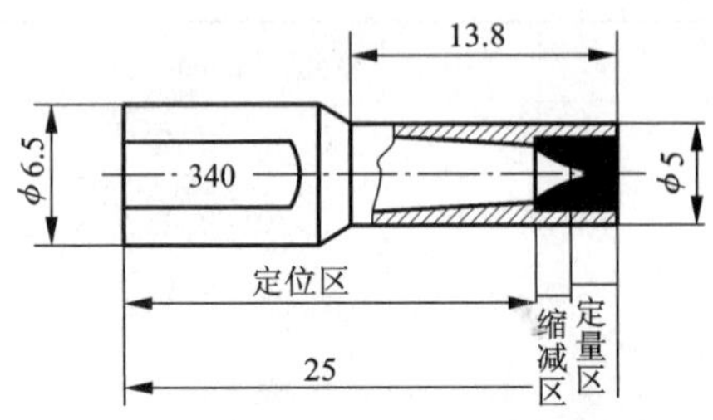

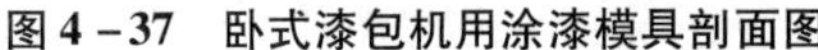

图 4-37　卧式漆包机用涂漆模具剖面图

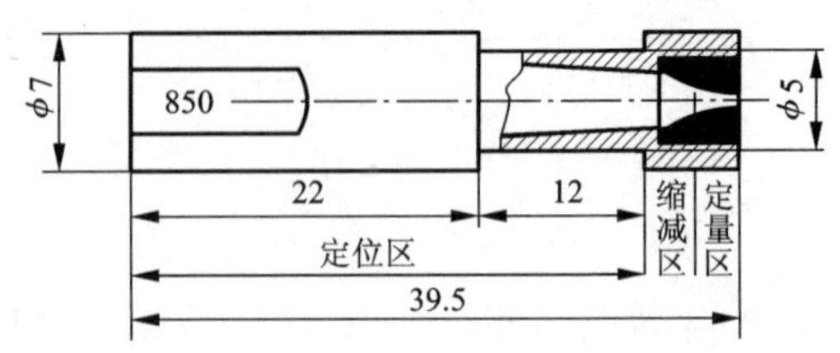

图 4-38　立式漆包机用涂漆模具剖面图

模具法涂漆的工艺技术涉及很多方面，配模是其中的关键环节。模具排列一般考虑以下因素：漆的固体含量和黏度；预期达到的涂层厚度及成品线的表面质量；所要满足的综合性能和特殊性能的要求；涂漆设备的道次限制。无论是卧式漆包机或是立式漆包机，模具涂漆必须配合最适宜的道数。道数太少会使每道涂漆过厚，造成漆膜固化太足，并易出现偏心；道数多对漆膜固化、减少偏心度以及提高表面状况有利，但会使线拉细，使漆包线的电阻和回弹角增大，严重时使漆包过程的断线增多。涂漆工艺中，第一道涂漆所形成的涂层不宜过薄或过厚，第二道及其以后各道的模具孔径，一般依次增大 0.005 mm(为了保证涂层的均匀和充分固化，在设备道次允许的条件下，也常将以后道次中相邻的一道或两道采用同孔径的模具)。模具排列时必须考虑在炉温及线速等方面加以配合，以避免对涂层固化或成品漆包线表面状况产生不良影响。

模具法涂漆对漆的黏度要求没有毛毡法那样严格，但也应将其黏度控制在一定范围之内，以有利于涂层厚度的一致和各项性能的稳定。为保证漆包线产品质量的稳定，在涂漆前应对涂漆系统进行必要的调整和清洁，务必使前后及上下导线轮、中间支撑轮、调节轮、其他与涂敷器相关的部件等处于一条直线上，以便涂漆的线可借助模具在一定范围内活动而自由定心，保证漆膜的同心度和附着性。

模具法涂漆的主要优点很多，如可使用高黏度、高固体含量漆，从而节约溶剂，降低成本，同时也有利于减少环境污染；有利于涂层均匀，不易产生漆膜偏心，产品质量稳定；涂漆模具可重复使用，费用较低等。缺点是调规格、开车、停车整理比较复杂，排除断线、并线故障困难，一次性投资大。

(5)烘焙

导线经涂漆后进入烘焙炉，将漆液中的溶剂蒸发、固化，形成一层漆膜，再涂漆、烘焙，如此重复数次，完成漆包线烘焙全过程。

烘焙炉温度分为纵向温度和横向温度，纵向分为蒸发区(蒸发溶剂为主)和固化区(固化漆膜为主)，温度以中间高、两边低的曲线形分布为宜；横向温度以直线形分布为宜，依靠设备的加热、保温、热气对流等因素来满足。对烘焙炉有以下具体要求：

①温度控制准确，浮动范围为 ±5℃。

②炉温曲线可以调节，固化区最高温度达 550℃以上。

③横向温差不超过 5℃。

涂漆后的漆包线首先在蒸发区进行溶剂和稀释剂蒸发，绝不允许沸腾，否则漆包线的表面会产生气泡和毛粒。随着漆液中溶剂的蒸发，绝缘漆越来越浓，漆液内部的溶剂迁移到表面的时间变长，此时需视情况加长蒸发时间，避免溶剂在内部发生气化。

烘炉蒸发区的温度，取决于溶液的沸点及漆包线的规格。细规格漆包线的烘焙，由于漆液薄，溶剂蒸发快，漆液在溶剂蒸发时的运动性大，流平性好，故蒸发区的温度可适当提高，如果温度过低，表面易形成波浪状、竹节状或凹形的缩漆毛。但如果温度过高，外层溶剂急速蒸发，漆基树酯很快会形成胶冻，阻碍内层溶剂继续向外迁移，进入高温区后，溶剂会受到强制性蒸发或沸腾，破坏表层漆膜的连续性，造成漆膜的针孔、汽泡等质量问题。

导线出蒸发区后，进入到固化区，发生漆基的交联固化，如聚酯漆是将线形结构的树酯经过交联结成网状结构的漆膜。固化反应直接关系到漆包线的多项性能。如固化不够，将影响漆包线的柔韧性、耐溶剂性、耐刮性、耐软化击穿性，此外往往会导致漆膜稳定性变差，存放一段时间后，性能数据下降，甚至不合格；如固化过度，则漆膜变脆，柔韧性、热冲击性能下降。多数漆包线的固化程度可以通过漆膜颜色判断：当外部固化很充分，而内部固化不够时，漆包线颜色很好，但剥离性很差，进行热老化试验时，漆膜套管可能大面积脱皮；内部固化充分而外部固化不足时，漆包线的颜色也很好，但耐刮性差。但是，由于漆包线是经过多次烘焙而成，仅从外观判断存在片面性。

漆包线的品种不同，对漆膜的固化程序要求也不同，多数漆包线采取每涂一次漆即充分烘焙的方式。漆膜固化程度受烘焙温度和烘焙时间的影响。烘焙温度高、时间长，则固化程度大。在炉温过高的情况下，已交联的高聚物链节，会裂解产生分子量较低的低分子聚合物，在逸出的过程中，如果通风不好，有可能在炉口、烟囱中冷凝后形成烟油(老胶)，在线上产生老胶粒子，影响产品质量，漆膜的机械性能、电气性能和热性能会明显下降。

烘焙过程中产生的溶剂蒸气、裂解的低分子物均须及时排出炉膛，称为排废。排废量的多少取决于溶剂的使用量、空气的湿度、烘炉的热量，经验数据为(换算成室温)40～50 m^3/kg 溶剂。

(6)冷却

从烘炉中出来的漆包线温度高、漆膜软、强度小，必须及时冷却，否则经过导轮时漆膜易受到损伤，影响漆包线质量。

冷却有两种方式，即自然冷却和强制冷却。当行线速度比较慢时，只要有一定长度的冷却段，漆包线即可自然冷却；当行线速度快时，仅依靠自然冷却很难达到要求，必须强制冷却。广泛采用的强制冷却方法是强制风冷，用鼓风机通过风管和冷却器对漆包线进行逆流冷却。风源必须经净化后使用，以免把杂质和灰尘吹到漆包线表面，产生表面问题。

(7)在线检测

铜杆缺陷、拉线损伤、裸线杂质污染、漆膜损伤、外来杂质及涂漆缺陷等，会导致漆包线产生漆膜涂层针孔、漆膜脱落等连续性缺陷，以及漆包线直径非均匀性、表面漆瘤、漆泡等表面粒子缺陷，这些缺陷在目前的工艺条件下尚无法彻底根除。为提高漆包线的品位和质量，一些规模较大的企业把在线检测引入到生产中，使用先进设备及方法，及时检测。

国内漆包线在线检测研究主要集中于缺陷检测和漆膜连续性检测领域。例如，用涡流传感器检测拉丝模的位置变化，以达到测量漆包线缺陷的目的，但这种方法的使用必须基于产生的漆包线缺陷会使漆包线外径变大的前提下，对漆包线检测中最重要部分，即漆膜针孔等漆膜连续性缺陷不能进行有效检测；广州工业大学采用局部电晕放电技术实现漆膜连续性在线检测，如图4－39，通过直流高压在筒形的金属导体内部产生一个高压电场，在收线轮的带动下，漆包线高速通过高压电场，当电场场强足够大时，在漆包线表面产生电晕云，若漆包线具有漆膜缺陷，在其中通过时，就会在金属导体－漆包线－收线轮间形成因局部放电而产生的泄漏电流。通过动态测量该泄漏电流的变化情况，就可以准确测量和记录缺陷位置和严重程度。这种方法灵敏度高，但是对检测漆膜缺陷的传感器要求非常高，而且易受干扰信号的影响，并且只有当连续两个缺陷之间的距离大于 36 mm 时，才能将其分开；铜陵某集团采用压电陶瓷和微机电系统器件作为检测传感器件，开发计算机管理软件，实现漆瘤、针孔的复合式在线检测；铜陵精达集团采用探头装置和位置开关实现漆瘤的在线检测，并且设计了声光报警功能，但只能实现单一缺陷漆瘤检测，而且实时性不够好。

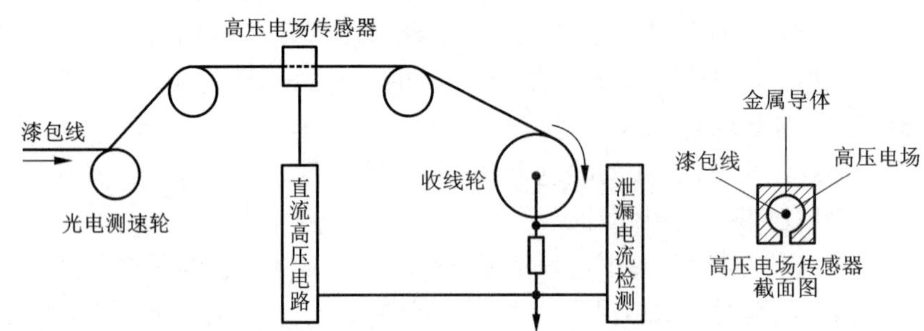

图 4－39　非接触式高压电场漆包线漆膜连续性检测装置图

目前，国内对漆包线在线检测技术的研究单位非常有限，漆包线生产单位在这个方面资金投入很少，在一定程度上制约了国内漆包线在线检测技术的发展。国外漆包机普遍装有在线检测装置，主要有外径在线检测、粒子在线检测、高压及低压针孔（漆膜连续性）在线检测，还有断线报警、裸线报警、漆位报警等各种在线检测辅助装置。在国外专业实验室，漆包线的检测研究已进入在线式、网络化，即每台检测设备在漆包线生产的同时，完成对漆包线各项参数的检测，并与网络管理终端相连接，管理人员通过网络能快捷、简便地了解多台检测设备的检测情况。

（8）润滑

漆包线的润滑与收线的紧密程度有很大关系。常见的润滑方式包括：毛毡涂油、牛皮涂油、滚筒涂油。生产中，根据实际情况选择不同的润滑方式和不同的润滑剂，以能够使漆包线表面光滑、对线无危害、不影响收线盘强度、不影响用户使用为原则，用量 1 g/m^2 漆包线即可。

（9）收－排线

收－排线的目的是将漆包线连续、紧密、均匀地缠绕到线轴上。在漆包线质量问题中，由于收－排线不好造成退货的比例相当大，主要表现在收线张力大、线径被拉细、线盘爆裂、乱线（一般由收线张力小或排线不平造成）等。所以，要求收线机构传动平稳、噪音小、张力适当、排线规整，并注意以下方面：

①张力：主要依靠操作人员的手感控制，经验数据如下：ϕ1.0 mm 左右的粗线约为不延伸张力的 10%，中线为 15%，细线为 20%，微细线为 25%。

②排线线距：线距太小，容易造成线盘上的线高低不平，后面几圈线压在前面几圈线上，

达到一定高度又突然坍塌，使后面的一圈线压在前面一圈线下，用户使用时易将线轧断；线距太大，第一批线与第二批线排成交叉形状，线盘上空隙多，线盘容线量减少，且漆包线外观混乱。通常盘芯较小的线盘，排线的线间中心距以线径的三倍为宜，而盘径较大的线盘，线间中心距以线径的 3 ~ 5 倍为宜。

③合理确定排线速度和收线速比，可参照下列经验公式：

$$T = \pi(R + r) \times L/2v \times D \times 1000 \tag{4-1}$$

式中：T 为排线单向行程时间，min；R 为线轴侧板直径，mm；r 为线轴筒体直径，mm；L 为线轴开档距离，mm；v 为线速度，m/min；D 为漆包线外径，mm。

相比于国内，国外漆包线生产工艺及设备发展水平较高，主要体现如下方面：

①普遍采用拉丝—漆包联合作业，将拉丝工艺与涂漆工艺串联，有如下优点：拉丝方向与涂漆方向相同，导线表面不会形成倒刺，有利于涂漆质量提高；拉丝、漆包同步，拉丝速度比单拉时低，使铜线延伸率获得了提高，改善了漆包线的柔软性；进线规格减少，减轻了拉丝工序的压力，降低了生产成本；进线规格及放线容量大，减少了换盘次数，不但减轻了工人劳动强度，而且漆包线连续长度可大幅度增加，提高了产品质量稳定性。

②漆包机向高速化发展，涂漆速度不断提高。例如奥地利 MAG 公司的 HEX – 5 型卧式漆包机，DV 值（diameter velocity，即直径和速度的乘积）高达 250。漆包机速度的提高，不但可提高产量，而且单位产量的电能消耗有大幅度降低，如图 4 – 40 所示，对小规格产品更为显著。

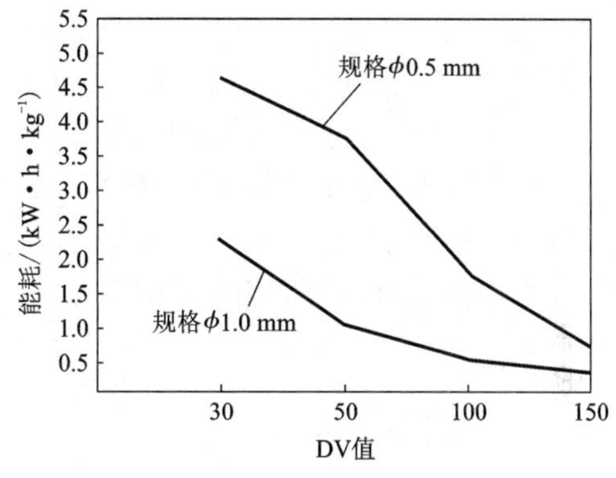

图 4 – 40　漆包机 DV 值与能耗的关系

③大容量放线及收线。裸铜线放线盘容量每盘可达 1500 ~ 2000 kg，收线盘容量每轴（盘）可达 400 kg，提高了劳动生产率，降低了损耗。

④自动换盘收线。高速生产漆包线时，人工换盘已不可能满足收线需要，目前普遍采用自动换盘系统，可达到定长、定重量收线，使每轴容量一致，便于用户使用。

⑤增加涂漆道数。为适应高速生产漆包线的需要，采取多涂漆道数、少单次涂漆量的方式，例如，HES – 3 漆包机可涂 35 道漆（DV = 110）；HSE – 4 漆包机可涂 24 道漆（DV = 150）；VET375 漆包机可涂 17 道漆（DV = 130）。增加涂漆道数可使漆包线的漆包层均匀性及击穿电压值提高，针孔数减少。

⑥采用模具法涂漆：模具法涂漆具有质量稳定、降耗、节能、增效等优点，因此，越来越多被广大漆包线企业所认同及采用。

⑦采用恒温、循环、过滤、自动补加溶剂及定量系统，以及管道供漆系统。漆的黏度随季节变化，影响涂漆质量，所以国外漆包机箱都有加热恒温系统。为了长期保持漆的纯净，在循环计量泵供漆时，回路中增加过滤装置及补加溶剂系统，使涂漆质量始终保持恒定，从而保证了漆膜质量的一致性。而采用密封的涂漆装置、供漆管道、废气回收利用装置等，可以减少车间气体污染，保护环境。

⑧改进漆包炉设计，使溶剂充分燃烧，热量充分利用，废气排放更加干净（含碳量小于10 mg/cm^3），从而使单位产量电能消耗大幅度降低。例如MAG公司在设计中增加了后续燃烧装置，在排废前再装一个催化器，进行二次催化燃烧，确保溶剂得到充分燃烧，排出的尾气热能进行再利用。

⑨复合涂层漆包线及其漆包机的应用日益发展，二涂层、三涂层的复合漆包线已获得普遍应用。复合涂层漆包机可以生产需要不同炉温烘焙的复合漆包线，例如自黏性漆包线、耐冷媒复合漆包线、变频电机用耐电晕漆包线和自润滑漆包线等。

⑩改进表面润滑：虽然自润滑漆包线漆已研制成功，但应用很少。目前，国内外绝大多数生产厂仍使用涂润滑剂的方式，润滑剂及涂覆装置得到不断改进。MAG公司等开始采用模具或计量仪器控制涂润滑剂，使漆包线表面润滑剂含量控制在合乎用户要求的范围内，而且均匀一致。

⑪采用电脑控制生产过程。国外漆包机发展趋势是用电脑控制各个参数，如退火炉及催化燃烧热风循环炉各部位温度、拉丝—漆包速度、涂层厚度、在线监测、各种报警装置等，开发的软件使生产线能按不同品种、不同工艺运转，并且通过电脑监控生产车间的所有漆包机，进行半自动化生产，从而减少生产人员、降低成本、提高效率。

⑫采用在线监测装置。国外漆包机上普遍装有在线监测装置，国内也有厂家增加了部分在线监测装置，主要有：外径在线检测，确保漆包线外径尺寸一致，例如用激光测径仪连续测量外径；粒子在线检测，确保涂漆均匀；高压和低压针孔（漆膜连续性）在线检测，确保漆膜质量；断线报警、裸线报警、超温报警、漆位报警等在线监测辅助设备装置。此外，有的厂家还装有电视监视系统，观察关键部位的运行情况。

目前国内外漆包线制造商主要研发重点在于如何采用先进的漆包线生产设备，加强工艺技术的改进、控制对环境的污染，以提高生产率和产品质量，降低生产成本。

4.6.4 漆包线生产装备

生产漆包线专用及最主要的设备是漆包机，其先进性直接影响漆包线产品品种开发及质量提升。一台完整的漆包机包含诸多部件，一般有放线装置、退火炉、漆箱、涂漆装置、烘焙炉（含催化装置和冷却装置）、收线装置、在线检测装置等。漆包机一般分为卧式和立式，图4－41和图4－42则分别为卧式和立式漆包机实物。

图4－41 卧式漆包机

目前漆包机的发展存在两条技术路线，一是高速少头，二是中速多头，前者以西欧MAG

图4-42　立式漆包机

公司和SICME公司为代表，后者以亚洲久原公司为代表。近年来，西欧的漆包机DV值不断提高，相应头数趋向下降，如MAG的DV值最大达250，SICME公司X-change新机型、XCH300的DV值达200，XCV-700达180，均为单头。而以久原公司为代表的亚洲产品，DV值仍保持在20~25，头数为20~24。我国国产漆包机目前基本是中速(卧式DV值60~80，立式50~60)，头数为8头左右。

高速少头型对设备本身的可靠性和稳定性要求更高，对使用的原辅材料和操作要求也较高，而中速多头型只加宽设备的宽度和收线容量，没有高速运转带来的问题，产量比高速少头型略高。

4.7　铜键合丝

4.7.1　铜键合丝简介

键合丝(bond wire)主要应用于晶体管、集成电路等半导体器件的电极部位或芯片与外部引线的连接，是集成电路封装业的主要结构材料之一，其实物如图4-43。此外，其还作为内引线广泛应用于二极管、三极管等半导体分离器件或元器件中。由于键合丝的主要作用是将一个封装器件或器件的两个部分焊接好并导电，故对键合金属的导电率、焊接性、延伸率等有较高要求。目前主要应用的键合丝有金(Au)丝、铝硅(Al~1%Si)丝、铜(Cu)丝等。

(1)键合丝的性能要求

理想的键合材料应具备如下特点：

①与芯片电极面的引线端子(通常是铝)及外引线材料(通常是覆铝层、镀金层或镀银层)实现良好的键合。由于引线很细、金属化层极薄而且可焊面积很小，因此必须保证在有一定生产效率的前提下达到键合可靠的目的。

②键合过程中的功率(温度)、压力和持续时间尽可能小，以保证芯片和封装结构不致受损。

③不会形成有害的金属间化合物。

④导电率高，能与半导体材料形成低电阻接触，且与半导体材料的结合力强。

⑤在键合过程及结束后，不应留下引起腐蚀的物质，特别是塑料封装的引线不能与渗透进来的水汽发生作用。

⑥可塑性好，容易加工成细丝，易于卷绕。

⑦可焊接性能好。

(2)主要键合丝品种及其特点

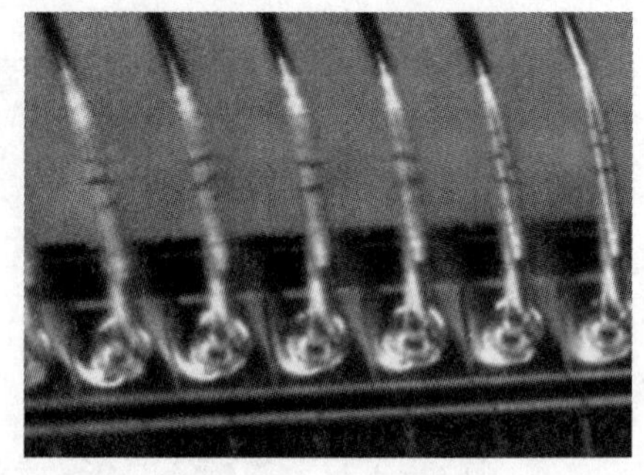

图 4－43 铜键合丝

(图片来源：田中贵金属)

金键合丝使用效果最好，工艺成熟、异常率低、抗氧化性强、化学性能稳定、易于塑性加工成形、键合成球性好，但是存在价格昂贵、易产生有害的金属间化合物、耐热性差、易出现塌丝即拖尾等缺陷。

铝键合丝具有良好的导电性、导热性及抗蚀性，与芯片上的铝电极键合性能稳定，适合大电流大功率的场合，多用在陶瓷外壳封装的集成电路中，一般直径大于3 mil。但是铝键合丝也有很多不足之处，主要有如下：

①球焊加热易氧化，生成一层硬的氧化膜，阻碍球的形成，而球形的稳定性是键合强度的主要特性。

②拉伸强度和耐热性不如金丝，容易发生引线下垂和塌丝。

③成材率低，表面清洁度差，并较易在键合处产生疲劳断裂。

随着集成电路及半导体器件向封装多引线化、高集成度及小型化发展，要求使用线径更细、电化学性能更好的键合丝进行窄间距、长距离的键合，对键合丝的技术指标提出了新的要求，高纯度、耐高温、超细键合丝越来越受到人们的重视；此外，芯片密度的不断提高，对键合材料的导热性、可靠性提出了更高要求，传统的金丝、铝丝已难以满足。铜键合丝由于其优良的力学性能、电学性能、热学性能、金属间化合物生长缓慢等优势，适应了低成本、细间距、高引出端元器件封装的发展，成为替代传统键合丝的最佳材料。铜键合丝主要具有如下优势：

①成本低廉：成本一般只有金丝的1/3～1/10，且金的价格很容易受市场的影响而大幅波动，铜的价格相对稳定。

②力学性能优越：一般情况下，经过退火热处理的键合铜丝，无论是在室温下还是在高温环境里，所表现出来的抗拉强度和延伸率都接近或优于金丝。使用直径1 mil(1 mil≈0.0254 mm)的铜丝和金丝分别在铝焊盘上进行丝球焊，比较其键合后丝球的各项性能，如表4－37。

表 4－37 铜丝、金丝键合后性能比较

性能	平均承载剪切力/gf	平均抗拉强度/gf	延伸率/%
金丝	60～80	8～10	4～8
铜丝	85～110	11～13	9～16

注：gf为克力，表示1克物体所受的重力，1 gf≈9.8 mN。

在焊点成形后，铜球具有优异的球颈强度，并且成型稳定性高。标准稳定性测试表明，铜丝要比金丝高出25% ~30%。此外，由于铜的强度大、刚性好，在存储和运输过程中可以降低由于人为误操作而造成的损坏，这不仅会在一定程度上降低生产成本，对保证键合焊点质量也具有非常重要的意义。

③电阻率低：铜键合丝的高导电性(比金丝高约23%)使其在高品质器件中具有更广阔的应用前景，适用于高性能电气电路。相同直径的铜丝和金丝通过相同的电流，单位长度的铜丝将产生较少的热量，相应地，在承载电流一定的条件下，可以采用直径更小的铜丝，这为减小焊盘尺寸及间距，实现高密度封装提供了潜在可能性。

④导热性好：随着芯片密度的提高和体积的缩小，芯片制造过程中的散热是设计和工艺考虑的一个重要内容。若热量未及时排出，会促进导线内晶粒的生长，降低其机械性能。此外，在成球的过程中，高导热性使键合丝机械性能的热影响区变得更短，可保证更高的键合性能。在所有金属中铜的导热率仅次于银，达到400 W/(m·K)，热膨胀系数(CTE)最低，为17.7 ppm/K，采用铜键合丝，可以使封装体器件内的热量很快且更有效的散发，达到快速冷却的目的。另外，铜的热膨胀系数比铝低，其焊点的热应力也较低，因此，在对散热要求越来越高的高密度芯片封装工艺中，选取铜丝来代替金丝和铝-硅丝非常有意义。

⑤金属间化合物生长缓慢：焊点处金属间化合物的生长情况不仅对能否产生牢固结合的焊点，而且对电子元器件的可靠性有着非常大的影响。对丝球焊点而言，一定程度的扩散和金属间化合物的生长对焊点满足特定的剪切、拉伸强度有利，但是，金属间化合物层的过度生长将对焊点的机械性能、电性能、热性能产生不良影响，随着金属间化合物层厚度的增加，焊点的剪切强度随之呈近似线性降低。

国际铜键合丝主要生产厂家有美国K&S(Kulicke & Soffa)、SPM、德国贺利氏、韩国MKE、日本住友、田中、古河电工和中国台湾ASM等，其中美国K&S公司的产量、质量、技术水平、种类、研究开发规模均居世界领先水平。

(3)铜键合丝生产困难性

铜键合丝在生产与应用过程中存在如下困难及特殊性，限制了其大规模应用：

①超微细铜线的拉制。拉制线径在1 mil以下的超微细丝，对丝材的断头率、柔软性、表面质量和单轴的连续长度(重量)都有较高的要求，同时为了提高生产率、扩大品种、增加技术经济效益，线材拉线速度和头数的要求越来越高，使铜键合丝的制备具有相当大的困难性。单晶铜由于没有阻碍位错滑移的晶界，变形冷作硬化回复快，从理论上分析是拉制$\phi <$ 0.02 mm键合丝的理想材料。但是对工业单晶铜进行超微细丝的拉制生产中，也出现断线率高的问题，致使拉制困难，单盘丝重量无法满足要求。

②铜的硬度、强度对焊接质量的影响。铜线具有比金线和铝线好的机械性能，能加工成的最小可焊直径更小，从而可缩小焊接间距，提高焊接密度。但是，铜的硬度比金和铝高，焊接难度较大。此外，铜线的高硬度还会导致焊接基板金属层挤出、电介质裂纹和硅片裂纹等。

4.7.2 键合铜丝生产工艺及装备

1. 生产工艺流程

铜键合丝的基本生产工艺流程如图4-44所示，其关键工艺包括单晶铜杆制备、拉丝、退火等。

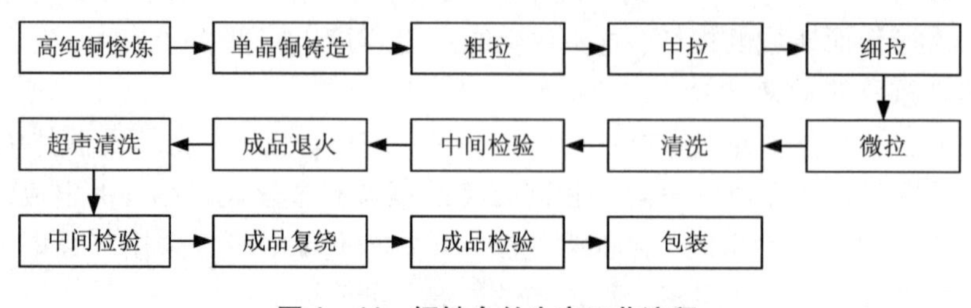

图4-44 铜键合丝生产工艺流程

2. 单晶铜杆制备

(1)坯料选择

现阶段，用连铸法或连铸连轧工艺生产的无氧铜杆易出现夹杂、表面质量差、内部孔隙率高、氧含量高、缩孔等铸造缺陷，加之晶界多，在晶界处易出现断裂，在拉制超细微丝，尤其当线径达到0.025 mm以下时非常困难。而且，杂质元素和微米级夹杂物易在晶界处聚集，导致丝材物理和力学性能差，很难满足键合丝使用要求。铜键合丝对坯料的要求主要有以下方面：

①组织要求：使用单晶铜杆作为键合丝制备坯料。单晶铜杆具有致密的凝固组织，消除了横向晶界，避免了多晶材料在拉丝过程中的存在的晶界(特别是横向晶界)断裂问题，是生产铜键合丝的理想坯料，具有如下优点：不存在晶界，避免了杂质元素、微米级夹杂物的聚集，极大地提高了材料的纯度和均匀性；避免了缩孔、气孔等铸造缺陷，使得其塑性加工性能、力学性能、电学性能明显高于普通无氧铜；拉丝变形能力优良，克服了传统铜线拉丝断头多、质量低、生产率低的缺点，可加工至ϕ0.01~0.03 mm甚至更细规格的超微细线，是普通无氧铜杆所无法达到的；制备键合丝过程中不须中间热处理，即可从ϕ8 mm直接冷加工成ϕ0.018 mm，冷加工伸长倍率达到20万倍。

②纯度要求：由于键合丝线径小，对坯料中的杂质较为敏感，微小颗粒杂质即会造成断线或性能不均匀，故对坯料纯度要求较高。若用低纯度(如3N)电解铜生产单晶铜杆，在拉丝生产中，断线率较高，单盘重量无法满足要求，且线材的成材率低下，浪费严重。

③杂质元素要求：拉丝过程中出现的断线，一部分由模具及配模引起，另一部分则由坯料本身引起。实践表明，由前者导致的一般都是有规律的断线，即在拉伸过程中某一部位的断线频数较高，只要在生产过程中注意观察，找到拉伸过程真正的断线原因，采取措施，就能有效地减小断线率。但属于线坯本身质量问题引起的断线，一般都无规律，很难通过调整拉丝工艺来改善。单晶铜中的氢、氧、硫等杂质元素过量，是导致超微细丝拉制困难的主要因素之一，须严格控制。

综上所述，对铜键合丝拉制用单晶铜坯料的制备过程提出如下要求：

①原料电解铜的纯度99.99%以上。铜材中的微量杂质元素如铝、铁、镍、锡、银、镉、磷、砷、锑、氧、硫、铋、铅等，除部分由熔炼工艺不当造成外，一般都是由原料带入，故须严格控制原料纯度。

②采用高真空炉熔炼：有利于杂质充分去除。

③严格控制单晶铜拉制工艺，保证单晶铜杆的表面质量及性能。

(2) OCC 法制备单晶铜杆

OCC 法又称热型连铸法，由日本千叶大学教授大野笃美于 1978 年发明，并于 1986 年首次向世界发表，是目前普遍应用的连续定向凝固技术，适于制备单晶铜杆。该技术的基本原理如图 4－45，采用加热铸型铸造，使铸型温度不低于铸造金属的熔点，对铸型外金属实行强制冷却，或对铸型实施分段控制加热与冷却，在金属液与凝固金属之间建立起特定的温度梯度(通常为铸坯牵引方向)，使液体金属形核后按照与热流相反的方向定向生长，获得具有特定取向的定向结晶组织，甚至是单晶组织。应用该法可获得表面光亮、纯度高、组织致密、缺陷极少的高品质铸坯。

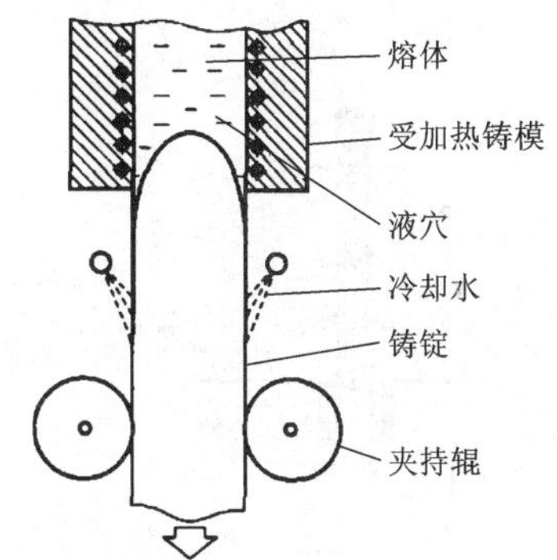

图 4－45　OCC 法铸造示意图

特殊的凝固方式使 OCC 技术具有如下特点：

①铸型加热至金属凝固温度以上，而在铸型出口端附近对金属进行强制冷却，使得金属在型壁上无法形核，且铸型内金属液与铸型外冷却区之间存在很大温度差异，为金属凝固提供了较高的正温度梯度，使金属内部热量主要沿牵引方向单向散失，为金属的定向凝固创造了极为有利的条件，有可能拉铸出无限长度的柱状晶组织甚至单晶组织铸锭。图 4－46 为热模铸造单向结晶的生长过程，开始凝固及结晶阶段，被水冷却的引锭头(起始垫)将热模的出口堵住，由于铸模被加热，模壁表面附近没有晶核产生，但引锭头前端面附近与浇铸的合金熔体温差非常大，有大量晶核产生，因此开始引拉的一段铸锭呈细小的等轴晶组织。随着引锭的进行，引锭头前端附近产生的晶核数量减少，导致等轴晶的数量逐渐减少，尺寸逐渐变大，进而发展为柱状晶，且数量逐渐减少、形状变长，最后只剩下心部的一颗柱状晶粒生长。

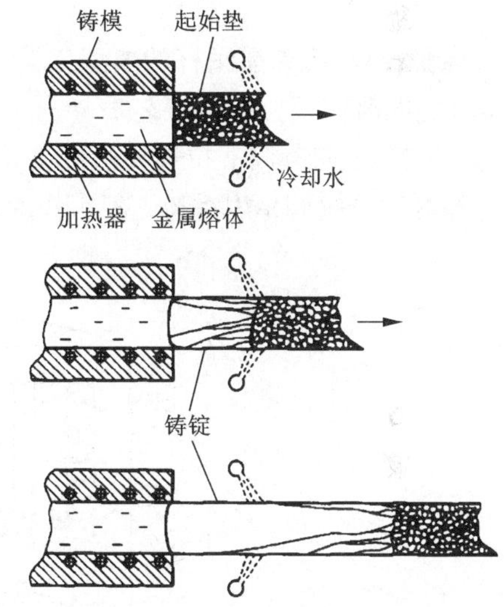

图 4－46　热模铸造单晶形成过程

②金属液在铸型外实现凝固结壳，显著减小了铸件在牵引过程中与型壁间的摩擦，可以得到接近镜面状态、表面质量优异的铸锭。

③固液界面凸向金属液方向，可将熔体中的气体和杂质由凝固前沿排斥至型内金属液中，获得的铸锭纯度较高。

④熔体中心比表面先凝固，避免了普通凝固时存在的补缩问题，大大消除了普通铸造过程中易产生的疏松、缩孔等缺陷。

OCC 技术减少甚至消除了铸锭中横向晶界，不存在气孔、缩孔、夹杂、偏析等缺陷，使导线的导电性能、信号传输性能显著改善，还体现出优异的塑性，为铸锭后续加工提供了有利条件，可以减少甚至取消冷加工过程中的热处理工艺。OCC 法分为上引式、水平式、下引式，如图 4 -47 所示。

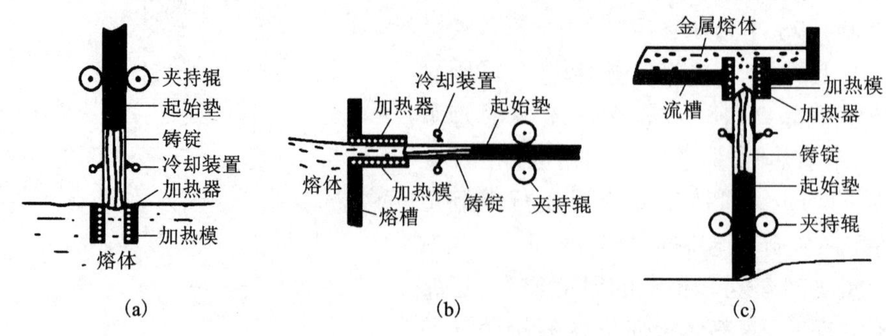

图 4 -47 OCC 法铸造方式

(a)上引式；(b)水平式；(c)下引式

3. 制备高品质单晶铜杆的典型工艺

(1)定向凝固下拉连铸工艺

采用连续定向凝固下拉连铸法制备单晶铜杆，设备由四个系统组成：真空系统、加热系统、冷却凝固系统和牵引系统，其工作原理如图 4 -48。

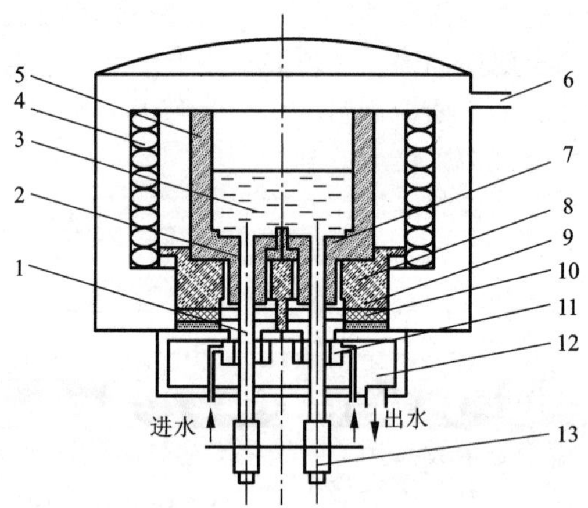

图 4 -48 下引式真空熔炼、氩气保护连续定向凝固感应炉工作原理

1—引棒；2—铸锭；3—金属熔体；4—感应线圈；5—坩埚；6—真空管道；7—结晶器；8 ~ 10—耐火材料；11—水冷装置；12—水冷室；13—导辊

熔炼采用中频感应加热，熔化时间快，熔化效率高，可以降低溶质偏析，有利于凝固组织的均匀化，坩埚、结晶器为高纯石墨制作；熔炼过程采用真空及氩气保护，有效避免金属熔化和凝固过程中的吸气和氧化，减少铸坯缺陷；冷却系统采用环绕喷淋方式，直接冷却铸坯，提高固液界面前沿温度梯度，创造出良好的定向凝固条件；以链式滚轮牵引铸坯，与铸坯接触面积小，运行平稳，可保证铸坯表面的光洁，避免划伤；采用双牵引系统，可以根据需要改变结晶器设计，实现一炉多流连续定向凝固，提高工作生产效率。牵引系统由微机程控无级调速直流电机、减速器和下拉机构组成，直流电机通过减速器与下拉机构的驱动轴相连接，驱动轴通过链条传动带动主齿轮轴转动，两个导轮分别与两个齿轮同轴，可同时转动，通过摩擦力带动引棒向下运动。

该方法生产工艺流程为：装炉/抽真空→熔化→保温、气体保护→开始拉坯→正常连铸。金属在真空状态下熔炼，在一定的过热度下保温一定时间后，停止抽真空并给炉内充入氩气至大气压力。通过冷却装置 11 的强制冷却作用，使已凝固部分与未凝固部分之间形成轴向温度梯度，强制热量沿已凝固相导出，从而使金属液只能沿着与热流相反的方向进行凝固，然后利用下拉式牵引机构将已凝固合金杆坯连续拉出，制得具有柱状晶或单晶的金属棒材。

连续定向凝固过程可分为非稳定阶段和稳定阶段。非稳定阶段又称作引晶阶段，此时由于引棒及冷却水的激冷作用，结晶器温度急剧下降，加之凝固时结晶潜热大量放出，使得结晶器出口处温度波动较大，故此时拉坯速度较慢，后续逐渐增加，这一阶段是操作上的关键。随着拉铸过程的进行，工艺参数逐渐趋于稳定，开始形成稳定的单晶或柱状晶组织，此时已经进入晶体稳定生长阶段，拉坯速度可适当增大。

工艺参数如表 4 – 38 所示，连续定向凝固下拉连铸过程中，金属凝固具有显著的自下而上的方向性，极大地减少了铸锭心部缩孔、疏松产生的几率，熔体内气体、夹杂物易上浮，冷却方便易行，铸锭尺寸不受限制。使用该技术生产的金属棒材具有单向连续柱状晶组织，制备出的 ϕ16 mm 产品组织如图 4 – 49，组织细密，表面光滑，塑性优异，具有非常优异的冷加工能力，在后续拉丝过程中不须进行中间热处理，可直接冷加工成 ϕ19.7 μm 的超细丝材，且断线率低、成材率及生产效率高、线径一致、硬度均匀，满足各种尖端技术对微细丝材日益提高的性能要求。

表 4 – 38 连续定向凝固下拉连铸工艺参数

参数	熔体温度	结晶器出口温度	冷却水量	冷却距离	拉坯速度
数值	1150 ~ 1180℃	750℃	900 L/h	50 mm	9 mm/min

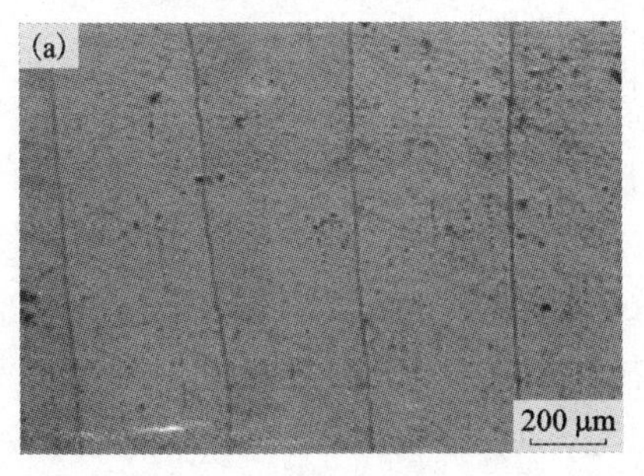

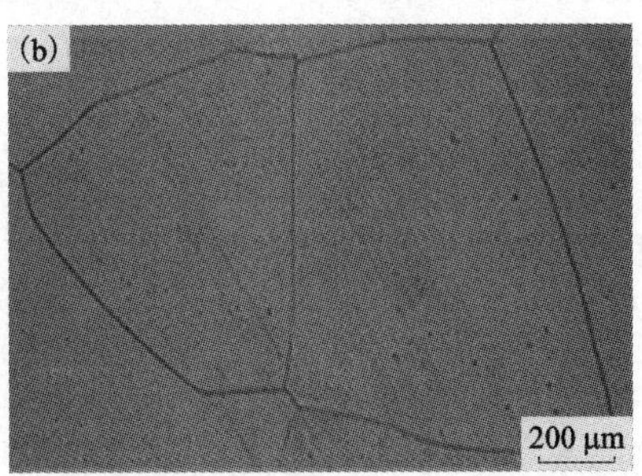

图 4 – 49　下引式连续定向凝固纯铜棒材组织

(a)纵截面；(b)横截面

(2)定向凝固水平连铸工艺

采用高纯铜真空熔炼、定向凝固水平连铸工艺制备高品质单晶铜杆。设备如图 4 – 50 所示，熔炼于高纯石墨坩埚进行，配备高真空系统(压力不大于0.1 Pa)，大大降低铜熔体中氢、氧、硫、铅、锑、锌等元素含量，满足铜键合丝高纯度要求。

制备过程的关键是通过对各个工艺参数的匹配，控制固液界面在铸型中的位置和形状，从而获得表面质量及内部组织稳定均一的单晶铜杆。在主炉温度1150℃，炉内压强达到0.12 Pa下静置精炼2 h后，设定表4-39所列工艺参数，拉铸试验顺利进行，可精确控制固液界面的形状及位置，获得表面光亮、内部质量良好、直径6 mm、总长度15.6 m的单晶铜杆。

表4-39 定向凝固水平连铸工艺参数

参数	熔体温度	型口温度	连铸速度	冷却水量	冷却距离	液位高度
数值	1140~1150℃	1104~1110℃	20~30 mm/min	25~40 L/h	30 mm	4 mm

(3)小直径长单晶铜杆制备技术

国内一般制备的单晶铜杆存在直径较大、长度受限等问题。直径较大(一般为6~12 mm)，必须经过多次拉拔才能满足实际应用的要求，工序较长，且多次拉伸将会增加单晶线材内的晶体缺陷(如产生变形孪晶等)，且一般须进行退火；长度受限，则使实际应用受到很大限制，例如，若需用于远距离传输信号，势必要将几条或几十条单晶线材连接起来使用，由于接头的存在，必然改变线材的组织，从而影响信号传输的清晰度和高保真度。研究直径较小的单晶线材制备技术，生产无限长的单晶金属线材，对实际应用十分必要。

在实际制备小直径长单晶铜线材生产过程中，存在以下问题：

①单晶线的长度受坩埚大小或金属液质量的限制。

②一般所用铸型、坩埚和液面高度控制器的材料多为石墨，长时间在高温状态下工作，金属液、石墨制品会受到很大程度的氧化。尤其是石墨铸型出口处的氧化，使铸型尺寸发生变化，制备的线材直径不均匀，甚至表面质量得不到保证。

③要制备长线，在熔化开始就要加入大量的原材料，并在制备的过程中对大量的金属液保温，不但浪费能源，增加生产成本，也恶化工作环境。这是阻碍单晶连铸技术向产业化迈进的一大问题。

为解决这些问题，研究人员设计出一套全新的单晶连铸设备，如图4-50所示。该设备将区域熔炼技术与单晶连铸技术相结合，很好地解决了上述问题，可生产直径为1.0~3.0 mm的细单晶线材。整个设备包括以下几个部分：

①牵引系统和送料系统。原材料采用直径6 mm的普通无氧铜线，通过送料系统将其源源不断地送入柑锅。该系统可稳定工作，不打滑，对原材料有开卷、校直作用。为了配合引晶阶段的动态平衡，送料系统从0开始无级调速。牵引系统除了有送料系统的各功能以外，还能对小直径的线材(ϕ0.5~3.0 mm)保证一定的牵引力，实现连续生产，并且不能损伤线材表面。

②单晶成形系统。该部分是设备的核心部位，包括感应器、加热铸型、冷却器等部分，主要是形成制备单晶线材所必备的温度场。采用容量1.5 mL的小型石墨坩埚，只熔化很少量的原材料，降低了能源消耗，改善了劳动环境。功率仅5~7 kW；

③控制系统。用于控制加热温度、送料速度和牵引速度。当熔化功率设定为6.5~7.5 kW、

牵引速度控制度为 100 ~ 200 mm/min 时，固液界面会逐渐进入铸型，可稳定生产单晶铜线。

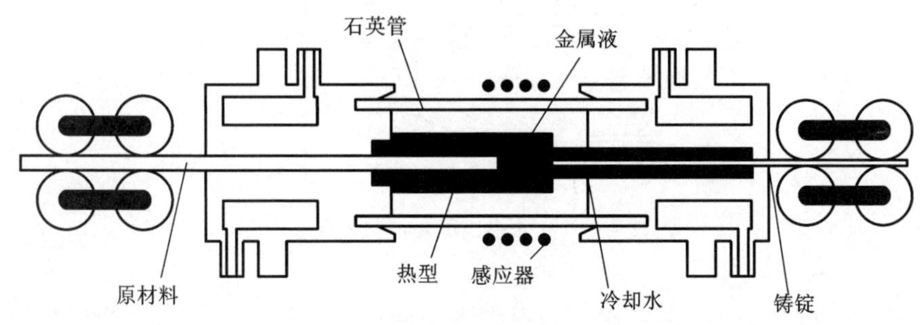

图 4 - 50　小直径长单晶铜线材制备设备

4. 键合丝拉制

(1)键合丝拉制过程存在的技术难点

单晶铜由于其铸造过程中消除了气孔、缩孔等缺陷，具有连续均匀的定向凝固组织，避免了由内部组织造成的拉丝过程中的断线，其断线主要原因可归纳为以下 3 种：表面缺陷、杂质、表面附着物。

1)表面缺陷造成断线

表面缺陷是产生超微细丝断线现象的主要原因，约占断线原因的 52%，线杆上的划道、刮伤、氧化皮及褶皱等缺陷都可以引起表面缺陷。首先，拉制过程与铜丝接触的物件如导轮、绞盘和拉丝模具等，容易给铜丝造成划伤、沟槽、起皮、毛刺、结疤、三角口等缺陷；其次，随着细丝直径的降低，表面缺陷在线材直径中所占比例也越来越大，达到一定程度时极容易产生断线。此外，表面缺陷也是油脂、水分等藏匿之处，对键合丝的质量产生严重不利影响。因此，提高线材在坯料、粗拉、中拉等过程中的表面质量，是键合丝拉制的关键。

2)杂质造成断线

杂质来源有两方面，一方面是铜的纯度不足，或者铜杆拉制过程中熔炼设备污染所致，另一方面，过滤不良的润滑液或磨损的拉线轮也可以带来新的杂质。当线材被越拉越细时，其中极其微小的杂质都可以给线材造成严重影响。由杂质造成的断线，断口直径取决于杂质的种类、大小及分布情况，并与线径、材料的机械性能、杂质在线材中的位置及变形参数有关。图 4 - 51 为含杂质线材的拉制过程。杂质 A 通过拉线模时，不产生显微裂缝；杂质 B 被带入线材内层，在拉线模过度区时形成显微裂缝。此外，即使在拉制过程未引起断线，杂质也会降低线材的强度、延伸率及其导电性。

3)表面附着物造成断线

表面附着物如油脂、水分、铜皂和其他污垢等，如果附着在铜丝表面，在拉制过程中可能会划伤线材表面或引起线材的表面缺陷，这将导致拉制不出所需质量和长度的线材。

(2)键合丝拉制过程影响因素及其控制

单晶铜键合丝从坯料到成品拉制过程中，其工艺过程较复杂，设备、坯料、模具、润滑、清洗、环境、热处理及其保护等，都对最终产品质量有重大影响。

1)设备与坯料

在拉制 ϕ0.03 ~ 0.015 mm 的单晶铜丝时，由于线径较细，对拉制力的反应较为敏感。设

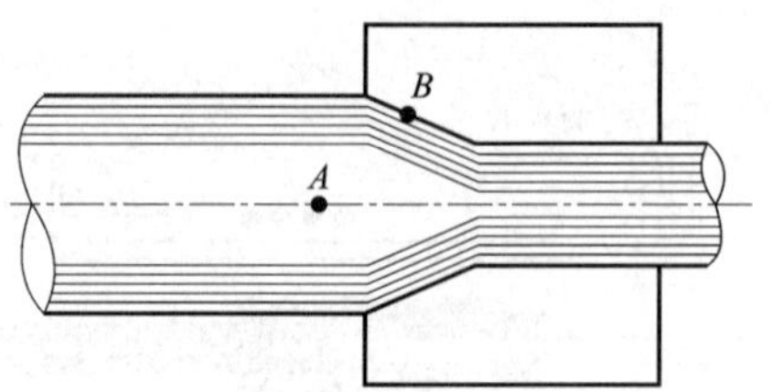

图 4-51　含杂质线材的拉制情况

备转动时的跳动、微小振动、运转不均匀或稍有不同步，都会产生不稳定的拉制力。如果拉制力过大，超过其抗拉强度，铜丝就会被拉断，反之，如果拉制力过小，就会使线径不均匀或不能达到所要求的真应变。所以，设备的稳定对于键合丝的拉制有极其重要的影响。另外，如果设备精度低，也会导致拉制过程中的断线和质量的不稳定。坯料的影响如前文所述，此处不再赘述；

2）模具

拉丝模由模套、模芯两部分构成，如图 4-52(a)，二者之间采用过盈配合，以达到补强的作用，否则在拉拔高强度的线材时，容易导致模芯破裂。模套多由高质量钢制成，而模芯是拉丝模的关键部分，根据用料的不同，可分为天然金刚石、单晶金刚石、复晶金刚石、硬质合金等。模芯的使用寿命主要取决于它本身的用料，并与拉拔线材的类型、润滑剂的性能、模芯孔形及模具的冷却状况等因素有关，其孔形由入口区、润滑区、工作区、定径区和出口区 5 部分组成，如图 4-52(b)所示。

(a)

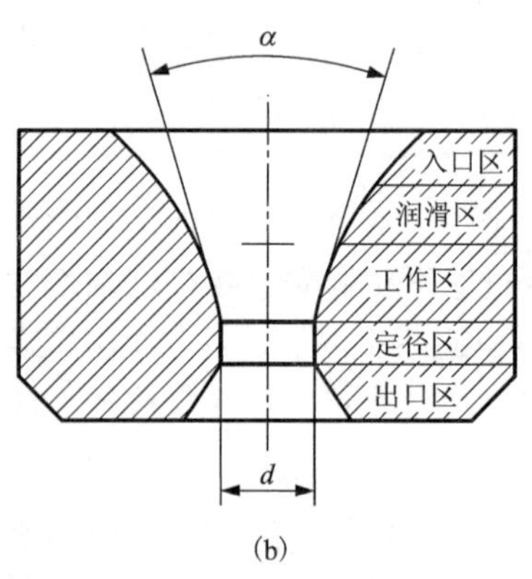

(b)

图 4-52　拉丝模具及其模芯孔形

(a)拉丝模具；(b)模芯孔形机构

①入口区：其作用是将线材导入拉丝模。线材进入拉丝模时，应尽可能保持平直，以防止线材产生不均匀应力，从而影响键合丝性能。

②润滑区：其作用是在拉拔时导入润滑液。为在铜丝表面形成更厚的润滑涂层，润滑区表面不须抛光处理，以增加润滑压力。

③工作区：是模芯构造中至关重要的部分，线材表面润滑层的形成和全部塑性变形都在

此区进行，模具的工作效率也取决于工作区的几何形状和面积，因此必须确保工作锥角的加工精度和表面光洁度。工作区应加工成直线形，其表面不得有弧形过渡或圆滑过渡，且工作锥角与定径区应保持在同一轴线上，模芯外径和模套内径应保持同心，以防止线材拉拔中出现的椭圆现象。拉制线材时工作区角度应严格控制，角度太大，则线材变形速率加快，并产生大量热，容易导致润滑失效及冷却不良，影响线材的组织结构，并加剧模具消耗；工作区角度太小，则导致进线接触点靠近工作区上端，使变形区相对加长，使拉丝机对铜丝产生的残余功增多，产生大量热，加大拉丝机功耗。一般情况，拉制单晶铜键合丝时，对于 0.5 mm 以上的粗线模，其工作区角度 3°～5°为宜，于 0.05 mm 以下的细线模，其工作区角度 4°～6°为宜。

④定径区：其作用是控制拉拔线材的直径、圆度、平直度及表面质量。定径区须严格控制尺寸公差，其表面须经过抛光处理，且与工作区和出口区的交界面相互平行。定径区的长度主要由拉拔的材料决定，在单晶铜键合丝拉制过程中，一般取线径的 60%～80%。

⑤出口区：出口区为锥形，其目的是为了强化模具出口，防止模芯破碎。出口区要求进行抛光处理，并要求与定径区有轻微平滑的过渡，否则线材在拉拔时会刮伤其表面并产生大量的金属碎屑，污染润滑液，并可能阻塞下一道模具入口，造成后续的拉拔润滑失效。在单晶铜键合丝拉制过程中，出口区锥角一般取 2°～6°。

模具不光洁或圆整度不够会造成键合丝表面严重缺陷，应对模具进行抛光并严格保证其圆度。粗拉模具，其表面粗糙度 Ra 应达到 0.025，中拉及细拉模具的表面粗糙度 Ra 应高于 0.025。模具应至少每天检查一次，特别是最后一道成品模，要严格保证其压缩区、定径区的圆整度和光洁度。此外，要保持拉丝塔轮、导向轮、收线盘等部件高度光洁和转动灵活，表面粗糙度 Ra 高于 0.025，如有损伤应及时更换或抛光。

3）配模

单晶铜键合丝拉制配模应符合“秒流量相等”规律，这是连续拉伸的一个基本要求。在拉伸进行中，线在各塔轮上的卷绕圈数和鼓轮间的距离都固定不变，故任一瞬间或任一秒钟内通过各模孔的线材流量都必然相等。多模拉丝属于滑动拉伸，即工作中拉丝轮与所拉丝段之间有相对滑动，而非同步，根据体积不变原理，丝料在穿过拉丝模孔后其长度会加长，故必须使塔轮线速度大于拉丝速度，才能产生向前的滑动摩擦力来拉拔丝段，所以必须按要求配模才能实现稳定拉伸。

4）润滑剂

铜丝拉制过程中，线材与模具及塔轮之间的摩擦力和拉伸力较大，导致线材温度升高而发生局部热处理，直接影响了线材质量，同时使润滑剂的作用变坏。因此，拉制过程中的温度控制很重要，而良好的润滑剂是控制线材拉丝温度、提高拉线速度的关键。此外，使用润滑性能优良的拉丝润滑剂，还能增加金属的变形程度、减少断头率、减少能量消耗、减少加工道数、延长模具使用寿命等。由于铜丝材的硬度和强度较大，故对润滑剂的要求较高，主要有如下方面：

①应与模具和线材表面有较强的吸附性能，油溶性好、稳定性高。

②有一定黏度，要保证在负荷条件下有足够厚的油膜，大幅度减少模具与金属线材的直接接触，减小摩擦系数，降低发热量及动力损耗。

③应有利于清洁和过滤：单晶铜键合丝成品要求高度清洁，应选用杂质少、加热后易挥

发、热处理后能达到良好光亮退火处理效果的润滑液。此外，若润滑液中含有杂质、铜屑等，会对模具和线材的表面造成很大影响，须坚持每天更换润滑液，清除水箱污染物。

④ 浓度控制：润滑液浓度过低，起不到润滑的目的，将增加模具的磨损，并造成键合丝表面出现划痕、沟槽等缺陷；浓度过高，则会堵塞拉丝孔、增大拉制力、易造成线材表面缺陷及污染。单晶铜键合丝拉制一般采用水性润滑剂，用去离子水稀释至4% ~8%。

5）生产环境

随着集成电路的发展对环境要求越高，键合丝本身洁净程度的影响也愈显重要。空气中尘埃微粒通过拉丝机润滑液、丝轴、导轮等介质附着在丝材表面，当丝材通过模具时就会镶嵌于其表面，当微粒直径与丝材直径达到一定的比例时（一般为1/3）就会产生断丝，或严重降低键合丝性能。所以，在拉制键合丝时，厂房须为超净厂房。

（3）键合丝拉制实例

以制备的ϕ16 mm单晶铜杆为原料拉拔制备ϕ0.025 mm键合丝，可通过轧制、大拉、中拉、小拉、微拉加工，按照表4－40所列流程配模。

表4－40 键合丝加工过程配模表

工艺	配模工艺流程的加工变化量/mm（模孔直径ϕ/mm）
轧制	16.0→15.5→14.1→12.8→11.6→10.5→9.5→8.6→8.0
大拉	8.0→7.8→7.0→6.3→5.6→4.9→4.3→3.9→3.4→3.0
中拉	3.000→2.687→2.379→2.107→1.865→1.652→1.463→1.295→1.140→1.130
小拉	1.130→1.045→0.950→0.865→0.800→0.740→0.673→0.525→0.486→0.449→0.415→0.383→0.354→0.327→0.302→0.279→0.258→0.239→0.221→0.204→0.189→0.175→0.162→0.150→0.139→0.129→0.119→0.110→0.102→0.094→0.087→0.083
微拉	0.0800→0.0772→0.0726→0.0683→0.0643→0.0605→0.0570→0.0537→0.0506→0.0477→0.0450→0.0424→0.0400→0.0377→0.0356→0.03560→0.03426→0.03302→0.03183→0.03071→0.02964→0.02962→0.02862→0.02765→0.02672→0.02584

5．热处理

单晶铜具很好的塑性特性，可以从ϕ8 mm一直拉拔至ϕ0.02 mm，但经过数道工序及大变形量的拉制后，线材的加工硬化显著，使得超微细铜线的拉制变得较为困难，过高的加工硬化还会造成拉制模具的严重损伤，使生产效率降低、线材质量不稳定。因此，一般情况下，须对键合丝进行低温退火，不仅能消除过度的加工硬化，也有助于产品获得较高强度及延伸率。

热处理分为中间热处理及成品热处理。铜属于活泼金属，键合丝表面的少量氧化可以使键合后产品的可靠性降低60%，故单晶铜键合丝宜采用气体保护光亮退火。

（1）中间热处理

经过中间退火丝材的优点不仅表现在具有良好的塑性成形加工能力，还表现在提高最终热处理后丝材的力学性能。表4－41为未经中间退火以及在ϕ60 μm时进行500～580℃中间退火后，丝材的加工性能对比。

表 4－41　中间退火工艺对丝材加工性能的影响

进口线径/mm	出口线径/mm	拉丝速度/(m·min^{-1})	断线长度/ ×10^4 m	
			未退火	退火后
0.084	0.06037	70 ~ 140	—	—
0.06037	0.04423		—	—
0.04423	0.0324		>1.5	>2
0.0324	0.02512		0.4 ~ 1	>2
0.02512	0.02003	60 ~ 140	0 ~ 0.4	>1.5

可以看出，通过中间退火后，可以明显改善塑性变形能力，大幅度提高丝材成材率，尤其是对于制备 ϕ20 μm 以下产品时，效果明显。

(2) 成品热处理

成品热处理温度对产品的破断力、伸长率、电阻率等有重要影响，随着退火温度升高及时间增加，其破断力降低、伸长率加大、电阻率降低，如图 4－53 和图 4－54 所示，分别为 ϕ25 μm 丝材的力学性能和电阻率随退火工艺的变化。

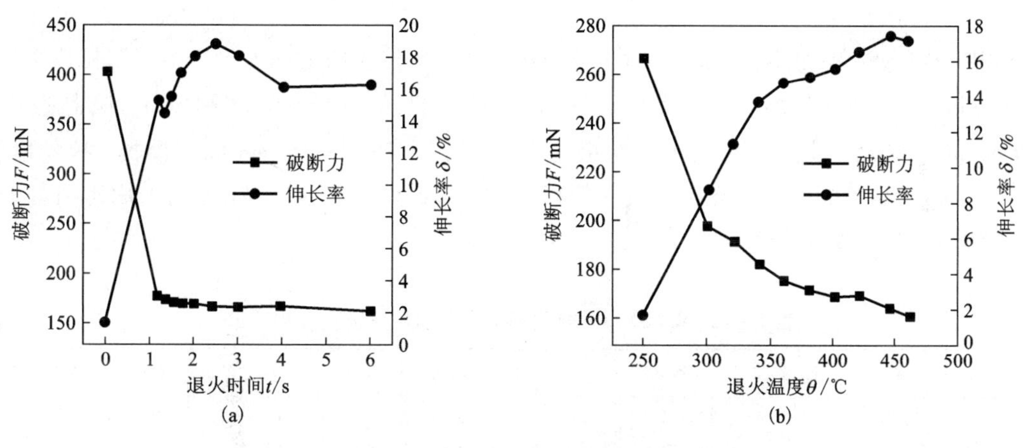

图 4－53　25 μm 铜键合丝力学性能随退火工艺变化

(a) 退火温度：420℃；(b) 退火时间：1.6 s

铜键合丝的优良性能是多个因素相互作用的结果，其中，线材热处理后的机械性能与拉拔速度、配模比和总压缩变形量有着相对重要的关系，合理处理好三者的关系非常重要。配模比不合理，道次变形量过大，会造成丝材热处理后机械性能差，断线率高；总压缩变形量过大，会造成丝材硬度大，脆性高，难于塑性加工成型，并且对热处理后成品的性能也有不利影响。一般情况下，须进行中间退火，并要求试验者用实验方法测定中间退火程度，合理处理好拉拔速度、配模比、总压缩变形量和中间退火程度四者的关系，做到既使断线率减至最小，又使退火后的成品延伸率达到要求，且产丝效率保持较高水平。

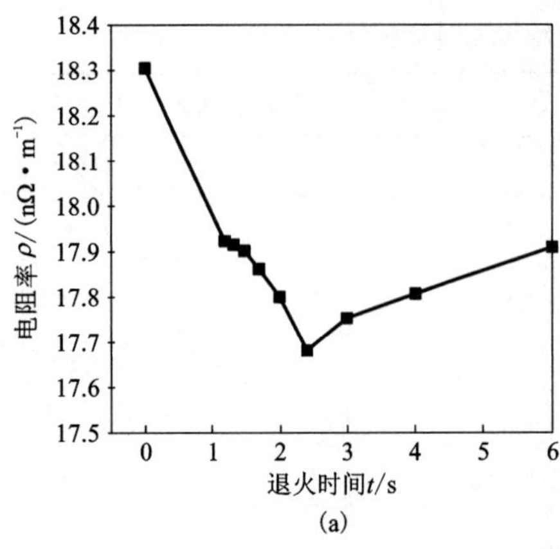

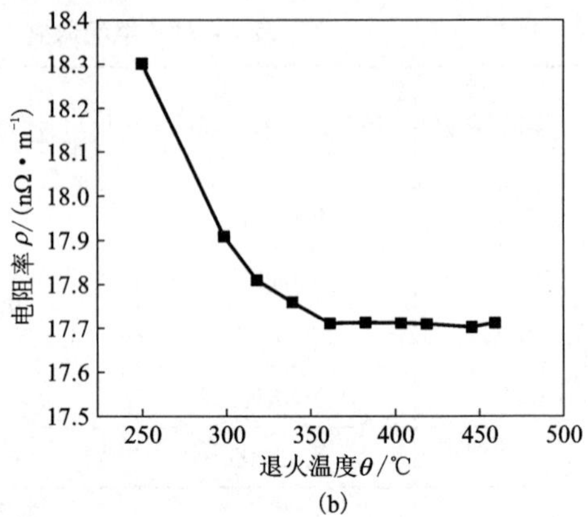

图 4-54　25 μm 铜键合丝电阻率随退火工艺变化

(a)退火温度：420℃；(b)退火时间：1.6 s

6. 键合丝制备全流程实例

以下为某工艺披露的键合丝制备全过程，主要过程如下：

①高真空熔炼炉(真空度 $10^{-2} \sim 10^{-4}$ Pa)熔化高纯铜(纯度 99.999%)，升温至 1180℃，精炼 20 min，熔炼过程采用高纯氩气(99.995%)保护，采用定向凝固方式拉制 ϕ8 mm 单晶铜杆。

②将 ϕ8 mm 单晶铜杆冷加工至 ϕ1.06 mm，每道次拉拔加工率为 25%，控制拉拔速度为 40 m/min；然后采用表 4-42 所列道次和延伸率配模，拉至 ϕ0.020 mm，拉制速度为 400 m/min；ϕ0.5 mm 以上模具表面粗糙度 *Ra* 达到 0.025，ϕ0.5 mm 以下模具、拉丝塔轮、导向轮、收线盘等部件高度光洁，表面粗糙度 *Ra* 高于 0.025；拉丝润滑剂采用水溶性润滑剂，浓度 0.4%，温度 42℃。

表 4-42　0.020 mm 单晶铜键合铜丝拉拔道次和加工率

道次	加工率/%	道次	加工率/%	道次	加工率/%	道次	加工率/%	道次	加工率/%
1	17.78	15	15.42	29	13.27	43	11.36	57	9.24
2	17.77	16	15.27	30	13.19	44	11.21	58	9.14
3	17.59	17	15.10	31	12.86	45	11.05	59	9.19
4	17.52	18	14.58	32	12.79	46	10.87	60	8.93
5	17.27	19	14.19	33	12.65	47	10.71	61	8.62
6	17.20	20	13.91	34	12.44	48	10.42	62	8.42
7	16.96	21	13.82	35	12.36	49	10.24	63	8.18
8	16.93	22	13.79	36	12.54	50	10.11	64	7.99
9	16.77	23	13.72	37	12.56	51	9.98	65	7.75
10	16.44	24	13.66	38	12.34	52	9.82	66	7.59
11	16.41	25	13.62	39	12.15	53	9.72	67	7.48
12	16.24	26	13.59	40	11.93	54	9.59	68	7.23
13	15.94	27	13.56	41	11.77	55	9.48	69	7.21
14	15.45	28	13.55	42	11.56	56	9.34	70	7.14

③超声波清洗 $\phi0.020$ mm 铜丝表面，清洗介质为无水酒精，超声波功率 30 W，频率 20 kHz。

④将 $\phi0.020$ mm 单晶铜丝在退火复绕设备上进行热处理，温度 410℃，时间 0. 7 s，热处理过程采用 H_2 + Ar 保护，H_2 及 Ar 流量分别为 0. 55 L/min、0. 5 L/min；退火复绕的张力为 0. 6 g。

⑤真空吸塑包装，真空度 $10^{-2} \sim 10^{-4}$ Pa。

第 5 章 铜合金制品的生产技术与装备

5.1 艺术铜合金制品及性能

5.1.1 概述

在所有的金属中，只有铜及其合金具有色泽多样性。如铝及其合金、钛及其合金、镁及其合金和钢铁材料，色彩都比较单一。而铜及其合金却有变幻多彩的色泽。如纯铜为紫红色，Cu－Zn 合金为黄色，Cu－Ni 合金为白色，其他合金为不同程度、各种层次的青色。而且随着合金元素加入量的变化，其色泽也随之发生了变化。如普通黄铜，当锌含量在 10% 以下时基本为浅紫色，当锌含量大于 15% 时即为棕黄色，当锌含量达到 30% 以上时即为金黄色，当锌含量达到 40% 以上时即为浅黄色。

铜及其合金的色泽很符合人们的审美观念和情趣，如纯铜的紫红色给人以端正、典雅、朴实、厚重的感觉，因而纯铜被称为太古铜。黄铜 H65、H68 的黄色如同 18K 金，黄灿灿、金闪闪，给人以华丽、高贵的感觉。而白铜 B30、B19、BZn15－20 则浑白如银，鲜亮、光洁，甚至有些冷艳清辉。铜及铜合金经过不同的腐蚀工艺处理，还可形成更多具有艺术气息的色彩，如古铜色等。正是因为铜及其合金这些天然、美妙的色泽而被，广泛地用作装饰和艺术材料。

艺术用铜合金可用来制造雕像、装饰物、纪念物、货币、工艺品等。这类合金具有美丽的光泽和良好的耐大气腐蚀性能，可以通过表面处理的办法获得人们所希望的颜色。广泛使用的艺术铜合金有锡铅青铜、锰青铜、铝青铜等，贵重的艺术铜合金还有铜镍锌白铜和仿金铜合金等。

艺术铜合金的发展趋势可以总结为以下几点：

①研究满足各种颜色需求的艺术铜合金，比如玫瑰红、金黄色、银白色、青色等合金，打破了铜雕像使用锡青铜单一品种的局面。

②不断地提高艺术铜合金的耐蚀性能，特别要防止制造过程中的应力腐蚀，降低应力敏感性，还要防止其他局部腐蚀；在合金元素中添加防蚀元素；研究海洋气氛下的大型铜像用艺术铜合金。

③研究和改进精密造型、树脂砂型造型、黏土砂造型工艺，以及提高铜像表面铸造质量的方法及所用涂料等。

④研究大型和特大型铜工艺品及人物雕塑电焊、熔焊、应力消除和焊缝质量检查方法等。

⑤研究脱脂剂、保护涂层和涂层方法等，以提高保护效果，延长保养时间。

5.1.2　古代常用的艺术铜合金制品

艺术铜合金按照合金成分可以分为紫铜、黄铜、青铜和白铜。紫铜具有古铜色、朴实、大方、庄严的特点，韧性好，焊接性能优良，多用作雕塑、人物雕像。黄铜具有华贵艳丽的金黄色，常用作饰品，富丽堂皇、高贵典雅。青铜具有青靛色，耐蚀性好，用作器皿，稳重耐久。而白铜具有银白色光泽，多用作餐具、乐器、纪念品，显得高洁清新。

1. 紫铜制品

艺术用紫铜主要有 T2、T3 和 TP2 三种。它们的成分、物理性能、工艺性能与加工铜一样。常用作铸造小型雕像、景泰蓝和镶嵌装饰品的胎坯、钱币和器皿。紫铜板可作铜板画、大型浮雕等。

2. 黄铜制品

艺术黄铜色如黄金，常作金箔、金粉的替代品，得到广泛使用。如大明宣德年制黄铜点金香炉。艺术铸造黄铜的牌号、化学成分及含量列于表 5－1。含锡 20% 的黄铜经过研磨会显现出美丽的晶粒，在艺术品加工中称此工艺为“点金”。

表 5－1　铸造艺术黄铜的牌号、化学成分及含量(质量分数)

合金	Cu/%	Zn/%	Sn/%	Al/%	Pb/%	Mn/%	色泽
ZCuZn6Al0.5P	余量	4～8	—	0.4～0.7	0.1～0.3(P)	—	金黄
ZCuZn12	87～89	余量	—	—	—	—	
ZCuZn12Al	87～89	余量	—	1.0～2.0	—	—	
ZCuZn24Sn1Pb3	70～74	余量	0.5～1.5	—	1.5～3.5	—	
ZCuZn27Mn3Pb2Sn	余量	25～30	0.3～0.5	—	2.0～3.0	2.5～4.0	
ZCuZn30	68.5～71.5	余量	—	—	—	—	
ZCuZn33Mn2Pb	余量	32～34	0.3～0.5	—	0.5～1.0	1.5～2.7	
ZCuZn35Sn1Al	64～66	余量	0.5～1.5	0.2～0.4	—	—	
ZCuZn38Sn1Pb1Al	58～64	余量	0.5～1.5	0.5～1.0	0.8～1.5	—	
ZCuZn38Al1Mn	57～62	余量	—	0.25～0.5	—	0.1～1.0	银
ZCuZn20Mn20Sn1Al	55～61	17～23	0.5～2.5	0.25～3.0	—	0.1～2.0	

3. 青铜制品

(1)锡青铜

艺术锡青铜中最主要的是铸造锡青铜，牌号、化学成分及含量见表 5－2。艺术青铜的锡含量一般小于 20%，其组织为 $\alpha+(\alpha+\delta)$ 相。α 相是锡在铜中的固溶体，面心立方晶格。δ 相为复杂六方晶格的 $Cu_{31}Sn_8$ 金属间化合物，其共析分解十分缓慢，硬而脆，故能提高强度和耐磨性。砂型铸造时如果锡含量为 7%，金属型铸造时如果锡含量为 5%，就会出现 δ 相。锡含量过多则导致着色困难。而含锡 5% 以下时为单一 α 相，易于着色。锡青铜因其结晶温度范围宽，易产生疏松和补缩困难。锡青铜耐蚀性优良，表面产生 SnO_2 薄膜，能起很好的保护作用。同时，α 相和 δ 相的电位相近，微电池作用很微弱。

1）像用锡青铜

锡含量一般不超过10%。古代著名铜像（佛）的化学成分及含量见表5－3。

表5－2　艺术锡青铜的牌号、化学成分及含量（质量分数）

合金	Sn/%	Al/%	Zn/%	Pb/%	Mn/%	Cu/%
ZCuSn2Zn3	1.8～2.2	—	2.5～3.5	—	—	余量
ZCuSn3Al2	2.5～3.5	1.5～3.5	—	—	—	余量
ZCuSn12Mn1	10～15	—	0.15～0.25	0.2～0.3	1.0～1.25	余量
ZCuSn18	17～19	—	—	—	1.0～2.0	余量

表5－3　古代著名铜像（佛）的牌号、化学成分及含量（质量分数）

合金	Cu/%	Sn/%	Fe/%	Ni/%	Zn/%	Pb/%
希腊古铜像	84～88	9.0～14.3	0.4～1.2	0.34	—	—
罗马古铜像	72～80	7.3～9.0	0.3～1.2	0.35	—	10～19
日本奈良大佛	91～95	1.46～2.46	0.95～1.43	0.28	—	—
中国天坛大佛	86～89.2	7.5～9.0	—	—	3～8	—

2）钟用锡青铜

锡含量一般在13%～25%之间，含量偏低时（5.5%～12.5%），基音强度弱，其他分音的强度也弱，而第二分音特别强，音色单调、尖锐刺耳。锡含量过高（超过25%）时冲击韧性太差，不堪撞击。通常钟用锡青铜不宜加铅，因为铅的衰减能力大、抑振。但是，我国铜钟中往往加有0.6%～1.95%的铅，并发现当锡含量在13%～14%时，少量的铅对基频影响很小，而且会适当改善音色。我国古铜钟的化学成分及含量见表5－4。

表5－4　我国古代铜钟的化学成分及含量（质量分数）

钟名及文献	Cu/%	Sn/%	Pb/%	其他/%
《考工记》钟鼎之齐	83.4	16.6	—	—
永乐大钟	80.54	16.4	—	—
《天工开物》钟条	93	8.5	—	Au、Ag少量
《明实录》朝钟制度	81.2	5.4	—	Fe：13.4，Au、Ag少量

3）镜用锡青铜

镜用锡青铜的锡含量很高，有的高达30%，基本上是单一的 δ 相，非常脆。高锡青铜有很高的硬度，研磨后可获得极光滑的表面。我国古代铜镜的化学成分及含量见表5－5。

表5－5　我国古代铜镜的化学成分及含量（质量分数）

年代	Cu/%	Sn/%	Pb/%	Fe/%	其他/%
战国以前	66 ~ 71	19 ~ 21	2 ~ 3	—	—
	66.3	21.99	3.36	—	—
	71.4	19.62	2.69	—	—
	74	25	1	—	—
汉魏时代	73	22	5	—	—
	70	23.25	5.18	—	1.0
	67.82	22.35	6.09	—	4.15
隋唐时代	69.55	22.48	5.86	—	—
	70	25	6.08	—	—
宋代以后	69	12	14	5	—
	69	8	15	6	—

4)鼓用锡青铜

鼓用锡青铜和其他青铜器一样，是铜、锡、铅三元合金，我国古代典型铜鼓的化学成分及含量见表 5 - 6。

表 5 - 6　我国古代典型铜鼓的化学成分及含量(质量分数)

出土地点	Cu/%	Sn/%	Pb/%
石家坝	87.55 ~ 95.63	4.64 ~ 6.97	—
石寨山	77.45 ~ 85.43	—	0.37 ~ 4.00
冷水冲	62.43 ~ 74.03	6.88 ~ 14.96	14.50 ~ 27.44
遵义	66.90 ~ 84.06	6.33 ~ 7.10	7.30 ~ 19.50
北流	61.78 ~ 70.45	6.16 ~ 14.24	9.94 ~ 23.0
灵山	60.12 ~ 70.56	8.84 ~ 12.80	7.60 ~ 19.76
麻江	63.85 ~ 82.73	9.22 ~ 12.16	0.73 ~ 6.90
西盟	70.12	2.22	23.36
容县	82.05	7.36	5.8

5)币用锡青铜

币用锡青铜也是铜、锡、铅三元合金，但成分不稳定。明清以后多用紫铜和黄铜。我国古币的化学成分及含量见表 5 - 7 所示。

(2)铝青铜

铝青铜与锡青铜相比有更多的优点：材料表面有一层可以自愈的 Al_2O_3 保护膜，在大气和海洋环境中有很高的耐蚀性能。强度高、抗冲击，而且价格便宜。常温下铝在铜中的极限溶解度为 9.4%。合金中铝含量超过固溶极限后会出现 γ 相，它硬而脆，且会在 565℃ 以下温度发生缓冷脆裂，导致铸件裂纹。而加入锰、铁、铅、镍可以抑制这种现象。铸造铝青铜的牌号、化学成分及含量见表5－8。

表5－7 我国古币的化学成分及含量(质量分数)

年代	名称	Cu/%	Sn/%	Pb/%	Zn/%	Fe/%
战国	布币	70.42	9.92	19.30	—	—
	齐刀	55.10	4.29	38.60	—	1.00
	明刀	45.05	5.90	45.82	—	2.00
新莽	大泉五十	86.72	3.41	4.33	4.11	0.13
	货泉	77.53	4.55	11.99	2.03	1.46
	小泉直一	89.27	6.39	0.37	2.15	1.50
西汉	吕后八铢	61.23	9.83	25.49	1.55	1.54
	文帝四铢(1)	92.66	0.27	0.43	2.82	0.28
	文帝四铢(2)	70.77	8.19	12.50	2.66	2.80

表5－8 铸造铝青铜的牌号、化学成分及含量(质量分数)

合金	Al/%	Fe/%	Mn/%	Cu/%
ZCuAl9Mn2	8.0~10.0	—	1.5~2.5	余量
ZCuAl9Fe3	8.0~10.0	2.0~4.0	—	余量
ZCuAl10Mn2Fe3	9.0~11.0	2.0~4.0	1.0~2.0	余量

4. 白铜制品

白铜色泽为银白色，光泽艳丽，含锌20%左右的白铜常用来制造钱币和奖杯、奖牌，是白银的理想替代品。这些合金硬度较高，刻印时磨耗少，易于加工。加锌白铜最接近银色，具有很好的加工性能和耐蚀性，是制造餐具、乐器和装饰品的理想材料。常用艺术白铜的牌号、成分及含量见表5－9。

表5－9 常用艺术白铜的牌号、化学成分及含量(质量分数)

合金	Cu/%	Ni/%	Zn/%	Sn/%	Pb/%	Fe/%	Mn/%	Si/%
ZCuNi12Zn20Pb10	余量	11~14	17~25	1.5~3.0	8~11	1.5	0.5	0.5
ZCuNi16Zn16Sn3Pb5	58~61	15.5~17	余量	2.5~3.5	4.5~5.5	1.5	0.5	—
ZCuNi20Zn5Sn4Pb4	余量	9~21.5	3~9	3.5~4.5	3.0~5.0	1.5	1.5	0.15
ZCuNi250Zn2Sn5Pb2	余量	24~27	1~4	4.5~5.5	1.0~2.5	1.5	1.5	0.15

5.1.3　常用艺术铜合金的工艺性能和使用性能

1. 锡青铜

(1)锡青铜的使用性能

1)锡青铜的耐腐蚀性能

锡青铜具有非常优良的抗大气腐蚀能力，能经受高温、高湿度及含有城市废气、酸雨的侵蚀。锡青铜长期暴露于大气中时，先生成 Cu_2O，随着时间的推移逐步形成 $CuCO_3$、$Cu(OH)_2$ 保护膜，阻止了合金继续腐蚀。锡青铜在各种大气中的腐蚀速率：普通大气中为 0.001 mm/a；海滨大气中为 0.002 mm/a；工业大气中为 0.002 ~ 0.006 mm/a，可见腐蚀速率甚小。

露天的大型铸造艺术品，由于日照、温差和焊接所形成的应力，在有腐蚀性的大气中，就有可能使铸品产生应力腐蚀而开裂，而锡青铜无应力开裂倾向。

2)锡青铜的音响效果

锡青铜具有浑厚、悦耳的音响效果。研究表明，锡青铜中的合金元素对音响有明显的影响，含锡 9%、锌 6%、其余为铜的合金具有最佳的声学性能，与含有锡 13% 的二元锡青铜相比，具有更好的音色，更好的内耗和音频，是理想的响铜材料。在锡含量低于 18% 时，锌和锡的加入增大合金的晶格常数，降低基频和内耗。

锡青铜中加铅对音响有阻尼作用，但可调整音色，所以一般响铜材料不加铅。

(2)工艺性能

1)铸造性能

锡青铜凝固区间较大，液态金属氧化倾向很小，因此铸造工艺简单，薄壁板形铸件采取垂直顶注，即便落差很大，铸品内部也不会产生氧化夹杂物。锡青铜线收缩率比黄铜小，为 1% 左右，因而对最后需要拼装的大型铸造艺术品，不会造成很大的收缩变形，从而保证了铸品的整体形象。锡青铜不会造成集中缩孔，但有分散性缩孔存在，因而具有薄壁效应，壁厚越薄金属组织越致密，力学性能越高，所以大型铸造艺术品，多采用 8 ~ 10 mm 壁厚。锡青铜具有热裂倾向，因此在铸造工艺上必须采取预防热裂的措施。

2)焊接性能

锡青铜的焊接性能虽然不如铝青铜、硅青铜，但仍属可焊合金。实践表明，采用氩弧焊是可焊接的。含铅的锡青铜，对铸造流动性虽有一定的提高，但对焊接工艺是不利的。

3)可加工性能

锡青铜机械加工性能良好。大型艺术铸品用壁板拼装而成，难免要进行局部校正。锡青铜表面可修饰性很好，很多大型铸品上微细的线条都是采用雕刻而成的。

4)可着色性能

锡青铜的着色性能虽不如黄铜，但也是可以着色的，能着色成棕红色、绿色、黑色等颜色，着色后颜色经久不褪。

2. 黄铜

(1)黄铜的使用性能

1)黄铜的耐腐蚀性能

黄铜在高温度、高湿度和盐雾大气中耐腐蚀性能很差，在流动的海水中还会产生脱锌腐蚀。在潮湿大气、特别是含氨和 SO_2 的大气中，黄铜有应力腐蚀开裂倾向。

2)黄铜的音响效果

黄铜的音响效果很差，无悦耳的音色，所以只能制作塔角风铃等铸品。

(2)黄铜的工艺性能

黄铜的凝固区间很小，因此液态金属流动性好，充型能力佳，缩松倾向小。熔炼时锌产生很大的蒸气压，能充分去除铜液中的气体，故黄铜中不易产生气孔。熔炼温度比锡青铜低，熔铸均较方便。

艺术铸造用黄铜，采用铜锌二元合金较少，一般采用含铜 80%、锌 17% 中加硅 3%，硅能提高锌含量，降低黄铜的液相线，进一步提高液态金属的充型能力。

黄铜的焊接性能很好，通常采用气焊。

黄铜的切削性能很好，能经受校正、打磨、修饰等操作。

黄铜的化学着色性能比锡青铜好，能在各种色液中着色成棕红色、红色、绿色、黑色等古色古香的颜色，还可着色成金色。

5.1.4 现代仿金材料

1. 化学成分

随着物质文化生活的进步和审美情趣的变迁，人们越来越需要具有黄金般色泽的雕塑制品，为此采用贴金和鎏金等方法。这种方法工艺复杂，价格昂贵。因此研制具有美丽金黄色、优良耐蚀性和良好工艺性能的仿金铜合金，对艺术事业来说，是非常有益的。近年来，仿金材料(亦称亚金合金)有重要发展，表 5-10 列出了世界上较典型的仿金铜合金材料。

表 5-10 世界上较典型的仿金铜合金材料

序号	材料名称或来源	名义组成及含量(质量分数)/%	特性	备注
1	俄仿金材料	Cu-14.5Zn-0.5Al	18K 金色，抗变色性及加工性较好	
2	中国仿金材料 1	Cu-(8~20)Zn-(0.6~2.0)Sn	18K 金色，抗变色性及加工性较好	少量铟、铈
3	中国仿金材料 2	Cu-(8~30)Zn-(2~10)Al-(1.5~10)Ni	24K 金色，抗变色性及加工性良好	少量硅、铼
4	德国，马克币	Cu-10Zn-9Ni	淡金黄色，抗变色性及加工性较好	
5	英国，20 先令币	Cu-6Al-2Ni	金黄色，抗变色性及加工性较好	
6	德国专利	Cu-(1~7)Al-(1~7)Sn	金黄色，抗变色性及加工性较好	
7	中国装饰铜	Cu-8024Al-0.8Co-0.28Ni	淡金黄色，抗变色性及加工性较好	
8	日本、专利	Cu-6.6Al-3.7Ni-1.9Mn-(0.4~3.3)Cr	金黄色，抗变色性及加工性较好	

铝青铜表面有一层致密的 Al_2O_3 保护膜，且能自动修复(自愈)，故其耐蚀性优于一般青铜和黄铜。铝是铝青铜系列仿金材料的基本调色元素。当铝含量小于4%时，合金呈红黄色；当铝含量为4%~6%时，合金呈金黄色；而当铝含量大于6%时，合金呈黄绿色。合金元素铟属于强阴极活性元素，易形成 In_2O_3，可以大大提高合金的防表面变色能力。根据以上研究分析，在铝青铜中添加少量锌、镍、锡和稀土元素，充分利用铝青铜的耐蚀、抗冲击性，能

进一步改进铝青铜的色泽和加工性能，降低成本。其中洛阳铜加工集团有限责任公司研制的18合金和造币材料QAl5－5－1最为著名。合金成分及含量见表5－11。18合金添加有铟(In)，色泽酷似18K黄金，并有极高的耐蚀性、优良的冷热加工性能和焊接性能，成为巨型佛像、城市纪念性雕塑的首选材料。铝青铜QAl5－5－1具有良好的加工性能和耐蚀、耐磨性能，色泽金黄，被选作冲制欧元硬币材料。

表5－11　新型仿金材料的主要成分及含量(质量分数)

合金	Cu/%	Al/%	Sn/%	Zn/%	Ni/%	In/%
18合金	余量	3.0~5.0	—	—	1.5~2.5	0.2~1.0
QAl5－5－1	余量	4.0~6.0	0.5~1.5	4.0~6.0	—	—

18合金仿金材料其色泽可与18K黄金相媲美，并成功地用于普陀山观音大佛和九华山大佛，前者像高(含莲花底座)20 m、重约70 t，后者像高99 m、重约1000 t。

(2)工艺要求

1)熔炼与铸造

合金可用新金属或金属回炉料，感应电炉熔炼，覆盖木炭加冰晶石，浇注温度为1180~1250℃，异型树脂砂，为适应浇道漫长的需要，铸造温度提高至1250~1300℃。浇注速度要快些，半连续铸造速度为3.5~5 m/h。

2)塑性加工

仿金材料作为艺术铜合金，不但要满足异型铸造产品的需要，而且要制成压力加工制品，如锻铜雕像用板材，焊接用焊丝等。经过工艺试验得到仿金铜塑性加工制品的工艺流程如下：

①板材加工工艺流程：铸锭ϕ120 mm×640 mm→煤气加热920~950℃→ϕ850 mm×1500 mm轧机，热轧至8 mm→冷却→650℃退火→冷轧→2.0 mm板。

②焊丝加工工艺流程：ϕ145 mm×300 mm铸锭→煤气加热920~950℃→1500 t水压机，挤压至ϕ16 mm→拉伸→650℃退火(两次退火间断面收缩率<50%)→直径ϕ3.2 mm、ϕ1.0 mm焊丝(条)。

3)焊接

根据仿金铜合金含铝易氧化和吸气的特点，选用具有保护性气氛和清除氧化膜用的氩弧焊(MIG/TIG)设备焊接是比较合适的。与一般结构件焊接不同的是，仿金铜合金焊接必须保证焊缝和基体颜色完全一致，因此要控制焊接时铝元素的烧损。通过对焊丝成分和焊接工艺参数的调整，保证了焊缝的颜色，提高了焊接质量。

对于大型雕像，采用氩弧焊，使用直径1 mm焊丝，送丝速度60 m/h，根据壁厚可选择双面焊或单面焊双面成形。

4)腐蚀保护

仿金材料本身有较好的耐蚀性，但用于大型露天雕塑，为达到长久保光、防腐的目的，进行适当的保护是必要的，有机涂层是一种有效、可行的办法。这种有机涂层要满足以下条件：透明；与仿金铜不发生化学反应；耐海洋性气氛侵蚀；寿命长。

常用的配方为：基体材料 + 稀释剂 + 铜缓蚀剂，基体材料为丙烯酸聚氨酯，稀释剂主要为环己酮和醋酸丁酯，苯并三氮唑(BTA)为缓蚀剂。

5.2 船用铜合金螺旋桨

5.2.1 概述

目前，舰船主要靠涡轮机或柴油机驱动螺旋桨推进，故螺旋桨是舰船的重要部件之一，其结构见图 5 - 1。螺旋桨由桨叶和桨毂两部分组成，曲面形状复杂，为了减少水流的阻力，可以在桨毂后端加一个整流罩，与桨毂形成光顺流线形体，称为毂帽。桨叶由叶面和叶背组成，桨叶和桨毂相连的地方称为叶根，远离桨毂的一端称为叶梢。当主机正转的时候，叶片上先入水的叶边称为导边，同一叶片上相对应的另一边称为随边。

目前，船舶螺旋桨根据其生产、使用和焊补等要求，材料应满足下列条件：

①机械性能高。

②耐空泡剥蚀性能好。

③海水腐蚀疲劳强度高。

④不易产生电化学腐蚀。

⑤铸造性能和机械加工性能好。

⑥易于发现裂纹并容易焊补。

⑦密度小。

⑧价格适中。

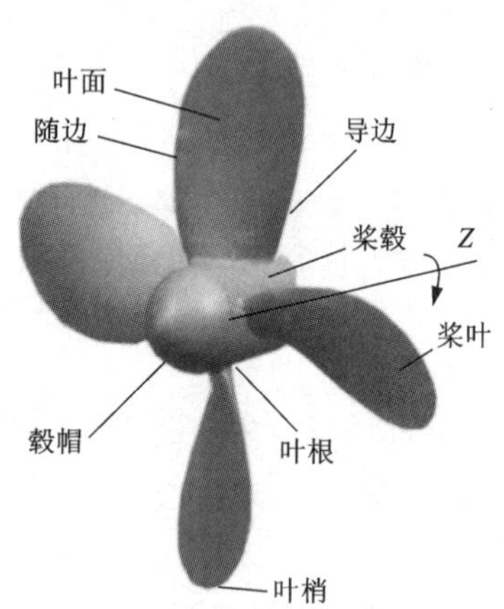

图 5 - 1 船用螺旋桨结构简图

铜合金兼具以上优点，在螺旋桨材料中居主要地位。舰船螺旋桨用铜合金，主要可分为两大类：一类是高强度黄铜，包括锰黄铜、镍锰黄铜和高铝锰黄铜等；另一类是铝青铜，包括镍铝青铜、高锰铝青铜和铍铝青铜等。

1. 锰黄铜

锰黄铜是在普通黄铜中加入一定量的铝、锰、铁、镍、锡等强化元素形成的多元系合金。锰黄铜具有强度适中、较高的延伸率和冲击韧性、一定的耐海水腐蚀性能、良好的铸造和加工性能、价格便宜等一系列优点，曾经是主要的螺旋桨材料。然而，该合金存在诸如应力腐蚀开裂倾向大、脱锌腐蚀及空泡剥蚀问题在现有成分范围内无法解决、强度有待提高、比重较大等不足，导致产品易发生腐蚀疲劳断裂、空泡剥蚀和脱锌腐蚀等事故。因此，除部分小型螺旋桨仍使用该材料外，锰黄铜正在逐渐让位于铝青铜和其他合金。

2. 镍锰黄铜

在锰黄铜中如将镍含量增至 3% 以上，则耐蚀性、耐空泡剥蚀性和腐蚀疲劳强度均会提高。日本在 1921 年研制出了含镍 8% ~9%、铁 2.5% 的 NM 黄铜，这种镍锰黄铜与锰黄铜相比，抗拉强度、延伸率和耐蚀性均有所提高，所以一个时期内曾作为螺旋桨材料使用。但是这种材料的腐蚀疲劳强度无法大幅度提高，桨叶不能太薄，密度与锰黄铜相当。因此，不能满足大型螺旋桨减轻重量的要求，加之材料较昂贵，故目前已经基本淘汰。

3. 铝青铜

1942年英国海军将铝青铜作为螺旋桨材料用于鱼雷快艇，获得了良好效果，此后在世界各地被迅速采用。铝青铜以Cu－Al为基，其组织本应由$\alpha+\beta$组成，但由于β相缓冷时至565℃时会引起β到$(\alpha+\gamma_2)$的共析转变，产生脆化现象，即铝青铜的缓冷脆性，因而使合金的力学性能和耐蚀性变坏。虽然这种共析转变速度较小，在冷却速度快的情况下不会发生转变，但对于大型螺旋桨却难以避免，必须用调整成分的方法来防止这一转变。当前世界各国主要有两种方式，即分别添加Ni＋Fe（形成镍铝青铜）或锰（高锰铝青铜），防止铝青铜的缓冷脆化。

铝青铜的抗拉强度和海水腐蚀疲劳强度比锰黄铜高，密度比锰黄铜小10%，制作同样尺寸的螺旋桨，其重量可减轻约15%；此外，铝青铜的耐腐蚀和空泡剥蚀性也比锰黄铜优异，特别是用于以高速航行于污染海域的船舶螺旋桨尤为可取。20世纪50年代，英国斯通公司率先研发出了锰铝青铜（MAB），1958年日本神户制钢研发了镍铝青铜（NAB），这种材料已成功替代锰黄铜应用于螺旋桨，80年代初实现了产业化，成为当前国际通用的螺旋桨材料，其中镍铝青铜应用最为广泛，几乎所有大型船用螺旋桨（一般指直径大于3.5 m）均采用镍铝青铜制造，图5－2为某公司生产的大型镍铝青铜螺旋桨。

图5－2　船用大型镍铝青铜螺旋桨

此外，日本日立造船公司研制出了一种被称为HZ的铍铝青铜（铝6%～9.8%，铍0.31～1.3，余量为铜），用于制造高速水翼艇的螺旋桨。HZ合金的耐空泡剥蚀性是锰黄铜螺旋桨材料的15～20倍，是普通铝青铜螺旋桨材料的3～4倍。另外，具有良好的铸造性能，可采用普通铝青铜铸件工艺进行铸造，还可制成板材、丝材及焊丝，可焊性好，可作焊补之用，是一种很有前途的螺旋桨材料。

国际著名螺旋桨生产企业有德国MMG、荷兰Wartsila、日本中岛、韩国现代重工、中国大连船用推进器公司等。表5－12为国际船级社（IACS）规定的铜合金螺旋桨材料成分标准，中国船级社（CCS）执行此标准。

表5－12　国际船级社铸造铜合金螺旋桨材料成分标准（IACS－UR－W24）

合金	化学成分及含量（质量分数）/%							
	Cu	Al	Mn	Zn	Fe	Ni	Sn	Pb
CU1	52～62	0.5～3.0	0.5～4.0	35～40	0.5～2.5	≤1.0	≤1.5	≤0.5
CU2	50～57	0.5～2.0	1.0～4.0	33～38	0.5～2.5	3.0～8.0	≤1.5	≤0.5
CU3	77～82	1.0～11.0	0.5～4.0	≤1.0	2.0～6.0	3.0～6.0	≤0.1	≤0.03
CU4	70～80	6.5～9.0	8.0～20.0	≤6.0	2.0～5.0	1.5～3.0	≤1.0	≤0.05

5.2.2 船用铜合金螺旋桨铸造

随着世界造船行业的蓬勃发展，船舶制造的吨位越来越大，船用螺旋桨的重量也随之不断增加，目前世界上最大螺旋桨的成品重量已超过 100 t。螺旋桨的生产，可分为铸造及加工两部分，即先铸造出毛坯，再进行后续加工，可分为 5 个阶段，即铸模造型、熔炼、浇铸、毛坯加工、成品检查。

1. 铸造工艺设计

在造型及熔炼、铸造之前，须做好工艺设计，按照标准和经验，确定补缩、反变形量、工艺余量等，进行浇铸系统的设计，保证金属液能平稳充型。

2. 刮板造型

(1)型砂选择

螺旋桨的砂型是浇铸过程中最重要，同时也是最脆弱的环节，铸型不仅决定铸件几何形状，而且还决定铸件的质量，不同类型的缺陷常常会导致铸件报废。因此，在浇铸超大型螺旋桨时，存在极大的风险。因此，制作砂型的型砂选择至关重要，必须满足下列条件：

①型砂必须具有很高的可塑性，以取得很高的轮廓精度和表面质量。

②对于浇铸重量超过 100 t 以上的超大型螺旋桨，要求型砂在硬化后，要有足够的机械强度，以抵御浇铸时合金液的冲击和铜液产生的抬箱力。

③铸件凝固收缩时，要具有足够退让性，以防铸件产生裂纹等重大缺陷。

④合金液进入砂型后，砂型应具有一定透气性，防止铸件产生气孔等缺陷。

④砂型要有足够耐火性。

根据以上这些要求，选用优质硅砂作原砂(成分见表 5－13)，水玻璃为黏结剂，吹入二氧化碳使其硬化，砂型表面涂刷稳定性和覆盖性好、抗裂纹性强、附着强度高的醇基快干涂料，以防止黏砂、夹砂、砂眼等表面缺陷。

表 5－13 选用优质硅砂作原砂的标准

SiO_2/%	Fe_2O_3/%	烧结点/℃	角形系数	含泥量/%	含水量/%	粒度/目
>98.8	<0.35	>1500	<1.2	<0.5	<0.5	40～70

注：10 目＝25.4 mm。

韩国现代重工公司采用液体呋喃树脂(将松木加热分解后提取)与铸造型砂混拌，然后用以制成砂模来铸造螺旋桨。采用这种新技术，该公司铸造一只螺旋桨所需要的时间从原来的两周缩短为一周，而且型砂还可继续使用。

(2)造型方法

由于螺旋桨的桨叶形状复杂，再加上超大型螺旋桨的桨叶尺寸大，因此整体造型技术十分关键。造型质量不好，不仅会造成尺寸精度不合格，而且可直接导致浇铸失败等重大事故。

螺旋桨一般采用螺距规(图 5－3)和截面样板手工造型，砂型工艺测量数据采用计算机放样，同时充分考虑铸件的变形规律及合金的收缩性能，适当增加加工余量。砂型制作完毕后，采用截面样板和纵向样板等检测工具，对叶形尺寸进行复查，确保模和型的尺寸严格控制在公差范围内。图 5－4 为某螺旋桨刮板造型示意图。

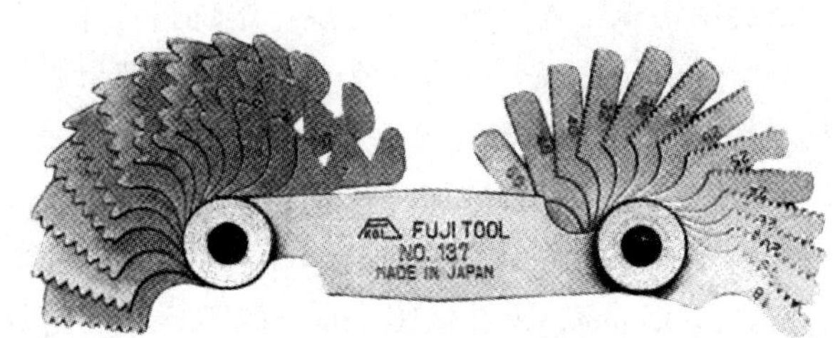

图 5－3　螺距规

铸型须承受大量铜液的涨力，且浇铸时的静压头差较大，因此，把箱工装的设计至关重要。首先要根据桨叶形状，设计上、下两种大型工艺模板，一般采用铸钢制作，上模板(盖板)用于吸力面造型，下模板(托板)用于压力面造型；其次，订做专用大型铸钢压圈和造型底板。砂型制好后，将和砂型连为一体的上、下模板合箱，并用螺栓固定紧，再将压圈压在上面，用螺栓联结压圈、底板，螺栓的数量多少按计算的抬箱力大小确定。实践表明，这种把箱工艺方法简单实用，能充分保证铸型在浇铸时的安全，防止产生跑火风险。

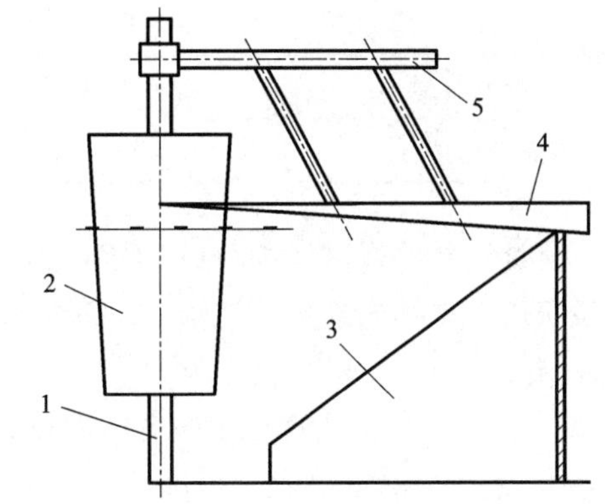

图 5－4　螺旋桨刮板造型示意图

1—芯轴；2—桨毂；3—螺距三角板；4—刮板；5—横臂

3. 铸型干燥

铸型干燥是造型的重要工序，可使砂层的残余水分达到要求，铸型干燥不好易产生气孔、氧化夹渣等缺陷。为了减少烘烤变形，采用电热风炉进行铸型干燥，铸型干燥加热方式为：100℃保温约 8 h，然后 250℃保温 24 h。热风炉的送风和金属液的走向一致，叶梢出气口开设在桨叶随边最低处，以使铸型干燥均匀。安置好浇口杯浇铸系统后，应进行第二次热风炉保温送风，型腔内温度保持在 100℃左右。

4. 熔炼

铜合金的熔炼及浇铸是螺旋桨件铸造的关键工序，对螺旋桨的内在质量有重大影响，熔炼工艺技术水平，直接关系到服役在腐蚀介质和交变负荷作用下的螺旋桨的使用寿命，由于熔炼工艺过程控制不良而所造成的螺旋桨断桨事故也是屡有发生。如果熔炼时对材料的选用、化学成分比例、熔炼温度、合金气体含量、氧化夹渣等因素控制不当，很容易造成铸件的合金元素偏析、金相组织恶化、气体含量超标、氧化渣难以上浮等不利情况发生，形成铸造缺陷，造成螺旋桨材料性能降低，严重威胁螺旋桨使用安全。因此，保证合金液的熔炼质量，是制造螺旋桨的基础。

在生产过程中，应保证配料的合金成分，选用纯度较高的电解铜、锰、铝、镍或中间合金。可使用部分成分明确的回炉料，杂质含量控制在 0.5% 以下，且回炉料用量不超过 30%。所有炉料应充分预热，保证炉料清洁、干燥，烘烤预热温度 120℃以上，对含有黏砂、锈蚀、油污的回炉料要进行除污处理。

熔炼时，炉内金属不宜过分翻滚，同时严格控制熔炼气氛为中性或微氧化性，以减少氧化和吸气。浇铸前液态金属应经脱气处理，脱气手段为向熔体中吹入干燥氮气，必要时可加入 0.5% ~1.0% 精炼剂。吹氮脱气时，将氮气管插到合金液底部，并围绕炉池来回走动，让全部合金液均能受到氮气作用，吹氮压力以合金液有气泡上浮而不产生太大翻滚为宜。吹氮合格后用钟罩压入少量六氯乙烷。熔炼过程中须进行以下检测：

①炉前化学成分分析：炉前化学成分结果必须符合规定，若发现化学成分不合格，则须及时补偿或冲淡。

②含气试验：将熔体浇入直径 ϕ90 ~ 100 mm、深 95 ~ 110 mm 的含气试样砂型模中，冷却后刮去渣子及氧化皮，观察试样。合格的含气试样应是铜液中心处向下凹陷，凹陷口的直径≥10 mm，深度≥10 mm。如不合格，则须继续进行脱气。

③炉前打冷弯实验：不同厂家对炉前冷弯角的控制会有细微差别，可参考表5－14，判断熔炼是否达到理想的浇铸点。

表 5－14　炉前冷弯角范围

材料牌号	CU1/CU2	CU3	CU4
炉前冷弯角/(°)	65 ~ 80	40 ~ 50	45 ~ 55

观察炉前打冷弯试样的断口，结晶细而致密判为合格，结晶粗大疏松者判为不合格，不合格说明熔炼未达到理想的浇铸点，须继续精炼。

5．浇铸

须严格控制熔炼出炉温度和浇铸温度，各牌号螺旋桨铜合金的熔炼及浇铸理想温度见表5－15。浇铸速度应平稳，以减少产生氧化渣，浇盆口保持充满状态，避免产生涡流而导致氧化渣。

表 5－15　螺旋桨用铜合金熔炼及浇铸理想温度

材料牌号	熔炼温度/℃	浇铸温度/℃
CU1/CU2	1050 ~ 1100	960 ~ 1040
CU3	1200 ~ 1300	1150 ~ 1220
CU4	1130 ~ 1230	1050 ~ 1130

浇铸后应在冒口加盖木炭、木屑或其他保温材料，使刚刚浇铸的螺旋桨缓慢均匀降温，以优化内部组织、减少内应力产生。由于大型螺旋桨具有非常大的厚度梯度，如桨叶叶梢厚度有的仅为20 mm左右，而叶根部厚度可达600 mm，如此大的厚度差异，必将引起冷却条件不同。为保证具有足够强度的材料组织结构，根据气候条件和铸件大小，一般要求铸件浇铸后保温10 ~ 15天。保温期间，在桨毂厚度大部位，采取通风加强冷却，以释放铸件应力，防止因非常大的厚度差以及极复杂的形状所导致的桨叶变形。

浇铸铝青铜时，由于其含有较多的铝，浇铸时极易形成二次氧化渣，所以要求合金液平稳进入型腔，防止产生紊流；浇铸系统要有挡渣和浮渣功能，在内浇口处设置集渣环，一般采用底注式浇铸。

铜合金螺旋桨主要的铸造缺陷有气孔、氧化皮和氧化皮夹渣和夹杂、冷隔裂纹、缩孔和缩松、夹砂等。预防析出性气孔、氧化皮和氧化皮夹渣的方法是减少熔炼中氢气的来源，即炉料、耐火材料、燃料、工具等均须干燥；为预防产生皮下气孔、氧化皮和氧化皮夹渣，应使铸型表面(包括浇铸系统)在浇铸前保持充分干燥状态；涂料的彻底烘干、型腔连接处平滑过渡，可防止铜液氧化；浇铸温度偏高、局部冷却缓慢易形成热裂；炉料不洁、充型速度过慢、浇铸温度偏低、浇铸中断易形成夹渣、冷隔裂纹；原料合金中的气体含量和非金属夹杂物多，易产生缩松；铸件壁愈厚，冷却缓慢，易产生缩孔和缩松。

制造超大型螺旋桨时，其毛坯重往往达到 80 t 以上，单个熔炼炉很难有如此大容量，故基本采取多炉联合熔炼作业方式，需要注意的问题：

①各炉化学成分须合理控制。由于熔炼中使用的炉型可能有差异，合金元素的烧损会有较大差异，因此须根据以往经验数据在配料时予以调整。

②出炉温度的控制。不同炉型中合金的吸气倾向有差异，出炉温度应分别控制，以便有足够时间进行除气。

③保证各炉和各浇包的协调一致性。由于出炉铜液要注入大小不同的浇包内，它们的降温速度不同，为保证每个浇包的最终浇铸温度控制在要求的范围内，须统筹安排各炉的出炉时间和浇包内吹氮除气的时间。

④合理造型方法选择，对于能否获得优质铸件和防止铸型跑火至关重要。

⑤浇铸系统的合理设置，是确保铸件内在质量的关键因素。

5.2.3　船用铜合金螺旋桨加工

1. 螺旋桨数控加工技术

螺旋桨是船舶动力机械的关键部件，加工精度要求非常高。通常螺旋桨加工方法为先进行普通铣床粗加工，再人工精磨。这种方式劳动强度大、生产效率低、准确性差、制造成本高，加工质量很大程度上取决于生产工人的技术熟练程度，无法准确地反映设计者的水平和思想，而且加工出来的螺旋桨曲面光滑度低，螺距、叶厚、叶宽精度低，误差较大，在水中航行时易产生空泡、振动和噪声，推进效率和航行速度受到一定的制约。同时工人劳动强度高，工作环境极端恶劣，即噪声强、金属粉尘大。

随着数控机床和计算机技术的发展，发达国家已采用数控机床对大型螺旋桨进行加工，以提高生产效率和加工精度。其中，五轴数控加工技术是实现大型复杂曲面零件的高质、高效加工的重要手段，是提高大型舰船用螺旋桨加工质量和生产效率的有效途径，广泛应用于大型螺旋桨的加工。螺旋桨的数控加工一般分为桨毂加工、叶面加工、叶根加工、导边及随边加工 4 个部分。

(1)桨毂加工

该工序主要是加工出桨毂的两侧端面及轴孔，可用三轴机床加工完成，但是在加工完之后要转移到五轴联动数控加工机床上继续加工，增加了加工的准备时间，如果直接在五轴机床上加工，可大幅度提高效率。

(2)叶面加工

该工序主要是加工出达到精度要求的叶片曲面，一般可采用球头刀进行加工，但是此刀具只有头部一点或者一圈切削刃参加切削，刀具磨损较严重，且加工质量和效率都不高。圆柱铣刀和圆锥铣刀利用侧铣的方法加工，可以避免刀具与工件接触区集中于一点，从而减轻了刀具磨损，提高了加工效率。一般对于几何尺寸较大的螺旋桨，当其曲面曲率较小时，利用圆柱铣刀加工，效率和精度较高；而当曲面曲率较高时，由于球头铣刀的适应能力强，编程和使用更加方便。

叶面加工一般由粗加工和精加工组成，根据具体的毛坯余量分配，采用多次粗铣和一次精铣。由于刚开始加工时，整个螺旋桨的毛坯强度还较高，若加工完其他部位后再加工叶梢部位，叶片的强度已经降低，叶梢部位远离桨毂，受力变形和加工振动要严重很多，加工的工艺性较差。因此，加工一般沿螺旋线从叶梢到叶根的顺序进行。

(3)叶根加工

该工序主要加工出叶根圆角，通常利用球头锥铣刀侧铣的方式完成，即用铣刀的侧刃加工出桨毂的侧面，用球头部分加工出叶根圆角。国内的一些螺旋桨生产厂家，通常由于发生干涉而无法加工出叶根部位，进而采用手工打磨的方式，因此叶片的多轴加工仍是国内研究的热点。

(4)导边和随边加工

螺旋桨的导边和随边采用流线形设计，一般为圆弧和直边，用圆柱铣刀侧铣的方法沿螺旋桨的轮廓线加工。国内的一些厂家在加工导边和随边的时候，机床常常发生振动导致刀具和机床损坏。因此，对于夹具的设计和切削参数的选择需要高度重视。

螺旋桨加工的切削参数通常由于没有系统的规范而采用经验数据，通过对国内外的研究成果分析，可以利用微分几何的相关原理，计算出曲面的曲率、主方向等几何性质，并且据此将叶片分为椭圆点区和双曲点区，或者分为标准螺旋面和流线形曲面。通过对螺旋面部分建立解析方程，导出刀具参数和加工参数的计算表达式，根据最大的曲面曲率计算出最大允许的刀具半径。

2. 先进的螺旋桨数控加工技术

发达国家针对螺旋桨数控加工技术进行了大量研究。欧共体科学技术委员会支持的BE97. 4078 项目联合了 SNECMA、Dassault System、dCade、Volvo AeroNorg AS、Rolls Royce Plc 等大公司和一些科研机构共同研究了复杂曲面的五坐标侧铣加工优化技术，极大地减少整个产品的加工时间和刀具磨损，大幅度改善加工面的表面质量，代表了螺旋桨五轴数控加工技术的世界最高水平。

我国五轴联动数控加工的应用水平落后于西方发达国家，很多螺旋桨厂仍使用三坐标机床或手工铲磨进行螺旋桨加工。近年来，我国机床制造业迅速发展，已经能够生产出高性能的五轴数控联动加工机床。随着 CAD/CAM 技术迅速普及，我国的数控加工技术水平也不断提高，且国外开发的许多数控编程系统(如 UGS NX、CATIA、PRO/E 等)具备五坐标加工编程功能，使我国螺旋桨加工采用五轴联动数控技术成为可能。2007 年 9 月，武重集团、华中科技大学、镇江船舶螺旋桨厂共同研制出的数控重型螺旋桨七轴五联动车铣复合加工机床通过专家组验收，是国内第一台主要用于大型螺旋桨加工的大型立式车铣加工机床，标志着我国数控重型机床制造水平迈上了一个新的台阶。利用此复合加工机床的标准铣头和特殊铣头，可进行大型船用螺旋桨整个叶片的数控加工，改善其加工工艺，使得人工打磨量大幅度减少。

目前国内利用数控机床加工螺旋桨仍存在诸多问题，主要有如下方面：

①数控编程：螺旋桨的叶片曲面形状非常复杂，无法用手工完成编程工作，只能采用专业的编程软件来完成。国外很早就已经将数控加工应用到螺旋桨的加工中，并且已经为螺旋桨设计了专用的数控编程软件，但是对我国实行技术封锁，软件价格也极其昂贵，导致国外专用的螺旋桨 CAM 软件在我国螺旋桨制造企业中尚未得到应用。目前国内还没有专用的螺旋桨数控编程软件，虽然某些企业已经引进了通用的 CAM 系统，但是由于编程操作繁琐复

杂、重复性劳动多、自动化程度低、对编程人员要求较高等原因，CAM系统尚未在螺旋桨的数控编程中发挥重要作用。

②大型螺旋桨加工研究较少：国外的螺旋桨数控加工技术比较成熟，国内的研究大多是针对中小型螺旋桨，已取得一定的效果，并形成生产力，但对大型螺旋桨的数控加工进行的研究仍较少。

③数控加工技术的系统化：由于螺旋桨的结构和形状差别比较大，不同类型螺旋桨数控加工工艺存在巨大差异。目前国内所研究的加工案例，都只是针对某一类型螺旋桨的数控加工，而针对整体螺旋桨的数控加工则尚未形成一套完整、系统的解决方案。

④5叶以上的螺旋桨，相邻桨叶之间的重叠区域较大，叶根的加工较难完成。

⑤螺旋桨加工过程较复杂，常常由于工装夹具的设计、刀具和切削参数的选择不当等，使得数控机床发生强烈振动而损坏机床。

5.3　汽车同步器齿环

5.3.1　概述

同步器是汽车变速器的重要部件，它的工作原理是利用一对锥形摩擦副产生摩擦力，使得待啮合的一对齿轮的圆周速度达到相等并平稳地进入啮合，参见图5－5同步器齿环及图5－6同步器齿环使用部位。由于换档齿轮及相连接的齿轮要在一两秒内加速、减速至同步换挡，这种快速多变的摩擦使同步器的螺纹锥面处于恶劣的工作条件下，因而对同步器齿环材料有很高的性能要求。选择同步环的材料应考虑如下几个方面：

图5－5　同步器齿环

①具备优良的加工性能。

②耐磨性能好。

③具有高强度、耐高温、抗冲击载荷能力强的力学性能。

④相当而匹配的摩擦系数。

⑤稳定的弹性模数。

⑥金属纤维连续、晶粒细化、金相组织良好。

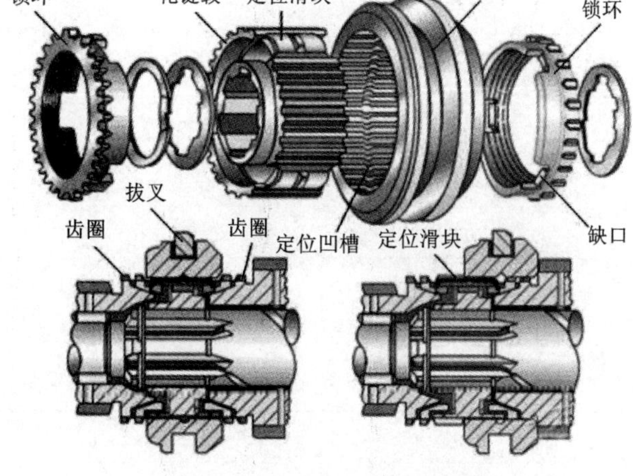

图5－6　同步器齿环使用部位

根据齿环的使用条件和工况以及齿环制造工艺，反映到实际应用中，用于制造同步器齿环的材料必须具有如下条件：

①高强度：抗拉强度500 MPa以上，HB160以上。

②耐磨性：保证换档次数10万次以上，高级轿车要求15万次以上不失效。

③优良热塑性。

④优良易切削性、尺寸精度高。

⑤成本低。

早期的同步器齿环材料大多采用铝青铜，从20世纪70年代末开始，国外对复杂黄铜耐磨材料进行了广泛的研究，国内自20世纪80年代也开始对同步器齿环材料和制造技术进行了探索性研究。同步器齿环所采用的材料一般包括特殊黄铜合金、钢基喷钼材料、纸基摩擦材料、铜基粉末冶金摩擦材料等十几种。

到1970年后，各国汽车公司逐步以耐磨黄铜作为轿车同步器齿环材料。耐磨黄铜不仅导热性能和耐磨性能好，而且还具有优良的综合机械性能，最早由日本丰田公司发明。耐磨黄铜的主要特点是在普通黄铜中有选择性的加入铝、锰、硅、铁、镍、钴、铬、铅、锡等合金元素，形成5~9元、$\alpha+\beta$相或β相的复杂黄铜合金，具有高的拉伸强度、硬度、高而稳定的摩擦系数和良好的热加工塑性，是汽车同步器锥环的理想材料。这种材料之所以具有优良的综合机械性能和耐磨损性能，是因为材料中的锰、铁或镍、钴等元素和硅或铝形成显微硬度很高的硅化物或铝化物颗粒，颗粒均匀而弥散分布于β(或$\alpha+\beta$)基体上，形成理想的软基体+硬质点的耐磨组织。正确地选用合金元素，合理地设计合金成分、采用一定的热处理工艺，可以控制显微组织中硬质颗粒相的粒度、密度和分布，从而使材料的综合性能达到最佳状态。

特殊黄铜合金制得的同步环，其摩擦锥面和接合齿是同一种材料，该材料既满足锥面高的摩擦磨损性能要求，又满足齿部的高强度要求，是最早用作同步环的材料，所占市场份额约75%。当前用得最多的是采用锰黄铜合金或铝黄铜合金，经离心铸造环坯、摩擦压力机精密锻造成形和加工中心机械加工而成。

在日本、英、美、德、意等国家，耐磨黄铜已形成了标准牌号，化学成分及含量如表5－16所示。性能如表5－17所示。

表5－16　国外常用汽车同步器齿环用耐磨黄铜化学成分及含量

国家	化学成分及含量(质量分数)/%									
	Cu	Al	Si	Mn	Fe	Sn	Pb	Ni	Co	Zn
日本	67	7	0.7	5	<0.3					余量
	57~60	0.5~2.0	0.5~1.5	2~3.5	<0.3		<0.35			
	61~65	5.5~6.5		2.5~3	<0.1	<0.2		<1.5	3.0	
	60~64	1.9~3.5	0.6~1.2	2.5~3			<0.15	0.25~0.5		
	62	3.5~4.5	0.5~1.5		0.15~0.3			2.5~4.0	0.5	
英国	64~68	4.0~5.0		0.3~2	0.2~1					
	57~60	1.0~2.0	0.3~1.3	1.5~3	<0.5	<0.3	<0.8	<0.2		
美国	55~59	1.3~2.3	≤0.8	1.0~2		<0.5	<0.8	1.0~2.0		
德国	57~62	4.3~5.2					2.0~3.0			
意大利	57~60	0.7~1.1	0.9~1.3	1.2~2	0.2~0.7	0.25	<0.25	<0.3		

表5－17　国外常用汽车同步器齿环用耐磨黄铜性能

合金	常规力学性能				磨损量
	抗拉强度/MPa	屈服强度/MPa	延伸率/%	HV	$\Delta m/\times10^{-3}$g
日本	500	240	28	130	35.6
美国	647	428	13.4	232	60.2
意大利	600	339	14.4	189	35.2
H62	330	110	49	—	345.2

5.3.2　国内同步器齿环材料

我国没有制订国内专用的同步器齿环材料标准或技术规范，大部分材料是参照国外技术标准和规范进行设计的，属于复杂锰黄铜和复杂铝黄铜系列。除HA161－4－3－1和HMn62－3－3－0.7两种合金列入GB 5231外，其他诸如TL081、TL084、MBA－2等，都是厂家命名的牌号。

(1)有代表性的材料

有代表性的材料当数HMn59－2－1.5－0.5，用于奥迪、捷达、桑塔纳轿车的同步器齿环材料，近似于DIN 17660标准的CuZn40Al2。此外，还有企业开发的其他成分复杂耐磨黄铜，如HMn59－2.3－0.8－0.3、HMn60－2.5－1.5－1.5、HMn62－3－1－0.25、HAl61－4－3－1、HAl63－3－1、HAl64－5－4－2、HAl67－5－3－1等，见表5－18所示。

表5－18　我国部分同步器齿环用复杂耐磨黄铜成分及含量

牌号	化学成分及含量(质量分数)/%										
	Cu	Al	Mn	Si	Fe	Ni	Sn	Co	Pb	Cr	Zn
HMn57－2－2－0.5	56.5～58.5	1.3～2.1	1.5～2.3	0.5～0.7	0.3～0.8	≤0.5	≤0.5		0.3～0.8		余量
HMn59－2－1.5－0.5	58～59	1.4～1.7	1.8～2.2	0.6～0.9	0.35～0.65	<0.2			0.3～0.6		
HMn62－3－3－0.7	61～63	2.4～3.4	2.7～3.7	0.5～1.0	≤0.1				≤0.05		
HMn62－3－3－1	59～65	1.7～3.7	2.2～3.8	0.5～1.3	≤0.6	0.2～0.6			≤0.18	0.07～0.27	
HMn64－8－5－1.5	63～66	4.5～6.0	7.0～8.0	1.0～2.0	0.5～1.5	≤0.5	≤0.5		0.3～0.8		
HAl61－4－3－1.5	59～62	3.5～4.5		0.5～1.5	0.5～1.3	2.5～4.0		1.0～2.0			
HAl64－5－4－2	63～66	4.0～6.0	3.0～5.0	≤0.5	1.8～3.0	≤0.5	≤0.3		0.2～1.0		

(2)同步器齿环中各元素的作用

复杂耐磨黄铜的设计，利用的是固溶强化和颗粒强化，使合金具有高强度和耐磨性。这些添加元素，部分起固溶强化作用，部分是金属间化合物颗粒相的生成元素，在不同的合金组成中，元素的强化特性有所不同。根据元素在熔体中的热力学性质和配比，首先生成硬度较高的金属间化合物，剩余元素则固溶于基体中。各合金元素的作用如下：

①铜和锌：基本元素，各国配方中的含量分别控制在57% ~68%和25% ~32%范围内；

②铝：高强耐磨黄铜中的重要合金元素。铝的锌当量系数高，可显著缩小 α 相区。形成 β 相的趋势大，可提高合金的机械强度。

③锰：是锰黄铜的重要合金元素，起固溶强化作用；在有硅或硅、铁同时存在时，主要生成 Mn_5Si_3 或富铁的 Mn_5Si_3 强化相颗粒，提高合金的强度和硬度；在只有铁存在时，有少量参与生成富铁相，其余则起固溶强化作用。

④硅：是提高耐磨损性能的主要元素，在合金中以生成金属间化合物为主，形成弥散分布的硅化物颗粒相，从而获得软基体 + 硬质点的理想耐磨组织。

⑤铁：参与生成金属间化合物或生成富铁的强化相颗粒，对晶粒微细化与析出物的均匀分散化有效。

⑥镍：锌当量系数是负值，扩大黄铜的 α 相区，提高合金的韧性和耐蚀性，是基体强化元素，也参与某些金属间相的生成。

⑦铅：维持铜合金的优良耐磨性能，同时能使机械加工性特别是切削性提高。高强耐磨黄铜因为具有高强高耐磨性，给锯切和车削加工带来困难，锯切工具损坏快。添加少量 Pb，在不影响合金主要性能的情况下，大大改善了切削性。

⑧锡：是固溶强化性元素，提高合金的强度和硬度，起强化和改善耐磨性的作用。

⑨微量稀土元素：有利于进一步改善合金的组织和性能；消除晶界上有害杂质的影响，改善加工性能与耐蚀性，防止偏析，改善力学性能、提高再结晶温度、改善冷加工性能、增强耐磨性等。

5.3.3　同步器齿环制造技术

同步器齿环为非对称结构，带数个花键的薄壁型齿环零件，它对材质和加工精度都有严格的要求，其制造技术涉及到铸造锻压精加工模具设计与表面处理等技术。目前市场所认可的齿环生产方式是由管材切片成环坯后经热精锻、精加工而成，同步器齿环制造工艺流程如图 5 -7 所示。

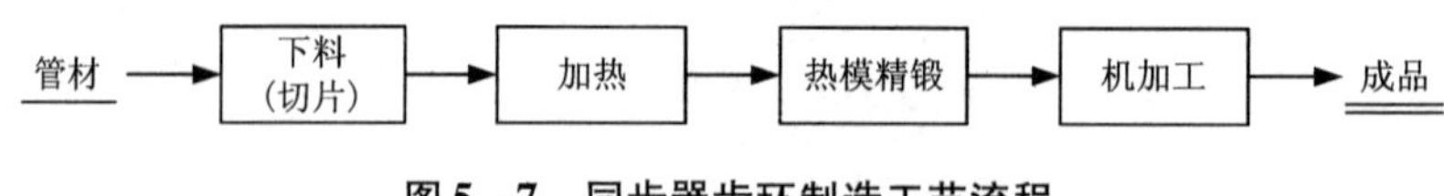

图 5 -7　同步器齿环制造工艺流程

同步环的成形工艺为精密锻造，利用阻力使金属充满模腔，锻压过程中金属处于三向压应力状态，有利于金属的变形；精密锻造还使金属流线沿齿形连续均匀分布，提高了齿形的力学性能，一般来说，精密锻造可使齿轮强度提高20%以上，抗冲击强度提高15%，抗弯曲强度提高40%，齿轮的使用寿命提高一倍以上。

目前，同步器齿环管的生产方式主要有三种：连铸管材、离心浇铸管材和挤压管材。其中，材料及其熔炼是齿环管材制造的核心技术，是开发新型同步器齿环的根本，由于材料的生产过程是一个复杂的系统工程，特别是材料成分的优化和熔炼。目前，国内只有有限的几家工厂能批量生产，其耐磨性能远远不如国外的产品，而且成本高，价格昂贵。因此，大部分品牌汽车生产厂家还是要依靠进口。

1. 几种同步器齿环的典型生产工艺

(1)离心铸造工艺

离心铸造工艺流程如图 5－8 所示。生产灵活性好，更换规格方便、快捷，投资小，工艺流程短，成本低，适用于小批量生产、多品种同步器齿环的生产，但铸造材料组织不均，产品质量差，成品率非常低，产品质量不够稳定。国内大部分都采用此工艺生产，此外，由于同步齿环管材直径较小，国内用于生产同步环管坯的离心铸造设备技术起点低，设备投资小，主要靠人工操作，废品率高，产量规模和产品质量的稳定性受到了制约，是齿环生产厂的一种自给自足生产模式。

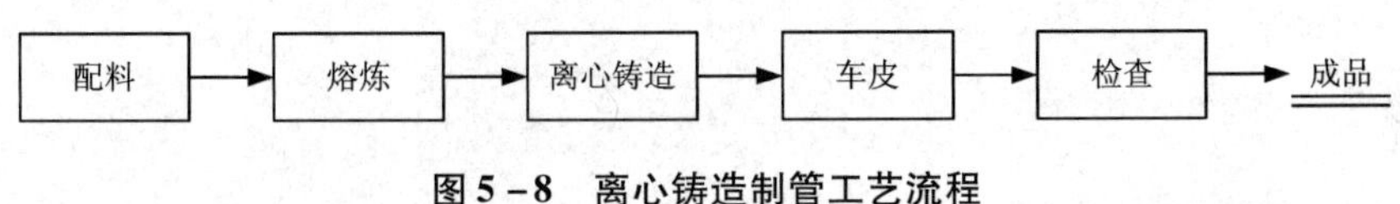

图 5－8　离心铸造制管工艺流程

(2)水平连续铸造管材工艺

水平连续铸造管材工艺如图5－9 所示。所生产产品稳定性好，生产效率高，没有管材切除头尾的浪费，齿环组织比较均匀、性能好、设备投资较少、能耗低、工艺成熟、生产成本适中，可以形成一定的产量规模，国内部分厂家使用此工艺生产。但由于环件为铸造组织，故在组织致密、力学性能等方面较差，在制造大口径管坯时容易出现成分偏析，且铸管表面质量较差。

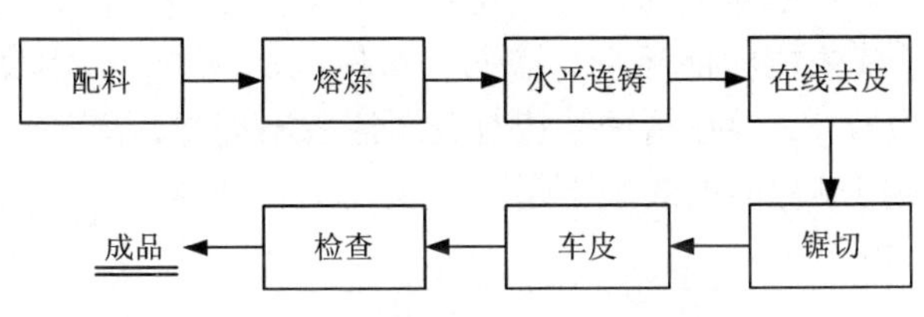

图 5－9　水平连铸制管工艺流程

(3)挤制管材工艺

挤制管材性能最优，组织、性能均匀稳定，尺寸精度高，综合质量好，满足自动化生产的要求，适宜规模化生产，是目前制造同步器齿环材料的主流工艺，工艺如图 5－10 所示。由于在挤压工序中金属变形量大，金属组织由铸造组织变为加工组织，产品组织致密，尺寸精度可以精确控制，是高、中档轿车首选材料。但该方法设备投资大，工艺流程长，工艺控制复杂，同时，由于同步器齿环规格繁多，模具种类繁多，配模困难，成品率一般只能达到 60% ~80%，生产成本较高。

2. 几种生产工艺之间的比较

以复杂铝黄铜 HAl61－4－3－1 为例，良好的组织状态为β相(或$\alpha+\beta$相)＋均匀弥散分布的化合物，化合物为亚微米状态。但离心管材成分均匀性存在问题，高熔点的镍、钴等

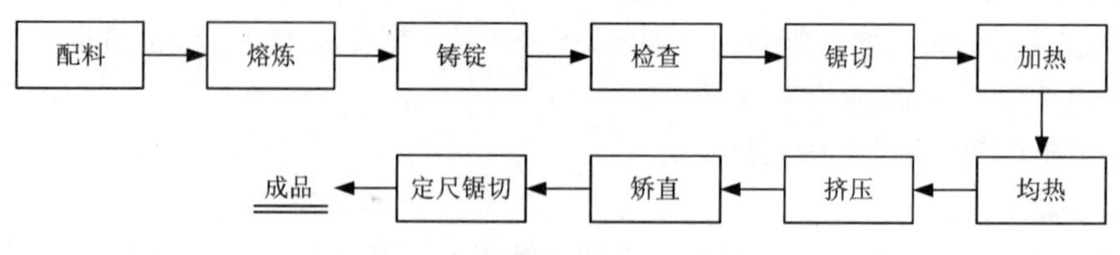

图 5-10　挤制管材生产工艺流程

偏聚在管材内壁，造成管壁处成分不合格，或不均匀，且化合物有局部堆积现象；连铸管材的化合物分布极不均匀，化合物排列呈线条状，或呈树枝状；而挤压管材化学成分均匀性好，化合物分布均匀弥散。3 种状态管材的金相组织如图 5-11 所示。

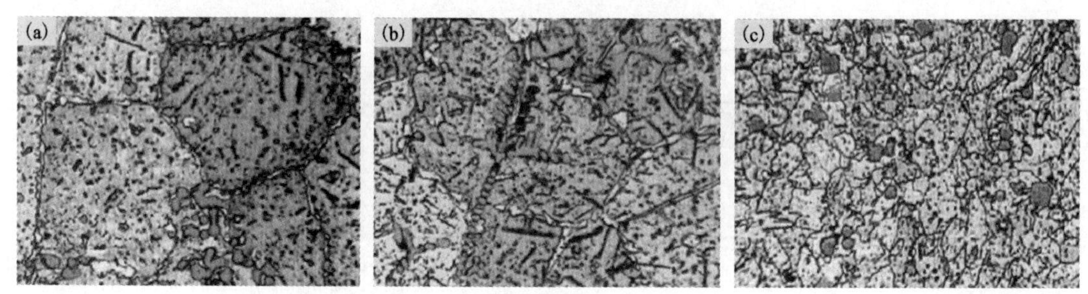

图 5-11　不同工艺管材的金相组织，250 倍

(a)离心管材；(b)连铸管材；(c)挤压管材

铸造管材(包括连铸管材和离心浇铸管材)由于凝固结晶过程的不均匀性，组织中硬质颗粒的分布不均匀。硬质颗粒的重要作用之一是在金属发生变形时对位错运动起一定的阻碍作用，使位错必须攀越颗粒才能向前运动，增强材料的流变应力，但不良的硬质颗粒的形态、分布将加剧变形的不均匀性，导致精密锻造时金属流线不理想，在工况条件下会导致材料的不均匀磨损，为齿环使用过程的失效埋下了潜在的隐患。HAl61-4-3-1 不同状态管材的磨损实验比对见表 5-19。

表 5-19　HA161-4-3-1 不同状态管材的磨损实验

管材状态	离心	连铸	挤压
摩擦系数	0.35	0.37	0.31
磨损量/g	0.196	0.2305	0.0719

我国除大众及少数车型使用挤管外，其他车型及轻型车则以离心铸管为主，尚未走出作坊式的生产模式。而国外已形成专业化、规模化生产，其中挤制管占市场的 70% ~80%，水平连铸管为 20% ~30%。

3. 国外一些典型生产工艺

(1)日本 KOYWA 工业株式会社

熔炼→离心铸造环坯→摩擦压力机精锻成形→专用加工中心机械加工→表面处理抛光→

包装入库。

(2)日本爱三工业株式会社的工艺方案

熔炼→离心铸造环坯→精压机热锻成形→组合机床的生产线进行机械加工→包装入库。

(3)德国 DIEHL 公司的工艺方案

熔炼→半连续铸锭→锯切→挤制环坯→摩擦压力机热精锻成形→专用加工中心或组合床生产线机械加工→包装入库。

多组元复杂黄铜具有非常高的耐磨性，较高的冲击韧性和热稳定性，要保证这些性能，必须使材料的组织主要由 $\alpha+\beta$ 两相组成，热处理相变后，α 相的含量不能超过一定的限值，组织中还必须含有足够的 Mn - Si 硬质相，且必须呈弥散状均匀分布在整个齿环中，其硬度必须达到规定值。因此，汽车齿环材料铜合金管及齿环成品生产的关键是：

①通过优化复杂黄铜的成分组合和改善加工工艺，以获得最佳的组织结构，成为理想的耐磨组织。

②根据合金组织结构和热处理工艺与材料性能的内在联系，寻求合理的热处理工艺，使合金组织中的 α 相含量低于目标值，确保产品的性能稳定。

③通过热变形工艺研究，采用热冲挤工艺方案，提高产品生产效率，降低生产成本技术经济指标。

5.3.4　国内典型厂家同步器齿环生产工艺

1. 立式连续直接铸造空芯管坯 + 挤压成形

该公司汽车同步器齿环材料铜合金管材采用两种供坯方案进行生产：立式连续直接铸造空芯管坯；立式半连续铸造实芯圆锭，挤压成管坯。采用国内首创垂直连铸方式，开发出的同步器齿环，其耐磨结构和实际性能已部分超过丰田轿车使用的同步器齿环。

多元复杂黄铜由于合金元素高达 10 种，因此，铸造时很容易造成成分偏析及组织不均匀。为此，在生产中采用电磁搅拌铸造，避免合金成分偏析及组织不均，减少铸锭中气孔、夹杂等缺陷；通过控制微量元素的含量，调节合金中 α 相和 β 相的相对体积分数，从而达到控制合金硬度范围的目的；在合金中加入微量稀土混合，起到细化晶粒、净化晶界、均匀化组织及微合金化等作用。其主要生产工艺过程简述如下。

(1)合金熔炼及锭坯铸造生产

根据铜合金的成分要求，首先把各种金属原材料按质量比例计算配料，按炉料装料规程把炉料装入工频感应熔炼炉熔化，待炉料完全熔化后进行取样分析，添加合金元素调整合金成分；合金成分合格后，将合金熔体温度调整到铸造工艺规程要求的温度，然后采用立式连续铸造的方法，铸成空芯管坯，或采用立式半连续铸造方法铸成实芯圆锭。空芯管坯在立式连续铸造机上完成定尺锯切，再用普通车床车削管内外表层，清除铸造缺陷，加工成锻压用坯料管，送往模压成形车间。实芯圆锭用圆锯机切除头尾，定尺锯切成挤压锭坯，送往挤压车间。

(2)齿环材料铜合金管挤压

铜合金管挤压生产用的坯料是由熔铸车间供给的实芯圆锭。首先把挤压圆锭用连续装料机装入工频感应加热炉进行加热至挤压工艺规程规定的温度，然后把热锭装入挤压机挤压筒内，进行穿孔、挤压成管材，再经冷床冷却、切头尾、定尺锯切、矫直、检验等工序，成为合格的齿环材料铜合金管。

(3)齿环成形加工

由熔铸车间提供的连铸管坯或挤压车间提供的挤制铜合金管，用普通车床进行定尺(按不同规格齿环产品的锻坯设计确定)车削下料，加工成模压坯料，再用网带传送式电阻炉将其加热至所需温度，送入模压锻造机的锻模中进行模压成形，制成齿环精密锻件。齿环精密锻件的飞边用开式压力机冲压切除后，再用 CNC 专用加工机床进行齿环端面车削、锥孔车削、车削锥螺纹，制成符合尺寸精度要求的齿环，而后用液体喷砂机喷砂处理，去除加工毛刺，用带保护性气体的连续热处理机组进行齿环淬火、回火、清洗、烘干处理。经热处理后，对齿环件表面进行喷钼涂覆，干燥固化后，进行成品检验和配套包装，即完成整个齿环产品生产过程。

2. 水平连铸 + 挤压法

管坯采用水平连铸工艺制备。水平连铸结晶器固定在保温炉侧面，构成由保温炉到结晶器一个密封的浇铸系统，在浇铸过程中，熔体不与大气接触，可很好地避免氧化渣和气体混入铸锭，提高铸锭表面质量，彻底解决夹杂和气孔问题。另外，水平连铸结晶器有着独特的构造，可消除因铸锭内外温差而产生的热应力，解决铸锭劈裂问题。以熔铸 ϕ195 mm 的 HMn66 - 8 - 6 - 1.5 铸锭为例。

(1)熔炼与铸造过程

按合金成分配料、熔炼后引锭，采用拉→停→反推 1→停→反推 2 模式。铸造温度 1040℃左右，引锭平均速度 36 mm/min，结晶器出水温度不低于 40℃，铸锭表面较好，铸造过程中的阻力较小，铸锭表面带出的氧化渣呈现规律性，工艺合适。金相分析表明，合金铸锭组织均为 $\alpha+\beta+$ 强化相(HMn66 - 8 - 6 - 1.5)，α、β 相为基体，α 相以针状弥散分布，强化相为硅、锰化合物，多为较大的长条状分布，铅呈颗粒状分布在晶界中。

(2)挤压

针对多元复杂黄铜的组织特点，热挤压温度应在 β 相转变温度以上，但过高的挤压温度会导致材料不均匀变形程度加大，对改善耐磨相的分布及通过冷却有效控制 α 相数量不利，同时会破坏挤压制品表面的保护膜，使材料色泽变暗。在实际挤压过程中测量到挤压管坯头部温度较尾部高 100℃左右，因而挤压温度控制在 β 相转变温度以上约 100℃左右较为合适。挤压速度的选取应满足顺利挤压及挤制后管材不出现裂纹为目的，一般为 10 ~ 15 mm/s。

(3)管坯冷却制度

高强耐磨复杂黄铜组织中 α 相所占比例直接关系到合金的硬度，在合金化学成分确定后，合金硬度主要取决于制品热加工后在相变温度下的停留时间。为保证合金性能符合标准规定的指标，挤压后采用适当的冷却方式是保证材料高强性能的重要工艺措施。一般的复杂黄铜，挤压后在热状态下进行强制风冷，可以有效地控制合金 α 相的析出，但 HMn65 - 3 - 3 - 1 由于其管坯塑性要求较高，因此 α 相的比例要求较高，因而应采取挤压后在热状态下进行强制风冷的方法。

3. 滚碾法

使用滚碾法进行制备同步器齿环坯料。滚碾法是一种新型的同步器齿环的生产方法，主要运用金属锻压、冲压和滚碾成形技术，适合于多品种、多规格、中、小批量同步器齿环产品的生产。该生产方法设备投资少、见效快、模具设计简单，而且由于采用锻压、滚压生产工艺，产品质量优于铸造法的产品，具有挤管法产品的组织致密、质量高的优点，并可根据产品规格设计锭坯的规格，实现二次或多次套裁，即一次冲孔落料为另一规格环件的锻坯，依次类推，减少几何损失，提高成品率。该生产方法的综合成品率较高，约为 55% 以上，普遍高于挤压和离心铸造法产品。

以复杂铝黄铜 HA161 －4 －3 －1 合金为例，环件生产的工艺流程：熔炼→水平连铸棒 φ60 mm→锯切 φ60 mm × 51 mm→加热→热锻压(墩粗)→热冲压→热滚压→检查→包装→入库。

熔炼在低频感应电炉中进行，采用卧式铸造机和铸造机牵引系统铸造，可实现停、拉时间控制和链振；加热炉可采用额定温度 950 ~ 1000℃ 普通的箱式电阻炉或其他电阻炉及相应的温度控制柜，实现坯料加热、保温的自动控制。

锻压可选用一定吨位能力的开式固定台压力机，如 JIB 21 100A 型，以实现坯料加热后锻压(拍饼)；冲压选用略小于锻压机吨位的开式固定台压力机，如 TIE23 －60 型，实现锻压后饼料的冲孔，为下一扩孔工序作准备；滚压扩孔采用半自动轴承套圈精密扩孔机，如 JK－120A 型，实现冲孔后环料的扩孔及边部修整，并常用水剂石墨润滑剂对碾扩模具进行必要的润滑，以减少对模具的磨损。

4. 影响同步器齿环质量的主要因素

影响同步器齿环质量的主要因素如下：

(1) 棒坯质量

铸坯应无裂纹、气孔、冷隔和夹渣等铸造产品常见缺陷，高度、两端面平行度应严格控制，以免在锻压时产生拍饼尺寸过大、过小或拍成椭圆，影响下一步的冲孔及滚压。一般锭坯的高度公差为 ±0.3 mm，端面平行度为 ±0.2 mm。

(2) 加热制度

合金锭坯加热制度的选择较为重要。一般来说，可根据合金的高温性能、锻造温度范围及生产过程温降情况来选择加热温度，最大限度地利用材料的高温塑性，减轻锻压时的设备负荷。由于锻压、冲孔、滚压是连续作业，考虑到生产过程产生温降，应选择偏上限的温度。但应避免坯料的过热和过烧现象，以免造成锭坯在锻压过程中的开裂，同时终锻温度不能过高，以免锻材晶粒粗大化。该合金生产时加热温度为 850℃ ±10℃，锻压温度范围为 700 ~ 780℃，冲压温度为 600 ~ 720℃。

(3) 作业的连续性

由于锻压、冲孔和滚压为高温连续作业，且要在短时间内完成，这就需要操作人员互相配合，以免在任一过程中出现不协调而造成坯料温度降得过低。进而由于坯料不能发生预期的塑性变形而造成产品尺寸不合格，同时也会由于温度过低、坯料变形抗力过大，造成设备闷车或损坏。

参考文献

[1]《重有色金属材料加工手册》编写组. 重有色金属材料加工手册(第四分册)[M]. 北京: 冶金工业出版社, 1980.
[2] 钟卫佳主编. 铜加工技术实用手册[M]. 北京: 冶金工业出版社, 2007.
[3] 王祝堂, 田荣璋主编. 铜合金及其加工手册[M]. 长沙: 中南大学出版社, 2002.
[4] 黄崇祺. 铜制电缆的变革[J]. 中国金属通报, 2011, 29: 16 - 19.
[5] 易志辉. C7025 铜合金带材的生产工艺研究[J]. 上海有色金属, 2012, 33(4): 158 - 161.
[6] 易志辉. C7025 铜合金铸锭生产工艺探讨[J]. 上海有色金属, 2013, 34(1): 20 - 23.
[7] 赵新生. 废杂铜火法精炼直接生产光亮铜杆的工艺和设备(续)[J]. 资源再生, 2008, 11: 24 - 25.
[8] 赵新生. 废杂铜火法精炼直接生产光亮铜杆的工艺和设备[J]. 江西冶金, 2008, 28(2): 44 - 48.
[9] 鄢明, 吴予才, 何剑辉. 电工用铜线杆加工性能研究[J]. 云南冶金, 2009, 38(6): 38 - 43.
[10] 闫晓东, 涂思京, 黄国杰, 等. C194 铜合金的强化机制研究[J]. 稀有金属, 2005, 29(5): 635 - 638.
[11] 董琦祎, 汪明朴, 贾延琳, 等. Cu - Fe - P - Zn 合金铸态及均匀化组织[J]. 中南大学学报(自然科学版), 2012, 43(12): 4658 - 4664.
[12] 刘永亮, 李耀群. 铜及铜合金挤压生产技术[M]. 北京: 冶金工业出版社, 2007.
[13] 谢建新, 刘静安. 金属挤压理论与技术[M]. 北京: 冶金工业出版社, 2002.
[14] 钟秋生, 杨元政, 陈小祝. 引线框架 C194 铜合金铸态组织和性能分析[J]. 铸造, 2007, 56(10): 1044 - 1047.
[15] 王涛. 新型高强耐磨复杂黄铜及其生产技术[J]. 有色金属加工, 2005, 6.
[16] 蔡薇, 谢水生, 柳瑞清等. 固溶时效条件对 C194 合金性能的影响[J]. 稀有金属, 2006, 30(2): 25 - 254.
[17] 陈福亮. 锌白铜水平连铸生产工艺[J]. 云南冶金, 2001, 30(4): 36 - 39.
[18] 陈国庆. 管坯三辊行星旋轧变形机理研究[D]. 沈阳: 东北大学, 2008.
[19] 陈新. 锌白铜光亮退火的研究[J]. 云南冶金, 1997, 26(3): 58 - 60.
[20] 陈秀琴. C194 引线框架材料生产工艺[J]. 上海有色金, 2006, 27(3): 25 - 27.
[21] 滑有录, 王海龙, 贾胜德. 引线框架用 C194 铜合金的铸态组织和加工工艺对导电率的影响[J]. 热加工工艺, 2010, 39(24): 63 - 66.
[22] 韩晨, 余金海, 陈加圣. 国内铜板、带生产技术与加工装备现状概述[J]. 铜业工程, 2012. 2:12 - 16.
[23] 王碧文, 王涛, 王祝堂. 铜合金及其加工技术[M], 第一版. 北京: 化学工业出版社, 2007.
[24] 林高用, 张振峰, 周佳, 等. C194 铜合金引线框架材料的形变热处理[J]. 金属热处理, 2005, 30(12): 16 - 19.
[25] 李娜, 李永林, 朱宝辉, 等. C70250 铜合金带材的研制[J]. 湖南有色金属, 2012, 28(1): 40 - 42.
[26] 李耀群, 易茵菲. 现代铜盘管生产技术[M]. 北京: 冶金工业出版社, 2005.
[27] 柳瑞清, 齐亮. 铸态 C72500 合金组织与性能分析[J]. 热加工工艺, 2006, 35(1): 23 - 24.
[28] Carol P. Peter Webster. Copper alloys for marine environments[J]. Copper Development Association Publication, 2012 (206).

[29] Xie G L, Wang Q S, Mi X J, et al. The precipitation behavior and strengthening of a Cu - 2. 0 wt% Be alloy [J]. Materials Science & Engineering A, 2012, 558: 326 - 330.

[30] Teplitskiy M D, Nikolayev A K, Revina N I. Investigating of the dispersed particles in aging alloys of copper - nickel - silicon and copper - cobalt - silicon. Physics of Metals and Metallography [J], 1975, 6(40): 99 - 103.

[31] Hu T, Chen J H, Liu J Z, et al. The crystallographic and morphological evolution of the strengthening precipitates in Cu - Ni - Si alloys. Acta Materialia [J], 2013, 61(4): 1210 - 1219.

[32] YS/T 669 - 2008. 同步器齿环用挤制铜合金管[S].

[33] 安保钢. 舰船螺旋桨叶片加工[J]. 金属加工, 2013(6): 22 - 23.

[34] 巴雅尔. 浅谈漆包机的发展新趋势[J]. 内蒙古科技与经济, 2003(12): 414.

[35] 蔡芬敏. 电沉积参数对电解铜箔组织性能的影响[D]. 南昌: 南昌大学, 2011.

[36] 曹军, 丁雨田, 曹文辉. 单晶铜键合丝制备过程中的断线研究[J]. 机械工程学报, 2010, 46(22): 84 - 89.

[37] 曹军. 电子封装单晶铜键合丝制备工艺及性能研究[D]. 兰州: 兰州理工大学, 2007.

[38] 曹文辉. 单晶铜制备键合丝的性能研究[D]. 兰州: 兰州理工大学, 2008.

[39] 陈永华. 铜质螺旋桨熔炼浇铸工艺[J]. 验船师天地, 2004(4): 85 - 86.

[40] 戴姣燕, 尹志民, 宋练鹏, 等. 不同处理状态下 Cu - 2. 5Fe - 0. 03P 合金的组织与性能演变[J]. 中国有色金属学报, 2009, 19(11): 1969 - 1975.

[41] 丁雨田, 曹军, 胡勇, 等. 单晶铜键合丝的制备方法[J]. 中国, 200810017812. 1[P]. 2009.

[42] 丁雨田, 曹军, 许广济, 等. 电子封装 Cu 键合丝的研究及应用[J]. 铸造技术, 2006, 27(9): 971 - 974.

[43] 丁雨田, 曹文辉, 胡勇, 等. 单晶铜超微细丝的断线分析及制备工艺[J]. 特种铸造及有色合金, 2008, 28(4): 261 - 264.

[44] 董超群. 铍铜合金熔铸工艺及设备的发展[J]. 宁夏工程技术, 2004, 3(1): 93 - 97.

[45] 樊振龙. 有机添加剂在电解铜箔生产中的应用[D]. 南昌: 南昌大学, 2010.

[46] 付大鹏, 王小旭. 船用螺旋桨的四轴数控加工方法研究[J]. 组合机床与自动化加工技术, 2013(2): 130 - 131.

[47] 付文峰. 电解铜箔生产中的质量控制点[J]. 印制电路信息, 2009, 7: 31 - 33.

[48] 高晓光. 漆包线在线检测技术应用和研究现状[J]. 工业技术, 2010(3): 87.

[49] 郭昌阳, 朱小平, 张鸿, 等. 热型连铸技术的研究与应用[J]. 热加工工艺, 2006, 35(13): 23 - 25.

[50] 郭明恩, 刘瑞. 水平连铸无氧铜带坯工艺条件研究[J]. 铸造技术, 2010, 32(2): 176 - 178.

[51] 郭淑梅. 轿车同步器齿环用锰黄铜 HMn59 - 2 - 1 - 0. 5 熔炼工艺探讨[J]. 河南冶金, 2000(1): 18 - 20.

[52] 何姗珊. 无铅易切削黄铜的特点与发展方向[J]. 铜业工程, 2012(6): 1 - 3.

[53] 贺飞, 刘利梅, 钟云, 等. 铜包钢线材及其生产工艺[J]. 表面技术, 2007, 36(5): 78 - 90.

[54] 洪盱衡, 方守谊. 通讯器材用锌白铜带的生产[J]. 铜加工, 2005, 4: 16 - 20.

[55] 胡立杰. 高性能键合铜丝的制备及其球键合工艺研究[D]. 兰州: 兰州理工大学, 2009.

[56] 纪小伟. 铜键合丝微合金化及微细线材加工工艺研究[D]. 昆明: 云南大学, 2011.

[57] 蒋小亮. 同步器齿环管材的生产与研究[J]. 铜加工, 2010(4): 30 - 34.

[58] 金文. 船用螺旋桨铸造工艺辅助系统开发及数控加工技术研究[D]. 大连: 大连海事大学, 2009.

[59] 李冰, 杨志, 刘化民, 等. 三辊行星轧制运动和管坯变形规律的仿真模拟[J]. 塑性工程学报, 2005, 12(5).

[60] 李炳, 王鑫, 范新会, 等. 小直径长单晶铜线材的制备[J]. 热加工工艺, 2005(11): 19 - 22.

[61] 李皓, 冉曲靖, 柯昱, 等. 铅锌白铜水平连铸生产工艺研究[J]. 云南冶金, 2002, 31(2): 50 - 53.

[62] 李窘, 况春江, 方威, 等. 超细丝拉拔中断线问题讨论[J]. 河北冶金, 2002(3): 23 - 24.

[63] 李窘, 况春江, 方威, 等. 超细丝研究及其进展[J]. 金属材料研究, 2002, 28(2): 20 - 24.

[64] 李明茂, 汪建华, 袁静. 超细铜线拉制过程中断线原因分析与解决对策[C]. 第十四届中国有色金属学会材料科学与工程合金加工学术研讨会文集, 2011, 411 - 416.

[65] 李四年，陈园，叶甲旺，等. 汽车同步器齿环的生产现状与发展前景[J]. 湖北工业大学学报，2012，27(1)：114－116.
[66] 林昕. 漆包线生产在线质量控制技术的进展[J]. 电线电缆，2001(3)：31－33.
[67] 凌春华，李福. 漆包线生产工艺及技术的新进展[J]. 电线电缆，2010(2)：1－3.
[68] 刘斌. BZn15－20 锌白铜带材回复退火初探[J]. 有色金属，2004，56(2)：8－11.
[69] 刘凯. C194 合金带材加工性能研究[J]. 南昌：江西理工大学，2007.
[70] 刘培兴，刘华鼐，刘晓瑭. 铜合金板、带加工工艺[M]. 北京：化学工业出版社. 2010.
[71] 刘平，贾淑果，赵冬梅，等. 高速电气化铁路用铜合金接触线的研究进展[J]. 材料导报，2004，18(6)：32－38.
[72] 刘平，任凤章，贾淑果，等. 铜合金及其应用[M]. 北京：化学工业出版社，2007 年.
[73] 刘瑞，钟西存，郭明恩. 无氧铜带坯水平连铸机研制实践[J]. 有色金属加工. 2007，36(5)：14－15.
[74] 刘润勇，陈天来，周光喆，陈国伟. 高性能铜铝复合带材的研制[J]. 电源技术，2012，36(1)：99－101.
[75] 陆涛，张正榕，钱人決. 铜杆生产的新途径上引法连铸冷轧[J]. 电线电缆，1982，2：1－4.
[76] 马斌. 汽车用 HAl62－4－3－0. 1 同步器齿环的研制[D]. 长沙：中南大学，2002.
[77] 马怀宪主编. 金属塑性加工学[M]. 北京：冶金工业出版社，1991.
[78] 缪飞，盛俊凯，麦裕良，等. 自黏性直焊漆包线的涂漆与烘焙工艺研究[J]. 绝缘材料，2012，45(2)：48－52.
[79] 彭锋，夏宝平，刘剑平，等. 无铅易切削黄铜的现状及改进方向[J]. 上海有色金属，2011(4)：162－167.
[80] 沈韶峰. 单晶铜丝的发展前景[J]. 上海有色金属，2011，32(1)：20－24.
[81] 沈兆冈，汪仁煌. 漆包线漆膜连续性在线检测及处理[J]. 电气自动化，2005，27(4)：80－82.
[82] 盛立远. 铜铝轧制复合板导电特性及复合技术的研究[D]. 沈阳：东北大学，2005.
[83] 施永奎. 高强度 QBe2 铍青铜铜线材的制备及性能研究[D]. 兰州：兰州理工大学，2007.
[84] 石晨. 电解铜箔制造技术[J]. 印制电路信息，2003，1：22－24.
[85] 宋德军，胡光远，卢海，等. 镍铝青铜合金的应用与研究现状[J]. 材料导报，2007，21(IX)：450－452.
[86] 宋杰，郑刚. 浅谈高效房间空调器的换热器设计[J]. 家电科技，2008(9)：53.
[87] 苏永春. 大型舰船用螺旋桨五轴加工后置处理及干涉碰撞检测[D]. 武汉：华中科技大学，2006.
[88] 孙广敏，何大川. 浅析铜合金螺旋浆铸件气孔缺陷产生原因[J]. 特种铸造及有色合金，2006 年会专刊：154－155.
[89] 孙广敏，李晓东，杨丽君. 超大型螺旋桨的铸造[J]. 铸造，2005，54(12)：1280－1282.
[90] 孙海洋，裴久杨，樊志新. H62 和 H65 黄铜型线材的连续挤压法生产研究[J]. 特种成形，2011(2)：68－72.
[91] 孙瑜，封勇. 铍青铜热处理工艺研究[J]. 机电元件，2002，22(3)：33－36.
[92] 汪厚泰. 高效空调换热器内螺纹铜管的研究及应用[J]. 制冷与空调，2010. 10(4)：27－34.
[93] 汪仁煌，唐苏湘，沈兆冈. 非接触式漆包线漆膜连续性在线检测方法研究[J]. 仪器仪表学报，2005，26(9)：961－963.
[94] 王春江. 电线电缆手册第 1 册[M]. 第二版. 北京：机械工业出版社，2002.
[95] 王东岭，苏勇，陈翌庆等. 热型连铸准单晶铜杆的工艺及性能[J]. 金属功能材料，2010，17(1)：58－61.
[96] 王栋梁. 铅黄铜 HPb59－1 连续挤压工艺的研究[D]. 大连：大连交通大学，2009.
[97] 王荣滨. 铍青铜的固溶淬火和双重时效强化处理研究[J]. 有色金属加工，2007. 36(6)：17－20.
[98] 王涛，高希岩. 铜及铜合金板、带材表面清洗技术及装备[J]. 有色金属加，2009，38(3)：37－43.
[99] 王一平. 基于单晶铜键合丝的制备方法. 中国[D]. 201110128216. 2011.
[100] 诸永根，贺璐. 上引法生产无氧铜杆发展趋势及展望[J]. 电线电缆，1999，1：13－15.
[101] 王知行，陈辉. 并联机床加工船用螺旋桨及 CAM 技术研究[J]. 机械设计与研究，2003，19(6)：55－58.
[102] 卫红凡. 浅谈低氧铜杆和无氧铜杆的性能及应用[J]. 机械管理开发，2005(6)：54－55.
[103] 魏军. 有色金属挤压车间机械设备[M]. 北京：冶金工业出版社，1988.

[104] 吴志. 缩短螺旋桨制造周期的设备及工艺[J]. 广东造船, .
[105] 向延平. 大型船用螺旋桨铸造工艺的探讨[J]. 特种铸造及有色合金, 2009, 29(8): 773 - 775.
[106] 谢建新, 王自东, 张鸿. 一种制备无氧铜超细丝材工艺. 中国[P]. 02116581. 2003.
[107] 邢卫国. 压延铜箔表面处理技术新进展[J]. 世界有色金属, 2012(9): 34 - 36.
[108] 徐高磊, 张迎晖, 杨斌, 等. 铜铝复合带退火工艺的研究[J]. 特种铸造及有色合金, 2001, 31(6): 545 - 547.
[109] 徐华, 文庆明, 海争平. 铍青铜的铸造技术[J]. 热加工工艺, 2009, 38(15): 56 - 58.
[110] 徐玲, 张胜文, 朱成顺, 等. 船用螺旋桨加工工艺及数控编程技术研究[J]. 船舶工程, 2012, 34(6): 46 - 50.
[111] 许传凯, 胡振青, 章四琪, 周年润. 无铅环保黄铜的研究进展及其在卫浴中的应用[J]. 铜加工, 2012 (4): 14 - 18.
[112] 杨奇, 张少伍, 方群. 复合式漆包线在线检测系统研究[J]. 科技信息, 2013(7): 18 - 19.
[113] 杨森, 黄卫东, 林鑫等. 定向凝固技术的研究进展[J]. 兵器材料科学与工程, 2000, 23(2): 44 - 50.
[114] 姚若浩, 邓华, 杨建武, 姚湘林. 铜 - 铝轧制复合工艺的研究[J]. 上海有色金属, 1999, 20(3): 101 - 107.
[115] 易光斌, 何田, 杨湘杰, 等. 电解铜箔添加剂配方优化[J]. 电镀与涂饰, 2010, 2(11): 26 - 28.
[116] 禹建敏. 对连铸连轧法生产铜线杆的认识和设想[J]. 铜业工程, 2004, 2: 26 - 28.
[117] 袁宝龙, 王自东, 吴春京等. 大直径单晶铜棒材的连续定向凝固制备[J]. 北京科技大学学报, 2010, 32 (10): 1297 - 1301.
[118] 袁宝龙, 张鸿, 陈明文, 等. 下引法连铸单晶铜试验研究[J]. 铸造, 2011, 60(4): 333 - 337.
[119] 袁静. 水平连铸单晶铜超微细丝制备与组织性能演变研究[D]. 赣州: 江西理工大学, 2011.
[120] 运新兵, 宋宝韫, 刘元文, 等. 电气化铁路用铜包钢接触线制造技术[J]. 有色金属, 2002, 54(3): 22 - 35.
[121] 张全孝, 贾万明, 刘晓斌, 等. 环保无铅黄铜材料的研究进展[J]. 中国材料科技与设备, 2011(5): 11 - 14.
[122] 张全叶, 马双义. 我国同步器齿环管的生产现状及发展趋势[C]. 中国有色金属加工装备及中日铜加工技术论坛文集, 上海, 2011.
[123] 张文芹. 滚碾法生产汽车用同步器齿环[J]. 上海有色金属, 2005, 26(1): 27 - 31.
[124] 张玉章. 漆包线柔软度的影响因素讨论[J]. 电线电缆, 2005(6): 28 - 30.
[125] 张御天, 高海燕. 上引熔铜炉炉体和铜液的净化工艺[J]. 特种铸造及有色合, 2005, 25(3): 177 - 179.
[126] 赵玲艳. 电解铜箔工艺条件及其添加剂的实验研究[D]. 江西理工大学, 2008.
[127] 赵万花. 环保易切削铜合金锑黄铜棒研制[J]. 铜加工, 2011(1): 24 - 27.
[128] 郑颖. 探讨漆包线生产对铜导体质量的要求[J]. 电线电缆, 2013(1): 17 - 20.
[129] 钟德华. 提高锡磷青铜(QSn6. 5 - 0. 1)带材横向弯曲性能研究[D]. 北京: 北京工业大学, 2003.
[130] 周剑平. 国内外漆包线生产设备和工艺浅析[J]. 光纤与电缆及其应用技术, 1993(1): 26 - 29.
[131] 邹孝明. 大型舰船用螺旋桨五轴加工技术研究[D]. 武汉: 华中科技大学, 2007.
[132] Wu Pengyue, Xie Shuisheng, Li Huaqing, Yan Ming, Effect of Extrusion Wheel Angular Velocity on Continuous Extrusion Froming Process of Copper Concave Bus Bar, Trans[J]. Nonferrous Met. Soc. of China, Vol. 17 No. 2, 2007.